U0042445

釉藥學

GLAZE

薛瑞芳◎編著

釉藥學
GLAZE

薛瑞芳◉編著

序PREFACE

　　若說土是陶瓷的體，那釉藥就是陶瓷的靈！但早期從事製陶的人，幾乎都視釉藥配方為傳家之寶，不傳授給外人。釉藥是陶瓷製作過程中很重要的部分，經由精準的配方與窯火溫度的控制，就能產生令人驚艷著迷的色澤與美麗。

　　薛瑞芳老師花了很長的時間，有系統地整理出版他三十幾年在釉藥上所累積的知識、教學與創作的實務經驗與研究成果，讓許多陶藝工作者及學習陶藝的莘莘學子們受益。讓一直充滿神祕感的釉藥，以簡明又科學的化學式（Chemical Formula）讓大家了解其成分及運用的方式，並透過知識的分享，協助藝術家在釉色上有更大的突破，讓陶藝作品不斷有創新，我們也得以欣賞到令人驚呼讚嘆的作品。

　　這本〈釉藥學〉於2003年由陶博館初版發行，在當時也是件困難的事，除了仍有釉藥配方不外傳的想法，就是沒有人能以科學的方式說明各類型釉的配方，以及運用方程式作有系統的介紹。後來〈釉藥學〉出版後，幾乎成了從事陶藝工作的字典或是陶藝工作室最重要的工具書之一。這次再版是因為很多陶藝工作者反應對此書的需求，薛老師與藝術家出版社，慨然應允接續鶯歌陶瓷博物館再次發行出版本書。薛老師也針對初版

的內容補充更多的資料，豐富本書的內容，相信一定可以讓更多人透過本書瞭解釉藥的最原始的樣式。

　　個人這十幾年的經驗觀察陶藝界的發展，明顯感受臺灣陶藝是突飛猛進快速的發展與進步，尤其在創意展現及作者個人意識的表現上，透過陶瓷這項媒材，表現得更活潑也更有張力。要創作出攝魄人心的作品需要各種因素的配合，包括材料、技術及創作觀等，當然還有一項重要因素就是陶瓷教育，除了師資、教學、實作的課程外，好的教材更能加乘、是進步的重要因素，本書集結薛瑞芳老師多年累積的釉藥知識與研究、教學與創作歷程實務經驗，以及專家學者的研究報告，是理論與實務兼顧的教育專書，相信能使更多想進入陶瓷創作的新人，或是想嘗試新釉色創作的陶藝工作者有滿滿的收穫。總而言之，這本書是學習釉藥最佳的參考書籍。

游冉琪　謹識

新北市立鶯歌陶瓷博物館館長

序 PREFACE

「釉藥學」是筆者從事美術陶瓷製造三十餘年所累積的知識與實務經驗，加上十數年的研究、教學與創作歷程；並同時儘可能地蒐集相關資料，引用專家學者的研究報告，將陶瓷製作過程中的重要環扣之一「釉」，有系統的編寫成陶瓷釉藥理論與實務兼顧的教育、工具書。

自2003年本書出版，近年來，許多陶藝愛好者，專業工作者陸續反應無法在坊間書局購得。因緣際會，時值「國立臺灣工藝研究發展中心」主辦「陶林葉茂——林葆家生命史回顧與傳習成果展」。在參與展覽專輯的策劃討論中，與藝術家出版社發行人何政廣談及了《釉藥學》一書，承蒙慨然應允接續鶯歌陶瓷博物館再版發行本書。

有陶藝界先進及學生們曾建議、期待，再次發行的《釉藥學》中能有更多製作與試驗的圖片。個人以為、本書涵蓋範圍超越陶藝領域，文字數量龐大，不適合編寫成一本作品的畫冊，或許日後可以朝此方向編寫單項、兼容並蓄的陶藝書。

自從19世紀科學家們、例如赫曼‧A‧賽格（Hermann August Seger）對陶瓷的研究已經被認為是所有釉藥調配的指南；百多年來、各國的化學、物理學家更深入研究，在實驗室、職場實際操作的先驅們、把成果發表在

期刊與著作上，將曾經在陶瓷歷史上糾葛數千年的施釉技術之傳統秘法逐一破解，排除愛恨悲情與傳說，回歸科學的法則。

欣見近二、三十年來，陶瓷藝術在臺灣蓬勃的發展，除了專業的陶藝家外，陶藝教室與相關研習營如雨後春筍般崛起，不僅作陶、賞陶的人口日增，許多從事雕塑、繪畫和設計的藝術家也將新的素材加入其中，開創了現代陶藝的新風貌。釉藥，雖然只是陶瓷製作程序中的一個環節，但其牽涉的礦物材料、化學成分間的物理、化學性質，燒成技術之外、卻實實在在的關係著作品的成敗。

釉藥學，就是那美麗迷人的陶瓷藝術背後隱藏的科學。本書盡量將可以獲得的、蓄積百年、龐大數量的文獻資料、深入簡出地闡明。誠摯希望藉由重新出版，能讓舊雨新知多一份參考資料，書中未盡妥善之處，敬祈專家賢達先進們不吝指正。

薛瑞芳　謹識　於陶林工房

目錄

第一篇 釉的基礎科學

The Fundamentals of Ceramic Glaze

第 1 章

陶瓷器釉的概念
釉的定義
Definition of Glaze

陶瓷器製品的表面，施上一層玻璃質的材料，燒成後會在坯體表面形成永久性的被覆，對一般液體或氣體沒有任何吸收或透過的性質。而且對陶瓷器的外觀有進一步的裝飾與保護，同時增加坯體的機械強度。這層塗施在坯表面的釉具有類似玻璃、無特定比例的化學組成，被認為是具有高黏滯性的超冷液體。通常它和玻璃一樣，一般為均質（Homogeneous），但卻是非晶質（Amorphous）、能透光的等方性（Isotropy）[註1]物質。

〔註1〕
Encyclopedia Americana, Vol. 8, Crystal. 1978.

1.1 釉的本質與施釉的目的

1.1.1 釉的本質

釉藥包含一薄層的玻璃質，或同時含有玻璃質與晶質[註2]，被燒付在坯體的表面。一般是將釉料調成含水的懸浮性泥漿，使用噴、刷、浸等適當方法，在坯面均勻塗施適當厚度的釉層，然後在合適的溫度燒成。或是在燒成中讓陶瓷器的表面接觸特意引進於窯室的鹼性蒸汽（如食鹽蒸氣），與坯體中的黏土或矽酸結合形成的一薄層、稱之為鹽釉的玻璃狀物。

〔註2〕
21世紀彩色百科全書中文版 vol. 8, 1981.

熟成之後的釉，具有一些與玻璃相同的基本性質，例如：堅硬、彈性、脆性、非導電性及化學穩定性等。和玻璃一樣，它們都可被定義為具有高黏滯性的超冷液體，或是非結晶性的固體。因此，它並不像晶體具有明確的熔點，反而有長段的軟化溫度範圍。這種性質允許玻璃在此溫度域有重新被加工的的特性；也允許釉藥有合理的熟成溫度範圍。

1.1.2 施釉的目的

自遠古時代、釉被無意中發現後，從實用到視覺上都有其意義。例如當作容器時，多孔性會滲水的陶器一旦施加玻璃質的釉層時，就能防止其中的水滲漏散失，表面也較容易處理清洗。

施釉的陶瓷器可達到以下的功能：

（1）視覺上達到美觀、觸覺方面獲得舒適的感覺；

（2）阻止陶質容器中的水透過氣孔滲漏；

（3）平滑光潔的表面易於清洗，維持餐具、衛浴陶瓷等清潔衛生；

（4）提供更高的耐化學侵蝕能力；

（5）使陶瓷器製品的機械強度增加；

（6）改善電氣的性質等。

1.2 玻璃與玻璃相

1.2.1 玻璃

玻璃是由無機物構成的非結晶性固態物質，具有與固體相似的性質，而其內部結構無一般固體所具有的晶體。通常都具備了不規則的網目狀的原子排列，在物理學上被當作富於黏性的液體。基本上，玻璃是透明的、無氣孔，具有不透氣、不透水、耐化學侵蝕的物質。

玻璃以「鹼－石灰－的矽酸鹽」系統為最普遍，主要的製造原料是矽砂（玻璃砂）、蘇打灰、石灰石、（或碳酸鈣），有時會添加少量長石，並以硝酸鉀、碳酸鉀、硫酸鈉等為助熔劑和清澄劑。這些原料經過粉碎至適當粒度後，分別秤量、充分均勻混合，在熔解爐中以高溫熔化成粘稠狀的液體，這些熔解的物質就是玻璃。玻璃在冷卻硬化之前，可以加工處理成各種形狀、適合各類用途的製品。玻璃再加熱時並沒有明顯的熔點，只是隨溫度升高而逐漸軟化甚至流動，也因此具有可重複加工的特性。

為與物質的三態作適當的區別，我們稱上述經熔化後「在高溫時軟化、或冷卻後硬化」的東西為「玻璃化狀態」或「玻璃相」物質。玻璃化狀態或玻璃相，則是指構成該玻璃物質的所有或大部分的原子或分子以隨機的、無規則性的，而非以結晶性物質的方式排列。

雖然玻璃的配方有數千種，然而玻璃的構成總是離不開下列的三要素：

1. 形成玻璃的氧化物或稱為網目形成物

所有形成玻璃的主要成分是被稱為矽酸的氧化矽（SiO_2）；其它有氧化硼（B_2O_3）、氧化磷（P_2O_5）、氧化鋁（Al_2O_3）等，在矽酸鹽玻璃中也是網目形成物，它們都屬於酸性成分。

2. 媒熔劑或修飾物

屬於鹽基性的鹼或鹼土金屬化合物，添加這些化合物到批料（Batch）中，能有效降低矽酸的熔點。如氧化鋰（Li_2O）、氧化鈉（Na_2O）、氧化鉀（K_2O）、氧化鎂（MgO）、氧化鈣（CaO）、氧化鋇（BaO）等；鹼土金屬氧化物量較少時，也具有媒熔能力。

3. 礦化劑或安定劑

只有矽酸和媒熔劑形成的玻璃不具有良好的化學安定性，例如矽酸加氧化鈉形成的玻璃會溶解於水，因此被稱為「水玻璃」。有些物質如鈣、鋁、鋅、鎂等的氧化物添加於其中一起熔融，呈現「安定劑」的能力，明顯提昇玻璃的化學穩定度。

日常生活中，我們所知的玻璃是一種堅硬、透明的物質。在任何溫度範圍都會維持緻密、非晶質的結構。純粹的石英熔點非常高（1712℃），普通玻璃都會添加含鈉的原料來降低熔點，並加入若干石灰（CaO）成分來抑制其水溶性。陶瓷器釉藥的組成更複雜些，除了上列的三種成分外，還有額外修飾用及安定用的其他氧化物存在，構成含大量和普通玻璃類似、稱為「玻璃相物」的物質。而這類物質，並不永遠處在安定的狀態，當在某適當的溫度維持合適的時間，將可能有微細結晶出現，呈現失透的現象。當玻璃相

中同時含有較多的鹼金屬及鹼土金屬氧化物例如Na_2O、CaO時，則有$Na_2O \cdot 3CaO \cdot 6SiO_2$微結構的斜方晶系纖維狀或針狀結晶生成，它們使玻璃相喪失透明性。

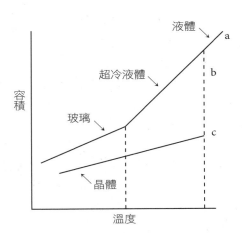

【圖1-1】從液體形成結晶與玻璃時之容積／溫度曲線

1.3 玻璃與釉的結構

從物理性質方面來看待玻璃，它的原子間的結構是不規則的、缺乏晶體所應有的特質。也就是說玻璃整個結構不具有一致性的排列方式，而是散亂隨機的，無秩序的『無機、非晶質的等方性固體』。在軟化的溫度範圍內所呈現的黏滯性變化，讓人們將玻璃詮釋為超冷液體，或將它看做富於黏性的液體。玻璃體和晶體，從溫度與容積變化的曲線可看出它們的差異性。【圖1-1】

X-光繞射研究指出[註3]，正常矽酸型態的玻璃所呈現的是成團的不規則的矽酸，聚集有鹼金屬氧化物並分佈於整個系統中。這個系統透過氧原子的「鍵接（Linked）或架橋（Bridged）」相連。這種玻璃的結構形式和由矽酸所形成的晶體有相似的單位，但是不具有一致性的排列。矽酸的晶體【圖1-2b】中，每一個矽原子以四個共價鍵，和以四個氧原子為頂點相連形成SiO_4四面體【圖1-2a】，結構為 $\equiv Si-O-Si\equiv$ 。玻璃相石英的主要構成物就是這樣的矽－氧四面體所構成，具有散亂之三度空間的「隨機網目結構」，形成的無秩序團塊【圖1-2c】。它們從熔融後經歷冷卻硬化的過程，都一直維持不規則的結構狀態，同時保持永遠的緻密性。在室溫，雖具有固體的種種特性，但卻被視為高度硬化的液體。

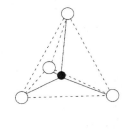
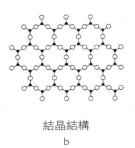
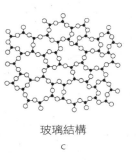

結晶結構　　　　　　　玻璃結構

a　　　　　　　　　　b　　　　　　　　　　c

【圖1-2】 a.矽酸四面體　 b.矽酸晶體的二度空間構造　 c.玻璃狀的矽酸網目示意圖[註4]
（原始示意圖為出生於挪威的美籍科學家William H. Zachariasen在1932 提出發表：The Atomic Arrangement in Glass）

崁入矽酸四面體空間的鹽基性氧化物，是能與網目中的氧原子配位結合的金屬離子。半徑較大的金屬元素周圍需要較多的氧原子才能形成矽酸網目的系統。例如鉀原子需要十個或更多的氧原子，鈣需要八個以上，鈉和鎂要六個以上，而鋰僅需要四個即可[註5]。對於崁入的鹼及鹼土金屬元素，其離子半徑較小或配位的氧原子數較少者，對矽酸具有較強的媒熔能力。陶瓷器的釉內，鋰（Li^+）與鉀（K^+）是另外兩個和鈉（Na^+）一樣，是三種常見的鹼金屬離子，其中鋰離子最小，在網目中佔有較小的空格；鉀離子最大，擁有比尺寸居中的鈉離子的空格更大。【圖1-3】

[註3]
窯業協會：窯業工學技術手冊1980.2.1二版。

[註4]
Warren, B.E.：J. Soc. Glass Tech., 24, 159-165 (1940).

[註5]
Eric James Mellon: Ceramic review No. 65 1980 p4；Ash Glazes Part 3.

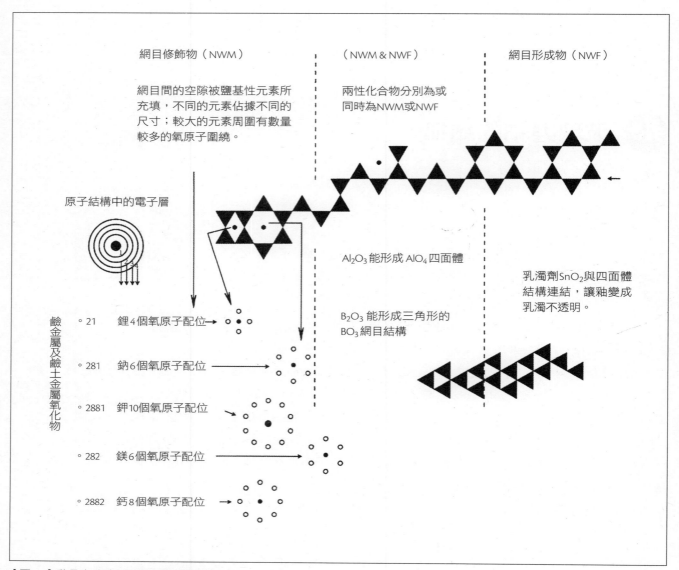

【圖1-3】 釉是由矽酸四面體所構成的網目組成

　　陶瓷器釉的組成與上述的玻璃有非常類似的情形，矽酸四面體網目結構是各種釉的重要酸性成分。釉中矽酸含量不足時，不僅無法燒出光潔的釉面，反而形成粗糙、貧瘠的觸感。而當矽酸過多時，也不能獲得明亮的釉，因為含有多量高熔點的矽酸，必須提高燒成溫度。和玻璃一樣，想得到不同性狀的釉也必須利用各種性質的修飾化合物，依照它們對矽酸的作用力之強弱酌量添加，使釉層表現出各種不同的熟成溫度、物理與化學的特性。

　　霞石正長石是一種所謂「易熔的材料」，它的結構中含有約20~25%的霞石、20~25%的正長石和50~60%的鈉長石，需要六個氧原子配位的鈉原子很多，而鈉原子很容易崁入矽酸四面體空間，因此熔化溫度較低。但基本上霞石正長石的矽酸較缺乏，必須額外添加適量的矽酸（石英、硅石等的粉末）來平衡補償，否則將因網目數量少，不能獲得良好的光亮釉。

上面提到的鋰、鈉、鉀、鈣等的氧化物或含有該等金屬的化合物、鹽類，都能降低矽酸的熔點到合適的溫度範圍，形成具有合理性質的釉。這些有較大半徑之鹼金屬、鹼土金屬陽離子，在玻璃或釉的系統中，因此性質被稱為「網目修飾物」或「釉的媒熔劑」。

各種不同的金屬陽離子對玻璃網目有不同程度的影響，例如鈉離子使結構斷裂生成空隙，弱化網目的機械強度及化學耐力。又因為原子團都很容易分開，所以它也容易溶解於水中。若另外添加若干鈣或其它2價以上的離子，則較完善、無限延續的鍵接將使間隙消除、強化結構。換句話說，當玻璃結構中的鈉離子一部分被CaO取代時，熔融的玻璃相的黏性將明顯急速增加，冷卻後可以達到強度增加的效果，同時使玻璃在水中的溶解度趨近於0。

矽-氧結構中鍵入的Na_2O、CaO、PbO、Al_2O_3（以AlO_4四面體方式存在）等，分別有下列的排列：

$$\equiv Si-O-Na\ \ Na-O-Si\equiv;\quad \equiv Si-O-Ca-O-Si\equiv;$$

$$\equiv Si-O-\underset{|}{\overset{|}{Al}}-O-Si\equiv\ ;\quad Si\equiv O-\underset{|}{\overset{|}{Pb}}-O-Si-O-\underset{|}{\overset{|}{Pb}}-O-Si\equiv;$$

矽酸之外，氧化硼（B_2O_3）、五氧化二磷（P_2O_5）本身都是「玻璃網目形成氧化物」。但它們通常都與矽酸一起，共同以「混合的氧化物」提供作為玻璃的骨架。例如調配釉料時，SiO_2及SiO_2-B_2O_3組成的系統是商業用釉料的主軸。鋁、鉍、鉬、硒、鈦、釩等元素的氧化物本身並不是玻璃形成物，當與第二個氧化物共熔的時候，會生成玻璃。但是在釉中，它們的主要功能並非如此，使用時添加量也受到限制。

添加崁入玻璃網目中的各種修飾氧化物，將對所生成的玻璃、釉或熔塊的性質引起不同程度的影響。例如在所影響的物理性質方面，含有相異的修飾能力的氧化物或它們之分子集團的量，於特定的溫度範圍，表現有明顯的粘滯性。一旦升高溫度時，粘滯性就立即降低，這是因為集團因升溫而崩解成較小的尺寸的緣故。粘滯性低意味著分子間或小集團間的距離較大，從熔塊料製造過程中得知，由較高溫度、低粘滯性熔融物急速冷卻後得到的熔塊，比緩慢冷卻者的比重低、結構鬆脆；當熔融物在某溫度域內具有高粘滯性時，表示分子集團的尺寸相當大，對結晶化或析晶都有阻礙的傾向。

1.4 釉的種類；釉的分類

和陶瓷器的坯體相似，釉也有多種分類方法。例如，從製品的種類，構成的主要原料，釉中的特殊成分，使用熔塊與否，或釉料熟成溫度，釉的外觀，性質特徵、習慣，也有因為產地的名稱，甚至以創製者命名，不一而足。

1. 傳統的分類法：以釉組成與坯體特性及溫度條件分類

釉的型式	坯體材質	主成分分子當量數mol.		釉熟成溫度℃
		矽酸SiO_2	氧化鋁Al_2O_3	
低溫釉	粗陶器、土器	0.8~2	0~0.3	900~980
低中溫釉	陶器	0.8~2	0.1~0.5	1000~1160
中溫釉	炻器、瓷器	1.25~6.0	0.1~0.8	1160~1280
高溫釉	硬質瓷器	2.0~12.0	0.5~1.25	1300以上

2. 以釉成分組成的範圍或原料處理方式來分類

釉的型式	坯體材質	釉組成化學式
生釉	粗陶器、瓦器	$RO \cdot 0.0~0.3R_2O_3 \cdot 1.8~3.0\ SiO_2$
生釉	炻器	$RO \cdot 0.2~0.6R_2O_3 \cdot 2.0~3.0\ SiO_2$
生釉	硬質瓷器	$RO \cdot 0.5~1.2R_2O_3 \cdot 6.0~12.0\ SiO_2$
熔塊釉	陶器、菲妍斯陶器、景泰藍（七寶）	$RO \cdot 0.0~0.3R_2O_3 \cdot 2.0~4.0\ SiO_2 \cdot 0.5SnO_2$
熔塊釉	精陶器、骨灰瓷器、軟瓷器等	$RO \cdot 0.1~0.4R_2O_3 \cdot 2.0~4.0\ SiO_2 \cdot 0~0.5B_2O_3$

3. 依熔劑或媒熔劑（材料）特性為主體的釉藥分類

釉的種類	熔劑在釉中表現出的特性
鉛釉	基本釉的組合和一般長石釉類似，添加生鉛或矽酸鉛熔塊時，將使釉混合物的熔點急速降低。矽酸鉛熔塊以$PbO \cdot nSiO_2$表示；n = 1~2.5。
鹼釉	此種釉以鹼金屬矽酸鹽為主成分，而部分可溶性鹼金屬鹽或其化合物事先可與矽酸或黏土熔化成熔塊後使用。純鹼金屬釉僅有食鹽釉在某些硬質陶器、含石灰質的矽酸坯體尚有使用。
石灰-鹼釉	此種釉的組成與普通玻璃類似，釉原料中的氧化鋁含量對其性質大有影響，它是一種重要的衛生陶器及瓷器無鉛釉。
石灰釉	以石灰化合物為主成分的媒熔劑，硬質陶器及高溫瓷器釉用得較多，也有一部份坯體會使用石灰之外的鉛化合物。
長石釉	以長石或長石類礦物為釉主成分的媒熔劑。大多用在衛生陶器及硬質瓷器。這種釉一般的燒成溫度都在1250℃以上；某些品類的釉會有鉛化合物共存時，釉組成的玻璃化溫度範圍會更寬廣。
硼酸釉	釉的主成分為矽酸鹽及硼酸鹽。大部分的硼酸鹽為水溶性。這種釉主要用在工藝品較多。矽酸鹽中含有硼砂或硼酸時，釉的熟成溫度會降得很低。

4. 一次燒釉，生坯施釉後將坯體與釉在同一次燒成中熟成；二次燒釉，素燒坯施釉後燒高溫熟成，及坯體高溫燒結後施釉，在較低溫釉燒熟成。

5. 從釉表面與外觀來分類

例如：透明釉、乳濁釉、色釉、無光釉、雲霧釉、條紋釉、結晶釉、鐵砂釉、砂金石釉、赤釉、綠釉、單色釉、多重色釉等等。

綜合來說，調配釉料的技術人員並不一板一眼，以如此生硬的方式將其所配製的釉分門別類，通常會參考及結合各種因素來順應分類的定義或精神。

釉的原料
Raw Materials

陶瓷工業所使用的原料有天然礦物及化工原料，大多的原料都是複雜的非單一化合物，其多樣化的結構適合普通陶瓷器的製造，但是為了滿足精密的或是特殊功能要求的製品，例如高硬度、高機械強度、高耐火度、對光電的特殊性質要求等，就須選取精練的礦物或高純度的化工原料。

工業級純度（80~90%）的原料就可以滿足一般工藝陶瓷，化學純度（95~99%）在調配高級色料或高要求的坯料、釉料才會使用。純度的取捨必須依照製品品質來決定，高純度通常意味著高成本，工業與工藝陶瓷所需的要求不同，除了原料的規格與品質外，通常另一項影響產品的重大因素就是製造工程的品質。

2.1 釉原料的選擇

被選作釉或熔塊原料的生料，大多是經過加工的，或精練的礦物，及工業級的化學藥品，通常採用產量豐富，成本便宜，而且容易取得的礦物原料。

下面數點是調製熔塊與釉料時，正確選擇原料的一些法則：

（1）化學穩定度與化學成分的一致性。
（2）成本所附帶的附加價值。
（3）夾雜不純物的影響。
（4）粒度分布與再加工性。
（5）儲藏期間之安定性與安全性。
（6）配料混合時的安定性與安全性。
（7）在陶瓷器燒成中，或熔塊料熔融過程中的性狀。
（8）調配釉料盡量使用多成分的天然礦物，若非需要盡量少用純氧化物。
（9）釉中氧化鋁的來源應選自黏土或長石等礦物；熔塊有時可使用純氧化物。
（10）原料的來源與運輸之方便性及可有效利用性。
（11）在水中懸浮（調配成泥漿）時，以此方式儲存時的性狀與安定度。
（12）使用時，對環境的影響與效應。

上述每一項因素，將因為配釉的方式，而改變其重要性。但是每個單一因素都不能被忽視，通常純度與成本是選擇時最需考慮的。引進任何生料時，所含的不純物是否會對產品有妨害，提高純度是否合乎經濟效益。

某些被單獨使用的原料中，含有容許範圍的氧化鐵，應該可以忽略它，但當調和其他原料時，又可能引進額外的鐵或其他雜質，則不純物的總量將會多到不能忽視。

生料中各成分的含量（分析值），是所有調配釉料及熔塊料的技術人員所關注的重點。有時，希望有更純的釉或熔塊組合，或要求不引入含鹼的原料，我們才會以高純度的氧化鋁及矽酸來取代廉價的黏土、長石或類長石的岩石礦物。

在調配、製造過程的各階段，不均勻的粒度分佈可以在最後的微粉碎時，進行調整使其合理化。釉熔融或熔塊融化的過程中，矽酸是這些生料配合物中的主要耐火性成

分，所以石英或硅石粉的粒度，強烈影響完美融化或完全熔融，較粗的粒度分佈對熱能的需求較多，較細小的粒度則相反。但是超細的粒度容易生成小直徑的氣泡，需要更多的熱能來移除脫泡。另一個重要的顧慮是微粉狀的矽酸粉塵是危害健康的來源。

具備生料儲存的專業知識及常識是必須的。儲存非惰性物料需要安排一些步驟來防備變質；容易受潮的物料必須保存在乾燥的場所；易脆裂的、或鬆散的物料盡可能避免無謂的搬動。

選擇物料採購的來源處所，也往往決定是否合乎成本。大量採購品質相近、安定的原料，雖然從較遠、但生產與運輸條件好的地區來反而低廉。

2.2 調釉的原料

礦物原料幾乎都從地球形成後表面最古老的部分，被稱為地殼的地球岩石圈表皮開採、處理獲得。它的平均成分約為氧化矽 60%，氧化鋁 16%，氧化鐵 7%，氧化鈣 5%，氧化鎂 3.6%，氧化鈉 3.9%，氧化鉀 3.2% 等，這樣的組成與花崗岩（由長石、石英、雲母及鐵、鎂鹽礦物所組成）相當，這些岩石和從地函湧上來的橄欖岩[註1]，經歷漫長年月風化、水解、分離、變質等過程，生成今日大家熟悉的、充分被利用的矽酸（石英、硅石、硅砂等）及各種矽酸鹽（矽灰石、輝石、透輝石、滑石等），礬土矽酸鹽（高嶺土、黏土類、長石類、陶石、董青石等）與碳酸鹽（石灰岩、方解石、白雲石、菱苦土）礦物。

〔註1〕
大英科技百科全書
vol. 3：地球化學
p 213~215。

化工產品是利用化學工程製造或提煉的金屬元素化合物，通常不用做為主要原料，而是用來彌補礦物原料中不足之成分，在調配熔塊批料時用量較多。例如鹼金屬、鹼土金屬的碳酸鹽、硫酸鹽與硼酸鹽等。

構成釉的原料中，其成分大致以酸性的（acid）、鹽基性的（basic）、中性的或兩性的（intermediate or amphoteric）三大類化學性質來區分。

酸性的化學成分以RO_2表示。這類結構的代表性化合物有矽酸（SiO_2）、磷酸（P_2O_5）、氧化鋯（ZrO_2）、氧化鈦（TiO_2）等。至於屬於酸性化合物的硼酸（B_2O_3），它用在媒熔劑的能力使其在書寫方程式時，有時被列入R_2O_3群。

中性或兩性的化學成分以R_2O_3表示。主要的為氧化鋁（Al_2O_3），氧化鐵（Fe_2O_3），三價的氧化錳（Mn_2O_3）也可屬於這類型成分。

鹽基性成分以R_2O或RO表示。分別代表一價的鹼金屬（鋰、鈉、鉀等）和二價的鹼土金屬（鎂、鈣、鍶、鋇等）以及鋅、鉛的氧化物。

2.2.1 含矽的物料

矽是地殼中佔有量第二位的元素，含量至少有28.2%；在自然界中大量以氧化物或其他化合物或鹽類存在，主要的氧化物為二氧化矽，稱為矽酸（Silica, SiO_2），含有量高

達60%以上。矽酸形式的礦物有石英、鱗石英、方石英、蛋白石、瑪瑙、硅石、硅砂、砂岩等。地殼岩石層中的矽酸與鈉、鉀、鈣、鎂、鋁、鐵等以不同的方式結合，形成矽酸鹽類或複合鹽類礦物，例如黏土、長石、角閃石、橄欖石、雲母礦等。

二氧化矽是網目形成氧化物，自身就能成為玻璃，但不能單獨成為實用的釉。需要酌量配合其他成分才能做出有用的熔塊料或釉料。塗裝在陶瓷器物件表面的釉內，SiO_2大約在45%~80%之間，是含量最多的氧化物。

當調配熔塊料及釉料時，也會從矽酸礦物以外的其他原料引薦SiO_2到組合中。但是，長石類及其它矽酸礬土鹽礦物原料，被使用做熔塊及釉的成分時，也會有效地導入一些氧化鋁與鹼金屬氧化物。

釉與熔塊中，SiO_2是玻璃網目形成物的主要來源，批料中SiO_2的比例量越高時，燒成溫度會越高，也因此會使釉有更強的機械強度和耐化學侵蝕性。

低溫釉中，矽酸與媒熔劑的分子數比值約為2：1，而在高火度釉，其比值可達10：1。當矽酸量增時，批料的熔融溫度昇高，也就是耐火度增加，釉的熱膨脹係數降低；粘滯性會增加，因此在釉熔融時流動性會降低；冷卻硬化後，機械強度及硬度都會增加。

自然界出產的矽酸質、矽酸鹽礦物和化工矽酸鹽都含有矽酸。天然矽酸鹽將在其它適當的章節敘述，以下先談矽酸礦物與化工矽酸鹽。

1. 矽砂（Silica sand）

矽砂之礦床與分佈所在多有，接近地表的石英砂岩和石英片岩，經風化後以鬆散的顆粒狀存在，這就是矽砂，也被稱為硅砂或石英砂。但大多未經處理的礦砂都會夾雜有其他不純物或惰性的耐火性雜質。有些雜質並不會造成令人困擾的結果，但有些不純物例如鐵或鈦化合物，往往使釉出現令人意外、或不愉快的顏色。珪砂品質升級的方法大多以浮選法或酸洗法。

調配釉料及熔塊料時，要求高純度硅砂有時並不是必要的，不純物如長石類礦物或被允許存在的化合物如氧化鋁及鹼金屬鹽等，都是可被接受的雜質。

2. 石英（Quartz）

從火成岩的礦床或礦脈岩石中，因水解或風化作用形成的石英，因其結晶狀況及硬度等物理性，與硅砂來比較，較難配釉。但多數石英有相當高的純度，所以極適合用來調配某些特殊熟成條件的高純度釉料。

3. 燧石（Flint）

雖然有時純度也很高，但這些經常會在海灘採掘的矽酸礦物總是夾雜較多量的白堊成分。通常於加工磨細燧石之前，都先經過900℃左右煅燒，去除其中的有機雜質與水分，讓質地較鬆脆後以利於研磨。

4. 矽藻土（Diatomaceous earth）

矽藻是一種水生的單細胞植物，死亡後其含矽的殼經長時間沉澱堆積組成淺色多孔易碎的沉積岩，矽藻土呈土層狀產出，比重很輕，若以其中的二氧化矽取代石英時，製品的強度及耐磨耗都會增加，同時也讓釉面更加明亮光滑。但是釉的熟成溫度將會稍微降低。

上述各種矽酸礦物，都是非塑性或稱為瘠性的原料。除了本身的物性與化性外，它在坯體中與釉內，都能增加透氣性與透水性，有利於乾燥及燒成工程。但基於衛生及健康的理由，不論是熔塊料調和或釉料調製，粉碎硅砂、石英、燧石等的工程都必須是在「濕式或密閉式」的操作條件下進行，以避免微粉狀的矽石形成衛生方面的污染源。

5. 化工矽酸鹽

鹼金屬（鈉和鉀）的矽酸化合物都是水溶性的矽酸鹽，可以有不同比例的矽酸－鹼金屬氧化物組合的矽酸鹼金屬鹽（x $R_2O \cdot y SiO_2$），例如矽酸鈉及矽酸鉀。水溶性矽酸鹽在釉中的使用量必須受到限制，或是在調配釉料之前先燒製成非水溶性的熔塊料。日常所用的平板窗玻璃，是蘇打—石灰—矽酸三成分的共熔物。裁切或循環回收的玻璃廢料，在調配釉料時，其穩定的組合成分是物美價廉的熔塊料，是最普遍的工業矽酸鹽。

6. 天然矽酸鹽礦物

長石、陶石、臘石、高嶺土、黏土等矽酸礬土礦物都是常用的陶瓷器礦物原料，將在以後的章節陸續敘述。

2.2.2 含鋁的物料

鋁在自然界中含量豐富，地殼上含有鋁化合物成分的礦物種類與數量很多，據估計鋁元素的總量達8.2%，是蘊藏量第三的元素。若以鋁為主要成分的矽酸礬土鹽之長石類花崗岩等火成岩的數量來說，這些可以做為陶瓷原料的礦石總數約為地殼岩石容積的70%左右。

熔塊料或釉料中，因需要而添加鋁鹽或含鋁的礦物，不論其純度與礦物種類而具有的特性，參與熔融的氧化鋁都會對釉的性質，例如化學的持久性、機械強度、熱膨脹係數、黏滯度、和表面張力等形成影響。

含鋁礦物或化合物種類繁多，例如：長石類，霞石，陶石，花崗石，偉晶花崗岩（Pegmatite），細晶鹽（Garbbro Aplite），黏土，鋁土礦（Bauxite），水鋁氧石（Diaspore），粗面岩（Trachyte），響岩，玄武岩，磷鋁鋰石（Montebrasite），鋰雲母和葉長石等，這些都已經被開發提煉作為陶瓷工業用原料。最常用作調配成熔塊料及釉料的含鋁礦物，就是黏土及長石類礦物。而氫氧化鋁〔Al（OH）$_3$〕或煆燒過的氧化鋁（Al_2O_3），由於其純度高，或品質規格需要的緣故，經常被選用為調配熔塊的原料。

熔塊與釉料中的氧化鋁成分，明顯影響到熔融後的釉層之化學耐久性、機械強度、熱膨脹性、黏性、表面張力、析晶能力、表面組織等性質。例如在無鉛的硼矽酸釉中，只要添加少量的氧化鋁，在熱膨脹性質方面，會呈現比其他型式的釉更顯著的效應。蘇打—石灰—矽酸三成分玻璃中，只要添加氧化鋁達鹽基成分八分之一的量，對水的耐侵蝕性方面，就可以提昇到最高值。而氧化鋁是所有種類的釉都具備的成分，而且含量會高達0.125mole以上。所以適當熟成的中、高火度釉，它的機械強度和耐侵蝕性比普通玻璃及低溫釉優越。

氧化鋁（或稱礬土，Alumina, Al_2O_3）的熔點高達2050℃，本身單獨不能成為玻璃，

但它是形成玻璃的中間物質（礦化劑或安定劑），在玻璃中有部分取代矽酸形成網目的功能。在陶瓷坯體與釉層內，氧化鋁是經常被發現與矽酸共同存在的另一種氧化物。和矽酸相似，釉中氧化鋁的比例量增加時，首先釉的熟成溫度將提高，熔融的釉也將有較高的粘滯性，阻礙晶粒的發展與成長。在此狀況下，釉面常呈現細小結晶與未完全熔融的釉原料，形成無光的組織。依經驗顯示，陶瓷器釉中的Al_2O_3與SiO_2的分子數比值，最好在1：8到1：12之間，能得到光澤釉面。換句話說，在能夠適當熟成的釉中，與矽酸有合適的比例時，較多氧化鋁可以有效解除不希望出現的析晶及失透現象。

地殼岩石中氧化鋁平均約有15.34%，是自然界中含量僅次於矽酸之氧化物。含氧化鋁的原料有自然界出產的矽酸礬土和矽酸礬土鹽礦物以及化工鋁鹽。

氧化鋁有多種晶體型態。有些容易受到溫度變化影響而呈不穩定的轉移型（或中間型），當溫度升高到一個程度，最後都轉化成不可逆、安定的α-型氧化鋁。

1. α-型氧化鋁（$\alpha-Al_2O_3$）

氧化鋁是一種鬆散的白色結晶性粉末，工業上以含高量氫氧化鋁的礦石如水鋁氧石、鐵鋁氧石或高嶺土等，利用化學方法剔除矽酸、鈦、鐵等雜質，得到高純度的氫氧化鋁。將氫氧化鋁煅燒，當溫度達到950℃以上時，就逐漸喪失結晶水並轉移生成α-型氧化鋁。

2. 氫氧化鋁（Aluminum Hydroxide, Gibbsite; Al（OH）$_3$）

亦稱三水鋁石（$Al_2O_3 \cdot 3H_2O$），是一種從鐵鋁氧石（Bauxite、亦稱鋁土礦）萃取的白色高純度三水礬土。微粉碎的氫氧化鋁可以增加釉泥漿的懸浮性，也可以取代一小部份黏土，以避免乾燥時容易引起的收縮龜裂。但是一般調配生料釉並不使用，調製熔塊料使用較多。

3. 電熔氧化鋁（Fused Alumina）

富鋁或氫氧化鋁原料在高溫電弧爐中熔解，然後徐徐冷卻析出純度高達99%以上的$\alpha-Al_2O_3$鋼玉型結晶。電熔鋼玉晶體的熔點相當高，硬度非常大，是製造高耐火度及高耐磨度的重要材料。熔製鋼玉時，可以添加適量的鈦、鋯、鉻氧化物，加以修飾改變其顏色或物理性質如硬度、耐蝕性、介電性。

2.2.3 矽酸鹽、矽酸礬土鹽礦物

同時含有氧化矽、氧化鋁的礦物原料大多是地殼的岩石類或由它們經風化作用衍生的礦物，是建築工業、陶瓷工業及耐火工業的主要原料來源。

2.2.3.1 黏土類（Clay）

黏土是人類最貼身、最常見也最重要的一種平凡物料，幾乎隨時都存在我們的腳下與周圍環境中，它就是「泥土」或「土壤」，自古人類就吟詩詠頌它，認定它與空氣和水都是生命的要素。但在礦物學上，「黏土」有比較嚴謹的定義和敘述的方式，缺少些許感性，它被視為一種礦物，或是數種含水的硅酸礬土鹽礦物的混合物。

黏土因產地、氣候、水文及風化過程之差異，即使是相同的母岩也有多種不同的性狀。從物理學的角度來說，黏土具有（1）可塑性（與適當量的水混合後呈現的性

質）（2）有微細的粒子，其粒徑常小於0.005毫米（5微米或5μ），一般認為在2微米左右（3）加熱時混入的水或濕氣會排出而乾燥固化。當依照要求做出各種形體，乾燥後會具有強度且不變形。經適當溫度煅燒後，更堅硬有如岩石。

黏土礦物能吸附一定量的正、負電荷的微粒（陽離子和陰離子），也能以不同形式吸附水分子，例如粒子間因毛細現象的附著水，在室溫或經稍許加熱就可以排出；其二是水也可能被吸附在礦物結構的表面，如蒙脫石（Montmorillonite）、皂土（Bentonite）；也能以結晶水或結構水的方式存在於結構層之間，或結晶格子的空隙中，使礦物結構含有氫氧基（OH⁻），當溫度升高到450℃以上就開始逐漸被釋放，此現象可從示差熱分析（Differential Thermal Analysis, DTA）過程中顯現。

黏土大量被使用為陶瓷器的坯土的成分，配釉用量雖較少，但屬於重要原料，可調整施釉及燒成性質。添加黏土的目的為：（1）增加釉泥漿的懸浮性；（2）施釉後增加釉層的乾燥附著力；（3）除長石外，當作釉中氧化鋁及矽酸的補充來源。

1. 黏土的形成與組成

通常黏土都是容易分散的微細顆粒之集合體，大量分布在各種沉積岩礦中，是組成地殼的重要成分。它們的原始產地是矽酸礬土鹽構成的母岩，經過漫長時間風化、水解（碳酸氣、熱水的作用）後所產生的礦物。由形成的原因及產生的狀態，黏土礦物大致可以分成三類。

（1）地表的岩石如火成花崗岩與石英粗面岩，經風化作用分解變質，或岩石因溫泉的熱水作用而分解生成黏土，在母岩附近形成礦床。此類型生成的黏土種類例如葉臘石、陶石、高嶺土等。常會夾雜從母岩分解剝落的長石及石英之殘餘碎屑。一般稱它為一次或原生黏土，如江西及朝鮮的高嶺土等。

（2）經風化後的黏土礦物，或經風化分解花崗岩生成的長石粉粒經由風飄或水流搬移遠離母岩，在低地或湖泊沈積。後者再經長久的水解與生物分解作用也生成黏土。因沈積的地點，有些黏土層中會夾雜多量的腐殖物，有如爛泥的外觀。有些經過長久壓迫而形成硬質的頁片狀。它被稱為沉積黏土或二次黏土。例如英國的球狀黏土、日本的木節黏土和蛙目黏土等。

（3）風化殘留礦床：花崗岩中屬於酸性岩石的偉晶花崗岩及石英斑岩，風化後可能因地下水變動的緣故，從地表上被移到地下。常含有較多未風化的長石顆粒，硫化鐵也較多。例如香港黑土等。

2. 主要黏土礦物

黏土礦的種類繁多，可以做為陶瓷器原料的黏土種類有：

（1）高嶺土族礦物（Kaolinite Group）

這一族的黏土品種最多，它們的地質狀況和黏土形成條件各不相同。真正純淨的高嶺土產量非常稀少。高嶺土是一種色白、高度耐火的原生黏土，直接由長石風化分解，存在於母岩附近。此種黏土的顆粒較大，可塑性較大多數的沈積黏土差，但因尚未被飄移受到污染，夾帶的氧化鐵等礦物性雜質較少。高嶺土中黏土的含量因風化的程度會有差異，礦物組成中，常同時有石英、長石及（或）微量的雲母共存。

單獨使用高嶺土製作陶瓷器時，因可塑性較差，耐火度又高（純高嶺土熔點達1800℃），不可能在陶瓷器燒成的溫度被應用，因此需要添加適量的物料，來調節可塑性和適度降低燒結或瓷化的的溫度。良質的高嶺土的化學組成例如【表2-1】。

（2）球狀黏土（Ball Clay）

是一種可塑性非常優秀的黏土。除了部份有機物外，它鮮少含有礦物性的雜質，是高嶺土及白瓷土外純度較高的黏土。

〔註2〕
華南理工大學出版社
劉康時：陶瓷工藝原
理，p18；1990年11月。
〔註3〕
窯業協會編：窯業工
業手冊 p197, 198。
1980 Feb. 01。

產地＼成分	SiO_2	Al_2O_3	Fe_2O_3	TiO_2	CaO	MgO	K_2O	Na O	Ig. loss
Cornwall（英）	46.54	38.08	0.68	0.05	0.14	0.23	1.30	0.06	12.7
Zettlitz（德）	46.85	38.02	0.88	0.25	0.65	0.15	0.40		12.63
Florida（美）	46.30	37.70	0.80	0.50	0.5	tr.	0.20		13.70
Georgia（美）	45.17	38.25	0.76	1.44	0.03	1.44	0.11	0.01	14.23
Santa（義）	60.00	28.10	0.94	--	0.24	tr.	1.60		8.24
韓國河東高嶺	46.32	38.54	0.55	--	0.60	0.31	0.04	0.18	13.50
香港 高嶺土	44.92	38.16	1.42	0.27	0.22	0.42	--	--	14.43
日本關白高嶺	43.37	39.70	0.75	--	0.66	tr.	0.11	0.19	15.15
景德鎮高嶺[註2]	47.28	37.41	0.78	--	0.36	0.10	2.51	0.23	12.03

【表2－1】數種出名產地的高嶺土族黏土的成分分析值[註3]

品質良好的球狀黏土的成分範圍[註4]是：

〔註4〕
窯業協會編：窯業工
業手冊 p198，1980
Feb. 01。

名稱＼成分	SiO_2	Al_2O_3	Fe_2O_3	CaO	MgO	K_2O	Na_2O	Ig. loss
球狀黏土	45~61	15~38	0.6~1.3	0~0.4	0~0.3	0.4~2.0	0~0.5	9~15

黏土中通常含有少量或最多到3~4%的碳，所以外觀呈現灰黑色。黏土的粒子非常細，200目的網篩幾乎都可通過。因可能含少量氧化鐵的緣故，上等黏土的呈色由白到乳黃色，較差的呈革黃色到氧化鐵含量多的褐色。球狀黏土的黏性過強，乾燥收縮大。它的燒成範圍很廣，適合當作結合材料，調配釉料，調合耐酸火石器坯土以及耐火材料的黏著材料。數種這類黏土的成分分析值有如下表：

〔註5〕
賀豫惠、林明卿、葉
相君、許進雄：苗栗
黏土礦的分布與陶業
性質研究；1996年，
台灣手工業研究所。
〔註6〕
窯業協會編：窯業工
業手冊 p200，198。
1980 Feb. 01。

產地＼成分	SiO_2	Al_2O_3	Fe_2O_3	TiO_2	CaO	MgO	K_2O	Na_2O	Ig. loss
p.k.黏土（英）	49.28	34.08	1.09	1.25	0.38	0.25	1.28	0.02	11.89
La Londe（法）	53.38	30.51	1.00	0.30	0.64	tr.	0.35	0.06	13.76
Kentucky（美）	51.88	32.42	1.03	1.37	--	0.56	0.38	0.45	11.59
Schio（義）	67.54	15.79	1.17	0.34	1.11	0.29	4.27		5.50
土歧口蛙目（日）	50.32	33.67	1.77	0.34	0.39	0.15	1.66		12.00
猿投木節（日）	49.31	31.20	1.66	--	0.55	0.13	0.78	0.36	16.12
山形縣皂土（日）	58.79	14.27	2.99	--	0.70	1.28	0.76	3.42	17.06
上福基黏土（台）[註5]	71.07	16.93	6.60	0.81	0.07	0.79	3.23	0.50	5.93

【表2－2】數種黏土的成分分析值[註6]

（3）皂土（膨潤土 Bentonite）

皂土來自火山凝灰岩或同質地帶的礦床經熱水變質產生，或由火山灰的玻璃質微粒風化、水和（Hydration）、蝕變形成的黏土，主要由以鈉離子為陽性交換離子所構成的蒙脫石類（Montmorillonite）晶質黏土礦物。它有兩種類型，含鈉質的皂土能吸收大量的水，體積膨漲至數倍或十數倍。陶瓷器工業使用它的

主要目的是增加可塑性及乾燥強度。水量夠多時，它很容易調成膠質狀、易懸浮的泥漿。釉泥漿調整時，1~3%左右的皂土能增加非塑性材料粒子的懸浮性，減緩沉澱的速率。但皂土的添加量越多，釉的物理化學性質將明顯改變，調釉時必須加以考慮。

3. 黏土中的雜質

　　理論上高嶺土及黏土的組成都是含水的矽酸礬土，但不論是原生的一次黏土或經過沖刷沉積的二次黏土，在形成過程中多少都會夾帶母岩附近或沉積地中存在的成分，影響黏土的性質及使用效果。調配坯土和釉藥時，黏土常存在的不純物是一項必須考慮的問題，有些不純物如未分解的長石或游離的矽酸，都可以計算為調配組合的一部份；那些常見的雜質如鐵、鈦的化合物，在配釉時，若經適當的調整，可能造就工藝釉藥額外的特色。但無色的製品，都要求鐵、鈦越少越好。雜質影響表現的結果將因下列因素而異：（1）不純物的性質；（2）不純物的含量；（3）黏土及不純物間因加熱而相互作用後生成物的性狀；（4）有色不純物的含量及其在釉中的呈色反應。

黏土中的主要不純物有：

（1）**游離無水矽酸**

　　　a. 石英及其他結晶狀態存在的矽酸

　　　b. 非晶質狀態的矽酸

　　　c. 膠質狀的矽酸

（2）**游離氧化鋁**

　　　長石、雲母、角閃石及其他礬土矽酸鹽等形成之時，會有某種含氧化鋁礦物例如水鋁氧石、鐵鋁氧石或游離氧化鋁夾雜在黏土中。

（3）**鹼金屬矽酸礬土鹽**

　　　這類雜質以長石、雲母等型態存在於黏土中，調配坯土時，對耐火度有影響，但對配釉的影響較小。

（4）**可溶性鹽**

　　　可溶性鹽例如：硫酸鈉、硫酸鉀、氯化鈉等，會影響黏土的耐火度。水溶性鹽類量多時，將使燒成前的陶瓷器物表面生成白色「浮渣」。

（5）**鐵化合物**

　　　黏土中的鐵成分大多以下列的形式存在：a. 游離的氧化鐵（Fe_2O_3）；b. 游離的氫氧化鐵（$Fe(OH)_3 \cdot nH_2O$）；c. 磁鐵礦（Fe_3O_4）；d. 游離的氧化亞鐵 FeO；e. 分別與矽酸或氧化鋁結合的複雜鐵鹽（$FeO \cdot SiO_2$）或（$FeO \cdot Al_2O_3$）；f. 碳酸鐵（$FeCO_3$）；g. 硫化鐵（FeS_2）；h. 磷酸鐵（$Fe_3(PO_4)_2 \cdot 8H_2O$）等。

　　　所有鐵化合物雜質都讓陶瓷器的坯面和釉層有下列明顯的外觀變化：a. 色澤的變化。b. 降低黏土的耐火度，尤其在還原性氣氛下燒成時，FeO是一種強力的媒熔劑。c. 可溶性鐵鹽會讓器物表面生成「浮渣」。

（6）**石灰化合物（有氧化鈣CaO成分的化合物）**

　　　玻璃和釉中都需要適當量氧化鈣或鈣的化合物。它的媒熔力強，對矽酸玻璃網

目具有明顯的修飾能力。它賦予熔融共熔物良好的流動性，影響冷卻後釉的理化性質。黏土中有雜質量的石灰對釉的性質並無影響。

（7）鎂、鋇化合物

通常以碳酸鹽或更複雜的鹽類存在於黏土中。和石灰成分一樣，會降低黏土的耐火度，但一般含量不多，影響釉中的結果並不明顯。

（8）鈦化合物

鈦化合物常以TiO_2的型態存在黏土中。當其含量達到2.5%或以上時，不論對調配坯土或釉都會使呈色有明顯的影響。

（9）錳化合物

除了呈色的問題外，錳化合物若以MnO存在時，在黏土中有媒熔劑的作用，對它的耐火度有明顯的下降。

（10）硫化物

黏土中存在的硫化物大多以可溶性硫酸鹽及/或硫化鐵、石膏較多。加熱時分解生成二氧化硫（SO_2）。釉燒過程中生成的氣體若來不及釋出將形成空泡，量多時呈現海綿狀的組織，或是在器物的表面產生「浮渣」。

2.2.3.2 長石類礦物（Feldspathic Minerals）

自然界的長石礦物分布廣泛，是最常見的矽酸礬土鹽礦物，估計地表露頭的長石佔有全部岩石的50%以上，它們風化後生成黏土。

長石族礦物通常是數種單一結晶相的固熔體，純長石化學組成成分的變化範圍有限：稱為（1）正長石的鉀鋁矽酸鹽（$K_2AlSi_3O_8$）；（2）鈉長石的鈉鋁矽酸鹽（$Na_2AlSi_3O_8$）及（3）灰長石的鈣鋁矽酸鹽（$CaAl_2Si_2O_8$）；而鋇長石（$BaAl_2Si_2O_8$）非常少見。

自然界幾乎沒有理論純粹的正長石或鈉長石礦物，都是上述三種長石夾雜多種其他物質的混合固熔體，主要礦物組成都介於鉀、鈉長石之間，有的鉀多、有的鈉多，或夾帶少許的鈣，甚至鋇、鍶等，組成的化學成分及結構非常複雜。

各種長石都由SiO_4和AlO_4四面體（在頂點有四個氧原子與中心的矽或鋁原子鍵接）所組成的三度空間結晶格架，每個相鄰的四面體之間共用1個氧原子，鉀、鈉、鈣等原子則填充在格子的空隙中。長石的複雜性是由於矽－鋁的比例，及它們在結晶格子中所佔的不同位置所造成。原來有秩序的排列會因加熱或被額外的化學物質侵入而改變，若將長石加熱至高溫，則軟化或熔化的作用將使結晶格子變化，形成隨機的、散亂無秩序的玻璃網目。溫度的高低和持溫時間將使軟化或熔化後的長石有不同的變化。在高溫時，通常它是均質的；而在冷卻過程中，就有可能因為液相分離作用成為至少二種成分以上的趨勢，生成不相混熔的連續性晶體。因此，含有長石的坯體和釉，於陶瓷器燒成後，有變化多端的釉色與質感的重要原因。

雜質很少的長石通常呈現半透明或乳白色外觀，含有不同的有色雜質時，會出現顏色，例如有鐵的時候，依含量而異，呈現淡黃色到淡褐色。

長石的種類繁多，是火成岩主要的成分。硬度為六左右，質脆容易劈開，剝面有玻

璃或珍珠光澤。比重2.5~2.7，呈黝白或淺粉褐色。理論的正長石及鈉長石之各成份百分
比如下表：

名稱＼成分	SiO₂	Al₂O₃	K₂O	Na₂O
正長石	64.75	18.34	16.91	--
鈉長石	68.70	19.47	--	11.83

【表2-3】 理論的正長石及鈉長石之各成分百分比

　　實際上長石礦物的組成上有其他成分，即使同一礦區，都可能有不同的夾雜物。下
表示幾個不同國度產地的長石分析值：

產地＼成分	SiO₂	Al₂O₃	Fe₂O₃	CaO	MgO	K₂O	Na₂O	Ig. loss
挪威	64.83	19.56	0.14	Tr.	0.38	13.00	2.12	--
中國	74.7	15.7	0.1	0.1	0.2	6.4		2.4
波西米亞	66.13	25.53	0.29	0.23	Tr.	4.72	3.10	--
日本加茂猿投	65.77	18.68	0.66	0.56	0.25	9.86	4.20	--
日本加茂太平	65.48	19.41	0.44	0.58	0.30	3.35	10.44	--
釜戶長石（台灣常用）[註7]	70.26	16.59	0.12	0.59	0.01	6.83	5.24	0.37
日化長石（台灣常用）	76.37	13.43	0.35	0.56	0.24	4.21	4.56	0.72
印度長石（台灣常用）	64.5	19.7	0.15	--	--	12.4	2.0	0.1
南非長石（台灣常用）	67.13	18.27	0.06	0.12	0.04	11.00	2.45	0.94
霞石正長石（台灣常用）	60.70	23.30	0.07	0.70	0.10	4.60	9.80	0.37

【表2－4】 數種產地的長石的成分分析值例[註8]

〔註7〕
昕美有限公司：陶瓷
材料手冊。
〔註8〕
五月書房：陶瓷器大
辭典 p594,595. 昭和
55年8月1日。

　　長石、陶石之外，有幾種含鋰矽酸礬土鹽礦物也是很有價值的調釉原料，它們除了
當作釉中氧化鋁及矽酸的補充成分外，將引進適量的氧化鋰（Li_2O）。（參考「含鋰的
化合物及礦物」）

2.2.4 鹼性（鹽基性）原料

　　鹼性的原料包括一價鹼金屬及二價鹼土金屬化合物或鹽，氧化物分別以R_2O和RO表
示。這類原料中的氧化物成分，在釉中扮演著媒熔劑的角色。

2.2.4.1鹼金屬原料

　　鹼金屬原料包括鋰、鈉、鉀等的氧化物、碳酸鹽、硫酸鹽、硝酸鹽、矽酸鹽等水溶
性的化合物及矽酸礬土鹽等非水溶性礦物。

　　水溶性的鹼金屬鹽通常都不直接添加於釉中，最好事先配合適當的安定劑或礦化劑
製成熔塊（玻料），假如為需要而添加少量的可溶性鹽，通常都是有特殊目的，例如改
善泥漿的性質或增進乾燥強度等。

　　鹼金屬氧化物具有類似的化學性質，但並不表示調配釉料時可以有完全的取代性。
它們除了具備強力的媒熔能力外，在釉中尚有：增加熔融釉的流動性；增加釉層的光折
射率與亮度；降低釉的耐化學侵蝕性、耐風化性、機械強度；影響呈色等優缺點。因
此，各種不同需求的釉料調配計算時，鹼金屬成份的含量也是一項考慮的重點。以下是
幾種調配釉料與熔塊常用的鹼金屬化合物之扼要說明。

第2章

1. 含鈉的化合物與礦物

所有鹼金屬鹽中，鈉的化合物最常被使用。它賦予釉有較大的熱膨脹係數；降低釉的拉伸強度（抗張強度）與彈性率，降低化學耐蝕性及耐磨耗性；但是極強烈的媒熔能力使得低溫到高溫釉都要用它。而且若干特殊呈色（例如有名的土耳其藍，是氧化銅呈色）的釉只會在高鈉的強鹽基環境才出現。

（1）食鹽（氯化鈉Sodium Chloride）

化學式為NaCl，自然界產量最豐富的鈉鹽。土器及硬質陶器燒成至高溫階段引進食鹽的蒸氣，可以達到施釉的目的，稱為「鹽釉」。製造熔塊時，利用氯化鐵低沸點易蒸發的性質，添加少量的食鹽有助於消褪微量氧化鐵的顏色。有時也會在合成煅製色料，被當作催化劑來使用。

（2）碳酸鈉（Sodium Carbonate）

有碳酸鈉（$NaCO_3 \cdot 10H_2O$）、蘇打灰（無水碳酸鈉、純鹼或燒鹼，$NaCO_3$）。是高純度、價廉的鈉鹽，它是製造玻璃和熔塊的主要原料。作為泥漿調整的解膠劑時，能改善泥漿的流變性質，有利注漿成形。

（3）硝酸鈉（Sodium Nitrate）

$NaNO_3$，是智利硝石（Chile saltpeter）的主要成分，化學工業用硝酸鈉的純度很高，但價格較昂；外觀是結晶性粉末。製造熔塊時被當作強力的氧化劑，但熔化的硝酸鈉對坩堝有強烈的腐蝕性，添加量必須嚴格計算控制。儲存硝酸鈉應該注意密封以避免因潮濕集結成硬塊。

（4）硼砂（Borax）

含水硼砂（$Na_2O \cdot 2B_2O_3 \cdot 10H_2O$），$Na_2O$ 16.3%、B_2O_3 36.5% 及結晶水47.2%，約735℃時結晶水全部被釋出成為無水硼砂。經此溫度煅燒的稱為熔融硼砂（Fused Borax），不同溫度煅燒將保留程度不同的結晶水，調配批料時必須注意正確含水量。

硼砂是釉藥的強力媒熔劑，能使釉的黏度降低，平復釉熔融前生成的裂痕或凹痕。此特性有利於改善高火度、高黏度瓷器釉面，但是添加量過多時，將使釉層產生針孔。

某些鮮豔色料如鉻錫紅的製造，被當作促進劑使用。

（5）普通玻璃（Cullet）

大型企業製造的平板玻璃及瓶玻璃具有接近$0.5Na_2O \cdot 0.5CaO \cdot SiO_2$的安定組成與不溶於水的性質。切割或破損的碎屑微粉碎物是價廉的熔塊料。但調製有玻璃粉的釉泥漿長時間放置時，因溶出過多鹼性成分，容易沉澱結成如水泥般硬塊，此缺點可以利用弱酸調整釉泥漿的pH值來防止。

（6）矽酸鈉（Sodium Silicate）

俗稱水玻璃的矽酸鈉依不同比例的Na_2O及SiO_2熔融製造的矽酸鈉鹽。其組成是$mNa_2O \cdot nSiO_2$，通常m＝3~1、n＝1~4；用途很廣，工業用的規格以無水偏矽酸鈉或結晶性的含水矽酸鈉（如$Na_2O \cdot SiO_2 \cdot 9H_2O$），當作鈉鹽的化工添加劑及無機黏著劑，不同組成的矽酸鈉對水有不同的的溶解度。陶瓷工業方面被當作電解質，使用於泥漿調整及釉料調配。

（7）冰晶石（Cryolite）

理論的組成為Na_3AlF_6，主要產地為格陵蘭。是強力媒熔劑與乳濁劑。不直接使用於調配釉料，製作熔塊及琺瑯釉時有其功用。

（8）鈉長石（Soda Feldspar，Albite）

化學式為$Na_2O \cdot Al_2O_3 \cdot 6SiO_2$，理論的組成是$Na_2O$ 11.83%，Al_2O_3 19.47%，SiO_2 68.70%，自然界無純粹游離的礦物產出者，須精細選別才能夠獲得。調配釉藥時當作熔劑用，使用量影響釉的熟成溫度。與鉀長石相比，較容易熔化，但釉面的光澤度較差。

長石是非可塑的瘠性原料，對釉泥漿的稠度影響很大。長時間濕式球磨或過度粉碎的長石於調成釉泥漿數小時後，會在水溶液中釋出鹼，嚴重影響釉漿的性質。施釉時鹼性的水分被坏體吸收，會改變釉及坏的組成。

長石熔融時，和釉中其他成分反應形成的玻璃相物質，影響各種化學的與機械的性質。單獨將長石燒到熔融時，不容易獲得光滑平整的表面，卻很容易出現氣泡。

鈉長石常與鉀長石一起共生，也常夾帶游離石英、氧化鐵及微量的石灰、鎂化合物等雜質。台灣常用的長石分析值參考表2－4。

2. 含鉀的化合物與礦物

鉀化合物的化學性質與鈉化合物類似。但熔融的現象和形成釉後的性質卻相異，置換量少時影響不大，但以等當量的鉀取代鈉的時候，釉的光澤度增加、熱膨脹係數降低。色釉調整時，鉀、鈉的置換量較多時，必須注意呈色將引起變化。

（1）碳酸鉀（Potassium Carbonate，KCO_3）

具潮解性、易溶於水的高純度碳酸鹽，陶瓷器多使用於熔塊製造，價較昂貴。

（2）硝酸鉀（Potassium Nitrate；Saltpeter）

是熔塊製造使用的強氧化劑，通常以價廉的硝酸鈉或硝石代用。

（3）鉀長石（Potash Feldspar，Orthoclase）

礦物學稱為正長石或微斜長石的結晶形矽酸礬土鹽，化學式為$K_2O \cdot Al_2O_3 \cdot 6SiO_2$，理論組成是$K_2O$ 16.91%，Al_2O_3 18.34%，SiO_2 64.75%，和鈉長石一樣，沒有純粹的游離礦物存在。

與鈉長石相似，鉀長石大都夾帶其他長石類與石英。鉀、鈉較多的長石其熔點不高，是調配釉料的主要原料。假如長石夾帶較多石英，如中國的瓷石（石英多），英國的康瓦爾陶石（長石多），日本的砂婆（長石多）等，經過磁選機脫鐵去雲母後，是調配白色瓷器坏土及化粧土的重要成分。

長石加石英的石灰透明釉的熔點高、黏度大，施於青花釉下彩繪時，不會有溶解彩料使其暈開的缺點。

3. 含鋰的化合物及礦物

鋰化合物的價格都較昂貴，但因其在釉中的諸多優點，也常被廣泛運用，它是與鉀、鈉相似的強力媒熔劑。理論上，鋰元素的原子量比鉀、鈉小很多，以重量比來計算，雖然氧化鋰自身的熔點高達1427℃，它的媒熔能力是鉀、鈉的3~5倍。一般狀況下，釉中額外添加約0.5%碳酸鋰，就能感到釉流動性的變化，約3%效果獲

得更明顯。例如它能讓釉的熱膨脹係數降低；釉的熔點降低、流動性增加、減少釉的表面張力，消除可能生成的針孔，意味著可適度縮短燒成和熟成時間。

　　普通的石灰長石釉中若添加適量的鋰化合物，除了可增進光澤度、機械強度外，對耐酸、耐化學侵蝕性質也甚有長進，製造建築用外裝的瓷磚時，可改善對天候的抵抗力，提升建材的耐久性。

　　使用含鋰的化合物或礦物來修飾釉的組合，也可以增進耐熱衝擊能力，例如用於高週波滑石質瓷器，以約20%的鋰輝石取代部分長石，製品的品質將獲得改善；降低熱膨脹係數可防止釉開片；對於不適合添加氧化鋅的鉻綠、鉻錫紅釉，能顯著地促進其發色；在鹼性環境的低溫銅釉，氧化鋰能進一步呈現安定的藍色調。
含鋰的原料有碳酸鹽及矽酸礬土鹽，略說明如下。

（1）碳酸鋰（Lithium Carbonate，Li_2CO_3）

溶解度隨溫度上升而下降的微溶於水白色結晶質粉末，添加於釉中與鉀、鈉同時共熔於玻璃相中。以碳酸鋰部分取代鉛釉中的氧化鉛時，在SK2（1120℃）以上能有效防止鉛過度揮發。

陶藝釉方面，添加5%以上的碳酸鋰時，釉面將出現白色纖維狀的條紋，特別在以鐵、錳著色的坏土上，更加能獲得工藝效果。但添加量高達鹽基成分總量的一半以上時，將逐漸形成鹽基性無光釉。

（2）葉長石（Petalite）

理論組成 $Li_2O \cdot Al_2O_3 \cdot 8SiO_2$。葉長石的耐火度比鉀、鈉長石高，可達SK15（1435℃），鉀鈉的含量很少，Li_2O含量約4~5%，釉料中添加葉長石，將同時引進部分矽酸及氧化鋁。

釉中有葉長石時，釉的性質會有如添加碳酸鋰的效果。

（3）鋰輝石（Spodumene）

理論組成 $Li_2O \cdot Al_2O_3 \cdot 4SiO_2$（或 $Li Al(SiO_3)_2$）。Li_2O含量高達8%，市販的商品也都在6%以上，耐火度比普通長石高，達SK13（1380℃）。和葉長石相似，陶瓷器釉可加入鋰輝石，特殊瓷器釉也用它來表現額外的效果。

（4）鋰雲母（Lepidolite）

理論組成 $LiF \cdot KF \cdot Al_2O_3 \cdot 3SiO_2$（或 $KLi_2Al(Al, Si)3O10(F,OH)_2$）。$Li_2O$含量約3~4%，因為含有KF成分，鋰雲母通常與硼酸鈣、碳酸鋰搭配調製低溫釉，對中、低溫銅釉發色有幫助。

（5）磷鋰石（Amblygonite）

理論組成 $Li_2O \cdot AlF \cdot P_2O_5$（或（Li, Na）$AlPO_4$（F,OH）），礦物中$Li_2O$的含量在8%以上，能促進釉的熔融速率並增進光澤。因為含多量磷酸及氟，可利用調配乳濁釉。

礦物	Li_2O	K_2O	Na_2O	SiO_2	Al_2O_3	$FeMnO_2$	P_2O_3	Ca,MgO	F	Ig loss
葉長石	4.49	0.39	0.16	76.16	17.21	0.18	--	0.45	0.11	0.80
鋰雲母	4.65	10.33	0.13	52.89	26.77	0.78	--	1.23	3.68	0.66
鋰輝石	6.78	0.69	0.46	62.91	28.42	0.53	--	0.24	--	0.28
磷鋰石	8.48	0.30	1.63	5.16	22.96	0.18	54.42	0.15	2.67	4.08

【表2-5】 鋰矽酸礬土鹽礦物商品的成分分析值[註9]

〔註9〕
素木洋一：釉及其顏料：p 55；1981 Jan. 31；技報堂。

商品名稱	SiO$_2$	Al$_2$O$_3$	Fe$_2$O$_3$	CaO	MgO	Li$_2$O	K$_2$O	Na$_2$O	Ig. loss
葉長石A38	78.0	16.0	0.1	0.3	0.1	4.0	0.5	0.6	0.3
鋰輝石T38	64.0	27.0	0.3	0.2	0.1	7.3	0.1	0.4	0.7

【表2-6】 鋰矽酸礬土鹽礦物商品的成分分析值[註10]

〔註10〕
昕美有限公司：陶瓷材料手冊。

2.2.4.2 鹼土金屬原料

鹼土金屬元素鈹（Be）、鎂（Mg）、鈣（Ca）、鍶（Sr）、鋇（Ba）、鐳（Ra）等，和非金屬元素結合生成各種化合物及鹽類，自然界大多以碳酸鹽、硫酸鹽及矽酸鹽礦物存在。調配釉料最常用的是含鈣、鎂的鹽，如碳酸鈣、硫酸鈣、石灰石、白雲石、矽灰石、滑石等；鍶及鋇的化合物較少，如重晶石、毒重石，而且大多使用工業提純的碳酸鹽。

添加或存在於釉中的鹼金屬土化合物，通常石灰比其他的成分多，它是鹼金屬化合物外主要的媒熔劑。其他鹼土化合物會適量引入，改善或修飾釉的性質，多量使用時將會明顯讓釉發生不同的變化，下面將陸續說明。

1. 含CaO 的原料

氧化鈣是900℃以上的釉的重要原料之一，更是高溫瓷器釉不可缺少的。自然界含石灰化合物的礦物所在多有，採掘及加工都很方便，甚至高純度的礦物也容易獲得，非僅化工合成的而已。兩者相比較，化工碳酸鈣的純度較高，比重較輕，粒度較小，在泥漿中的懸浮性較佳。

純粹氧化鈣的熔點達2570℃，耐火度非常高，當作中、高溫釉的媒熔劑時，含有量一般都在20%以下。假如希望釉更容易熔化或降低它的熔點，還須額外添加其他如鉛、鋅、硼等化合物或含有這些化合物的鈉、鉀的熔塊。調配釉可以直接使用含鈣的礦物、化合物或熔塊製備的原料，或將它們作為研磨添加物。

在熔融的釉中，CaO的含量會影響熔體的黏滯度；或當含量固定時，相同的釉在較高溫，熔體的流動性增加。但當含量過高時，因調合物的耐火度增加反而使釉的熔點升高不容易熟成。在釉調和組成中，於早期加熱階段就開始和其他成份如黏土、石英及長石有初步反應，然後在較高溫的階段表現媒熔的能力。

釉中氧化鈣的成分比例範圍很廣，一般含鈣量適當的基礎釉是透明光量的，與其他鹼土金屬氧化物不同，CaO雖然也會讓釉面有明亮的光澤度，但對光的折射率變化影響不大。但當CaO的組成比例增加，或釉在熔融狀態時維持溫度的時間較長、或冷卻速率太慢等可變因素，很容易從釉的玻璃相中析出微細的晶體。通常生成的晶體多數為灰長石（Anorthite CaAlSi$_2$O$_8$）和矽灰石（CaSiO$_3$），它們都可能讓釉出現失透（Devitrification）、甚至無光的現象[註11]。

〔註11〕
H.E. Wilson: Matt glazes and the lime-alumina-silica system. Bull. Amer. Ceram. Soc., 18(12)447－454(1939).

綜合來說，除了調配釉料使用氧化鈣的必要性外，假如調和量及燒成的方式適當，CaO成分將使釉具有以下的優點：（1）增加釉的硬度及耐磨耗性；（2）增加釉的耐風化性與耐水解性，能增加對一般有機酸的耐蝕性；（3）降低釉的熱膨脹係數，防止釉層龜裂；（4）增進釉的拉伸強度與彎曲強度。

對於釉上彩裝飾的釉，適量添加的氧化鈣能在彩燒的溫度範圍賦予釉面較低的黏滯度，也就是有較佳的軟化度，軟化會使彩料與釉容易結合。以下是一些調配釉料時常用的、含CaO的礦物及化工原料。

（1）沉澱碳酸鈣（Precipitated Calcium Carbonate）

利用碳酸離子參與反應，使生成物沉澱後獲得碳酸鈣。工業的方法是將CO_2氣體通入石灰乳液中產生化學作用，得到平均粒徑約1~3μm膠質狀碳酸鈣，通常是水處理工業的副產品。

（2）石灰石（Limestone）

陶瓷工業都將含有豐富碳酸鈣的岩石類礦物稱為石灰岩，由方解石（Calcite）所構成的天然碳酸鈣是最常見的形式，也是分布最廣泛的石灰礦物。億萬年來地表及其附近的溫度與壓力變化，使碳酸鈣以方解石穩定的型態構成石灰岩及大理石。但大理石中常有侵入性的雜質如石英顆粒，鐵、鉀、鈉、鎂等的矽酸鹽，是不常被使用作為釉的原料的。

加熱過程中，碳酸鈣和石灰石都會在825℃時開始分解，釋出CO_2，約950℃反應劇烈進行。因從開始到完全分解都在較高的溫度進行，低溫釉中石灰石含量多的時候，容易殘留未及脫離的CO_2所生成的氣泡。

（3）白堊（Chalk）

這是海洋中含豐富碳酸鈣的微生物之殘留遺體所組成的沉積岩，粒子非常微細，質地鬆軟易碎，雖然CaO_3含量也高75%以上，但使用為調釉的原料並不普遍。

（4）鈣白（Whiting）

經過選礦分級後的高純度石灰石，或含有額外碳酸鹽礦物原料，或由化學沉澱的碳酸化合物等的微粉碎物，鈣白是這些碳酸鈣含量高的商品名稱之一。它們的等級都以含純碳酸鹽的百分比為依據，例如含$CaCO_3$，$MgCO_3$之全碳酸鹽的含量為：

・一級品：全碳酸鹽97%；$CaCO_3$最少96%、$MgCO_3$最多2%；

・二級品：全碳酸鹽97%；$CaCO_3$最少89%、$MgCO_3$最多8%；

碳酸鹽變化量穩定在1%以下，SiO_2在0.5%以下。沒有其他有色雜質如硫化鐵、含鐵硅酸鹽礦物及石膏等最佳[註12]。

〔註12〕
素木洋一：釉及其顏料：p 59；1981 Jan. 31（ASTM標準）技報堂。

（5）白雲石（Dolomite）

自然界產量豐富含碳酸鈣及碳酸鎂的複鹽。理論化學式為$CaCO_3 \cdot MgCO_3$，分別含有46及54%的鈣、鎂碳酸鹽，是陶瓷器坏體和釉藥調配時CaO與MgO廉價的來源。添加白雲石於釉中，就同時引入CaO與MgO，能有效降低釉的熱膨脹係數，可防止釉層開片。

〔註13〕
R^{2+}可以是鈣、鎂、鐵或錳等2價陽離子；R^{3+}可以是鋁、鐵、鉻、錳等三價陽離子

（6）矽灰石（Wollastonite）

針狀結晶的矽灰石（$CaSiO_3$），常與其他含鈣的矽酸鹽礦物如透輝石（Ca(Mg, Fe)Si_2O_6）、透閃石（$2CaO \cdot 5MgO \cdot 8SiO_2 \cdot H_2O$）、石榴石（$R^{2+}$)$_3$,($R^{3+}$)$_2$($SiO_4$)$_3$[註13]一起存在變質石灰岩中，是一種溶解度很低的鹽。它是所有鹼土矽酸鹽中熔點最低的，製造瓷磚、絕緣體及釉藥都會用到。用矽灰石調配釉料，比以石灰石獲得CaO結合SiO_2有相當大的差異，釉色及質感的效果更佳，最重要的是使釉層內的微細氣泡和釉面的針孔明顯降低。

矽灰石理論的化學組成為CaO 48.3%、SiO_2 51.7%，但礦物中通常都含有一些氧化鎂，少量的氧化鋁和微量的氧化鐵。矽灰石最大的缺點就是微粉碎相當困難。

（7）磷酸鈣（Calcium Phosphate，$Ca_3(PO_4)_2$）

以磷酸鈣為主成分的骨灰（Bone Ash）或磷灰石（Apatite），是骨灰瓷器的主要原料。調配釉料時同時可獲得石灰和磷酸。

骨灰的來源為有蹄動物（主要為牛）的骨骼，先在沸水中蒸煮脫脂，乾燥後置於排煙良好的窯爐在850~900℃的高溫煅燒，再研磨粉碎、水洗、脫鐵、乾燥後包裝備用。高品質的骨灰含磷酸鈣在96%以上【表2-7】。

磷灰石是化學成分與骨灰類似的天然磷酸鈣礦物，通常以含氟及氯的氯、氟磷灰石（$Ca_5(PO_4)_3F$）綜合磷酸鹽較多。雖然可以代替骨灰調配骨灰瓷的坏土，但因為含有氟，燒成時坏體結構變形度大，也容易出現針孔或氣泡。

名稱＼成分	SiO_2	Al_2O_3	Fe_2O_3	CaO	MgO	K_2O	Na_2O	P_2O_5	F
磷灰石	0.06	0.72		55.7	0.20	0.80		39.24	3.10
磷酸鈣	0.05	0.05	--	54.6	2.00	0.03	0.87	42.4	--
骨 灰	0.51	0.27	0.06	53.8	1.10	0.02	0.63	42.5	--

【表2-7】 工業磷酸鈣和骨灰的成分分析值[註14]

〔註14〕
昕美有限公司：陶瓷材料手冊。

調配釉引進磷酸鈣或骨灰，能增加釉的光澤度、柔和感，於某些色釉如銅赤釉、鐵紅釉，磷酸能促進其發色；但添加過多則容易出現氣泡及針孔，也容易使釉因難熔而失去光澤。

（8）氟化鈣（Calcium Fluoride, CaF_2）

自然界以螢石礦產出，純度可高達98%以上，一般85~98% 為之間。和所有氟化物相似，適合當作琺瑯釉的乳濁劑。氟化鈣容易分解釋出氟，與矽酸化合生成SiF_4揮發積存釉內形成氣泡。

氟化鈣的媒熔能力在熔融的初期表現得最活潑，若將少量氟化鈣取代釉中碳酸鈣，燒成後釉的光澤度會增加，色釉中的發色氧化物較易熔化使呈色均勻。以碳酸鍶取代氧化鉛調配無鉛釉時，若與氟化鈣混合使用，效果會更佳。不論陶器釉或琺瑯釉用，都先製成熔塊。

可以在石灰－鉻釉中呈現美麗黃綠色的「維多利亞綠色」（Victoria green）顏料，就是以氟化鈣及氯化鈣為促進劑製造的果綠色顏料$3CaO \cdot Cr_2O_3 \cdot 3SiO_2$。

（9）氯化鈣（Calcium Chloride, $CaCl_2$）

氯化鈣不用來配釉，但它以凝膠劑的角色被用來調整釉泥漿的稠度，讓釉能均勻覆蓋在坏面。

2. 含氧化鎂（MgO）的原料

良好的釉尚需要一些氧化鎂來改善石灰長石釉的性質。純氧化鎂的熔點非常高，但適量使用可以在高溫階段表現優異的媒熔能力，適度降低釉的流動性，機械性質比其他鹼土類有明顯有利的影響。比起其他鹽基類熔劑，含MgO的釉的膨脹係數較低，而機械性質則與鹼金屬氧化物相似。正常調配釉料時，使用量比CaO少，尤其在低溫釉，添加量一般為0.1mol.以下或根本不用。

由於耐火度高、難熔的緣故，多量的MgO將在釉內懸浮或形成或促進生成晶體，使釉面成為半無光或完全無光的性狀。至於能夠完全熔融的釉，多少才是適當的氧化鎂添加量，與釉中其他熔劑的種類有關，例如高火度的石灰瓷器釉，MgO用

量可達0.3 mol.；含鋅的布利司托釉用量約0.2~0.3 mol.；含鉛、硼的陶器釉，添加量在0.1~0.2 mol.之間。

　　含有氧化鎂的釉熔融時，表面張力大，利用此物理性能在陶藝釉表現別緻的工藝效果。例如先在陶瓷器的坯面塗佈光澤色釉，然後全面噴施一層高表面張力的釉，燒成熔融之際，外層釉的拉伸張力將下層的色釉拉扯，形成厚薄不均勻的色釉層，在釉面呈現另類的裝飾形式。

　　調製色釉中有MgO時，發色金屬氧化物如氧化鐵等在玻璃相中的溶解度會降低，呈色與氧化鐵在僅有CaO的釉差異甚大。陶藝界大家都喜愛的蕎麥釉（茶葉末），就是在這樣的環境析出的鐵著色透輝石晶體。氧化鈷在含鎂的釉內，容易呈現紫色調，在MgO高達0.3 mol.以上的高溫釉中，隨著氧化鈷的量增加，顏色逐漸呈現紫紅，變化燒成的程序甚至出現結晶性的紫紅斑（參閱p259及p265作品圖）。

　　氧化鎂存在地殼岩石中，很容易以雜質的成分隨同長石、石灰石、黏土等一起被引進釉中，但數量遠比CaO少。近代調配釉是特意引進經過計算量的MgO到釉中，目的是讓MgO賦予釉各種優越的性質及特殊的呈色效果，讓釉面的性狀與質感以及機械的性質等都能達到要求的品質。有多種含氧化鎂的化工原料與礦物都能滿足釉藥的設計，不同形式的原料以其獨特的性質呈現多變化的釉。以下為調配釉料較常用的數種含鎂的原料

（1）**碳酸鎂**（Magnesium Carbonate）、**菱鎂礦**（菱苦土，Magnesite）

　　主要成分為$MgCO_3$，理論的化學組成為MgO 47.8%、CO_2 52.2%。與碳酸鈣相似，但僅加熱至400℃時就開始解離生成MgO，釋出CO_2。850℃左右分解急速，到1100℃附近反應才全部結束。

　　·碳酸鎂：
　　化工提純的碳酸鎂來源有二，其一為將硫酸鎂和碳酸鈉的水溶液混合使沉澱得到碳酸鎂；其二為利用海水中溶解量非常豐富的氯化鎂（精製海水食鹽的副產品）與碳酸鈉的水溶液，混合使沉澱獲得。這類碳酸鎂其實是鹽基式的水合碳酸鎂（$3MgCO_3 \cdot Mg(OH)_2 \cdot 3H_2O$），質地蓬鬆、比重很小，用來調釉可以增加釉泥漿的懸浮性，但量多時反而使釉漿喪失良好的流動性。

　　·菱鎂礦：
　　屬於碳酸鹽礦物方解石族，由富鎂岩石蝕變或含鎂的熱液作用（Hydrothermal processes）於方解石形成。比重較大，但通常夾帶其他岩石礦物和鐵的化合物，純度較低。

（2）**白雲石**（參考含CaO的原料）

（3）**滑石**（Talc）

　　天然產的滑石是單斜晶系葉片層狀的含水矽酸鎂礦物。化學式為$3MgO \cdot 4SiO_2 \cdot H_2O$；理論組成為MgO 31.90%，$SiO_2$ 63.40%，H_2O 4.70%。主要來源為橄欖岩變質生成，常與蛇紋石（$9MgO \cdot 3Al_2O_3 \cdot 5SiO_2 \cdot 8H_2O$）、透閃石、綠泥石（$3MgO \cdot 4SiO_2 \cdot H_2O$）、菱苦土及白雲石等礦物共生，化學成分組成相當複雜，因此不容易獲得純淨的滑石。高純度品質優秀的滑石是製造高級低損失電氣絕緣器的重要原料。

滑石結晶層間結構非常脆弱，極容易撕裂移動，這是它所具有滑膩質感的主因。滑石原礦的粉末加熱到800℃開始脫水，到1000℃左右結晶水則完全被排除，層狀結構轉變成為鏈狀的「頑火輝石」，喪失滑膩的性質。

使用滑石調配釉藥並不將它當作氧化鎂的全部來源，但是可以當做無鈣時氧化鎂的主要來源之一。適量添加滑石，能有效降低釉的膨脹係數；若坏體中加入不超過2%，在相同的燒成溫度並不會改變胚體的氣孔率，但是能減低它的吸水膨脹性，因此可防止釉層龜裂。

無色透明釉添加少量滑石，能增進白度，尤其在還原燒更明顯。但添加量達到8~20%時，隨添加量增加光澤度逐漸減少，最後形成無光釉。

3. 含氧化鍶（SrO）的原料

碳酸鍶（Strontium Carbonate，$SrCO_3$）是二次世界大戰後，才較普遍被採用的釉媒熔劑，尤其當需要控制結晶性質時，搭配鈣及鋇化合物來調配釉料更能獲得有效的結果。

和氧化鋇比較，有氧化鍶的釉更容易熔融，光澤度更佳。調配低火度光亮釉時，即使燒成溫度僅1150℃，也會有坏－釉的中間層形成，也可改善鉛釉或鋅釉耐化學侵蝕性。在含高硫份的窯室氣氛中燒成，可利用添加碳酸鍶來消除鋇釉表面的組織缺陷，消除硫斑，使釉面平整光滑。

與CaO同時使用調釉時，碳酸鍶的量及燒成的程序必須注意，因為結晶性的物質將因有SrO而容易形成。

超強的媒熔能力讓生產日用瓷工廠可以利用鍶化合物調配遠離鉛和鋅釉的毒性，近代已經有人研究出無鉛無鋅的釉，燒成的範圍從800到1300℃的都有[註15]。

鈣、鋇、鍶這三種元素的化合物，例如其碳酸鹽及硫酸鹽，都具有類似的性質，也都有相當的商業價值。純粹硫酸鹽如重晶石（Barite, $BaSO_4$）、硬石膏（Anhydrite, $CaSO_4$）、天青石（Celestite, $SrSO_4$）等都是無色或白色的晶形礦物，但並不直接當作釉的原料，燒製熔塊時會適量添加。配釉都使用碳酸鹽。

天青石礦的主要成分是硫酸鍶，用來提煉鍶化合物或鍶鹽，不用於配釉，僅少量添加在燒製熔塊的批料中。

菱鍶礦（Strontianite）的主成分是碳酸鍶，礦石經過提純後，才以$SrCO_3$用於配釉或熔塊製造。雖然碳酸鍶微溶於水，但還是可以直接配成生釉及當作研磨添加料。它沒有毒性，這點和$BaCO_3$不同。

碳酸鍶的商品價格雖較昂貴，但它具備下列的特性仍然值得用來調配釉藥。

（1）取代氧化鉛製備餐飲用陶瓷器的無鉛釉。熔融時流動性比鉛釉低；燒成後一樣具有光澤明亮的外觀而無鉛溶出的問題。

（2）取代部分或全部氧化鋅時，可以獲得鋅釉相似的結果。

（3）取代部分或全部氧化鈣時，釉的性質變化不大，但熟成的溫度範圍較廣，釉面的平整度及光澤度都增加。

（4）碳酸鍶釉和鋇釉有相似的熔融性質，但熱膨脹係數較低，可以有效改善釉面開片的困擾。

（5）添加鍶化合物的釉對色釉及釉下彩色料等發色劑呈色影響很小。

[註15]
Gray, T.J. "Strontium glazes and pig-ments", Bull. Amer. Soc. 58, 768-770(1979).

4. 含氧化鋇的原料

氧化鋇和氧化鍶類似，在高溫也是具強力媒溶能力的鹼土金屬氧化物，在釉中它的功能與氧化鈣相似，但含鋇的玻璃相其折光率較大，熱膨脹係數也較高。溫度低時氧化鋇的媒溶能力很差，因此不會使用於調配低溫釉。

添加在釉中的鋇化合物達到某程度時，很容易使釉面呈現無光，近代陶藝或生活陶用品製造時，普遍被應用調配無光釉，但是在硼釉中不會呈現無光。鋇無光釉的質感細緻柔和，使人賞心悅目；但假如過量添加，將出現枯澀粗糙的外觀，而且容易被油漬甚至汗水所污損，不易擦拭乾淨。

高溫燒成的銅、鐵等色釉，添加碳酸鋇能促進發色，尤其在含鐵較少的青瓷釉，銅藍及銅紅釉，表現更加明顯。有一個含鋇及硼的美國專利熔塊「Babosil frit」配方[註16]，其組成為：$0.06\,K_2O$、$0.50\,Na_2O$、$0.43\,BaO$、$0.125\,Al_2O_3$、$0.68\,B_2O_3$、$2.45\,SiO_2$，適合調配燒出漂亮土耳其藍色和赤紅色的銅釉。

調釉用的鋇碳酸鹽是由毒重石（碳酸鋇為主成分）或重晶石還原再經碳酸氣體在水溶液中沉澱獲得，過程有瑕疵者可能夾帶硫化物。使用事先燒製的含鋇熔塊，比直接以碳酸鋇調配生料釉，燒成過程與結果都較佳。

[註16]
技報堂：素木洋一
釉及其顏料：p 617；
1981 Jan. 31。

2.2.5 鋅化合物

鋅（Zn）是週期表中第四週期、第二族B屬的元素，也是一種過渡金屬於元素。氧化鋅（ZnO）分子量為81.4的白色粉末，在釉的原料系統中，和石灰一樣，氧化鋅被歸類於鹼土金屬氧化物。

自然界含高純度氧化鋅的礦物非常稀少，幾乎都是化工製品，純度可高達98%以上。20世紀後，常被用在陶瓷釉藥的調配，外觀是微黃或白色粉末，稱為鋅氧粉或亞鉛華。燒結的溫度約在1100~1200℃之間，它不熔化，在常壓加熱至1720℃時直接昇華汽化。由於其在中、高溫時的媒熔效果，除了含Cr_2O_3的色釉外，1050℃以上熟成的釉都可添加，用量雖少，助熔的能力卻很明顯，而熔融時釉的黏性也不因添加量而降低，也就是說以氧化鋅代替某些媒熔劑時，可以增廣燒成的溫度範圍，以及改善發色團的呈色效果。但是在高溫下，釉的黏性急速降低，釉方的配合必須作適當調整。

石灰鹼釉中，若添加氧化鋅，會降低釉的熱膨脹係數，提高它的彈性率，有效防止釉面龜裂，加強化學安定性。

氧化鋅的添加量達到某程度後（通常為5%以上，稱為『Bristol釉』），釉的覆蓋力逐漸增加。氧化鋅本身的乳濁能力不強，但卻能促進乳濁並增進安定性，增進白度和乳濁度。尤其當與鈦白合用，於高溫時將會結合生成不易熔解的$ZnO \cdot TiO_2$「反式尖晶石型結構（Inverse Spinel Structure）」，提高釉的白度、光澤度，或穩定色釉的呈色。但是對於熔融狀態良好的色釉，氧化鋅讓深色的鐵釉如天目或鐵紅釉發色不雅，釉面呈現晦澀黯淡的結果。

當ZnO添加量增加到某程度時，逐漸使釉變成不透明然後無光。一般透明釉中，當ZnO的添加量有25% 時就變為無光。以ZnO燒製無光釉，最好先將ZnO與瓷土混合煅燒

成容易掌控的無光劑，若額外添加TiO_2及SnO_2，釉面將出現大量的微細晶體使無光的質感比單獨使用氧化鋅時更加細緻。

假如釉組成及燒成條件適當，高量ZnO將生成鋅結晶釉。因為氧化鋅是一種析晶能力甚強的結晶劑，於緩慢冷卻時，會從過飽和的釉熔液中析出矽酸鋅（$ZnSiO_4$）晶體，假如釉顏料或發色劑聚集，在控制下可獲得優異的裝飾效果。

低溫鉛釉或硼釉也可利用ZnO來獲得乳濁性。硼釉中，多量的ZnO將會在釉表面有生絲般的光澤。

化工製造的氧化鋅會因為加熱而收縮，生料釉升溫過程中，將因此收縮而龜裂，燒成後形成跳釉或釉蜷縮，事先在其燒結溫度附近煅燒，就可以防止。

在含ZnO的釉中添加發色劑，呈色可能會有不同程度的影響，例如：

1. 鎳化合物為發色劑的釉，ZnO當量超過0.4 mol.時，高溫燒成將會得到冷青色或海藍色；而若低於0.4 mol. 時，將會得到帶淡紅的桃花色調。
2. 石灰鋅釉中添加氧化鎳時，有較多的機會得到似樹葉的綠色。
3. 添加Cr_2O_3的綠釉中有ZnO時，隨著量的增加，顏色逐漸變淡以致灰色，然後出現完全走調難看的顏色。
4. ZnO會給含有鈷藍釉的發色呈現紫色調或紫色的影子。
5. 含鐵的釉會有暗赤褐色調出現。
6. 低溫鉻紅釉或高溫的鉻錫紅釉，混入ZnO時，紅色就會被破壞。
7. 過剩的ZnO有機會在釉中形成結晶，發色劑是鈷化合物時，析出結晶的現象更明顯。

鋅化合物對人體的毒性到如今已經受到理解，雖然並沒有像鉛一樣有明確的規範，但還是需要注意釉及琺瑯中鋅溶出的問題。琺瑯彩色鍋與餐飲陶瓷釉調配最好避免添加鋅化合物。

2.2.6 鈦化合物（參考第2.3.7節）

2.2.7 錫化合物（參考第2.3.10 節）

2.2.8 鋯化合物（參考第2.3.11節）

2.2.9 鉛化合物

主要的鉛化合物有氧化鉛和碳酸鹽，非常容易與矽酸及硼酸化合形成低熔融的玻璃，廣泛應用於調配釉料。依鉛化合物的添加量，熔融的鉛矽酸鹽玻璃具有以下的特徵與要求。

1. 熔融的溫度隨著鉛含量增加而降低。
2. 熔融狀態時，鉛使黏度下降，表面張力降低，釉面更容易均勻平整。
3. 玻璃化的程度與鉛含量成正比。

4. 高折射率使光澤度增加。

5. 與含高鹼的玻璃相比較，熱膨脹係數相對的低。

6. 玻璃質物體的拉伸強度增加，較不容易折斷。

7. 增廣熔融的溫度範圍，既調合時秤量精確度的影響較小。

8. 降低熔融物的失透性，也就是透明性得以維持。

9. 含鉛的釉更容易將釉中的發色劑及顏料熔解，對呈色有相當影響。

10. 由於鉛的毒性，用量必須限制，最好使用鉛熔塊而非生鉛。

11. 餐飲用含鉛陶瓷器釉，必須使用正確配方，才能消除鉛溶出的問題。

12. 含高鉛的矽酸鹽玻璃長期暴露大氣中，常因受侵蝕生成薄膜而黯淡無光。

13. 生鉛釉燒成中容易被還原析出金屬鉛，使呈色晦暗或呈灰黑色。

14. 釉面的耐磨耗性將因鉛含量增加而降低。

15. 鉛釉的機械強度將因鹽基性金屬氧化物的量相對減少而降低。

含鉛的化合物如下：

1. 方鉛礦（Galena, PbS）

鉛的重要來源，是分布很廣的含硫礦物之一，主成分為硫化鉛。有些方鉛礦含有0.1%左右的銀，所以同時為提煉銀和鉛的礦物原料。方鉛礦不用來熔製鉛熔塊，因為生成的硫酸鹽不容易分解，會使釉面出現不規則的乳濁斑，不適合生產高品質的產品。

方鉛礦自中古世紀即被使用至今，當作調製低溫鉛釉的基礎，礦石經過粉碎後，其低熔融的性質用起來還算安全。但是由於雜質種類繁複，調成釉藥後表現各種不同的性質。例如傳統的鉛釉之一是以三份方鉛礦配合一份紅土，調成泥漿釉後，依經驗調整在1000~1100℃的範圍燒成。這種釉最大的缺陷就是很難避免因釉中生成鹼金屬硫酸鹽所引起的無光或乳濁斑塊。

2. 密陀僧或黃丹或黃色氧化鉛（Litharge, PbO）

密陀僧有黃色及紅色二種同質異形體，黃色者較普遍，是粒度非常微細的粉末，比重9.36，熔點約888℃。它是製作鉛熔塊的主要原料，但容易吸收空氣中CO_2，必須儲存在密封的乾燥的容器內。

品質優良的密陀僧中，有色金屬氧化物含量必須非常低，例如氧化鐵須低於0.005%、銅少於0.004%，才適合調製無色的鉛釉。

3. 鉛丹或紅色氧化鉛（Minium, Red Lead, Pb_3O_4）

一般認為是$2PbO \cdot PbO_2$的混合物，密陀僧加熱到約300℃即可獲得鉛丹。普通工業產品中，大約以鉛丹75%、密陀僧25%的比例同時存在，比重約8.9；氧化鐵低於0.01%、氧化銅低於0.005%，灼燒至赤熱時釋放出氧生成PbO，因鉛丹中的氧比其他鉛化合物多，熔融時較不容易被還原。

4. 鉛白或鹽基式碳酸鉛（White Lead, $2PbCO_3 \cdot Pb(OH)_2$）

此種鹽基性的鉛化合物純度高，比重較小，約僅6.5，適合調製懸浮性較佳的釉泥漿，生鉛釉調配常被使用。

鉛白加熱至約400℃就分解釋出水分和碳酸氣體，使釉料在未熔融前形成多孔性的結構層。但釉熔化後未及逸出的氣體將遺留在釉內生成氣泡或形成釉面的針

孔。以往因鉛白的優點較多，曾長時期被當作鉛釉的主要原料，但它可以被胃酸溶解，因顧慮安全及衛生的理由，和鉛丹一樣，近代已較少再被當作鉛釉的原料。

5. 矽酸鉛或鉛矽酸鹽（Lead Silicates）

市販的矽酸鉛有多種等級供應，「單」矽酸鉛（$PbO \cdot SiO_2$）是其中較常被選用、或熔製鉛硼熔塊的鉛的安全來源，替代有毒的粉末狀氧化鉛，使釉料調配場所空間的漂浮的鉛含量減少90%以上。矽酸鉛有從含PbO 65~85% 的多種重量調配比例，各有不同的熔點與軟化性質。如$PbO \cdot SiO_2$ 及$3PbO \cdot 2SiO_2$，為PbO 80~85%；SiO_2 15~20% 是供應商常提供的顆粒狀熔塊。這種組合的鉛熔塊在高溫時的氧化揮發量較少，因此能有效維持釉中成分量的安定性，確保釉的品質，也能防止窯爐耐火磚表面受到鉛的侵蝕。

矽酸鉛熔塊的熔點視鉛、矽的比例而不同，約為675~730℃。市販的商品Fe_2O_3約在0.005~0.015%、殘留H_2O在0.5~2.0%之間。

氧化鉛和矽酸的調和物其熔點都很低，它們的混物在攝氏七百多度就開始熔化反應。即使添加若干氧化鋁熔點也不高，例如以PbO 65%， SiO_2 33%，Al_2O_3 2% 調和，900℃ 就全部液化形成玻璃質物體。以下是幾種較常被應用的矽酸鉛組成比例及熔製成熔塊後的軟化溫度。

結構式	PbO%	SiO₂%	軟化點℃
$PbO \cdot 4SiO_2$	48.2	51.8	650
$PbO \cdot 3SiO_2$	55.6	44.6	620
$PbO \cdot 2SiO_2$	65.0	35.0	570
$PbO \cdot SiO_2$	78.8	21.2	535
$3PbO \cdot 2SiO_2$	85.0	15.0	530
$3PbO \cdot SiO_2$	92.0	8.0	560

【表2-8】不同比例的矽酸鉛結構之軟化溫度[註17]

含有氧化鋁的矽酸鉛熔化後成為毒性小、揮發量少的熔塊， 調成釉藥後鉛溶出的可能性降低，但使用於製造餐具瓷時，以正確的比例調配能夠完全熟成的釉，是防止鉛溶出的必要方法。

[註17]
素木洋一：釉及其顏料：p74~76；1981 Jan. 31技報堂。

2.2.10 氟化物

氟化合物幾乎不用來調釉，而且都是製成熔塊，當作琺瑯釉的乳濁劑。含氟的釉中常會生成微細的氣泡，燒成的持溫時間越長氣泡會越少。在琺瑯釉中，氧化錫、氧化鋅或氧化鈦的覆蓋能力將因添加氟化合物而增加。最常用的含氟原料是螢石（Fluorspar, fluorite, CaF）、矽氟化鈉（Na_2SiF_6）和冰晶石（Cryolite, Na_2AlF_6）。

2.2.11 硼化合物

硼化合物是一類對釉性狀的影響力與鉛相當的酸性原料，是調釉的重要成分之一。釉中有硼化合物時，會呈現下列的特性：

1. 氧化硼本身的結構就可以形成類似矽酸的玻璃網目，有助於與矽酸共同生成玻璃網目結構，並成為網目的一部分。

2. 硼容易與大部分矽酸鹽融合，低溫就會共熔，能夠降低釉料的熔點。

3. 添加量適當時，可降低釉的熱膨脹係數。

4. 硼玻璃的折射率大，可以增進釉的光澤度，或使色釉增加彩度。

5. 熔融的硼釉，略微升高溫度，黏度急速下降，釉的流動性大增。

6. 調整到適當黏度的硼釉有助於結晶成長；但含硼量高的釉熔解能力大，能夠防止結晶析出，可避免因析晶而出現乳濁失透的現象。

7. 硼釉中氧化物的熔解度會增加，影響色釉的呈色。適當量的B_2O_3能使更多SiO_2形成玻璃，對Cr-Sn桃紅的呈色，會增加鮮豔度。但在無鉛的硼及石灰含量很高的釉中，呈色反而逐漸淡化甚至消失。

8. 含硼的釉的彈性率較高，抗拉伸強度較差，但可改善釉的機械強度。

9. 熔融的硼釉其表面張力減少，可使釉面平整光滑。

10. 適量添加於釉中的硼，能增進釉的耐化學侵蝕性。

11. 無鉛的鹼土金屬釉中添加B_2O_3時，容易生成失透釉。

12. B_2O_3與含CaO或ZnO的釉同時存在時，生成乳濁性的白色琺瑯釉；無鉛的單純硼釉中加入少量的氧化銅，呈現清澈的綠青色。

13. 氧化性的銅發色釉中添加B_2O_3時，呈色由綠逐漸轉變為青綠。

14. 添加B_2O_3於鈷藍釉中，呈色更加明艷亮麗。

含硼的原料有硼酸、硼砂、硼酸鈣、硼灰石等，略述如下：

1. 硼酸（Boric Acid, H₃BO₃），無水硼酸（Boric Acid Anhydrite, B₂O₃）

水溶性的硼化合物，白色或無色的玻璃狀物或粉末。製造含硼的熔塊以便調配釉料，或當作色料燒製的促進劑。

2. 硼砂（Borax, Na₂B₄O₇·10H₂O），燒硼砂（無水硼砂Na₂O·2B₂O₃）

普通硼砂為稜柱形的結晶，釉用硼砂原料的純度要求在99.5%以上，加熱逐漸脫水，750℃時開始熔融。調配釉要引進硼砂通時提供Na_2O與B_2O_3，因硼砂具水溶性，通常都與硼酸一樣，先製成熔塊後使用。

3. 硼灰石，硬硼酸鈣（Colemanite, 主成分為 2CaO·3B₂O₃·5H₂O）

天然產出的硼灰石俗稱硬硼酸鈣，微溶於水，礦石中會夾帶一些有色雜質，陶瓷產業較少使用，而陶藝釉因可呈現特殊效果常被運用。

硼灰石與冰晶石合用時可調配效果很好的低溫釉，抑制釉層開片。與矽酸鉛熔塊併用，依比例可調配燒成範圍寬廣的釉。但因其中的結晶水量多，未經煅燒的硼灰石將是氣泡和針孔生成的主因。

2.2.12 磷化合物

釉中有磷化合物時容易呈現乳濁，光的折射率會增加，通常都酌量使用。含磷的物質如磷灰石，無脊椎的海洋貝類的殼，脊椎動物的骨骼和糞便，植物的葉、莖、種子等。工藝陶瓷用的來源大多是磷酸鈣（磷灰石），骨灰（參考第2.2.4.2節）及植物灰。

常用的植物灰大致可分為草本和木本的兩大類。前者如稻、麥、高粱、鳳尾草等的莖、葉、種子的殼，灰中通常含有較多的SiO_2，少量的CaO及P_2O_5；後者如各種落葉喬

木及針葉樹等的枝幹樹葉等，灰中有較多的CaO及SiO₂，同時也有數% 的P₂O₅。幾種灰的分析值如下表：

〔註18〕
台灣市販的灰，萬琛有限公司提供。
〔註19〕
張玉南：陶瓷藝術釉工藝學；p82，龍泉青瓷釉用原料一覽表。
〔註20〕
大西政太郎：陶藝的釉藥1976.8.25；理工學社。

名稱＼成分	SiO₂	Al₂O₃	Fe₂O₃	CaO	MgO	K₂O	Na₂O	P₂O₅	Ig. loss
稻草灰	46.78	0.57	0.22	1.42	0.97	5.93	0.27	0.70	42.06
土灰	29.39	6.43	4.86	25.72	3.93	4.54	1.25	1.81	21.17
椿灰（種子）	0.75	7.74	0.58	18.33	13.32	13.39	5.01	36.30	其他5.27
椿灰（枝幹）	2.39	13.77	0.47	64.23	8.80	0.72	0.53	3.62	其他5.76
椿灰（葉）	6.46	29.19	0.51	40.37	12.65	0.25	0.27	4.98	其他5.54
栗皮灰[註18]	17.00	3.90	0.58	38.60	5.10	1.80	1.30	2.30	30.59
合成土灰[註18]	16.30	4.90	1.94	37.00	6.10	1.40	0.20	3.00	29.16
水洗糠灰[註19]	94.92	1.79	0.61	1.05	Tr.	1.36		--	0.27

【表2-9】 植物灰的化學分析值[註20]

2.2.13 鉍化合物

在釉玻璃相中鉍化合物以氧化鉍（Bismuth Oxide, Bi₂O₃）的形式存在，它和氧化鉛的性狀類似，媒熔能力很強。

氧化鉍的熔點約860℃，是調製低溫薄膜珠光彩色釉，琺瑯釉及金彩的主要媒熔劑。近代則發展出以氧化鉍代替，調配無鉛釉的主要媒熔氧化物。

2.2.14 鈹化合物

氧化鈹（Beryllium Oxide, Beryllia, BeO）從綠柱石礦物中提煉而來，是種高溫強力的媒熔劑，能改善釉的耐化學侵蝕性，增進耐熱衝擊性。但因劇毒性不被用於一般陶瓷器，僅用來製造鈹－鎂質特殊瓷器以及調配高週波滑石瓷器的釉。

2.3 發色原料與著色劑

著色劑是釉下、釉上、化妝土以及色釉等各種有顏色的裝飾所使用的原料的總稱。今天我們所用的著色劑，部分是天然出產含有發色金屬化合物的礦石或鹽類，部份為工業方法合成的顏料。

熔解於玻璃（釉）中的過渡金屬元素的離子和稀土金屬的離子，它們吸收光譜的特性是相當有趣的現象。某些玻璃（釉）表現出的情形和晶體中或水溶液中的金屬離子很相似。換句話說，釉的顏色就是該發色金屬元素離子的呈色。有些元素隨時可以發色（例如Cr、Mn、Cu、Fe、Ni、Co、U等），有些必須在特定的條件下才能發色（例如V、Ti、Mo、W、Sb等）。

利用發色元素的氧化物、碳酸鹽或其他鹽類，添加在釉中呈現顏色，或與其它化合混合，調製出更安定的色料。以下是過渡金屬元素之可能發色。

元素	符號	在釉中之呈色
銅	Cu	綠、藍、赤、水藍、紫、紫赤、青綠、灰色等
鐵	Fe	黃、褐、飴、赤褐、赤、赤紅、黃綠、淺綠、青、黑等
鈷	Co	滯黃、天藍、海水藍、紺青、鈷紫、青綠、藍紫、桃紅等
鉻	Cr	檸檬黃、橙黃、茶黃、褐、草綠、葉綠、粉紅、桃紅、深紅等
錳	Mn	飴、茶黃、褐紫、紫等
鎳	Ni	黃、深茶、橄欖綠、鮮綠、青、赤紫、灰等
釩	V	淡黃色等
鈦	Ti	淡黃、橙、黑等

【表2-10】過渡金屬元素氧化物在釉中之可能呈色

著色劑	Fe_2O_3	CuO	MnO_2	CoO	Cr_2O_3	NiO	TiO_2
添加量	1~20	0.5~10	3~40	0.1~15	0.1~10	3~10	3~15

【表2-11】過渡金屬氧化物在釉中之添加量的範圍（％）

2.3.1 銅化合物

釉中含有銅化合物時，可以燒出多變化的釉色。從強還原到強氧化性，釉中的酸、鹼性變化，都有不同的反應。例如在石灰-鹼釉中氧化燒成，得到綠色釉；在鉛釉中，添加數％氧化銅，得到透明的帶黃綠色釉。在還原氣氛下燒成，含1％左右的銅釉，可得到紅色。

鹼金屬量高的釉中，銅的呈色變為青色。若再加入硼酸，顏色轉為帶綠的青色。銅釉中添加有鈦、錫氧化物，都引起呈色及釉面性狀的變化。氧化鈦使銅綠釉帶青色調；氧化錫使青色顯得更透明亮麗。還原燒的銅紅釉中加入1~3％氧化錫，使發色更加清亮明艷；氧化鋰能促進銅紅發色。

假設燒成條件相同，釉組成中氧化鋁及矽酸的比例與添加量影響銅的呈色性狀，在Al_2O_3：SiO_2＝1：10，Al_2O_3 0.35 mole以下，SiO_2 3.50 mole以下，都較能夠得到透明鮮豔的銅紅、銅綠釉；Al_2O_3及SiO_2同時增加，則釉面逐漸成為呆滯。若Al_2O_3維持不變，SiO_2增加時，釉逐漸呈現乳濁，水綠色及鈞窯釉可以在這個範圍出現。假如Al_2O_3的組成量達到0.3 mole以上，無論SiO_2多寡，釉面逐漸呈現不雅的黑色，然後出現不熔性的無光。

含銅的原料有：

1. 氧化銅（CuO, Copper Oxide Black, Cupric Oxide）

分子量＝79.6的黑褐色非晶質性粉末；比重6.32、熔點1326℃。能溶於酸、不溶於水。大塊的氧化銅外觀是黑色的，粉碎到極細時呈現棕色。釉上、釉下彩飾或色釉調配都會使用。在強鹼性釉中，呈現土耳其藍色；較酸性的釉中呈現綠色，鉛釉中呈現黃綠色或灰綠色色調。

2. 氧化亞銅或赤色氧化銅（Cu_2O，Cuprous Oxide，Copper Oxide Red）

分子量＝143.10的紅棕色結晶性粉末。比重5.75~6.09；熔點1235℃，能溶於酸、鹼液中，不溶於水。這種銅化合物並不直接當作釉的顏料使用。在釉中，CuO被還原生成氧化亞銅，中東與埃及出產的紅色玻璃中的顏色就是這種成分，中國古代名釉「牛血紅」也是以它為發色的主體。

3. 藍銅礦或石青（2CuCO$_3$·Cu(OH)$_2$, Azurite, Copper Carbonate Blue）

　　天然產的礦石，是主要銅礦之一，含有69.2%的CuO。

4. 鹽基性碳酸銅（CuCO$_3$·Cu(OH)$_2$ 或Cu$_2$(OH)$_2$CO$_3$, Copper Carbonate Basic）

　　自然界出產的為孔雀石之主要成分。金屬銅生鏽、化工合成的是有毒的綠色粉末，稱為銅綠。能溶於酸中，不溶於水。分子量 = 221.2，含有71.97%的CuO。比重 = 3.7~4.0；在200℃時分解，終極產物是CuO。可以取代氧化銅當作釉的發色劑，置換比值約為1.6：1。

2.3.2 鐵化合物

　　鐵和銅的氧化物都是古中國製陶者，用來表現豐富釉色效果的發色劑。氧化鐵所能表達的變化豐富的色澤，總令人驚嘆讚賞。其實，存在釉中鐵的氧化物僅有兩種，一是氧化亞鐵（FeO），一是氧化鐵（Fe$_2$O$_3$）。有時它們會以鐵銹成分的四氧化三鐵（磁性氧化鐵，Fe$_3$O$_4$ 或FeO·Fe$_2$O$_3$ 的複合化合物）存在。

1. 氧化鐵（Ferric Oxide, Fe$_2$O$_3$）

　　氧化鐵的分子量160.0，熔點1565℃，溶於酸不溶於水的赤色粉末。

2. 氧化亞鐵（Ferrous Oxide, FeO）

　　氧化亞鐵的分子量71.8，熔點1420℃，溶於酸不溶於水的黑色粉末。常含有氧化鐵與它共存。

3. 四氧化三鐵（Ferro-ferric Oxide, Fe$_3$O$_4$）

　　熔點1538℃（分解後熔融），溶於酸不溶於水的紅黑色或藍黑色粉末。

　　低價鐵在釉中產生的顏色由淺綠到藍綠及深綠色，顏色的深淺依氧化亞鐵在釉中的存在量，以及釉的性質而定。高價鐵的顏色範圍相當廣，從淺黃、黃、深黃、棕色、紅棕色到深棕色，有時顏色更深到看起來像是黑色。

　　釉的成分與燒成溫度也大大影響鐵化合物的呈色反應，例如眾所週知的青瓷釉，一定要在還原的氣氛下燒成，假如在氧化性的條件下，呈現的是淡黃色或淺褐色。理論上，當溫度及時間足夠讓釉熟成，而且所有的鐵成分都被還原成亞鐵的狀態，且沒有任何空氣或其他氧化性氣體滲入窯室時，釉色是清澈的綠色或藍綠色。但事實上，釉中將多少會有部分未被還原的、或在高溫狀態被再氧化的高價鐵。這時，釉色就會由FeO/Fe$_2$O$_3$的比值而呈現不同的色調。通常Fe$_2$O$_3$的比值越高，偏轉向黃色調的機會越大。

　　假設窯室氣氛控制得非常穩定，氧化亞鐵（FeO）在釉中的的存在量維持一定的百分比，當變動釉中各種鹼金屬或鹼土金屬的化合物含量時，色調將會改變，石灰-鹼釉中的鹽基性成分除CaO外，長石中的鉀及鈉離子的量會影響色澤。若利用氧化鉛（PbO）來降低釉的熟成溫度，色調將在綠與藍色之間的變化。

　　鐵化合物幾乎存在於各種陶瓷的礦物原料中，讓陶瓷製品出現顏色。必須瞭解它在各種釉組成中會有什麼表現。坯體內氧化鐵的表現較單純，在釉中將因鐵的含量，釉的酸、鹼性成分的組成，燒成氣氛、溫度及時間等不同因素，生成多變化的釉色。而將呈現何種顏色，也因氧化鐵在釉玻璃相中的溶解度而定。

自然界的含鐵土、石，自古就被用作製造陶瓷器的坏與釉料。將其中的鐵去除是相當困難的工程，利用它反而能得到工藝上的效果。很多備受喜愛的釉色如青瓷、黃瓷、茶葉末（蕎麥釉）、油滴、天目黑釉、鐵繡花等都是利用天然夾帶氧化鐵的土、石所表現。土石中的氧化鐵含量各不相同，使用後呈現得結果各異。下頁是幾種這類原料的化學分析值：

名稱＼成分	SiO_2	Al_2O_3	Fe_2O_3	CaO	MgO	K_2O	Na_2O	TiO_2	Ig. loss
苗栗大坑黏土	74.36	15.52	7.45	0.14	0.73	3.30	0.84	0.67	☆
獅頭山黏土	68.80	14.26	4.45	0.11	0.59	2.24	0.54	2.68	☆
上福基黏土	71.07	16.93	6.60	0.07	0.79	3.23	0.50	0.81	☆
中國寶溪紫金土	51.48	31.29	8.64	1.28	0.96	4.25	0.37	1.73	--
日本鬼板土	10.88	24.35	40.61	2.12	3.40	MnO_2, 6.95		Tr.	11.68
日本水打黏土	59.85	17.52	12.01	0.29	0.82	1.44	0.49	--	7.36
日本來待石	59.92	16.11	5.72	4.68	1.64	1.02	2.07	0.54	7.76
日本加茂川石	47.88	14.21	14.80	7.08	4.12	1.34	3.92	2.33	4.02

【表2-12】 數種含鐵土石的成分分析值[註21] ☆苗栗土之灼熱損失量未列出

[註21]
台灣手工業研究所：賀豫惠、林明卿、葉相君、許進雄：苗栗黏土礦的分布與陶業性質研究；1996年。張玉南：陶瓷藝術釉工藝學；p82, 龍泉青瓷釉用原料一覽表。理工學社：大西政太郎 陶藝的釉藥1976.8.25。

2.3.3 鈷化合物

含鈷的彩料很早即被用來著色，如距今四、五千年前的埃及藍色玻璃、唐代三彩釉中的藍色、青花瓷器的釉下藍色、祭藍釉、寶藍釉等。土、石礦物如中國雲南產出的「雲墨（珠明料）」、湖廣的「土墨（珠子）」及古波斯的「回青（蘇泥勃青；蘇麻離青）」，今日台灣工藝陶瓷的釉下青花料是稱為「吳須（日文名）」的，都是以含有鈷的化合物為呈色的主要成分。

鈷化合物或鈷鹽很容易溶解在釉玻璃相中以離子發色。除了在特殊的釉組成及多量的鈷會呈現其他如紫紅的顏色外，幾乎都出現Co^{2+}的藍色。釉成分中釉MgO量較多時，鈷的呈色就偏向桃紅到淡紫色。紫紅色調將因釉中Al_2O_3的含量減少而逐漸加深。

鈷的發色能力超強，萬分之二（0.02%）CoO的濃度就能在透明釉中顯現顏色，色濃度與添加量成正比。有製陶者會在坏土中、或在鉛釉及硼釉中，添加0.005~0.01% 氧化鈷，來遮蓋微顯的黃色。有0.2%的CoO，就能使釉呈現明確的藍色；2~3% 氧化鈷就足以成就很深的藍色。氧化鈷獨自可被直接用來調色釉，但因少量的偏差就足以引起顏色明顯變動，通常事先將之稀釋到熔塊內，或以它為主成分經過其他化合物安定化之後，製成顏料當作陶瓷的著色劑。

過多氧化鈷將使藍色轉暗藍、甚至黑藍，超過玻璃最大的溶解度以上，顏色完全變黑。燒製以鈷發色的結晶釉，CoO在10%以下時都維持藍色；釉組成及燒成條件合適時，添加15%以上的CoO，可得到紫紅色的晶體。

氧化鈷在大部分釉中、都不受窯室氣氛及燒成程序的影響，雖然它有類似鹼土金屬的性質，在1400℃以下都不會蒸發。

氧化鈷和所有過渡金屬化合物相似，釉玻璃相或熔塊中組成成分的其他金屬離子，由於原子電子層「能階」變化，引起光譜選擇性吸收而呈現相以的顏色。利用這項特性，以合適的催化劑及礦化劑配合過渡金屬化合物，調配出呈色種類眾多陶瓷著色劑。鈷的化合物如下：

1. 氧化亞鈷（Cobaltous Oxide, CoO）；氧化鈷（Cobaltic Oxide, Cobalt Oxide, Co_2O_3）；四氧化三鈷（Cobalto-cobaltic Oxide, Tricobalt tetraoxide, Co_3O_4）。

將碳酸亞鈷或硫酸亞鈷與氫氧化鈷加熱，可得不溶於水，能溶於酸中的灰黑或黑色粉末。CoO分子量74.97、比重6.45，熔點1935℃；Co_2O_3分子量165.94、比重4.81~5.60，加熱至895℃時分解。

四氧化三鈷外觀呈鐵灰黑色的粉末狀，不溶於水、鹽酸及硝酸，溶解於硫酸及熔融的氫氧化鈉中。將其他鈷的氧化物在空氣中強熱獲得，比重 6.07，加熱至900~950℃時轉化生成CoO。陶瓷器著色用的氧化鈷是Co_3O_4及CoO的混合物，含有70~72%的Co；鐵、銅、鎂等雜質的含量須控制到幾近於0，才能獲得純淨的藍色。

2. 硫酸亞鈷（Cobaltous Sulfate, $CoSO_4 \cdot 7H_2O$）

能溶於水，是燒製氧化亞鈷的原料，工藝陶瓷將它調製成液體顏料。

3. 氯化亞鈷（Cobaltous Chloride, $CoCl_2 \cdot 6H_2O$）

能溶於水，其發色濃度大於硫酸亞鈷，也常被調製為液體顏料。

4. 碳酸亞鈷（Cobalt Carbonate, $CoCO_3$）

碳酸亞鈷為紅色不溶於水、能溶於酸的晶體，比重4.13。商用的鈷碳酸鹽含有47%的Co，低溫即可分解釋出CO_2氣體，使用於調製低溫熔融釉，添加量能高達1.5%以上，不會有生成氣泡的問題。[註22]

2.3.4 鎳化合物

熔化在熔塊或玻璃中的鎳，其著色能力很強，即使只有0.002%的Ni，也可呈現明顯的顏色，當作釉的發色劑，NiO添加量通常在2~5% 之間。

在不同成分的透明釉中，完全溶解的鎳可能呈現黃、棕、藍及桃紅色。例如在高鉀及高鉛的釉內，呈現桃紅色；在高鈉釉、普通石灰釉或含鋇石灰釉中，偏向呈現棕色。在含鋰的釉中顏色是黃色的；在高鋅、低鉛釉中發展出藍色[註23]、海水綠色或玫瑰色；而以BaO取代部分鋅，則呈現淡桃紅色。添加2~3% TiO_2的含鎳色釉，生成綠色；但在1100℃以上燒成，則轉成青色。雖然有如此豐富的變化，但希望鎳在釉中的呈色安定，知識與經驗是相當重要的。另外釉層厚度、即使是相同的釉組成，也可能發展出不同釉色，換句話說，鎳著色的釉其呈色較不穩定，尤其當低溫時，更是如此。

1. 氧化鎳（Nickel Oxide, NiO）

比重6.6~6.8之不溶於水、能溶於氨水及酸液的淡灰綠色粉末。加熱至400℃時，吸收氧原子生成Ni_2O_3，然後在600℃時又釋出氧恢復成NiO[註24]。純度高的氧化鎳含有77~78% 的Ni，可直接添加到生釉調配料中研磨，依照成分組合及燒成的方法來呈現不同的釉色。

2. 鹽基式碳酸鎳（Nickel Carbonate Basic, $NiCO_3 \cdot nNi(OH)_2 \cdot 4H_2O$）

一種不定組成的鎳碳酸鹽，通常為$NiCO_3 \cdot 2Ni(OH)_2 \cdot 4H_2O$及$2NiCO_3 \cdot 3Ni(OH)_2 \cdot 4H_2O$。比重2.6，不溶於水、能溶於氨水及稀酸中的淡綠色結晶或棕色粉末。加熱立即分解生成氧化鎳[註25]。和氧化鎳一樣，可直接當作釉的研磨添加料。

〔註22〕
J.R. Taylor & A.C. Bull Ceramics Glaze Technology (1986).

〔註23〕
Pence, F.K. Trans. Amer. Ceram. Soc., 14, 143－151(1912).

〔註24〕
Pence, F.K. Trans. Amer. Ceram. Soc., 14, 143－151(1912).

〔註25〕
The Condensed Chemical Dictionary, 7th Edition, 美亞出版社1969 Sept. 1。

2.3.5 錳化合物

　　錳的化合物在釉中會呈現甚樣的顏色要看當時是以何種原子價，以及釉的性質而定。錳原子最外兩層的電子非常容易轉移，其原子價有 +2、+3、+4、+7價，每種離子都有其個別的呈色，與鐵類似，在釉中能溶解進入玻璃網目中以+2、+3的離子呈現非常豐富的顏色，如紫藍色、紫紅色、桃紅色或棕色。這些釉色可以直接將錳的氧化物以研磨添加料和釉原料一起調合，而不將它溶解在熔塊中。氧化性燒成的含錳釉，大多得到桃紅系列的釉色；在還原性燒成則容易出現帶綠棕色。

　　錳化合物是主要的褐色著色劑，低溫鉛釉中為褐色的釉。在含硼的釉中呈褐紫色。釉中有豐富的鉀，將出現帶紅的紫色。釉中錳的熔解量越多，越容易出現紫色，僅有小部份熔融的話，較容易呈現褐色。呈色的濃度與添加量有直接關係，以氧化錳來說，添加4%以下幾乎全部溶解在玻璃相中，多量時將在釉表面析出晶體。從5%、10%到20%，逐漸增加，釉面呈色由淺紫棕色逐步加深到暗褐色。添加量高時，釉表面出現金屬樣的組織徵狀。在結晶釉中會發展出成串的結晶花樣，過熔的釉將使錳的熔液顏色變淡。

　　錳與其他化合物結合，將生成安定的、低溶解度的新化合物，構成陶瓷器的著色顏料。例如與氫氧化鋁混合一起煅燒，則生成安定的、紅色尖晶石型色料。

　　與氧化鈷類似，氧化錳也有熔劑的功用，能降低釉的熔融溫度與增進其流動性。在透明性的鉛釉中與鐵相似，會呈現清亮的色彩；在結晶性的釉中，則將晶體染色，其優秀的著色能力是工藝陶瓷重要顏料。

1. 二氧化錳（Manganese Dioxide, MnO2）

　　分子量=86.93的黑色結晶或非晶質粉末，比重5.026，能溶解於酸中，不溶於水的強氧化劑，當加熱至535℃時，生成Mn_2O_3並釋放出氧，溫度升高到約700℃，則與鹼金屬及氧原子化合生成錳酸鹽。自然界有軟錳礦（Pyrolusite）及其變體的黝錳礦（Polianite），都含有高達63.1%左右的MnO_2，是相當不錯的棕褐色添加料。

　　顆粒狀的二氧化錳在低溫釉中容易形成斑點效應，當燒成溫度上升，熔化的顆粒及殘留的痕跡遂產生不規則性的工藝效果。

2. 氧化亞錳（Manganese Monoxide, MnO）

　　分子量=70.93，草綠色粉末，比重5.45，熔點1650℃，但在空氣中加熱時轉化成Mn_3O_4；能溶解於酸中，不溶於水。

3. 碳酸錳（Manganese Carbonate, MnCO₃）

　　自然界以菱錳礦產出，分子量 = 114.9。碳酸錳粒度非常微細，不會溶解於水中，可直接添加釉內研磨。雖然在釉燒過程中會釋出CO_2，但它不會在釉中形成明顯的氣泡。

2.3.6 鉻化合物

　　鉻也是一種能形成多價化合物的過渡金屬元素，化合物以+2、+3及+6價的為主。+2價只能在還原性環境才存在；而+6價者多存在於鉻酸鹽中；+3價者則是安定的綠色氧化鉻。

　　鉻化合物在矽酸鹽玻璃中的溶解度很小，於普通的石灰長石釉中，以其三價的氧化

物形式存在呈現鮮明的綠色。但其實並不僅於此，製作熔塊及釉料時，它們的組成與熔融溫度改變了鉻化合物的溶解度。例如硼酸能改善溶解量同時促進呈色，含有鋰的釉比只有鉀、鈉的能溶解更多的氧化鉻。

不同的修飾成分也能改變鉻的呈色。例如釉中有氧化鋅，將結合生成鉻酸鋅呈現鈍黃褐色，含少量氧化鉻的釉中加入氧化錫，則在乳濁的錫釉出現桃紅色的鉻錫紅。高鈉低鈣的長石釉中，少量的鉻化合物讓釉色呈現黃色。鹽基性的鉻酸鹽的呈色是紅色，所以在低（甚至無）氧化鋁、低矽酸的高鹼與高鉛的釉中，出現橙紅色。但高鹽基性的釉若溫度高於1100℃，呈色將偏紫。過量的鉻也可能在這類釉中，以晶體析出的形式，在釉面生成閃爍著金彩斑點的灑金效果。和其他如鐵、銅、鈷、錳金屬氧化物配合，可調配各種色調的黑色顏料或色釉。

1. 氧化鉻（Chromium Oxide, Cr_2O_3）

分子量152、比重5.04的明綠色結晶性粉末。熔點高達2435℃，不溶於水、酸及鹼。煅燒重鉻酸鈉與硫磺的混合物經水洗除去硫酸鈉後，可獲得純度99% 的綠色氧化鉻，對所有酸、鹼的耐分解性很強。

2. 鉻酸鉛（Lead Chromate, Chrome Yellow, $PbCrO_4$）

比重6.123、具有毒性、熔點844℃、溶於酸不溶於水的黃色結晶，亦稱鉻黃。大都用於塗料，有時用於琺瑯釉著色。

3. 鹽基性鉻酸鉛（Lead Chromate, basic, $PbCrO_4 \cdot Pb(OH)_2$）

橙黃色到紅色、溶於酸與強鹼、不溶於水的粉末，呈色深淺依鹽基性的程度而改變。加熱失去水生成$PbCrO_4 \cdot PbO$，俗稱「鉻紅」。高溫時鉻紅不穩定，因此僅能當作調製橘紅色釉上彩料的著色劑。

4. 重鉻酸鉀（Potassium Dichromate, $K_2Cr_2O_7$）

比重2.676、熔點396℃、有毒、能溶於水的鮮豔帶黃的紅色透明結晶，加熱至500℃時分解。不直接用於釉調配，常當作含鉻色料的發色劑，如鉻錫紅、果綠等色料。

5. 鉻鐵礦（Iron Chromites, Chrome Ore）

是同時含有鐵及鉻的礦石，顆粒狀的碎屑常被用來調配灰褐色的斑點釉。微細的粉末則適合不同氣氛之安定的灰色顏料。

2.3.7 鈦化合物

鈦氧化物（TiO_2）存在自然界而且分佈很廣，黏土及沈積岩中都可發現其蹤跡。火成岩中的鈦氧化物大多以鈦鐵礦的形式出現。其他的天然礦物有金紅石、板鈦礦和銳鈦礦三種結晶型式，以金紅石型態最常見。提純的氧化鈦本身並非發色成分，而氧化鈦的礦物大多含有相當量的鐵份，調釉才有著色的效果。

工業提純的氧化鈦通常是將鈦鐵礦（$FeTiO_3$）以硫酸水解法處理得到純度高達98%以上、白色的TiO_2粉末。這種TiO_2對光線有高反射率與折射率，並將各波長的光以漫射方式反射而呈現白色，這是被稱為「鈦白」的高覆蓋力之白色顏料的由來。

與矽酸相似，溫度也對TiO_2結晶型態造成轉移，硫酸法提煉的TiO_2在900℃左右煅

燒，就轉化為金紅石型態。但還原性氣氛對於轉移有明顯促進效果，且TiO_2同時被還原成低價的鈦氧化合物而與矽酸不同，呈色也從白色變成灰色甚至更深的藍黑色。被還原的金紅石之電子結構鬆弛，會吸收部分可見光波，當還原程度越大，吸收光波越多，呈色也越深。

氧化鈦是一種常用的陶瓷工業原料，配釉時常被用為乳濁劑和著色劑，與氧化鋅同時使用，乳濁的覆蓋能力更強；在電子陶瓷工業，鈦酸鹽是半導體、電容器等的重要原料。

鈦化合物在玻璃相中的溶解度不大，添加到釉中常容易讓釉失透及影響呈色，但對燒製結晶釉確有促進析晶的好處。工藝陶瓷創作常利用這項特性來調配具豐富裝飾性的色釉。

調工藝釉較常用工業提純的氧化鈦及天然金紅石，能促進發色劑呈色生成特殊的效果。例如在銅赤釉中，被還原的氧化鈦（$TiO_2 \rightarrow Ti_2O_3$）將釉色轉成「鈞紅釉」的顏色；在氧化性燒成的鉻錫紅釉中，將桃紅色變成棕紅色；在含鈷的藍色釉，則可能出現綠色。

含TiO_2的鉛釉呈色是黃的，而在無鉛釉中則為白色。若釉中有鐵時，會出現黃色調。多量的TiO_2會使釉乳濁化。適當條件下燒出結晶時常表現出無光，若添加著色劑有時也會受影響，例如含氧化銅的釉氧化燒常是青綠色。對於含鈷的釉，添加某一程度的TiO_2會使其變為綠色。而含有TiO_2的釉中添加Cr_2O_3，著色相當困難，幾乎不可能得到綠色。一般工藝用釉通常添加化工氧化鈦及/或礦物金紅石粉末。

1. 金紅石（Rutile）

金紅石為紅棕色、紅色或黑色的礦物。磨成薄片透光時呈現深紅色，有金屬光澤。礦物中含有61%以上的TiO_2。雜質量的氧化鐵是促成結晶型態不可或缺的成分。

2. 鈦鐵礦（Ilmenite）

化學式（Fe, Ti）$_2$$O_3$，或$FeTiO_3$，或$FeO \cdot TiO_2$。為鐵灰色礦物，有棕紅色的條痕，表面有類似金屬的光澤。高純度黑色的鈦鐵礦是提煉高純度鈦白顏料的主要礦物。

3. 八面石（Anatase or Octahedrite）

自然界產的結晶性二氧化鈦TiO_2。

4. 榍石（Sphene，$CaTiSiO_5$，或$CaO \cdot SiO_2 \cdot TiO_2$）

天然的矽酸鈣鈦礦石。TiO_2的理論含量是40.85%、CaO 28.56%、SiO_2 30.60%，但常含有若干量的鐵。它是黃綠色到棕色的礦物，常伴隨鈦鐵礦產出。榍石並不常用在釉中，若添加在釉內時，TiO_2及CaO會使釉有乳濁效果。

5. 氧化鈦（Titanium Oxides）

（1）氧化亞鈦（三氧化二鈦，Titanous Oxide，Ti_2O_3）

分子量=143.80，是黑色非晶質粉末。加熱氧化成二氧化鈦。

（2）二氧化鈦（Titanic Oxide，Titanium Oxide，TiO_2）

純化的商品為白色柔軟的粉末，覆蓋力很強，熔點1640℃。分子量 = 79.90。

（3）三氧化鈦（Titanium Trioxide，TiO_3），分子量 = 95.90。

含TiO_2的鉛釉呈色是黃的，而在無鉛釉中則為白色。若釉中有鐵時，會出現黃色調。多量的TiO_2會使釉乳濁化。適當條件下燒出結晶時常表現出無光，若添加著色劑有時也會受影響，例如含氧化銅的釉氧化燒常是青綠色。對於含鈷的釉，添加某一程度的

TiO_2會使其變為綠色。而含有TiO_2的釉中添加Cr_2O_3，著色相當困難，幾乎不可能得到綠色。添加到釉中的一般為化工用二氧化鈦或礦物金紅石。

2.3.8 釩化合物

釩氧化物的熔點低（例如V_2O的熔點是690℃）有很活潑的媒熔力。添加釩化合物的釉在熔融溫度時的流動性會增加。在熔塊或釉熔液中，釩化合物的發色能力相當弱，較少直接被用作陶瓷器顏料，反而較常用作染色劑，調製出安定的顏料後使用。例如V-Sn與V-Zr系統的黃色顏料，幾乎已取代傳統的銻黃、鉻黃、鎘黃等。

1. 五氧化二釩（Vanadium Pentoxide，V_2O_5）

在水中的溶解度非常小，可直接引入研磨機中調配成釉。燒成後呈現黃色或棕色或褐色。與氧化錫（SnO_2）及氧化鋯（ZrO_2）可以結合成相當乾淨的、適合調配各種釉料的黃色色料。

2. 釩酸銨（Ammonium Metavanadate，NH_4VO_3）

釩酸銨在熔融的釉中化性活潑，於210℃時分解。製造顏料時為五氧化二釩的來源。

2.3.9 銻化合物

與大部分有色或著色金屬氧化物不同，銻氧化物可以當作釉的乳濁劑，也能作為著色劑。但是若不結合其他有色氧化金屬，氧化銻單味存在於釉或玻璃中並不能有著色的能力。

故意或無意中混入氧化鉛或氧化鐵等不純物，會有黃色的著色效果。當作乳濁劑及著色劑的安全使用溫度應該在SK1（1100℃）以下，溫度過高將使銻化合物揮發。

1. 氧化銻（Sb_2O_3，Antimony Trioxide）

自然界以硫銻礦（Stibnite）產出。礦石粉碎後在適當的溫度及氣氛下焙燒，則得到Sb_2O_3達90%以上的銻氧化物。生料氧化銻有毒，熔化於釉中後則毒性喪失。

2. 銻酸鈉（$2NaSbO_3 \cdot 7H_2O$，Sodium Antimonite）

1000℃以上的釉並不使用；琺瑯釉以它作為乳濁劑用。與其他例如氧化鈷合用，屋瓦製造工廠用來調配綠色釉。

3. 那布勒斯黃（Naples Yellow, $Pb_3(SbO_4)_2$）

除了油漆塗料外，低溫釉藥也經常被使用當作黃色料。

2.3.10 氧化錫（SnO_2）

錫（Sn）在元素週期表中和碳、矽元素同屬第四族A屬、錫在第五週期。錫化合物在矽酸鹽熔液中溶解度很小，它大部分懸浮在釉玻璃相內，使光線散亂反射形成失透，因而具備覆蓋的能力，自古就被當作乳濁劑，從十六世紀就享盛名的瑪約利卡（Majolica）陶器釉至今仍在使用。它能增進釉的白度，對某些發色金屬元素的呈色

也有獨特的效果，例如釉中有鉻、釩的化合物或窯室內有氧化鉻或釩的色釉，前者呈棕紅或桃紅、後者則為黃色。

自然界出產叫做錫石的礦物，可提煉出其中含有的氧化錫，或鉛-錫合金工業純化的副產品，或是從鍍錫工業過程中，從金屬錫熔槽中被氧化生成的錫灰經純化後的產品。未經提純的錫灰常混合有鉛的氧化物，純度不高的氧化錫通常不被當作釉的原料。

1. 氧化錫（Stannic Oxide, Tin Oxide, SnO_2）

氧化錫的分子量為150.7、無毒性的白色粉末。加熱時顏色變黃，冷卻後再變回白色。沒有熔點，溫度上升至1850℃昇華氣化，是釉用的錫成份的主要來源。在透明釉中添加9~12%時，可以到安定的乳濁化白色光澤釉。它本身並不發色，卻是數種安定的陶瓷色料調製時的呈色載體，用量也比當作乳濁劑多。

氧化錫的乳濁的程度視釉的組成與燒成溫度而異，一般都能過獲得低折射率、高光亮度的白色釉。雖然某些釉必須要15%，通常添加量達到8~10%就顯現優異的失透性，例如在含硼熔塊釉中，乳濁的效果最明顯。假如用量過多，容易使釉面失去光澤。

SnO_2是含有Cr_2O_3的桃紅色或紫紅色或赤色顏料的主要成分。和氧化銻可製成灰色顏料。和氧化鈷製成天空色。與釩酸銨製成黃色等。此外，某些色釉中添加適量的氧化錫，能夠幫助發色，例如銅綠釉中添加SnO_2時，會得到有青色味的綠色；銅紅釉也可添加1~2%。

含SnO_2的釉如菲妍斯（Faience glaze）或瑪約利卡（Majolica Glaze）乳濁釉，一旦有些許Cr_2O_3的蒸汽「飛」到釉面上就會與SnO_2接觸，則化合形成紅色。這樣的現象可以應用為釉彩飾技術或手法。

鉻酸鹽調配的赤色結晶釉中若加入氧化錫，將會妨害結晶析出，只能形成與鉻錫紅相同的釉色而已。

2. 氧化亞錫（SnO）

是分子量134.7、青黑色或灰色的粉末狀結晶。在空氣中加熱或燃燒成為氧化錫。並不直接當作釉原料。

2.3.11 鋯化合物

鋯和鈦都是同在元素週期表的第四族B屬，鋯是第五週期的過渡金屬元素。其化合物用於釉中當作乳濁劑，其失透的能力與SnO_2相當。但是不會像SnO_2一樣會受到鉻的附著形成紅色。

鋯化合物都具有高耐火度、難熔化的性質，它們都由礦物提煉出來，在陶瓷器釉中主要當作失透劑及乳濁劑。二次世界大戰後很多新開發的陶瓷顏料以它作為色基。主要的鋯化合物有氧化鋯和矽酸鋯，工業及陶瓷使用的幾乎都是經過提純、分級以適合各個不同的使用要求。

1. 氧化鋯（Zirconium Oxide, ZrO_2）

氧化鋯的分子量123.2，熔點達2700℃高度耐火性的白色粉末。自然界中產出的稱為斜鋯石或斜鋯礦，游離氧化鋯非常稀少，通常伴隨在鹽基性的岩礦如霞石、鈦鐵礦、鋯英石礦中或與稀土礦物共生，雜質很多。

陶瓷工業用的氧化鋯來源有二，一是使用苛性鈉、純鹼或石灰等強鹼性化合物將鋯英石分解，在經鹽酸處理後得到次氯酸鋯，煅燒後得到微黃的白色粉末。另一種是從地球上已知的少數幾處地方（東非、斯里蘭卡、巴西及舊蘇聯的Kola Peninsula）找到蘊藏較豐富的游離礦床[註26]。

氧化鋯的結晶型態化隨著溫度變化而有單斜晶型和四方晶型的轉移，呈不穩定的狀態。安定化的氧化鋯是高級耐火材料，同時因為處在高溫時其導電性增加，可製造高溫發熱體。

雖然它在玻璃相中有乳濁的效果，但很少被利用為釉的原料，若要增加釉的被覆力，ZrO_2可配合SnO_2或TiO_2一起使用。綠色的銅釉中加入氧化鋯則帶有青色味道。

近代被用來調製釩－鋯結合的黃色，釩－鋯－矽的藍色顏料，及鐠－鋯的黃色等高溫安定的陶瓷色料。這類顏料配呈色釉很美，但要注意釉中石灰及鹼金屬鹽成分的比例，過多的石灰及鉀鈉會降低色濃度；石灰用鋅或鋇做部分取代，可以增加發色濃度。

[註26]
Fenner, G. Oberste-Ufer and E.H. Roux：Occurrence and Use of Baddeleyite, Nr. 59, English Edition, Feb. 1983.

2. 矽酸鋯（鋯英石，Zirconium Silicate或Zircon, $ZrO_2 \cdot SiO_2$或$Zr SiO_4$）

自然界的鋯英石可從海濱矽砂或沖積層砂岩中提純精練獲得。它的理論組成分別ZrO_2為67.2%、SiO_2為32.8%，耐火度高，是優良的耐火材料。和氧化錫早在八、九世紀古波斯地方就已被當作乳濁劑不同，使用矽酸鋯是較近代的事。在釉中，高折射率與高干涉度使其具有優良的覆蓋力，從1050℃的低溫到1350℃的高溫釉都能適應。釉中添加量由6%就開始呈現失透的現象，10%時效果已經很明顯，到15%時達到顛峰，一般用量約為8~12%。因此它是常被選用為價廉的白色釉乳濁劑或色釉的失透劑。

市販的陶瓷釉用的乳濁劑，也有以矽酸鋯與氧化鋁的混合物經過高溫煅燒後製成的商品。不僅有乳濁的效應，添加矽酸鋯也增進釉的白度、硬度及耐磨耗度，並增加防止開片的能力。

2.3.12 砷化合物

和磷（P）同樣是週期表中第五族A屬的非金屬元素，主要的氧化物有三氧化二砷（As_2O_3）及五氧化二砷（As_2O_5）。前者較普遍，一般稱之為亞砷酸或白砒或砒霜，劇毒物。分子量：197.9，熔點：275℃。

砷化合物一般用在琺瑯釉及陶器釉的乳濁劑。釉中添加量達到10%時，將得到純白的釉色；原來矽酸鈷是藍色調，一旦有砷化合物存在顏色則往紫色轉移。由於砷的劇毒性，除非有理解與適當的防範，不建議使用於陶瓷器釉調配。

2.3.13 鎘、硒化合物

硫化鎘（CdS），氧化鎘（CdO），與硒元素都需先製成顏料然後添加于釉中調配成色釉。早期的硒鎘紅、橙或黃色都僅能用在經過精心設計的低溫釉中發色。近代則利用矽酸鋯結晶格子的「包裹」製成紅、橙顏料，調配的色釉的燒成溫度達到1300℃時依然有優秀的呈色能力。

2.3.14 鈾化合物

鈾化合物帶有劇毒，而且價格高昂。它們有黑褐色粉末的二氧化鈾（UO_2）、赤橙色的三氧化鈾（UO_3）、及黃色的鈾酸鈉（$Na_2U_2O_7$）。多鉛的低溫釉中添加時，容易得到鈾赤色釉；而在低溫硼釉中，較容易得到黃色釉。燒成的溫度越高，釉色會從黃色、赤色往深色的方向移動，最後出現帶黑的顏色。

二次大戰後，成為管制的材料及由於擔心原子輻射，這種化合物已鮮少再被使用了。

2.3.15 鉬化合物；鎢化合物

紫褐色的二氧化鉬（MoO_2）及無色的三氧化鉬（MoO_3），在氧化焰中似乎很難認定會呈現何種顏色，它和錳、釩、鋁在高溫會得到各種色調如灰色青色或黑色，甚至得到紫色，但它很少單獨用來做發色劑。

但是在結晶釉中，鉬化合物有促進結晶成長的能力，同時形成的晶花可能是具有吸收顏色的星狀的美麗結晶。

淡黃色粉末的氧化鎢（WO_3），在一般陶瓷器釉中並不發色。但它在含高鋅的釉中具有優秀的促進生成結晶能力。SK1a以上的溫度燒成的鋅結晶釉中若添加適量的WO_3，在白色光的照射下會閃爍著虹般的七彩光芒。

2.3.16 鈰化合物

鈰是鑭系稀土金屬元素之一，原子序58。陶瓷器用的主要化合物是氧化鈰（CeO_2）。氧化鈰分子量100.1，熔點2600℃，比重7.65的白色粉末。

氧化鈰主要用在琺瑯釉的乳濁劑。陶器釉幾乎不使用，而瓷器僅用在高溫白色釉方面，因為它並不容易在熔塊與釉中溶解。

氧化鈰在低熔融釉中取代氧化錫的乳濁性質有好的效果。當釉中有TiO_2時，加入氧化鈰生成黃色，能同時安定存在於氧化或還原的氣氛中。由於此項性質，若釉料中有TiO_2雜質，氧化鈰就不能用作乳白劑了。

2.3.17 金（Gold, Au）

金是一種高價的金屬，化學安定性非常高，除少數幾種藥劑外幾乎不與任何物質化合。純金被利用其美麗的色澤來裝飾在陶瓷的器面上。通常以純金箔施工；或製成油溶性的氯化亞金（$AuCl_3$），與含硫黃的有機香油脂，混合調製成褐色黏稠的液體。利用毛筆或筆形噴槍將這種稱為「水金」或「金液」，塗佈到釉燒後的器物釉面上，乾燥後以700~800℃燒成，被還原的是完全的純金彩裝飾。

氯化亞金也可以當做釉下及釉上的色料，在透明釉下能呈現玫瑰色或赤紅色；調製成「紫金」顏料時，是高價值、呈色品質優秀的棗紅－桃紅色系列釉上顏料的色基。

第3章

釉調和計算
Calculation and Formulation
of Glazes

碳酸鈣 CaCO3的分子量：

M＝40＋12＋16×3＝100

高嶺土 $Al_2O_3 \cdot 2SiO_2 \cdot 2H_2O$ 的分子量：

M＝27×2＋16×3＋2（28＋16×2）＋2（1×2＋16）＝258

正長石 $K_2O \cdot Al_2O_3 \cdot 6SiO_2$ 的分子量：

M＝39×2＋16＋27×2＋16×3＋6（28＋16×2）＝556

硼砂 $Na_2B_4O_7 \cdot 10H_2O$ 的分子量：

M＝23×2＋10.8×4＋16×7＋10（1×2＋16）＝381.2

$Al_2O_3 \cdot 2SiO_2 \cdot 2H_2O \rightarrow Al_2O_3 \cdot 2SiO_2 + 2H_2O \uparrow$

$C + O_2 \rightarrow CO_2$

$C_3H_8 + 5O_2 \rightarrow 3CO_2 \uparrow + 4H_2O \uparrow$

$0.5\,NaCO_3 + 0.5\,CaCO_3 + SiO_2 \rightarrow 0.5\,Na_2O \cdot 0.5\,CaO \cdot SiO_2 + CO_2 \uparrow$

SiO_2	：0.926×2.8653＝2.653
Al_2O_3	：0.119×2.8653＝0.341
CaO	：0.161×2.8653＝0.461
MgO	：0.036×2.8653＝0.103
BaO	：0.015×2.8653＝0.043
ZnO	：0.037×2.8653＝0.106
K_2O	：0.046×2.8653＝0.132
Na_2O	：0.054×2.8653＝0.155
Fe_2O_3	：0.012×2.8653＝0.034

今日的度量衡儀器精密度已非往昔者可比，經過仔細計算評量後的原料組合，較可能燒製出穩定的，合乎品質要求的陶瓷製品。古代的陶工專業的配釉師父純以熟練的經驗調配精確比例的釉料，實在令人感到神奇。在無法精密求證核對的時候，假如是因為不可估量的，或無心的失誤，而正巧能獲得美妙的燒成結果，但發生相同錯誤的機率並不高的時候，只能將好結果歸諸於「窯變」或「釉變」，或許更加令人嚮往吧。

3.1 陶瓷計算的基礎

調配陶瓷的坯體或釉藥，假如能具備一些基礎的化學知識並能熟練運用這些化學計算的話，將帶來更多方便性與準確度。假如沒有涉獵任何相關的陶瓷化學，只要能夠了解所使用的原料的基本性質，應用簡單的數學方法一樣可以獲得令人滿意的結果。

本章將以一些基礎化學為工具，讓初學者能夠以自己喜歡的，或認為適合自己的方法，著手進行各式各樣的釉藥設計、計算與配合。

種配釉的方法都有其優缺點，習慣與需要可以幫助決定運用作為輔助。雖然最終都是以重量比例的方式進行配料，若是先經過成化學分計算，在為燒成之前就可能獲得更多資訊來評估釉藥的內容。

3.1.1 釉藥配方的表示法

1. 原料的容積配料法

在還沒有標準化的量斗以前，這是古老的傳統〔抓藥〕手法，簡單明瞭。以容器作為評量的工具，但因為原料的鬆密狀態、顆粒之粗細等問題，想準確控制各原料添加的比例也不容易，有誤差倒是正常的情形。

容積配料的單位並無需特別規定，依照所要調配量的大小可以用適當的容器作為當次秤量的標準。例如傳統常用的擔、斗、升、合等，甚至無單位標示的容器都可以便宜行事。

2. 原料的重量配料法

直到今天，依然是最合適的、最常用的、精確度高的配釉方式。秤量儀器的精密度也可達到合理的要求水準，但總缺少些訊息來理解這個釉的真正內容。例如有一明確重量百分組成的釉配方，分別提示我們該釉中的長石、石灰石、石英粉以及高嶺土的使用量。但我們不容易看出這個組合中，能夠幫助釉熔化的鉀、鈉、鈣的氧化物有多少份量，也看不真確影響釉的熔融溫度的氧化鋁與矽酸的含量及它們的比值。因為從重量百分比中無法立即顯示各個成分氧化物的分子量。雖然如此，重量百分比表示法至今仍然是配釉最實際的方式。

3. 化學成分組成比例

和所有用來調配釉藥的礦物原料一樣，將熟成的釉看作一種多化學成分的礦物，分析它到底是有哪些氧化物所構成。將所有組呈釉的的氧化物依照方便的次序

排列，並將經過精密分析的各氧化物數量，以無單位的百分比紀錄。這樣記載的好處是能夠將該釉的結構一目了然地呈現，從數量比例可以得到很多釉的性質有關的資訊，就像從礦物原料的分析值了解該礦的性質一樣【表3-1】。原料及釉的化學分析例子中，比較長石與黏土的內容，前者有較高氧化鉀鈉、較少的氧化鋁，立刻能感到它們耐火性的差別；赭石中含高達40%氧化鐵，已經可當作著色的來源了；無色透明釉、青瓷釉與飴色釉除了鹽基性成分的差異外，最明顯的不同是氧化鐵的含量。

	SiO_2	Al_2O_3	Fe_2O_3	TiO_2	CaO	MgO	K_2O	Na_2O	Ig. loss
木節黏土	49.31	31.20	1.66	--	0.55	0.13	0.78	0.36	16.12
釜戶長石	70.26	16.59	0.12	--	0.59	0.01	6.83	5.24	0.37
赭石	39.82	9.38	38.84	0.47	0.40	0.71	2.11	0.36	其他7.4
青瓷釉	66.97	14.71	1.94	0.14	11.51	0.65	4.26	0.54	--
飴色釉	65.65	15.28	5.75	--	6.90	2.67	1.80	1.40	--
無色透明釉	70.74	14.16	<0.50	--	6.80	1.36	2.76	3.10	--

【表3-1】原料及釉的化學分析例

　　了解原料與釉的分析值後，理論上可以使用合適的原料，依照分析值，任何釉所需要的成分都可以配合出來。但是有經驗的作陶家都知道，不能依照分析表的數值，全部採用氧化物來配釉；且同一化學成分的原料來源可能有多種，而不同的礦物原料中的相同化合物，在釉中可能有不同表現。例如同時含有氧化鈣及氧化鎂的釉，可以分別以石灰石（碳酸鈣）和菱鎂礦（碳酸鎂）；或只以白雲石（同時含有碳酸鈣和碳酸鎂）；或石灰石搭配一些滑石（同時含有氧化鎂和矽酸）來調配相同化學成分的釉。但出現不同的結果也是可預期的。

　　除了能「比較」分析值、理解釉的性質外，古代流傳至今的陶瓷精品，美麗的釉色令人嘆為觀止，很多陶藝工作者夢寐以求如何將釉色重現。雖然已經無法取得當時的原料，但經由分析所得的數據，還是能以現代的原料精心計算後複製類似的色釉。

4. 塞格氏的釉化學式（塞格式Seger's Formula簡稱釉式Glaze Formula）

　　H.A. Seger 博士（1839-1893）任職柏林皇家瓷器廠期間，進行瓷器釉軟化溫度與釉成分之關係的系統性研究。發展出一系列經過以化學成分組成計算後混合礦物原料，以化學方程式表達該混合物化合後的熔融或軟化溫度。除了窯業高、低溫示溫錐系統外，化學方程式的格式也被利用為釉的表示方式。

　　依照玻璃形成的方式，將構成釉的成分化合物以：（1）玻璃網目修飾物（或媒熔劑：鹽基性氧化物）；（2）網目安定劑（或礦化劑：中性或兩性氧化物）；（3）玻璃網目形成物（生成玻璃的氧化物：酸性氧化物）三類氧化物加以區別。釉式就依此分成鹽基（鹼）性、中性與酸性三部份的排序，以（R_2O）RO · xR_2O_3 · yRO_2 表示釉的化學組成，R與O分別表示各種金屬與氧原子結合成氧化物的情形。例如有個釉方程式寫成：

$$
\left.\begin{array}{l}
0.28\,K_2O \\
0.42\,CaO \\
0.15\,MgO \\
0.10\,BaO \\
0.05\,ZnO
\end{array}\right\} \quad 0.35\,Al_2O_3 \cdot 3.20\,SiO_2，0.12\,Fe_2O_3 \quad 0.06\,P_2O_5
$$

（R_2O）RO　　　x R_2O_3　　　y RO_2　　　著色劑（R_2O是鹼金屬氧化物；RO是鹼土金屬氧化物。）

這是以參與組成釉的各個金屬氧化物的分子數量－包括所有酸、鹼性成分的比較數量，看不出如上面提到的表示法的「重量」。塞格將分成3類的成分以全部參與的鹽基性成分為基準，將它們的總合換算為1，然後將之與中性及酸性的氧化物成分作為比較的依據。除了與成分分析值一樣，看不到原料的重量，雖然不完美，仍是到目前為止所有發展出的釉表示法中最完善的。經過訓練及累積一些經驗後，就會發現使用釉式的優點如：

（1）容易記憶、分類、整理

（2）有助於系統性試驗的規劃、分析、修改內容

（3）方便相近的釉，或同類型釉的比較，判斷釉組成是否合理可用

（4）從釉式的內容，判斷的諸性質與大致的熟成溫度

（5）利用同一個釉式計算出不同原料所調配出不同的釉方

（6）利用同一個釉式可在不同的地區以不同的礦物調出相似的釉

（7）可以預期釉的表現，選擇性添加額外成分可以調節釉的熟成溫度、物理、化學、呈色等性質。

3.1.2 釉藥化學的一些基本概念

為了能順利理解釉調合計算，若能理解一些無機化學概念，將有助於對陶瓷配方設計與演算。

3.1.2.1 物質、原子說與分子說、元素、化合物與混合物

1. 物質

「物質是由一定形狀、具有質量、無空隙的微小粒子構成」

—— *牛頓（1642-1727）：物質之起源 Mathematical Principle of Natural Philosophy*。

2. 原子學說

（1）原子是構成物質的基本粒子

（2）相同原子的質量、性質相同；不同的原子則相異

（3）相同的原子結合構成元素，不同的原子以簡單的整數比結合為化合物

（4）原子為最簡單的粒子不能再被分割（註：今天已證實原子可再被分割或分裂）

（5）化學變化是原子重行組合與排列（或配位）。

—— *道爾頓（John Dalton, 1766-1844）：原子說*

3. 分子學說

「兩個在氣態的原子例如氫和氧，會結合在一起成為不同於原子的新物質的粒子」。

—— *亞佛加德羅學說（Amedeo Avogadro, 1776-1856）*

分子是二個或以上的原子結合成一個安定的新物質的粒子，例如水的最小粒子是由二個氫原子和一個氧原子構成，聚集後表現出「水」的性質，但已完全不再具備氫及氧的性質。

並非所有物質都具有分子的單位粒子，例如食鹽是由帶正電的鈉離子及帶負電的氯離子，以電性結合的晶體，並無水分子般的可分離的最小粒子。通常分子的尺

寸非常微小，只有一公分的幾億分之一，但也有像蛋白質由數千個至數萬個原子所形成、稱為「高分子」的巨大分子。

4. 元素

「*僅含一種原子的純物質叫做元素，種元素都有命名，為方便記載敘述，都採用一簡單的符號代表元素。以拉丁文、英文或希臘文明稱之第一個字母正楷大寫，若有雷同則再附加一小寫字母來區別。*」

—— *Jons Jacob Berzelius*（*1779-1848 瑞典化學家*）*1811首創*

例如：

氫（Hydrogen）	H	氧（Oxygen）	O
銅（Cuprum）	Cu	鐵（Ferrum）	Fe
鋰（Lithium）	Li	鈉（Natrium）	Na
鉀（Kalium）	K	鋁（Aluminum）	Al
矽（Silicon）	Si 等等		

5. 化合物

二種以上的元素經化學結合而成的新物質；或由於化學變化能分解為二種或以上單一元素的物質，它有固定的組成，被分割的各部分都具有相同的性質。不能以物理方法分離出各自的元素。

6. 混合物

二種或數種不同的物質（元素或化合物），以無固定比例的方式聚集在一起，各自維持它們的性質，通常以物理方法就能將它們分離，這樣集合的物料稱之為混合物。

3.1.2.2 化學符號、化學式及化學反應式

1. 化學符號

在化學方面，有時以符號書寫物質（化合物及元素等）的名稱是一種方便又容易明瞭的紀錄方式。每一個化合物都可將其組成以元素的符號依結合的情形明白顯示。例如磁鐵礦這個鐵的氧化物全名叫做四氧化三鐵，可以寫成Fe_3O_4，或$FeO \cdot Fe_2O_3$，它指出化合物的組合情形與參與的元素原子的數量，寫起來也較簡便。

陶瓷器重要成分之一的二氧化矽，幾乎所有岩石礦物內都有它的蹤跡，無論是以「鹽」或「游離」的情形，它通常都被稱為矽酸，有多種不同形式的結晶體，但化學上都以SiO_2這個符號來表示，同時告訴我們它是由一個矽（Si）原子和二個氧（O）原子所構成。所有元素、化合物、礦物的組成都可以用化學符號表示。參與化學變化的各成分相互間的關係，包括釉中成分的分解與融合，也可以用符號來表示它們的異動。元素的名稱與它的符號可查閱元素週期表。

2. 化學式與化學反應式

所有各物質的成分與組成狀況，將它們的結構、以及化合分解反應等活動，以元素的符號及數字分別詳細列出，我們稱這樣的符號組合為化學式，異動的情形為化學反應式。一個化合物的化學式能表示該成分的一切訊息，至少能立即知道參與元素原子的種類與數目、結合的情形，我們也稱這個化學式為該化合物的分子式。

有些化合物的分子結構很複雜，例如蔗糖的化學式為$C_{12}H_{22}O_{11}$，蛋白質、氨基酸等高分子的結構更龐大。陶瓷的成分幾乎都是較簡單的無機礦物或化工原料，例如高嶺土的化學式是$Al_2O_3 \cdot 2SiO_2 \cdot 2H_2O$，分別由一分子數量的氧化鋁（礬土）、二分子數量的二氧化矽（矽酸）與水結合而成；正長石是$K_2O \cdot Al_2O_3 \cdot 6SiO_2$，分別由一分子數量的氧化鉀、二分子數量的氧化鋁及六分子數量的矽酸所組成的複鹽；高純度的石灰石幾乎都是由碳酸鈣$CaCO_3$所組成。有時化學式並不能夠代表該物質的真正結構，尤其結晶體更是如此，例如食鹽是以鈉（Na）與氯（Cl）原子間隔連續排列的形式組成的立方晶體，用$(NaCl)_n$表示，但一般僅寫成NaCl。

化合物分解，結構崩潰，或物質間有組成變化生成新物質時，例如高嶺土加熱到950℃會喪失結晶水留下無水的矽酸礬土；木炭燃燒生成二氧化碳，液化石油氣中的丙烷燃燒生成二氧化碳及水蒸氣；以蘇打灰、碳酸鈣及硅石粉的混合物在高溫熔化生成普通玻璃。這些在各自的環境條件下進行化學反應，第一個的反應稱為分解或解離，第二個就是燃燒後化合，而第三個則有解離與化合分別在同一環境下進行。以化學式來表示這些情形如下：

$$Al_2O_3 \cdot 2SiO_2 \cdot 2H_2O \rightarrow Al_2O_3 \cdot 2SiO_2 + 2H_2O \uparrow$$

$$C + O_2 \rightarrow CO_2$$

$$C_3H_8 + 5O_2 \rightarrow 3CO_2 \uparrow + 4H_2O \uparrow$$

$$0.5\,NaCO_3 + 0.5\,CaCO_3 + SiO_2 \rightarrow 0.5\,Na_2O \cdot 0.5\,CaO \cdot SiO_2 + CO_2 \uparrow$$

像這樣以符號來表示化學變化的叫做化學反應式或化學方程式。

3.1.2.3 原子量與分子量 分子與分子量

1. 原子與原子量

元素的符號也用來表示原子的數目，例如H代表氫原子同時指明式一個氫原子。如果寫成3H或8H，則分別表示有三個和八個分開的氫原子。若寫成H3或H8，則分別表示某化合物中各有三個及八個氫原子和其他原子化合成新物質。

原子的種類很多，能夠在自然界存在以及從實驗室創造出來的共有103種；它們的體積有大有小、質量有輕有重。最小的是氫原子，其直徑約為10^{-8}公分；質量約為1.67×10^{-24}公克。即一億個氫原子排成一列總長才一公分長；聚集一兆的一千億倍個氫原子才能有一公克的重量，其既輕且小的程度實在難以想像。

原子的重量這樣微小，數量卻非常龐大，在化學計算上非常不方便，所以早先都以它們和氫原子的比較質量為準。例如氫原子的質量為1，氧原子約為其16倍，所以氧原子的質量是16；低溫陶器釉中常見的鉛，重量約為氫的207倍；最重的鈾是氫的238倍。1961年8月，「國際純化學暨應用化學聯合會議（International Union of Pure and Applied Chemistry（IUPAC）」提出新的原子量表，以碳12為標準，訂定它的原子量為12.000000，其他各元素與它比較，再訂出它們的原子量。例如C：12，H：1，O：16，Na：23，K：39，Al：27，Si：28，Fe：55.8，Ti：47.9，Sn：118.7，Zr：91.2，Zn：65.4等等。

2. 分子與分子量

　　二個相同的氫原子結合成為我們所知的氫氣的最小粒子，寫成H_2，它是一個氫分子。一個水寫做H_2O，碳酸鈉寫成Na_2CO_3，碳酸鎂寫成$MgCO_3$；每一群符號都表示由該群不同的原子所構成的物質或化合物，這些物質已不再具有原子單獨存在時的所有性質，這個物質的最小單位叫做分子。

　　分子同樣十分渺小，以水分子來說，肉眼難以辨識的一滴晨霧，就有總數超過十億以上的水分子。一個水分子的質量約等於18個氫原子；大分子如脂肪，約由170個碳、氫、氧的原子構成，重量約為氫原子的900倍，但不經過放大還是看不到。這些分子的重量，和原子相似，也是質量的比較，它被稱為分子量（Molecular Weight）。

　　分子量M是由相同或相異的原子、以整數比結合構成新物質的最小單位的量之總和，也就是所有參與結合的元素的原子量的總和。例如：

　　碳酸鈣 $CaCO_3$的分子量：

　　$M = 40 + 12 + 16 \times 3 = 100$

　　高嶺土 $Al_2O_3 \cdot 2SiO_2 \cdot 2H_2O$的分子量：

　　$M = 27 \times 2 + 16 \times 3 + 2(28 + 16 \times 2) + 2(1 \times 2 + 16) = 258$

　　正長石 $K_2O \cdot Al_2O_3 \cdot 6SiO_2$ 的分子量：

　　$M = 39 \times 2 + 16 + 27 \times 2 + 16 \times 3 + 6(28 + 16 \times 2) = 556$

　　硼砂 $Na_2B_4O_7 \cdot 10H_2O$的分子量：

　　$M = 23 \times 2 + 10.8 \times 4 + 16 \times 7 + 10(1 \times 2 + 16) = 381.2$

3.1.2.4 什麼是分子數（分子當量數）或莫耳數（mole）

　　這是化學物質的數量單位，可以將物質重量（例如：公克）為其計算時的單位。在數值上，1個分子數（或1莫耳或摩爾；1 mole）的量與該物質的分子量相等，例如氧的分子量是31.9988（≒32），所以1分子數的氧氣有31.9988（≒32）克重，或說1 mole 的氧氣有31.9988（≒32）克重。

　　既然物質的分子量等於組成該物質分子的各個原子之原子量加總M，則M克（1莫耳）的該物質也稱1克分子量，或稱為1克分子。對任何物質來說，1莫耳中的分子數量均相同，約為6.02252×10^{23}（亞佛加德羅常數）個。

　　至於當量（Equivalent weight）這個化學術語，表示某個物質在特定的化學反應中與另一物質的指定數量完全反應或化合的量。化學上的「當量」是指物質彼此間以一定的化學計量比例進行反應，所採用的一種共同的標準。例如某個釉方程式：$0.30K_2O \; 0.70CaO \cdot 0.38Al_2O_3 \cdot 3.50SiO_2$，意思是釉的成分是0.30莫耳的氧化鉀；0.70莫耳的氧化鈣；0.38莫耳的氧化鋁及3.50莫耳的矽酸所構成。這些數字就是這個釉各氧化物的組成當量。

3.1.3 釉化學計算之初步

配釉的時候，有幾個釉的化學計算可能須先進行。今天已經很少人以原料的容積比例的方法，來調配釉料了。假如手上的處方只是釉的組成氧化物時，則在得到原料的重量比例前，都將經過數個計算步驟，包括：

（1）由釉的組成氧化物分析值計算出釉的化學方程式

（2）判斷選用適當的原料，進行下一步驟

（3）將釉的方程式換算成經挑選的原料重量調合比例

（4）驗算確認。

有時候計算是從原料重量比換算成釉方程式，目的是比較容易明瞭該釉的大致性質，並且容易與其他釉方比較，以進行改良。

為了讓化學計算順利，手邊應該有：

（1）準確的原料成分分析值

（2）計算參考用輔助資料如國際原子量表

（3）陶瓷器常用化合物分子量表

（4）原料中氧化物的當量表等。

3.1.4 原料的成分分析

一般陶瓷器製造所使用的原料，並不要求非高純度不可。從市販採購的礦物原料也無法或不須有理論的純度。曾提過的正長石（鉀長石）或鈉長石，它的理論化合物結構化學式是$K_2O \cdot Al_2O_3 \cdot 6SiO_2$及$Na_2O \cdot Al_2O_3 \cdot 6SiO_2$，每個氧化物的成分百分比是以下的方式算出：

正長石$K_2O \cdot Al_2O_3 \cdot 6SiO_2$的理論分子量M1

$= 39 \times 2 + 16 + 27 \times 2 + 16 \times 3 + 6 (28 + 16 \times 2) = 556$

氧化鉀的分子量$= 39 \times 2 + 16 = 94$

氧化鋁的分子量$= 27 \times 2 + 16 \times 3 = 102$

氧化矽的分子量$= 6 \times (28 + 16 \times 2) = 360$

鉀長石中每個氧化物的成分百分比是

氧化鉀的成分百分比$= 94 \div 556 \times 100\% = 16.91\%$

氧化鋁的成分百分比$= 102 \div 556 \times 100\% = 18.34\%$

氧化矽的成分百分比$= 360 \div 556 \times 100\% = 64.75\%$

鈉長石$Na_2O \cdot Al_2O_3 \cdot 6SiO_2$的理論分子量M2

$= 23 \times 2 + 16 + 27 \times 2 + 16 \times 3 + 6 (28 + 16 \times 2) = 524$

氧化鈉的分子量$= 23 \times 2 + 16 = 62$

氧化鋁的分子量$= 27 \times 2 + 16 \times 3 = 102$

氧化矽的分子量$= 6 \times (28 + 16 \times 2) = 360$

鈉長石中每個氧化物的成分百分比是

氧化鈉的成分百分比＝$62 \div 524 \times 100\% = 11.83\%$

氧化鋁的成分百分比＝$102 \div 524 \times 100\% = 19.47\%$

氧化矽的成分百分比＝$360 \div 524 \times 100\% = 68.70\%$

高嶺土 $Al_2O_3 \cdot 2SiO_2 \cdot 2H_2O$ 的理論分子量M3

　＝$27 \times 2 + 16 \times 3 + 2(28 + 16 \times 2) + 2(1 \times 2 + 16) = 258$

氧化鋁的分子量＝$27 \times 2 + 16 \times 3 = 102$

氧化矽的分子量＝$2 \times (28 + 16 \times 2) = 120$

結晶水的分子量＝$2 \times (1 \times 2 + 16) = 36$

高嶺土中每個氧化物的成分百分比是

氧化鋁的成分百分比＝$102 \div 258 \times 100\% = 39.53\%$

氧化矽的成分百分比＝$120 \div 258 \times 100\% = 46.51\%$

結晶水的成分百分比＝$36 \div 258 \times 100\% = 13.95\%$

碳酸鈣 $CaCO_3$ 的理論分子量M4 ＝ $40 + 12 + 16 \times 3 = 100$

氧化鈣（CaO）的分子量　　 ＝ $40 + 16 = 56$

二氧化碳（CO_2）的分子量　 ＝ $12 + 2 \times 16 = 44$

碳酸鈣中氧化物的成分百分比是

氧化鈣的成分百分比　 ＝$56 \div 100 \times 100\% = 56\%$

二氧化碳的成分百分比＝$44 \div 100 \times 100\% = 44\%$

硼砂的化學式為 $Na_2B_4O_7 \cdot 10H_2O$（或 $Na_2O \cdot 2B_2O_3 \cdot 10H_2O$），

它的分子量M5 ＝$23 \times 2 + 16 + 2(10.8 \times 2 + 16 \times 3) + 10(1 \times 2 + 16) = 381.2$

氧化鈉的分子量＝$23 \times 2 + 16 = 62$

氧化硼的分子量＝$2(10.8 \times 2 + 16 \times 3) = 139.2$

結晶水的分子量＝$10(1 \times 2 + 16) = 180$

硼砂中氧化物的成分百分比是

氧化鈉的成分百分比＝$62 \div 381.2 \times 100\% = 16.26\%$

氧化硼的成分百分比＝$139.2 \div 381.2 \times 100\% = 36.51\%$

結晶水的成分百分比＝$180 \div 381.2 \times 100\% = 47.22\%$

　　原料中的結晶水、及與氧化金屬化合的二氧化碳等，都會在加熱過程中某個溫度範圍分解脫離，這是原料成分在燒灼中會損失的量。原料成分分析表內都有一欄稱為「灼燒損失（Ignited Loss, Ig. loss 或 Loss on Lgnition, ＬＯＩ）」，指的就是這類成分及其他夾帶的、會在加熱過程中燃燒消失的有機物。

　　調釉的原料大抵分為兩大類，分別為礦物性原料及化工原料。後者的純度較高，夾帶的雜質較少。礦物性原料則因地質條件如母岩的種類與性質，礦脈的成因，機械性的（如自然力量的搬運、沉積等）或化學性（如風化、熱水分解或離子交換等），開採出的礦物多少會伴隨其他礦物成分。例如，若不經過嚴格選別，就得不到接近純粹的長

石，通常夾雜其他長石、雲母、石英顆粒以及花崗岩等。

礦物原料中最常混入的其他雜質成分如氧化鐵，氧化鈦、石灰等。典型的原料分析值表都會列出大於痕跡量的雜質，以便於計算或提供參考。雖然原料中的雜質成分在量少的時候，對於釉的生成通常不會造成明顯影響，計算的時候往往也會忽略它而不予計入。但假如雜質是有色金屬化合物時，即使量少也不可忽略，計算時可以不計，對呈色的影響必須加強注意。下表示幾種礦物原料的分析值例子：

〔註1〕
台灣省文獻會編：台灣省通誌，卷四經濟志，礦業篇1980年4月再版；台灣手工業研究所賀豫惠、林明卿、葉相君、許進雄：苗栗黏土礦的分布與陶業性質研究，1996年；昕美有限公司：陶瓷材料手冊；五月書房：陶瓷器大辭典，昭和55年8月1日。

〔註2〕
高嶋廣夫，河本末吉：窯技社：窯技叢書第二集窯業計算的方法，昭和44年。

	SiO_2	Al_2O_3	Fe_2O_3	TiO_2	CaO	MgO	K_2O	Na_2O	Ig. Loss
長石理論值	64.75	18.34	--	--	--	--	16.91	--	--
康瓦耳陶石	46.54	38.08	0.68	0.05	0.14	0.23	1.30	0.06	12.7
釜戶長石	70.26	16.59	0.12	--	0.59	0.01	6.83	5.24	0.37
理論高嶺土	46.51	39.53	--	--	--	--	--	--	13.95
河東高嶺土	46.32	38.54	0.55	--	0.60	0.31	0.04	0.18	13.50
苗栗陶土	71.07	16.93	6.60	0.81	0.07	0.79	3.23	0.50	5.93
理論碳酸鈣	--	--	--	--	56.0	--	--	--	44.0
宜蘭石灰石	0.16	0.03		--	51.87	3.28	S 0.23		44.29
理論白雲石	--	--	--	--	30.38	21.87	--	--	47.75
木瓜溪白雲石	4.00	1.50	0.35	--	35.05	26.57	--	--	34.40

【表 3-2】比較原料之理論百分組成及礦物之分析值[註1]

3.1.5 將原料或釉的成分百分組成換算成化學式 [註2]

例題1

純高嶺土的化學組成是礬土（Al_2O_3）39.53，矽酸（SiO_2）46.51，結晶水（H_2O）13.95，算出高嶺土的化學式：

步驟 1. 查原子量表算出礬土、矽酸及結晶水的分子量，分別為102；60與18。

步驟 2. 分別以各成分的分子量去除相對應的百分比，如下的計算

Al_2O_3 ：$39.53 \div 102 = 0.3875$

SiO_2 ：$46.51 \div 60 = 0.7751$

H_2O ：$13.95 \div 18 = 0.7750$

步驟 3. 將所有商數分別除以Al_2O_3的商數0.3875，得到Al_2O_3：1，SiO_2：2，H_2O：2，則高嶺土的化學式為 $Al_2O_3 \cdot 2SiO_2 \cdot 2H_2O$。

例題2

將【表3-2】中的釜戶長石的成分分析值換算成化學式

步驟 1. 我們知道長石中無結晶水，分析表中的灼損並非解離的物質，較有可能的是長石所吸附的氣體。

查原子量表，分別計算出各個氧化物的分子量。

SiO_2 ：$28 + 16 \times 2 = 60$　　　　MgO ：$24.3 + 16 = 40.3$

Al_2O_3 ：$27 \times 2 + 16 \times 3 = 102$　　　K_2O ：$39 \times 2 + 16 = 94$

Fe_2O_3 ：$55.85 \times 2 + 16 \times 3 = 159.7$　　Na_2O ：$23 \times 2 + 16 = 62$

CaO ：$40 + 16 = 56$

步驟2. 各成分分析值分別除以各相對應成分的分子量，得到商數如下

SiO_2 ： $70.26 \div 60 = 1.1710$

Al_2O_3 ： $16.59 \div 102 = 0.16264$

Fe_2O_3 ： $0.12 \div 159.7 = 0.00075$

CaO ： $0.59 \div 56 = 0.0105$

MgO ： $0.01 \div 40.3 = 0.000248$

K_2O ： $6.83 \div 94 = 0.07266$

Na_2O ： $5.24 \div 60 = 0.08733$

步驟 3. 將鹽基性成分的商數加總，得到：

$0.0105 + 0.000248 + 0.07266 + 0.08733 = 0.170738 = S$

步驟 4. 依照釉式書寫的習慣方式，將鹽基性成分的分子當量數的和換算為 1〔註3〕，即所有成分的商數除以 S；或乘以一個換算因子 f，而 $f = 1 \div S = 5.85693$。

SiO_2 ： $1.1710 \times 5.85693 = 6.858$

Al_2O_3 ： $0.16264 \times 5.85693 = 0.953$

Fe_2O_3 ： $0.00075 \times 5.85693 = 0.0044$

CaO ： $0.0105 \times 5.85693 = 0.0615$

MgO ： $0.000248 \times 5.85693 = 0.0015$

K_2O ： $0.07266 \times 5.85693 = 0.4256$

Na_2O ： $0.08733 \times 5.85693 = 0.5115$

步驟 5. 按照塞格氏方程式排列的方式寫出這個長石的化學式：

$$\left. \begin{array}{l} 0.4256\,K_2O \\ 0.5115\,Na_2O \\ 0.0015\,MgO \\ 0.0615\,CaO \end{array} \right\} \quad \begin{array}{l} 0.953\,Al_2O_3 \cdot 6.858\,SiO_2\,; \\ 0.0044\,Fe_2O_3 \end{array}$$

釉式中各成分的分子數一般都經四捨五入定位在小數點後第二位，需要更精確則定位在第三位。

步驟 6. 經由計算加總，該化學式可算出它的〔化學式量〕，即分別將各成分乘以各成分的當量數，然後加總。

式量＝$94 \times 0.4256 + 62 \times 0.5115 + 40.3 \times 0.0015 + 56 \times 0.0615 + 102 \times 0.953 + 60 \times 6.858 + 159.7 \times 0.0044 = 584.61$

〔註3〕
長石類或岩石類礦物原料中的成分有鹼金屬及鹼土金屬之鹽基性氧化物，與釉方程式一樣，為了方便媒熔劑、安定劑及網目生成物3類氧化物的比較，都會將所有鹽基化合物的分子數的加總換算成1。黏土或坏土則大多以氧化鋁為基準，將Al_2O_3的分子數定為1，至於不將矽酸的分子數定為1的原因是，與SiO_2相比，鹽基化合物與氧化鋁的分子數值都較小，若把SiO_2訂為1分子，則前2類的數值將會太小，計算的結果較可能因誤差較大而失去準確度。

例題3

將某一個青瓷釉的成分分析值（如下表）換算成化學式

SiO_2	Al_2O_3	Fe_2O_3	CaO	MgO	K_2O	Na_2O	P_2O_5	釉中的氧化物
68.4	13.4	1.6	6.8	1.8	3.6	2.3	2.1	釉成分分析值
60	102	159.7	56	40.3	94	62	142	氧化物的分子量

步驟 1. 查原子量表，分別計算出各個氧化物的分子量如上表

步驟 2. 各成分分析值分別除以各相對應成分的分子量，得到商數如下：

$$
\begin{aligned}
SiO_2 &: 68.4 \div 60 = 1.140 \\
Al_2O_3 &: 13.4 \div 102 = 0.1314 \\
Fe_2O_3 &: 1.6 \div 159.7 = 0.01 \\
CaO &: 6.8 \div 56 = 0.1214 \\
MgO &: 1.8 \div 40.3 = 0.045 \\
K_2O &: 3.6 \div 94 = 0.0383 \\
Na_2O &: 2.3 \div 62 = 0.0371 \\
P_2O_5 &: 2.1 \div 142 = 0.0148
\end{aligned}
$$

步驟 3. 將鹽基性成分的商數加總

$$S = 0.1214 + 0.045 + 0.0383 + 0.0371 = 0.2418$$

步驟 4. 將鹽基性成分的分子當量數的和換算為1，即所有成分的當量數除以S；或乘以一個換算因子f，而 $f = 1 \div S = 1 \div 0.2418 = 4.13565$。

$$
\begin{aligned}
SiO_2 &: 1.140 \times 4.13565 = 4.71 \\
Al_2O_3 &: 0.1314 \times 4.13565 = 0.543 \\
Fe_2O_3 &: 0.01 \times 4.13565 = 0.041 \\
CaO &: 0.1214 \times 4.13565 = 0.502 \\
MgO &: 0.045 \times 4.13565 = 0.186 \\
K_2O &: 0.0383 \times 4.13565 = 0.158 \\
Na_2O &: 0.0371 \times 4.13565 = 0.153 \\
P_2O_5 &: 0.0148 \times 4.13565 = 0.061
\end{aligned}
$$

步驟 5. 按照塞格氏方程式排列的方式寫出這個長石的化學式：

$$
\left.
\begin{aligned}
0.158\,K_2O \\
0.154\,Na_2O \\
0.502\,CaO \\
0.186\,MgO
\end{aligned}
\right\}
\quad
\begin{aligned}
&0.543\,Al_2O_3 \cdot 4.710\,SiO_2 ; \\
&0.041\,Fe_2O_3 , 0.061\,P_2O_5
\end{aligned}
$$

3.1.6 從釉原料的重量組成計算出釉式 [註4]

〔註4〕
高嶋廣夫，河本末吉：窯技社：窯技叢書第二集 窯業計算的方法 昭和44年。

釉料的重量比與釉式之間，各有其使用的時機。前者是秤量時所依據的標準，告訴我們採用何種原料及添加多少數量；後者則是提示我們有何種氧化物及其數量參與在釉的批料中，兩者各以不同數據顯示釉的訊息。當從原料重量組成換算為釉式的時候，必須有各種原料正確的成分分析值，通常原料供應商都可提供。下面是釉表示法換算的步驟：

例題1

有一石灰長石釉，其批料的重量比是長石167，石灰石70，高嶺土26，硅石120。將

此配方換算為釉式（假設所有原料都是理論純者）

步驟 1. 從資料表中查出各種原料的化學式及其式量：

正長石：$K_2O \cdot Al_2O_3 \cdot 6SiO_2$　　$M = 556$

石灰石：$CaCO_3$　　　　　　　　$M = 100$

高嶺土：$Al_2O_3 \cdot 2SiO_2 \cdot 2H_2O$　$M = 258$

硅石粉：SiO_2　　　　　　　　　　$M = 60$

步驟 2. 分別將批料中的各原料的調配量除以相對應原料的式量，得到商數就是該原料的當量數Eq：

正長石的Eq：$167 \div 556 = 0.300$

石灰石的Eq：$70 \div 100 = 0.700$

高嶺土的Eq：$26 \div 258 = 0.100$

硅石的　Eq：$120 \div 60 = 2.000$

步驟 3. 分別將各原料的當量數乘以該原料各氧化物的分子數，為方便及清楚起見，利用下列的表格協助計算：

	SiO_2	Al_2O_3	CaO	K_2O
$0.30 \times (K_2O \cdot Al_2O_3 \cdot 6SiO_2)$	1.8	0.30	--	0.30
$0.700 \times CaO \cdot CO_2$	--	--	0.70	--
$0.10 \times (Al_2O_3 \cdot 2SiO_2 \cdot 2H_2O)$	0.20	0.10	--	--
$2.00 \times SiO_2$	2.00	--	--	--
各氧化物分子數合計	4.00	0.40	0.70	0.30

步驟 4. 將各氧化物合計的分子數依釉式的方式書寫如下：

$$\left.\begin{array}{l} 0.30\,K_2O \\ \\ 0.70\,CaO \end{array}\right\} 0.40\,Al_2O_3 \cdot 4.00\,SiO_2$$

例題2

礦物原料的組成比理論值複雜很多，某釉藥的重量組成分別為：釜戶長石63，輕質碳酸鈣12，白雲石6，氧化鋅3，碳酸鋇3，高嶺土4，硅石粉9，氧化鐵1.8外加。計算出釉式。

步驟 1. 將從市販所購得的原料之化學分析值，依配釉的需要整理後列表如下：

	SiO_2	Al_2O_3	Fe_2O_3	CaO	MgO	BaO	ZnO	K_2O	Na_2O	Ig. Loss
釜戶長石	70.26	16.59	0.12	0.59	0.01	--	--	6.83	5.24	0.37
輕質碳酸鈣	1.49	0.15	0.23	52.50	1.83	--	--	--	--	42.82
白雲石	0.72	0.07	0.09	31.44	20.62	--	--	--	--	46.89
碳酸鋇	化學純$M = 197.4$					77.71	--	--	--	22.29
氧化鋅	化學純$M = 81.4$						100.0	--	--	--
美國白土	44.50	39.50	0.50	0.05	0.07	--	--	0.04	0.52	13.60
新竹硅砂	98.30	0.85	0.32	0.53	--	--	--	--	--	--
純氧化鐵	--	--	>98.5	--	--	--	--	--	--	--

步驟 2. 依循3.1.5例2.的方式，將上表原料的分析值換算成化學式如下表：

	SiO_2	Al_2O_3	Fe_2O_3	CaO	MgO	BaO	ZnO	K_2O	Na_2O	式量＝
釜戶長石	6.979	0.969	0.004	0.063	0.001	--	--	0.432	0.504	589.56
輕質碳酸鈣	0.030	0.001	0.001	0.954	0.046	CO_2＝0.992				100.81
白雲石	0.021	0.001	0.001	1.000	0.913	CO_2＝1.902				178.13
碳酸鋇	--	--	--	--	--	1.00	--	--	--	197.40
氧化鋅	--	--	--	--	--	--	1.00	--	--	81.40
美國白土	1.915	1.00	0.008	0.002	0.004	--	--	0.001	0.002	253.80
新竹硅砂	1.000	0.005	0.001	0.006	--	--	--	--	--	60.84
純氧化鐵	--	--	1.000	--	--	--	--	--	--	159.70

步驟 3. 分別將批料中的各原料的調配量除以相對應原料的式量，得到商數就是該原料的當量數Eq：

釜戶長石的　Eq：$63 \div 589.56 ＝ 0.1069$

輕質碳酸鈣的Eq：$12 \div 100.81 ＝ 0.1200$

白雲石的　　Eq：$6 \div 178.13 ＝ 0.0338$

碳酸鋇的　　Eq：$3 \div 197.40 ＝ 0.0152$

氧化鋅的　　Eq：$3 \div 81.40 ＝ 0.0369$

美國白土的　Eq：$4 \div 253.80 ＝ 0.0158$

新竹硅砂的　Eq：$9 \div 60.84 ＝ 0.1479$

純氧化鐵的　Eq：$1.8 \div 159.7 ＝ 0.0120$

步驟 4. 各原料的當量數分別乘以相對應原料的氧化物之分子數（步驟2.表格內），得到下表各氧化物的當量數，小數點第三位後四捨五入。

	SiO_2	Al_2O_3	Fe_2O_3	CaO	MgO	BaO	ZnO	K_2O	Na_2O
釜戶長石	0.742	0.103	--	0.007	--	--	--	0.046	0.054
輕質碳酸鈣	0.003	--	--	0.120	0.006	--	--	--	--
白雲石	0.001	--	--	0.034	0.030	--	--	--	--
碳酸鋇	--	--	--	--	--	0.015	--	--	--
氧化鋅	--	--	--	--	--	--	0.037		
美國白土	0.030	0.016	--	--	--	--	--	--	--
新竹硅砂	0.150	--	--	--	--	--	--	--	--
純氧化鐵	--	--	0.012	--	--	--	--	--	--
合計	0.926	0.119	0.012	0.161	0.036	0.015	0.037	0.046	0.054

步驟 5. 將鹽基性成分的分子當量數的和換算為1，即所有氧化物的當量數除以S；S＝所有鹽基性氧化物CaO, MgO, BaO, ZnO, K_2O及Na_2O的當量數的和＝0.161+0.036+0.015+0.037+0.046+0.054＝0.349，或乘以一個換算因子f，而f＝$1 \div S ＝$ 2.8653。得到各氧化物的當量數：

SiO_2 ：$0.926 \times 2.8653 ＝ 2.653$　　　　　ZnO ：$0.037 \times 2.8653 ＝ 0.106$

Al_2O_3 ：$0.119 \times 2.8653 ＝ 0.341$　　　　　K_2O ：$0.046 \times 2.8653 ＝ 0.132$

CaO ：$0.161 \times 2.8653 ＝ 0.461$　　　　　Na_2O ：$0.054 \times 2.8653 ＝ 0.155$

MgO ：$0.036 \times 2.8653 ＝ 0.103$　　　　　Fe_2O_3 ：$0.012 \times 2.8653 ＝ 0.034$

BaO ：$0.015 \times 2.8653 ＝ 0.043$

步驟 6. 按照塞格式方程式排列的方式寫出這個釉的化學式：

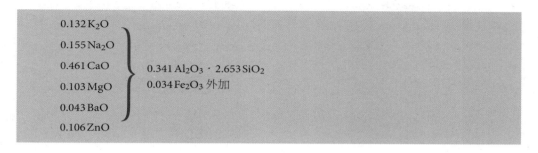

$$0.132 \, K_2O$$
$$0.155 \, Na_2O$$
$$0.461 \, CaO$$
$$0.103 \, MgO$$
$$0.043 \, BaO$$
$$0.106 \, ZnO$$

$$0.341 \, Al_2O_3 \cdot 2.653 \, SiO_2$$
$$0.034 \, Fe_2O_3 \, 外加$$

3.1.7 從塞格式計算出釉原料的重量組成〔註5〕

〔註5〕
高嶋廣夫，河本末吉：窯技社：窯技叢書第二集 窯業計算的方法 昭和44年。

若釉的配方是以非本地可獲得的原料重量比例表示，但有該原料的化學分析值；或配方只是以氧化物的分析值表示；或是以釉化學方程式表示時，都可利用「塞格式」計算出釉原料的重量組成。

把非化學式表示的釉配方，依照上述的方法換算為塞格式。 視釉式的各氧化物組成情形，決定調配生料釉或熔塊釉。選擇合適的原料，然後開始逐步計算。下列為組成基礎釉的氧化物與可被選用該氧化物來源的一般原料。

化學成分	原料
K_2O	含鉀的各類長石；碳酸氫鉀、碳酸鉀、硝酸鉀* 等
Na_2O	含鈉的各類長石；水合碳酸鈉、蘇打灰、氯化鈉、苛性鈉、硼砂* 等
Li_2O	碳酸鋰、葉長石、鋰輝石、磷鋰石；氟化鋰* 等
CaO	石灰石、方解石、碳酸鈣、矽灰石、磷酸鈣（骨灰）、木灰；氟化鈣*
MgO	碳酸鎂（菱鎂礦）、白雲石、滑石；煅燒氧化鎂或海水鎂#
BaO	碳酸鋇（毒重石）；硫酸鋇（重晶石）*、氯化鋇（強毒性）*
SrO	碳酸鍶；硫酸鍶*
ZnO	氧化鋅（鋅氧粉）
PbO	矽酸鉛；硫化鉛、密陀僧（黃丹）、鉛丹（紅丹）、鉛白*
B_2O_3	硬硼酸鈣（硼灰石）；硼酸、硼砂*
SiO_2	石英、硅石、硅砂；各種長石、陶石、黏土等矽酸鹽及矽酸礬土鹽
Al_2O_3	各種長石、陶石、黏土等矽酸鹽及矽酸礬土鹽
P_2O_5	磷酸鈣、骨灰、植物灰等
ZrO_2	氧化鋯、矽酸鋯

〔註6〕
* 記號者：宜事先製成熔塊。

記號者：煅燒氧化鎂或海水鎂大多用於耐火材料，有時也當做熔塊中鎂的來源。

例題 1

釉化學式如下，計算原料的重量百分組成（假設全部使用純粹的原料）

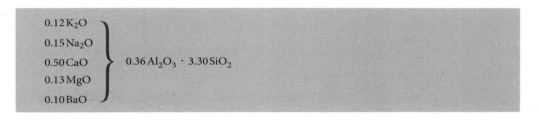

$$0.12 \, K_2O$$
$$0.15 \, Na_2O$$
$$0.50 \, CaO$$
$$0.13 \, MgO$$
$$0.10 \, BaO$$

$$0.36 \, Al_2O_3 \cdot 3.30 \, SiO_2$$

步驟 1. 列出一個表格，將所需的成分及數量依序排列如下頁：

氧化物————————————————→	K_2O	Na_2O	CaO	MgO	BaO	Al_2O_3	SiO_2
調合量\所需氧化物的當量————————→	0.12	0.15	0.50	0.13	0.10	0.36	3.30
正長石0.12×（$K_2O \cdot Al_2O_3 \cdot 6SiO_2$）	0.12	--	--	--	--	0.12	0.72
鈉長石0.15×（$Na_2O \cdot Al_2O_3 \cdot 6SiO_2$）	--	0.15	--	--	--	0.15	0.90
石灰石0.50×$CaCO_3$	--	--	0.50	--	--	--	--
碳酸鎂0.13×$MgCO_3$	--	--	--	0.13	--	--	--
碳酸鋇0.10×$BaCO_3$	--	--	--	--	0.10	--	--
高嶺土0.09×（$Al_2O_3 \cdot 2SiO_2 \cdot 2H_2O$）	0.12	--	--	--	--	0.09	0.18
硅石粉1.50×SiO_2	--	--	--	--	--	--	1.50

※ 所需氧化物的當量數是由各種釉原料中能夠引進的氧化物之總和

步驟 2. 上表調合量欄中原料當量數分別乘各原料的分子量，得到調合量如下：

	分子量	當量數	調合量
正長石	556	× 0.12 =	66.72
鈉長石	524	× 0.15 =	78.60
石灰石	100	× 0.50 =	50.00
碳酸鎂	84.3	× 0.13 =	10.96
碳酸鋇	197.4	× 0.10 =	19.74
高嶺土	258	× 0.09 =	23.22
硅石粉	60	× 1.50 =	90.00
		合計 =	339.24

步驟 3. 將各原料的調合量換算為百分比得到重量配方如下：

正長石：$66.72 \div 339.24 \times 100\% = 19.67\%$

鈉長石：$78.60 \div 339.24 \times 100\% = 23.17\%$

石灰石：$50.00 \div 339.24 \times 100\% = 14.74\%$

碳酸鎂：$10.96 \div 339.24 \times 100\% = 3.23\%$

碳酸鋇：$19.74 \div 339.24 \times 100\% = 5.82\%$

高嶺土：$23.22 \div 339.24 \times 100\% = 6.84\%$

硅石粉：$90.00 \div 339.24 \times 100\% = 26.53\%$

合計 = 100.00%

　　調釉時所使用的礦物原料都不是純粹的，除非特別要求，以純粹的原料配釉是不切實際的。市販的長石礦物都同時含有鉀、鈉的氧化物，所以一種長石同時可以獲得鉀、鈉。一般釉方程式的K_2O及Na_2O不分開書寫，該例子會寫成0.27KNaO。用一種長石來計算，不考慮鉀多或鈉多，至於該選擇哪種長石，製陶家的經驗會做最佳的決定。礦物夾雜的鈣、鎂、鐵等的氧化物，量很少時可略去不計入，量明顯時（通常接近0.5%以上就可能影響組成）就必須加入計算。

例題2

釉化學式如下，計算原料的重量百分組成：

$$
\left.\begin{array}{l}
0.14\,K_2O \\
0.25\,Na_2O \\
0.40\,CaO \\
0.21\,PbO
\end{array}\right\}\ 0.45\,Al_2O_3 \left\{\begin{array}{l}
3.93\,SiO_2 \\
0.50\,B_2O_3
\end{array}\right.\quad （F）
$$

釉化學式中有較多的氧化鉀、鈉，有氧化鉛及硼酸，這樣的配方最好有部分成分先調製成熔塊。氧化鉛與硼酸都全部考慮為熔塊的成分，配合適當量的長石以獲得氧化鋁及矽酸讓熔塊更具安定性，熔塊與釉的分割可依下列步驟進行：

步驟 1. 先決定釉式中熔塊成分的量，氧化鋁及矽酸的量少些有利於熔化。

$$
\left.\begin{array}{l}
0.08\,K_2O \\
0.25\,Na_2O \\
0.25\,CaO \\
0.21\,PbO
\end{array}\right\}\ 0.33\,Al_2O_3 \left\{\begin{array}{l}
2.48\,SiO_2 \\
0.50\,B_2O_3
\end{array}\right.\quad 式量M＝301.11 （F1）
$$

則生料部分為釉式（F）－（F1）後、得到：

$$
\left.\begin{array}{l}
0.06\,K_2O \\
0.15\,CaO
\end{array}\right\}\ 0.12\,Al_2O_3 \cdot 1.45\,SiO_2 \quad （F2）
$$

步驟 2. 先進行熔塊料配方（F1）的計算，程序與本節例1. 相似：

氧化物⟶	K_2O	Na_2O	CaO	B_2O_3	PbO	Al_2O_3	SiO_2
調合量\所需氧化物當量⟶	0.08	0.25	0.25	0.50	0.21	0.33	2.48
正長石0.08×（$K_2O \cdot Al_2O_3 \cdot 6SiO_2$）	0.08	--	--	--	--	0.08	0.48
硼砂0.25×（$Na_2O \cdot 2B_2O_3 \cdot 10H_2O$）	--	0.25	--	0.50	--	--	--
石灰石0.25×$CaCO_3$	--	--	0.25	--	--	--	--
密陀僧0.21×PbO	--	--	--	--	0.21	--	--
高嶺土0.25×（$Al_2O_3 \cdot 2SiO_2 \cdot 2H_2O$）	--	--	--	--	--	0.25	0.50
硅石粉 1.50×SiO_2	--	--	--	--	--	--	1.50

步驟 3. 上表調合量欄中原料當量數分別乘各原料的分子量，則熔塊調合量如下：

	分子量	當量數	調合量	重量%
正長石	556	× 0.08 ＝	44.48	12.15%
硼砂	381	× 0.25 ＝	95.25	26.02%
石灰石	100	× 0.25 ＝	25.00	6.83%
密陀僧	223	× 0.21 ＝	46.83	12.79%
高嶺土	258	× 0.25 ＝	64.50	17.62%
硅石粉	60	× 1.50 ＝	90.00	24.59%
		合計＝	366.06	100.00%

步驟 4. 釉組成中生料（F2）的部分，調配量如下：

氧化物 →	K_2O	CaO	Al_2O_3	SiO_2	原料的調合量
調合量\所需氧化物當量 →	0.06	0.15	0.12	1.45	＝分子量×當量
正長石0.06×（$K_2O \cdot Al_2O_3 \cdot 6SiO_2$）	0.06	--	0.06	0.36	＝556×0.06＝33.36
石灰石0.15×$CaCO_3$	--	0.15	--	--	＝100×0.15＝15.00
高嶺土0.06×（$Al_2O_3 \cdot 2SiO_2 \cdot 2H_2O$）	--	--	0.06	0.12	＝258×0.06＝15.48
硅石粉0.97×SiO_2	--	--	--	0.97	＝60×0.97＝58.20

步驟 5. 熔塊與生料部分混合調製成釉料：

原料	配合量	重量%
F1熔塊	301.11	71.2%
正長石	33.36	7.8%
石灰石	15.00	3.6%
高嶺土	15.48	3.7%
硅石粉	58.20	13.7%
合計＝423.15		100.0%

3.1.8 從塞格式計算出釉原料的重量組成實用例

有一鐵發色的釉，其化學組成如方程式，試以市販的原料調配出其重量百分組成。

$$\left.\begin{array}{l} 0.28\,NaKO \\ 0.50\,CaO \\ 0.22\,MgO \end{array}\right\} \quad \begin{array}{l} 0.382\,Al_2O_3 \cdot 3.60\,SiO_2。 \\ 0.170\,Fe_2O_3 外加 \end{array}$$

步驟 1. 視釉的方程式，決定將被使用的原料。本例題考慮使用釜戶長石、木瓜溪白雲石、特級石灰石、煅燒高滑石、河東高嶺土及羅東硅砂，著色劑採用高純度特紅氧化鐵。

步驟 2. 上述原料的成分分析值如下表：

原料分析值	SiO_2	Al_2O_3	Fe_2O_3	CaO	MgO	K_2O	Na_2O	Ig. Loss
釜戶長石	70.26	16.59	0.12	0.59	0.01	6.83	5.24	0.37
石灰石	0.40	0.20	0.02	55.05	0.04	0.05	0.20	43.80
白雲石	0.72	0.07	0.09	31.44	20.62	--	--	46.89
滑石	65.59	0.42	0.05	0.18	32.91	--	--	0.98
河東高嶺	45.82	38.36	0.36	0.43	0.01	1.61	1.04	12.47
硅砂	98.62	0.56	0.03	0.39	--	0.05	0.28	--
純氧化鐵	--	--	＞98.5	--	--	--	--	--

步驟 3. 依照 3.1.5 例2. 的方式，將上表原料的分析值換算成化學式如下：

	SiO₂	Al₂O₃	Fe₂O₃	CaO	MgO	K₂O	Na₂O		式量
釜戶長石	6.979	0.969	0.004	0.063	0.001	0.432	0.504	KNaO＝0.936	589.56
石灰石	0.007	0.002	0.000	1.000	0.001	0.001	0.003	CO₂ 1.013	101.48
白雲石	0.021	0.001	0.001	1.000	0.911	--	--	CO₂ 1.898	177.80
煅燒滑石	4.016	0.015	0.001	0.012	3.000	--	--	--	365.44
河東高嶺	2.031	1.00-	0.006	0.020	0.001	0.045	0.045	H₂O 1.842	266.17
羅東硅砂	1.000	0.003	0.000	0.004	--	0.003	0.000	--	60.80
純氧化鐵	--	--	1.000	--	--	--	--	--	159.70

步驟 4. 依照 3.1.7 例 1. 的方式，計算各原料的當量數及調合量

氧化物 ⟶	KNaO	CaO	MgO	Al₂O₃	SiO₂	Fe₂O₃
調合量\所需氧化物的當量 ⟶	0.280	0.500	0.220	0.382	3.600	0.170
釜戶長石 0.28÷0.936×589.56＝165.08	0.280	0.019	--	0.290	2.088	0.001
白雲石 0.121×177.80＝21.51	--	0.121	0.110	--	0.002	--
滑石 0.037×365.44＝13.52	--	--	0.110	--	0.147	--
石灰石 0.360×101.48＝36.53	--	0.360	--	--	0.002	--
高嶺土 0.092×266.17＝24.49	--	--	--	0.092	0.187	--
硅石粉 1.174×60.80＝71.38	--	--	--	--	1.174	--
氧化鐵 0.169×159.70＝26.99	--	--	--	--	--	0.169
氧化鐵除外其餘原料使用數量合計＝332.51						

步驟 5. 計算出各原料調合量並換算為重量百分比如下：

釜戶長石	49.65	高嶺土	7.36
白雲石	6.47	硅石粉	21.46
滑石	4.07	氧化鐵	8.00 外加
石灰石	10.99		

3.2 釉方設計

以化學方程式及原料重量組成表示釉各有其功能，但釉方程式不能拿來秤重量，而在沒有足夠的分析值資料時，更無法計算出化學式與原料重量的關係。很多製陶家可以依其累積的豐富經驗，選用方便取得的原料調配他需要的釉，假如能有釉的知識和技術，於設計釉的配方時，將更加方便。

根據玻璃網目形成理論，數個氧化物就可以組成一個釉，最常被應用調配基礎釉的氧化物也僅有十數種而已。但假如不了解各成分在陶瓷工業上的性質意義時，氧化物組合的複雜性讓我們無法以一般法則將它單純化。本節將針對組成釉的3大部分－鹽基、中性、酸性－與釉的關係略做說明。

3.2.1 燒成溫度與媒熔劑分子量的關係

　　每種金屬氧化物都有不同的熔點，混合後也會有不同的熔點，這溫度點稱為這些物質的「共熔點」。混合比例適當時共熔的溫度常比物質各自的熔點低，這情形在那些鹽基性金屬氧化物特別明顯，尤其二價的鹼土金屬氧化物，他們的熔點都接近在2000℃或以上，但與鹼金屬氧化物適量配合使用，能與熔點分別高達1712及2050℃的SiO_2和Al_2O_3，在陶瓷器燒成的溫度範圍內，共熔生成玻璃狀的釉。

　　下表是釉用媒熔氧化物的熔點與適用的釉熟成溫度預估範圍：

〔註7〕

長石的礦物結構已具備組成釉的條件，它沒有明確的熔點，軟化溫度視鹽基的的組成量而定，有些高達10~15%，軟化溫度較低。但單獨使用時熔融物的黏性很大，不容易達到釉面的要求水準。搭配其他熔劑可調配各種性狀的釉。窯業協會：窯業工業手冊 p 1212，1980 Feb 01。

氧化物	熔點℃	適用熔塊、釉上彩預估範圍	適用的釉熟成溫度預估範圍
Li_2O	1427		800~1400
Na_2O	1275灰化	600~850	800~1400
K_2O	350分解	600~850	800~1400
MgO	2850	700~850	1080~1400
CaO	2572	700~850	1080~1400
SrO	2430	--	1050~1400
BaO	1923	--	1160~1400
ZnO	1975	--	1050~1400
PbO	888	600~1200	
B_2O_3	450玻璃化	600~1400	
長石類[註7]	軟化點1150~1270	--	1080~1400

【表3-3】各媒熔劑的熔點與其在釉中的適用熟成溫度預估範圍

3.2.2 燒成溫度與矽酸、氧化鋁分子量的關係

　　媒熔劑之外釉的重要組成物矽酸與氧化鋁，前者是構成釉的玻璃生成氧化物、後者則是讓釉安定化的礦化劑，他們的比例及在釉中的存在量與熔劑同時影響釉的熟成溫度和性狀。

　　同時注意熔劑、矽酸與氧化鋁的配合量與熟成溫度的關係，將發現PbO、Na_2O、K_2O及B_2O_3的使用量，必須隨熟成溫度升高而降低；反過來說，鹼土金屬類熔劑CaO、MgO、BaO及ZnO等的使用量，將隨熟成溫度升高而增加【圖3-1】。而SiO_2、Al_2O_3兩者之間互動的關係，從共熔溫度到釉面的光澤度、熔融時液相的性狀和析晶等物理化學性的影響都相當複雜。1921年索維爾（Sortwell H.H.）〔註8〕研究以RO＝$0.3K_2O＋0.7CaO$的高溫瓷器釉，SiO_2：Al_2O_3以10：1的比例遞增，燒成溫度從10到16號（1260~1450℃）溫錐，【圖3-2】顯示出各階段溫度之SiO_2：Al_2O_3，能組成良好有用的釉的比例範圍。

　　一般瓷器釉的燒成溫度範圍在錐號8~13（1225~1350℃）之間，RO群除了K_2O、CaO外，可利用MgO、SrO、BaO來部分取代CaO；以Li_2O及Na_2O來更換K_2O；加入氧化鉛及氧化硼使釉的熔融性狀更具變化性。RO的組成複雜化後，將簡單平凡的石灰長石釉修飾成為能表現豐富質感、優良的好釉。

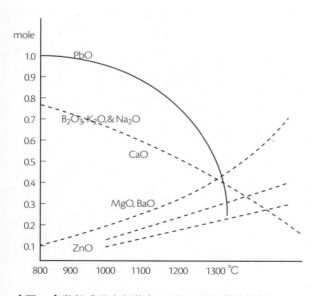

【圖3-1】釉熟成溫度與釉中R_2O及RO添加量的關係

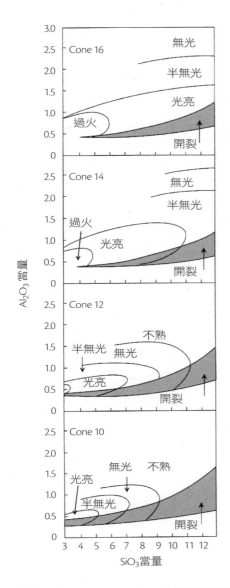

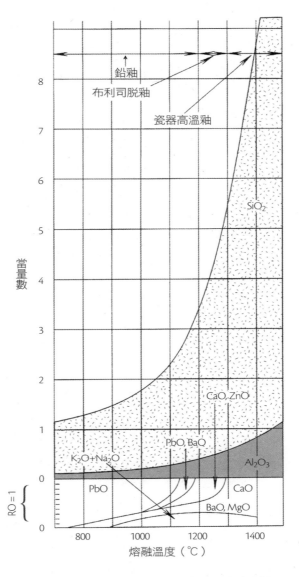

【圖3-2】RO=0.3K₂O+0.7CaO 的瓷器釉面性狀
與熟成溫度的關係

【圖3-3】組成釉的成分當量與熟成溫度的關係

由Sortwell研究的圖解可清楚理解，當固定RO的量時，增加SiO₂及Al₂O₃，就升高釉的熟成溫度。反過來說，調整RO與SiO₂及Al₂O₃的配合量，可調配出在希望的溫度熟成的釉。很多化學家及陶瓷專家都曾研究RO與SiO₂及Al₂O₃的配合比例與熟成溫度的關係，【圖3-3】[註9] 是個有用的參考。

為了讓 釉－坏 之中間層能發展成良好的介面，通常都將高溫瓷器釉施加在以較低溫「素燒」過的坏體上，然後再高溫燒成。

3.2.3 設計一個希望熟成溫度範圍的釉化學式

如上節的敘述，除了鉀、鈉、鈣、矽、鋁的氧化物之外，還要其他修飾氧化物共同組成實用的釉。而利用手邊方便取得的原料來計算、調配全新的、屬於自己的釉方是所有製陶家都希望有的能力。新釉方可以下列方式獲得：

〔註8〕
Sortwell H.H.：High Fire Porcelain Glazes, J. Am. Ceramic Soc., 4:718(1921).

〔註9〕
素木洋一：工業用陶瓷器，技報堂出版 p210，釉的組成，昭和44年6月。

1. 參考名瓷器釉的分析值紀錄，算出其化學式（如3.1.5節，例3）。

2. 利用塞格氏溫錐的組成方程式（附錄）為基礎，進行調整新的釉組合，注意溫錐相對應的溫度是表示軟化的狀態，實用釉的燒成通常還要高出80~100℃。

3. 參照【圖3-3】組成釉的成分當量與熟成溫度的關係」，尋求適合希望的熟成溫度的化學組成。

4. 或利用【圖3-4】「釉組成的當量範圍圖〔註10〕」，尋求適當的釉化學式。注意當量範圍的最高及最低值，除非必要，通常都選擇中間值然後調整修飾。

〔註10〕
素木洋一：工業用陶瓷器，技報堂出版p213，釉的組成，昭和44年6月。
窯業學會編，窯業工業手冊p1212；1980. Feb. 01

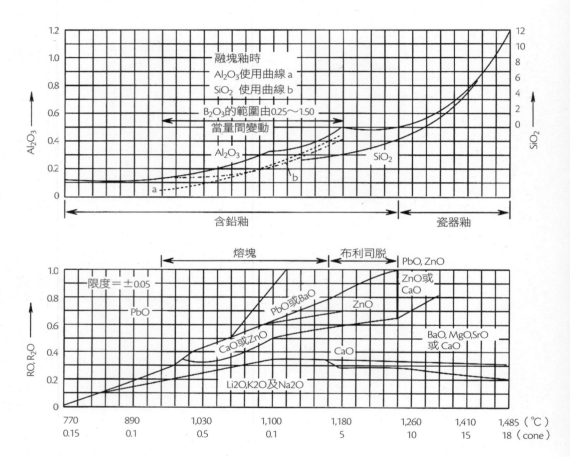

【圖3-4】釉組成的當量範圍圖（H.H. Holscher and A.S. Watts, 1931）

3.3 釉成分、原料之引進、取代或替換

為改善品質、釉色，升高或降低熟成溫度等，釉的成分與成分、原料與原料之間，有時會進行替換取代。 視「釉組成的當量範圍圖」，錐號015（770℃）以下的釉或熔塊的鹽基類熔劑，幾乎全為PbO，隨著熟成溫度升高，其他鹼金屬、接著鹼土金屬氧化物逐漸被引入，SiO_2與Al_2O_3也跟著增加。

Na$_2$O及K$_2$O在900℃以上的釉中,當量數0.30 mole以內,可隨著長石被引入;過量的部分和900℃以下的釉相似,其來源為可溶性的鉀、鈉碳酸鹽、硝酸鹽或硫酸鹽製成的熔塊。

熟成溫度越高的釉,使用生原料的時機越多。但並非中、高溫釉不適合加入熔塊,熔塊釉有很多生料釉難以達成的品質要求。除非純度的要求外,一般工業調釉大多以礦物原料為主,化工原料為輔。

各氧化物成分在釉中有其特性或表現,有些鹼土金屬氧化物的配合具有鉛、硼釉的低溫熟成性,比鋅釉有更寬廣的熟成範圍。例如下面這個配方:

$$\left.\begin{array}{l} 0.20\,KNaO \\ 0.30\,SrO \\ 0.10\,CaO \\ 0.40\,BaO \end{array}\right\} \quad 0.3\,Al_2O_3 \cdot 3.00\,SiO_2$$

是Harman 及 Swift[註11]在1950年發表的方程式、一個完全無鉛的生料組成的釉,於錐號03(1080℃)就已可熟成,但升溫高達10號錐(1260℃),仍然不過火,雖然這個釉沒有像鉛釉一樣具有良好的光澤度與覆蓋能力。

〔註11〕
Harman C.G., and Swift H.R.:Raw Leadless White ware Glaze at Cone 04. J. Am. Ceramic Soc., 33:323 (1950).

釉方程式確認之後,若在不改變其中成分與含量的前提下,以其他原料進行更改變換,也可達成相似的燒成結果。例如含鉛的釉式中PbO的來源,可以考慮使用鉛丹(Pb$_3$O$_4$)或鉛白(2PbCO$_3$·Pb(OH)$_2$),不論調配熔塊或生鉛釉,只要計算出它們的置換比例,都可以獲得相同的結果:Pb$_3$O$_4$的分子量=685.6;(2PbCO$_3$·Pb(OH)$_2$)的分子量=775.6。每一分子的鉛丹及鉛白都含有3PbO,所以置換的時候,100份鉛丹必須以100×(775.6÷685.6)=113.13份鉛白取代。含硼、鈉的熔塊,分別以硼酸及蘇打灰為其來源,若利用硼砂時,要注意同時帶入的Na$_2$O必須從批料中的蘇打灰內扣除。

複鹽或矽酸礬土鹽礦物原料間的置換計算,比化工原料複雜很多。例如,有一使用長石的釉方,想以含較多Na$_2$O的霞石正長石來取代,要如何調整才能獲致相似的結局呢?首先將KNaO設定為1來比較兩種礦物的Al$_2$O$_3$及SiO$_2$的分子當量數,經計算後會發現霞石正長石比常用的長石有較多Al$_2$O$_3$較少SiO$_2$。為簡化計算及方便說明,假設以理論值的霞石正長石:3Na$_2$O·K$_2$O·4Al$_2$O$_3$·8SiO$_2$(或0.75Na$_2$O·0.25K$_2$O·Al$_2$O$_3$·2SiO$_2$),全量取代以理論的正長石:K$_2$O·Al$_2$O$_3$·6SiO$_2$,當釉方程式為(0.3K$_2$O＋0.5CaO＋0.2MgO)·0.35Al$_2$O$_3$·3.5SiO$_2$時,CaO及MgO的來源不受影響,K$_2$O變成KNaO,RO 的部分差別暫時不計較。比較下列的計算式,Al$_2$O$_3$和SiO$_2$的數據分別是:

	Al$_2$O$_3$	SiO$_2$
0.3 mole 正長石	0.30	1.80
0.3 mole 霞石正長石	0.30	0.60

形成網目的SiO$_2$很明顯短少,必須額外添加更多石英來彌補SiO$_2$的不足。

3.4 使用沒有分析值的原料配釉

在化學分析尚未被運用之前，製陶家如何調配釉藥？幾千年來，衡量工具容或不同，最常用的方法應該是容積比例和重量比例法兩種方式。而決定的比例量更是眾多失敗經驗後所累積的心得。經驗傳承讓我們能夠以更接近合理的方式執行「試驗→追蹤」，從簡單二成分到多成分的配合，都可以利用「座標與格線」執行釉秩序化的比例分配，同時執行不同配合量的調合試驗。座標格線可依精密程度分割，以尋找最適當的配合。

座標法數值的單位可以是容積、重量，也可以是分子量的配合；也不僅可用來找尋釉藥，坯土及顏料的原料配合，同樣適用。例如三角形座標的三個頂點分別代表全量的長石、石英及高嶺土；或分別代表總調量 1 mole的Cr_2O_3‧Fe_2O_3‧Al_2O_3，和座標外定量的ZnO（假設1mole）【圖3-5；3-6】。

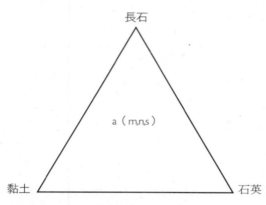

【圖3-5】座標內a點代表m長石‧n黏土‧s石英，m+n+s=100%

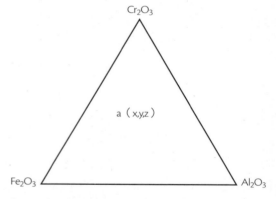

【圖3-6】座標內a點代表xCr_2O_3‧yFe_2O_3‧zAl_2O_3，x+y+z=1

由上面的圖解，可以看到原料的當量數一樣能以座標法表示，得到的是化學分子式的mole數量。此方法的方便性很適合不知成分內容的原料調合。

3.4.1 二成分系統座標調釉試驗法

「…（灰）取其絕細。每灰二碗，參以紅土水一碗。攪令極勻，澆塗坯上。燒出自成光…」[註12]，這是天工開物提到古代中國南方以容積比例配釉的情形，可以說是典型的二成分配釉。古代對於「量」的精確概念和現代大概有些差異，今天我們知道乾濕度未經控制的原料很難獲得準確度高的秤量。

下面單軸的座標兩端各代表一種原料的全量，軸上任一點就同時表示各原料相對應的配合量（重量或容量），每次試驗通常都會採取數點同時進行。

〔註12〕
宋應星：天工開物，卷中，陶埏第七罌甕篇。1979 年 6 月世界書局發行。

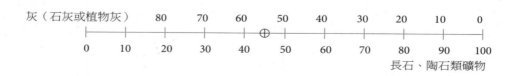

假如有未知的原料，首次使用時，也可以與一種已知的原料採用此法進行了解。二成分調配的釉，假如表現難獲得預期的好效果，比如釉面的光澤不足，熔融狀況不理想等，主要的原因是原料種類少，可能欠缺某些氧化物的緣故。所以經過二成分調配試驗後，須針對缺陷執行額外的彌補。

3.4.2 三成分系統座標調釉試驗法

長石－石灰釉是熔點較高的瓷器釉，陶器及半瓷器釉的熟成溫度較低，黏土或高嶺土的添加量較少，所以釉的礦物原料可能以長石、石灰石（或植物灰）及石英三種為主。初次擁有這三種原料時，就運用此方法進行實驗[註13]。

[註13]
加藤悅三 著；楊秀雲、林珠如譯；林葆家監修：釉藥基本調配1985年。

1. 三角圖表座標上所代表的「量」

三角形的每邊都可看作代表2成分的座標軸，各頂點分別代表所選用的原料各有100%，而其對應的底邊為0%；如【圖3-5】，與【圖3-7】瓷器坯土的表示法相似。則A點釉的組成是：通過A，分別劃出平行於各底邊的直線X、Y、Z，與其他兩邊相交，則各交點到所代表的原料頂點之遠端點線段的百分比值就是該原料的調配比例。因此，在A點釉的組成為長石60%、石灰石15%、石英粉25%。

2. 以三角圖表調配三成分釉料試驗的要領

進行新原料的首次試驗時，先決定試驗配方的程序如下：

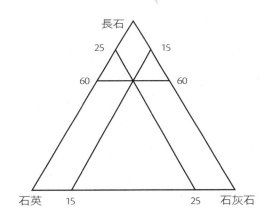

【圖3-7】長石－石灰－石英三成份釉的三角圖表示法

（1）將三角形的每邊以相等的比例分割：如【圖3-8】，則每成分都作20%增量的變化，畫出格線後包括各頂點共得到二十一個交點，如本節第一項說明，可得到二十一個試驗配方（假如以10%分割，則有66個配方）。

（2）在某一合理的溫度範圍（例如1230~1250℃）燒成，冷卻後出窯檢視。

（3）剔除得不到好結果、例如不熔的或過熔的的不合理配方。將適合進一步試驗的配方標明，如【圖3-9】斜線部分，以更細的分割，進行小範圍、較精細的試驗。

3. 三成分釉料試驗之微調與修飾

細部調整與修飾可以讓表現平凡的三成分配合，獲得更好的效果。參與微調修飾的原料的數量通常較少，引進的方式以直接〔額外添加〕最簡單；也可利用如上面的圖表方式，將初步選定的配方當作「一種」原料成分，修飾用的原料為其他二成分，重複設計配方進行試驗。

添加乳濁劑、發色劑或顏料，量少的時候可以在試驗階段不計入，但量多時，將對釉的熟成造成明顯影響，於配釉計算時，這些原料就必須考慮為釉成分之一。

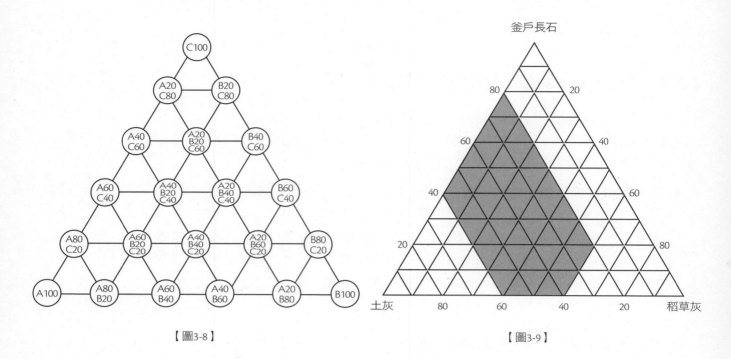

【圖3-8】　　　　　　　　　　　　【圖3-9】

3.4.3 多成分配釉法

四成分的原料被用來配釉時，利用與三角圖表相似的方法，例如正三角錐形的四個頂點，分別代表四個原料成分（分子當量配合一樣以相同方式配釉）的全量。錐體內的任一點與各個頂點的相對應數量比，就代表該原料成分的配合比例。

假設四成分中全量的高嶺土在錐頂，則底部三角形的三個頂點分別為長石、石灰石及石英，以該四種原料來設計試驗配方，下面就是試驗配方可能執行的程序。

先擇定高嶺土在釉中所佔有的百分比範圍，例如4~12%，並確定分別以4；8；12 三個階段與其他三成分搭配。

在錐體頂點T相對應的適當位置，畫出平行於底面的三角形ABC，則這個三角形就代表長石、石灰石及石英。

假設高嶺土使用量為8%，則△ABC各頂點代表的全量為92%。依3.4.3節三成分配釉的步驟，求出長石、石灰石及石英的試驗配合量，然後加上高嶺土。假如高嶺土為4或12，則長石、石灰石及石英的總量分別為96及88%。

3.5 試驗後製作釉的性狀圖

假如釉試驗是以塞格式表示，或試驗的配方可以換算為塞格式時，例如：

$$\begin{array}{l} m\,R_2O \\ n\,RO \end{array} \quad x\,Al_2O_3 \cdot y\,SiO_2 \;;\; m+n=1 \,。$$

在相同燒成條件下，結果與各氧化物成分的量、相互的比例大有關係。試驗的配方可以用三角圖表法分別標示鹽基性成分 R_2O+RO；中性 $x\,Al_2O_3$ 及酸性成分 $y\,SiO_2$。除了 R_2O 與 RO 的比值外，RO 中分別以氧化鈣、鎂或鋅配成的釉其性狀的差別是很大的，不同的鹽基成分及數量決定釉是否透明、乳濁、結晶甚至無光；當然中性與酸性成分在釉中的比值與數量對釉性狀的影響也是很大。

比照索維爾的研究方法，在固定的鹽基組成、固定的溫度進行（$0.2\,KNaO+0.3\,CaO+0.5\,ZnO$）‧$x\,Al_2O_3 \cdot y\,SiO_2$ 之系統燒成試驗，變動 x、y 的比例、如【圖3-10】；在能適當熔融的範圍內，得到一系列的性狀表現【圖3-11】。

圖中區域A是 Al_2O_3 及 SiO_2 比值、氧化鋁較多，屬於無光地帶，在此稱為「氧化鋅無光釉」；區域B是 Al_2O_3 及 SiO_2 比值接近1:10、但當量數較低、釉熔融程度較深的範圍，屬於「鋅結晶區」；區域C是 Al_2O_3 及 SiO_2 比值、矽酸較多，屬於乳濁地帶，此時稱為「鋅乳濁區」；區域D和B相似，屬於 Al_2O_3 及 SiO_2 比值接近1:10、但當量數較高的範圍，是光澤透明的地帶。

石灰－長石釉，石灰－鎂，石灰－鋇釉等，雖然結果有差異，也有類似的情形。這現象僅能讓我們設計釉方時參考，配釉有時並不完全依照這個結論，因為同一個釉方程式，使用不同的礦物原料時，或因坯土的性質、施釉層的厚度、窯的種類和燒成的溫度及其他條件等，得到的結果若有不同，往往也是無可避免的事實。（原料與元素內容 參照：附錄3及4）〔註14〕

〔註14〕
窯業用礦物與化工原料的資料參考：附錄3。
國際元素週期表週期表參考：附錄4。

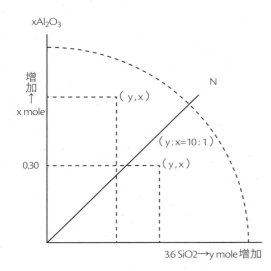

【圖3-10】RO固定，變動 Al_2O_3 及 SiO_2

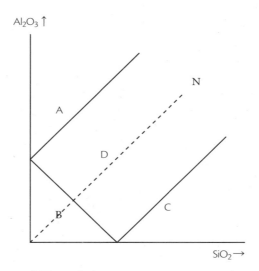

【圖3-11】（$0.2\,KNaO+0.3\,CaO+0.5\,ZnO$）‧$x\,Al_2O_3 \cdot y\,SiO_2$ 系統燒成釉的性狀圖

釉料調配與施釉
The Manufacturing Process
and Applications of Glazes

經過設計、計算、以原料成分的重量比例配方，精確秤量後，必須將它們均勻混合、並研磨至適當的粒度，配合適量的水調成良好懸浮性的泥漿，以方便施加到坯體的表面。

　　調配前的原料並非都是微細的粒子，尤其剛開採的岩石類礦物原料，多數是大體積的塊狀物，必須經過加工處理。加工工程需要使用合適的機械設備，先將塊狀原料破碎到相當小的尺寸後，再進行秤量、混合與進一部研磨。以濕式方法粉碎製成的釉泥漿，調整後都需要達到以下的要求。

1. 能維持安定，雖長期陳放或儲存也少有成分溶出的問題。
2. 具有良好的均勻性、懸浮性，不容易沉澱分離。
3. 固體混合物中沒有粗粒子，或聚集的泥塊，有足夠微細的粒度。
4. 能輕易調成各種稠度（比重），以適合不同的施釉方法。
5. 組成固定，黏性適中，流動性良好；施釉後能適時固化，無流痕或凸痕。
6. 乾燥收縮量少（與粒度過細及生黏土含量過多有關）。
7. 有足夠的乾燥彈性及強度，釉層不容易脫落。

4.1 粉碎與研磨

　　調製釉料的過程包括設計、計算、秤量原料，粉碎與充分混合。雖然古代曾有以乾粉，或在高溫以蒸氣的方式施釉，今天絕大部分的陶瓷工業最常使用的方式，卻是將經過研磨的原料懸浮於水中製成泥漿，然後施釉。

　　加水調配的釉泥漿中，可能只含有一種多成分組合（例如研磨過的熔塊），或同時調合包括熔塊、礦物、化工化合物等數種原料，搭配少量的解膠劑、凝聚劑、助黏劑、硬化劑、有機染料等材料。下列的步驟為普遍被採用調釉方式：

1. 混合經過秤量的原料（成分）
2. 運用器械降低原料的粒度（粉碎與研磨）
3. 使混合的粉粒均勻分散於水中
4. 去除有害的雜質（例如以磁選機脫除鐵份）
5. 添加適量修飾材料（如電解質）以改善泥漿的物理性質，使有利於施釉

　　濕式粉碎時，上述的前三個步驟同時執行。有些陶瓷廠自家有能力設計並調製釉料，有些陶瓷廠採購供應商提供、經過濕式粉碎調合、然後再脫水乾燥的粉料，使用時加適量水重新製成懸浮液。有些供應商提供的僅是秤量但未研磨的釉料，陶瓷廠施釉前必須先加水進行球磨粉碎與混合。

4.1.1 粉碎機械

　　完成調配的釉料都是經過粉碎研磨後較細的粉體。原料中黏土成分都是微細的粒子，通常不必再經過粉碎處鋰，但都經水簸的原理精選。工業大量製備都採用風旋

器（Aero-cyclone 乾式）、水旋器（Hydro-cyclone 濕式）及離心分離器（Centrifuges Decanter 濕式）等去除砂礫雜質，萃取黏土及分級。而岩石類礦物如長石、石英、石灰石等較堅硬、大體積塊狀的原料，先經過重型機械粗碎與中度粉碎，再進行微粉碎。

利用撞擊、壓縮、切割、折斷、扭曲、敲擊、摩擦等不同的力量，有的應用一種，有的綜合二或多種力量的機械設備執行粉碎的工程。這些設備有（1）粗碎機（crusher）：這些機械以緩慢的速率，能將大塊的岩石破碎到約4公分程度。（2）中碎機（grinder）：中度粉碎後原料的粒度將降低到3㎜以下。（3）微粉碎機（fine grinder）：微粉碎後原料的粒度能降低到100目以下[註1]。

〔註1〕
窯業協會編：窯業工學手冊，p638，技報堂出版1980 Feb. 01。

1. 顎碎機（Jaw crusher）
2. 迴旋破碎機（Gyratory crusher）
3. 滾軸粉碎機（Crushing rolls）
4. 衝擊式粉碎機（Impact pulverizer）
5. 輪滾機或迴旋研磨機（Edge runner or fret mill）
6. 球磨機（Ball mill）

將大體積塊狀的岩石粗碎後，入倉儲存準備配釉的生料，至少都是經過粒徑小於0.5mm（或小於28目）的中度研磨成砂狀或更細的物體。

微細的研磨通常以「翻轉式」研磨機械執行，這是一種結構簡單、包含傳動組件及一個轉動的密封桶體，其中充塞半滿、能自由翻動、具耐撞擊的球形物體。當桶體以適當的速度旋轉時，被粉碎的物料在球體與球體、球體與桶壁的堅硬表面之間，承受直接的衝擊與輾壓，進一步破碎至更細的粒度。

較新穎的翻轉式研磨機械，當桶體旋轉時，配置的偏心軸引起桶體「震盪」，產生高速、瞬間的撞擊力，有更微細的研磨能力及效率，這樣的粉碎機構稱為震動式研磨（Vibration mill）。

〔註2〕
E. Schramm and R.F. Sherwood: Some Properties of Glaze Slip. Jour. Amer. Ceram. Soc., 12(4)270-273(1929).
〔註3〕
J.H. Koenig and F.C. Henderson: Particle Size Distribution of Glaze. Jour. Amer. Ceram. Soc., 24(9)286-297(1941).
〔註4〕
C.H. Zwerman and A.I. Andrew: Relation of Particle Size and Characteristics of Light Reflected from Porcelain Enamel Surface. Jour. Amer. Ceram. Soc., 23(4)93-102(1940).

7. 管式研磨機（Tube ball mill）；圓錐型研磨機（Conical ball mill）【圖4-1，4-2】。管式與圓錐形研磨機，和球磨機類似，也都屬於翻轉式研磨機構。

被稱為「管」是因為桶徑與長度比顯得細長。以「多孔板」區分成數個間隔的桶室，依序裝填不同尺寸的磨球。被研磨的較粗原料從一端的第一室裝入，經過切斷、壓破、逐漸微細化，然後以[溢流]的方式進入隔室，到從最後一室排出的是已經粉碎到所希望粒度的釉料了。沒有分隔室的管式研磨後乾粉，利用風旋器抽出分級【圖4-3】。管式研磨機適合連續、大量的微粉碎生產。

4.1.2 釉調合物的粒度

微粉碎後釉泥漿中粉體的粒度分布狀態、平均粒徑、粒子的形狀、表面積、結晶性等性質，對施釉的附著情形、燒成中、熟成溫度及燒成後的釉之諸性質都造成影響[註2][註3][註4]。

在正常的研磨條件下，較長的研磨時間會增進粉體的微細程度，能改善熔融的狀態及釉面的性狀。但是過度粉碎除了不經濟外，釉容易出現針孔。釉的性質受研磨時間影響如：

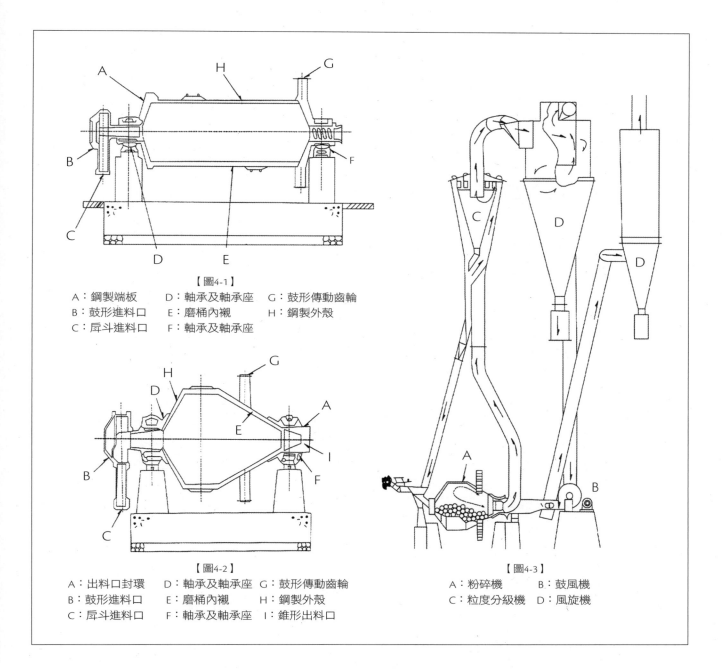

【圖4-1】

A：鋼製端板　　　D：軸承及軸承座　　G：鼓形傳動齒輪
B：鼓形進料口　　E：磨桶內襯　　　　H：鋼製外殼
C：戽斗進料口　　F：軸承及軸承座

【圖4-2】

A：出料口封環　　D：軸承及軸承座　　G：鼓形傳動齒輪
B：鼓形進料口　　E：磨桶內襯　　　　H：鋼製外殼
C：戽斗進料口　　F：軸承及軸承座　　I：錐形出料口

【圖4-3】

A：粉碎機　　　B：鼓風機
C：粒度分級機　D：風旋機

1. 粒度隨研磨時間增長而越細。

2. 因長時間研磨，長石或熔塊中的鹼金屬成分可能溶出，引起釉泥漿的pH值變化。

3. 電解質的添加量須視pH值改變而調整。

4. 長時間研磨會改變釉的組織，過度研磨的釉施掛後乾燥過程中容易龜裂，燒成後
   會有捲縮或跳釉的現象。

5. 粉碎程度影響燒成中釉－坯介面的化學變化，與中間層的生成有關。

4.1.3 釉泥漿的添加物與陳放

研磨調製完善的釉泥漿都希望能維持下列性質：

1. 不會（或不容易）沉澱。

2. 不會因為儲存而變質。

3. 黏性、流動性適中，施釉後能在坯面形成平順均勻厚度的釉層。

4. 乾燥收縮越小越好，以避免乾裂。

5. 乾燥後具有適當的彈性及強度，不會剝離脫落。

為了達到上列目的，在釉料中添加懸浮劑、解膠劑、凝膠劑或黏著結合劑等來調整泥漿的性質。

4.1.3.1 懸浮劑、黏著劑

和坯泥漿類似，釉泥漿也有粒子凝聚的問題，比重大的部分永遠有向下沉澱的趨勢。為了裝飾施工、上釉或儲存期間較不容易沉澱起見，要添加適當的懸浮性材料。

最普遍的懸浮性黏著劑是黏土，它能調節泥漿的黏性，微細的膠質粒子賦予泥漿懸浮性。黏土過多會增加乾燥收縮量，熟成溫度會升高。假如釉料中並無黏土或其他懸浮劑，外加適當量的皂土（Bentonite）是個很好的選擇。

1. 皂土

和所有黏土礦物類似，皂土的粒度常小於1微米（μm），球磨後的釉泥漿中有0.5~1％皂土時就具有分散性的懸浮能力，1.5~2％時就可形成膠質粒子較集中的搖變性流體（Thixotropic fluid），因此全熔塊的釉也可以調配，只要有1~2％的皂土就能讓玻璃化的釉料粉末懸浮。

皂土是因火山凝灰岩或同質的礦床或由火山灰的玻璃質微粒，經風化變質產生水合蝕變形成的黏土，帶有鈉（Na^+）、鈣（Ca^{2+}）、鎂（Mg^{2+}）等陽性離子。在水中黏土粒子會帶有電荷，電性的強度視離子的種類而不同。含有鈣、鎂離子的黏土遇水就「膨脹」，懸浮液傾向於「絮凝」（Flocculate）；含有鈉離子時則傾向於「解凝」（Deflocculate）。當添加某些特定的成分的電解質到含皂土的懸浮液中時，將會改變粒子表面的電性，使其分別具有使懸浮液「變稀薄」（解膠）或「變濃稠」（凝膠）的性質。若需要調整黏土粒子與水分子的結合力時，可以適量添加保濕劑、例如甘油來達成。

黏土懸浮液不會因加熱喪失黏性，也不會因黴菌侵襲腐敗。黏土之外碳酸鎂和氯化鈣也具有良好的懸浮能力，其他有機物如各種樹膠、澱粉、海草糊、聚乙烯醇（Polyvinyl alcohol，PVA）、蛋白、葡萄糖、糖蜜等也用來當作懸浮劑。有機物在環境中易受黴菌等微生物侵襲而腐敗，需要防腐處理。

黏著劑對原本鬆散的未燒成的釉料粒子提供臨時的膠合力和硬化性，當釉層完全乾燥後，使脆弱的釉面獲得足夠的堅硬度。適當的黏著劑添加量通常在（乾）釉料全量的0.5％以上，3％以下。添加過度有時反而使乾燥的釉層變得脆弱不堪。

適合釉泥漿的多數有機黏著劑都是高分子化合物，理想的材質是加熱到400℃之前就能完全燃燒殆盡，而不留下任何「碳化」的煙塵及過度收縮，也不會因燒化而使釉層破裂。至於無機材料如矽酸鈉、矽酸鉀等，具有效的解膠、結合及硬化性，但很容易因「搖變性（Thixotropy）」產生副作用與後遺症，添加量需要受到控制。

有機黏著劑很多，最常用來調節釉泥漿的有澱粉、水溶性纖維素、樹膠、海菜粉、水溶性丙烯樹脂等。

2. 澱粉

使用前澱粉必須先溶解於熱水中，通常調成10％濃稠的漿糊狀，加到釉中的量以控制在0.5％以下的範圍為宜。未使用的「生」澱粉宜儲存在乾冷的場所，調成漿糊的澱粉很容易受到微生物的感染，因此加有澱粉的釉泥漿，當儲存較長時間或在溫度較高（約30℃）的場所，必須添加防腐劑，以避免腐敗。

3. 水溶性纖維素

例如甲基纖維素衍生的甲基碳氧纖維素鈉（Na-CMC），適量添加在釉中能有效調節泥漿的黏度與流動性。CMC和所有水溶性纖維素一樣，在釉中的性質表現與釉的溫度、pH值、及有無電解質與防腐劑有關，通常以事先調好的5~10％水溶液直接加入釉泥漿中，以乾粉計量，大約1kg釉料配合10克以下的Na-CMC或甲基水溶性纖維素。

4. 樹膠

黃蓍膠（Tragacanth gum）、阿拉伯膠等親水性的植物膠常被使用在陶瓷器加工時當作黏著劑。這些樹膠遇水後膨脹生成凝膠（Gel），水分增加時則轉化成透明或半透明的水溶膠（Sol）。釉中的溶膠使泥漿的表面張力降低，有助於增進、並維持泥漿中緻密度較大的原料的懸浮性，是一種不錯的泥漿安定劑[註5]。

樹膠加熱時不會著火，只分解而焦化，留下約3％的灰。和水溶性甲基纖維素相容，可以交換替代或混合使用。

〔註5〕
L.A. Johnson: Use of gums and alginates in wet milled enamels, Better Enameling, 18(2) 6－7 (1947).

5. 海菜粉（Alginates）

從海藻或大型海帶提煉的藻酸（Alginic acid），有藻酸鈉及藻酸胺兩種鹽，在釉泥漿中有「保護性膠質」的作用，添加0.2~2％的海菜粉持續攪拌後，會生成有黏滯性的膠質溶液。具有增進懸浮性及施釉後的強度。加熱時會燃燒只留下小量的灰，功能和水溶性甲基纖維素相似。

6. 水溶性乙烯樹脂

聚乙烯醇（poly-vinyl alcohol, PVA）是一種良好的形成薄膜之有機高分子聚合物，幾乎能完全溶於水。添加1~2％於釉泥漿中，會使乾燥後的釉層具有高度耐撞擊的強度。不同結構的PVA有不同的性質，有些適合當解膠劑；有些適合當硬化黏著劑，正式使用前應先行試驗。和前述的有機材料不同，添加PVA的釉泥漿沒有腐敗的問題。

甘油可當作保濕劑添加在有PVA的釉泥漿中，能保存少量的濕氣於釉層內以增進釉的乾燥強度；也可以和樹膠、澱粉、糊精、骨膠合用，讓施掛在素燒坯上的釉層具有堅韌性。

4.1.3.2 電解質

釉中的長石、熔塊及黏土等經過研磨後，引起液體中pH值的變化。為了能順利施釉，視泥漿的性質酌量添加電解質來解膠或凝膠。而電解質的功能如何，則視其種類與添加量、釉的成分、泥漿中是否有黏土、研磨粉碎的程度以及陳放時間之長短等因素而異。

上節敘述的懸浮劑和黏著劑中，大多不是以電解質，而是以「保護性膠體」的型式存在，雖然有些膠質分散在溶液中也會帶有負電荷，對泥漿也有類似解膠的作用力，但並不改變泥漿的pH值。

釉泥漿中有粒度較粗的成分（例如熔塊、岩石類原料）及聚結成團的微細膠質成分（例如黏土）。當它們被靜置時，沉降或分層沉澱的速率都不相同。根據重力的效應，較小的微粒子沉澱較緩慢；而膠體微粒更會因為在粒子間產生電性的排斥力使粒子更加分散，「布郎運動」的效應更明顯。

當泥漿中有黏土時，某些電解質加入後，黏土膠粒可隨意被賦予正電性或負電性，而且很快就蔓延影響到整體，則釉泥漿中的粒子將可能完全分散（解膠）或聚集成膠塊（凝膠）。解膠性的電解質增加粒子間相互排斥的靜電力使它們離得遠遠的；而凝膠性鹽的效應情形剛好相反，微細粒子不再相互排斥反而聚集成膠質塊。當凝膠成塊後，在重力影響下，將使泥漿中的粉體加速沉澱並喪失流動性。

離開球磨機後的釉泥漿的性質將因為繼續與水反應而變化，溶出的離子（大部分從熔塊及長石類原料而來）將在水中移動，隨著陳放靜置的時間加長，固體粒子表面的電荷也隨時變遷，懸浮液的流動性也隨之變化。通常需要添加電解質來改善這個性質。

適度解膠的釉泥漿可改善多孔性坯體施釉時因快速吸水引起釉層太厚與厚薄不均的問題。但對於無氣孔或低氣孔的燒結坯體，就必須以較高稠度的釉泥漿，來克服坯胎幾乎不吸水的性質。因為此時釉層乾燥速率較慢，所以泥漿不能過於流動，也不會聚集成塊，通常都添加適量的凝聚劑來幫助達到目的。

凝聚劑材料有醋酸或酸度類似的無機酸、氯化鈣、鎂，及水溶性的碳酸鹽、硫酸鹽等。但須注意硫酸鹽容易在燒成後使釉層出現氣泡或針孔。解膠劑與凝聚劑的使用量都有個限度，通常無機材料的用量約為釉料乾量的0.1~0.3％，最多約0.5％。有機材料如單寧酸或單寧酸鈉可以多加一些。

1. 解膠劑

- 聚陰離子解膠劑（poly anion deflocculant）：磷酸與鈉所形成的水溶性複鹽如聚磷酸鈉（Sodium tri-polyphosphate, STPP, $Na_5P_3O_{10}$）及偏磷酸鈉（Sodium meta-phosphate,（$NaPO_3$）n, n＞3）。

- 鹼金屬陽離子解膠劑（alkali cation deflocculant）：單價的鹼金屬鹽如氫氧化銨（Ammonium hydroxide, NH_4OH），弱性的解膠劑；碳酸鈉（蘇打灰）、矽酸鈉（水玻璃），兩者可合併或單獨使用，添加量約0.025~0.15％；草酸鈉（Sodium oxalate, $Na_2C_2O_4$）的解膠能力非常強，常被使用粒度分析時解膠；氫氧化鈉（Sodium hydroxide, NaOH）為強鹼性鈉鹽，添加量在0.1％以下。各種鈉鹽的化性及強度都不相同，添加量必須斟酌不可多加，添加不當將引發反效果及出現副作用。

2. 凝膠劑

- 硫酸鋁（明礬，Alum sulphate）：強力凝膠劑，添加範圍0.01~0.25％。
- 氯化鈣（Calcium chloride, $CaCl_2$）：適合泥漿長期儲存，添加量0.025~0.1％。
- 氫氧化鈣（Calcium hydroxide, Ca（OH）$_2$）：適合無黏土泥漿凝膠，添加範圍為

0.01~0.25％，最佳用量是0.025％。

· 硫酸鈣（Calcium sulphate, $CaSO_4$）：石膏，使用量範圍是0.01~0.25％。

· 鹽酸（Hydrochloric acid, HCl）：添加量 0.01~0.15％。

· 硫酸鎂（Magnesium sulphate, $MgSO_4 \cdot 7H_2O$）：瀉鹽，對釉泥漿凝膠有正面效果的添加劑，凝聚後的泥漿能維持長期的安定性。

　　釉泥漿中膠體凝聚或分散的程度，受到釉的組成成分與添加的電解質或懸浮劑種類及份量所左右。另外，研磨的程度、靜置時間、是否有光線照射、環境溫度、酵素及微生物的作用也都影響釉泥漿的性質，與施釉操作有關的性質如搖變性及降伏值都會因而變化。

　　有些環境因素及添加劑降低搖變性及降伏值，釉只能在較高密度的情形下塗施，若搖變性大、降伏值高的泥漿，就能夠順暢地佈施，得到厚薄均勻、平整牢固的釉層。所以明白各種電解質等添加劑對各種釉泥漿會形成怎樣地影響，是調整釉泥漿的入門【圖4-4】是懸浮液經過解膠或凝膠後，粒子或粒子團隨靜置的時間而改變其懸浮性狀[註6]。

〔註6〕
J.R. Taylor & A.C.
Bull Ceramics Glaze
Technology (1986)

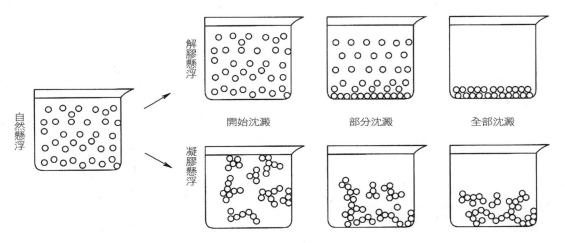

【圖4-4】懸浮液的粒子（團）隨靜置的時間而改變其懸浮性狀。

4.1.4 釉泥漿調整與稠度

釉泥漿的眾多性質中，影響稠度主要有：

1. 膠體的數量與分散的程度（與黏土、電解質、水的量有關）

2. 非膠體物質的量及其物理特性如粒度、形狀及其密度

3. 水量

4. 研磨的方式與粉碎的程度

5. 陳放的環境條件與期間之長短

6. 施工時的溫度（環境及泥漿的溫度）

7. 懸浮劑與電解質的種類及添加量

　　釉泥漿的稠度是「懸浮液」集所有錯綜複雜的物理性質後的結果，黏性或流動性其實不足以代表泥漿的可用性能。種種性質都與參與泥漿的各個因子有關，工作人員也無

法不時去探測及紀錄所有階段的性質變化。但他們可以用簡易的儀器和手法去了解釉泥漿的流動性和搖變性，並依照事實須要在適當的時機執行調整，這個簡單的儀器就是附帶「稠度」刻劃的液體比重計。

一般所使用的釉泥漿濃度、比重以及稠度的關係如【表4-1】所示，量度的條件是泥漿溫度15℃，懸浮固體粉粒的密度為2.6 g /cc。

稠度（Baume degree）與泥漿比重之間的關係為：泥漿比重＝m／（m－ºBe'）

依上述公式製造的泥漿比重計之m值為常數，美國的是在60℉（15.56℃）測量，m＝145；德國的是在15℃測量，m＝144.3。

泥漿比重		粉體含量		泥漿比重		粉體含量	
稠度ºBe'	比重	g/l	%	稠度ºBe'	比重	g/l	%
30	1.263	427.375	33.84	43	1.424	689.000	48.38
31	1.274	445.250	34.95	44	1.438	711.750	49.49
32	1.285	463.125	36.04	45	1.453	736.125	50.66
33	1.297	482.625	37.21	46	1.468	760.500	51.80
34	1.308	500.500	38.26	47	1.483	784.875	52.92
35	1.320	520.000	39.39	48	1.498	809.250	54.02
36	1.332	539.500	40.50	49	1.514	835.250	55.17
37	1.345	560.625	41.69	50	1.530	861.250	56.29
38	1.357	580.125	42.75	51	1.546		
39	1.370	601.250	43.89	52	1.563		
40	1.383	622.375	45.00	53	1.580		
41	1.397	645.125	46.18	54	1.597		
42	1.410	666.250	47.25	55	1.615		

【表4-1】釉泥漿濃度、比重以及稠度的關係[註7]

〔註7〕
素木洋一：釉及其顏料：p414；1981 Jan. 31，技報堂。

4.2 球磨機與球磨

濕式球磨是目前陶瓷產業調製釉料時最普遍的方法，將原料、研磨媒介物及水依適當比例量，從可封閉的「進出料口」放入安置於控制轉速的磨桶中，啟動裝置即能依桶的水平軸線旋轉。

磨桶的結構非常堅固耐用，操作也非常單純。尺寸大小可依量的需求、從實驗室到大型工業都可設計合適的容量。大量生產的磨機都是以金屬（鋼鐵最普遍）為外殼，內部安裝有極度耐磨材料的襯層；小型的大都以耐磨性陶瓷一體成型後燒結或瓷化的磨桶。

當磨桶旋轉時，桶內的原料持續受到研磨媒介物的撞擊，和內壁間相對運動引起的磨擦作用，逐漸往更細的粒徑破碎。

近代的球磨機設備在坯料及釉料調製過程中，除了研磨的功能將原料的粒徑減少至數個 μ 之外，也能將多種原料充分分散並完美混合。典型的球磨機是種非連續性操作的機械，每個工作循環都包括三個步驟：

1. 原料、熔塊、色料、水以及其他研磨添加劑投入球磨機中
2. 研磨
3. 釉泥漿出料

4.2.1 球磨理論

　　觀察分析球磨機的運動與研磨之間的關係發現，當啟動使其以緩慢的速率旋轉，桶內平穩狀態的球石或卵石，先與桶體一起上升到一個位置（角度）時，會沿著桶的內壁滑下到原先平穩的位置【圖4-5a】；若桶體的轉速很高，離心力將使全部球石平均分布緊貼在桶內壁上【圖4-5b】。當桶體的轉速控制適當時，離心力及桶內壁的磨擦力將球石帶到頂點，然後重力使球下墜落到底部正在滾動或滑動的球上【圖4－5c】。

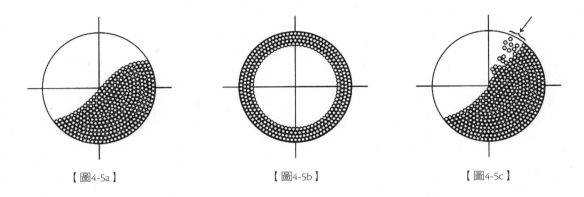

　　　　　【圖4-5a】　　　　　　　　【圖4-5b】　　　　　　　　【圖4-5c】

　　當桶體旋轉時，這些連續不斷翻落的球形介質的撞擊力和滑動的磨擦力，使內容物的顆粒或團塊破碎，粒徑逐漸減小。整個研磨的過程雖然看來都是正面有益的，但是撞擊和磨擦所消耗的「功」使得能源效率降低；球磨機內定量的釉料研磨所需的「功」，與原料的性狀包括硬度等數據，原始及最終尺寸，磨機內介質，原料的數量，水量等有關。假如將機械的及原料的特性以常數表示時，則消耗的功率與研磨前的平均粒度（D）及研磨後（d）的比值成正比。也就是說研磨前的粒徑越大，或欲研磨得越細，都必須作較大的「功」。球石與內襯材料磨損也會造成釉原料成分的污染。因此，以下數點都是被考慮進行球磨、控制研磨效果與效率時需要注意的要求：

　　1. 桶體旋轉的速率
　　2. 研磨媒介物的材質、形狀和尺寸
　　3. 桶體內壁襯層的材質
　　4. 桶體內研磨媒介、釉批料及水的重量及它們的比例
　　5. 投入原料的粒徑、硬度或混合團塊的密實程度等

4.2.2 球磨機的速率（轉速）

　　當假設所裝填球石的平均直徑為d（公尺）、桶體內部直徑為D（公尺）的球磨機以轉速n（rpm）旋轉時，則桶體內 的圓週線速度V為：

$$V = \pi D n \div 60（公尺/秒）$$

　　圓週運動產生的離心力將質量為M的球石提起揚升到離開水平面一個角度 α【圖4-6a；4-6b】，此時離心力與重力同時作用在旋轉的物體上，達到瞬間的平衡。繼續旋轉到 β 角時，向下的重力克服離心力上提分力，正好使最外層及接近最外層的球石翻落形成「瀑布」，這個 β 角稱為瀑布角（Angle of cascade）。

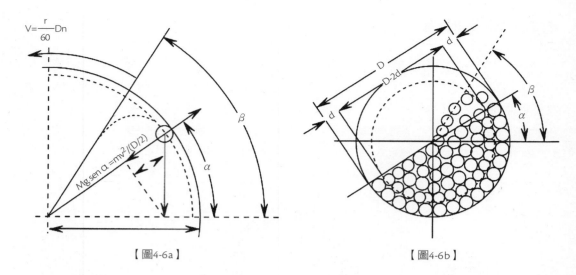

【圖4-6a】　　　　　　　　　　　　　　　　　　【圖4-6b】

　　因為球石並非固定在桶體的內襯上，靠近內襯的球石的圓週線速度較快，可以有如圖中 β 角邊線上的情形翻落；靠近桶體中心的球石，線速度較慢，只有球石間相互滑動，而無翻落撞擊的效果。

　　提升球石的離心力（與轉速成正比）和球石揚起的角度 α 間的關係如下：

最大揚起角 α 的位置P1的離心加速度之垂直分量剛好等於重力加速度g：

離心加速度 $Ac. = V^2 \div D = (\pi D n \div 60)^2 \div D = 0.00548\,Dn^2$（m/sec²）；

　　球磨機設置妥善之後，只有轉速是一項變數。例如以直徑D＝1m，轉速n＝10 rpm 的球磨機，如此緩慢的轉速僅能使球石隨著轉動方向上升少許，然後沿著內襯下滑，對原料的研磨作用不大，反而增加球石及內襯面的磨耗。

　　進行實物試驗的結果，上揚角度 $\alpha > 45°$ 或瀑布角 $\beta < 60°$ 時，研磨的效果最好，球石與內襯的的磨耗最少。當最接近內襯的離心加速度的垂直分量與g相等時，與內襯接觸的球石則緊貼於其上，其他接近中心的球石則以拋物線的軌跡翻落。雖然研磨的效果良好，但球石與內襯的磨耗也很可觀。此時，維持與內襯緊靠、同步旋轉的最低轉速產生的圓周速度就稱為 [臨界速率]。以這個容量的球磨機來說，未考慮全部因素時，臨界轉速約為50~60 rpm，而實際合適的轉速大多設計在臨界轉速的55~65％，真正合適的轉速還是以現場的實驗為宜。

　　當轉速高達使任何位置的離心加速度永遠大於重力加速度g時，作用於桶體內的球石與原料的離心力大於重力，它們將全部緊靠在內襯上，不翻落也不滑動，此時研磨的功能完全喪失，研磨的效果等於0。【圖4-7a；4-7b；4-7c；4-7d】

旋轉的球石在磨筒
襯層上滑動與滾動

【圖4-7a】

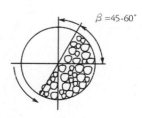

球磨機轉速適當，球石滑
動與滾動得到最佳的研磨

【圖4-7b】

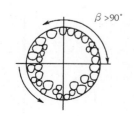

轉速太快，離心力使球石
靜止在內襯上，效率＝0

【圖4-7c】

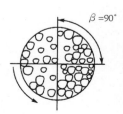

轉速略快，球石被
拋離而墜落

【圖4-7d】

從剛好有研磨效果的轉速開始，隨著轉速增加研磨的效果跟著增加，但當離心力隨轉速增加而上升時，研磨效果就下降了。球石撞擊與滑動摩擦也抵銷部份能量，使得最佳的研磨效率與最短的研磨時間不一致。意思是前面提到的最佳球石翻落的 β 角＝45~60°，只是研磨能量有最大的使用值，不一定有最短的研磨時間。撞擊與磨擦都發出明顯的噪音，經驗豐富的操作人員能從噪音中聽出研磨的運轉是否正常。

決定球磨機的轉速除了尺寸之外，研磨的內容，球石的材質與密度以及乾式或濕式研磨有關。假設桶體的直徑為D公尺，則計算轉速參考值n的公式為：

$$n＝（23\text{~}38）/\sqrt{D}$$

4.2.3 球磨桶內襯

研磨過程中，內襯層和球石都有磨耗導致釉調合料受到污染的現象。因而桶體的內襯必須選擇優秀的耐磨耗性材料，或者選用那無可避免磨損，但對釉批料組成影響不大的材質，例如長久以來都使用自然界出產的高韌性燧石，高度瓷化的或燒結高氧化鋁材料當作球磨機的內襯。這些材料碎屑或粉末是釉料成分中存在的，所以並不會造成明顯的污染現象。

近年來很多使用橡膠為桶體內襯的材料，這種襯裏配合高密度的研磨媒介，除了能有效研磨釉料到所要求的粒度外，也增進球磨機的耐久性與降低操作時產生的噪音。受到撞擊和磨擦剝落的橡膠碎屑，原則上因為有機性質物會在透明釉燒成中被燒掉，所以較少引起對釉料的污染性。但在某些色釉中，橡膠碎屑分解燃燒形成的「局部還原」影響到色料的著色能力，例如鉻錫紅色釉，橡膠顆粒將使棗紅色釉面出現「白斑」。

4.2.4 研磨媒介物

被選為球磨機研磨媒介的材料必須具備堅韌性，耐衝擊性與耐磨耗性，同時具有均質化的高密度天然矽酸質岩石，或人工成形的瓷化或燒結材料。不論是天然的卵石（pebble）或人工瓷質的球石，它們與釉泥漿的相對比重是一項重要的研磨參考因子，球石的密度關係著粉碎的效率。在相同稠度的釉泥漿研磨工程中，球石與泥漿的相對密度越大，研磨的進展就越快。

進行研磨的釉泥漿的比重因原料的種類不同而有很大差異，例如無鉛的生料釉比重約為1.60左右；PbO含量65％的鉛釉泥漿的比重可達2.50。為了能進行較有效率的研磨，建議高比重的釉泥漿應該使用更高密度的介質。下面數種常用的介質材料的比重：

低密度材質	2.30~2.60	如燧石卵石、瓷質球石
中密度材質	2.60~2.70	如塊滑石、高鋁質球石
高密度材質	3.30~3.60	如燒結氧化鋁質球石

當研磨介質與鉛釉泥漿的比重接近、甚至更輕時，卵石或球石將是懸浮在泥漿中，球磨機轉動不能將球石帶到高點然後傾瀉翻轉進行撞擊與磨擦。

高氧化鋁質比其他瓷質研磨介質的密度更大，研磨的效率較佳，但價格較昂貴。而燧石卵石雖然比重較輕，它的質地堅硬，物美價廉的特性還是常被使用。選用何種球石必須考慮內襯層的材質，媒介物和內襯材質配合不良時，過度磨損會形成嚴重的釉成分污染。通常高鋁質球石配合橡膠質內襯，而燧石卵石配合同質的或瓷質燒結的磚形內襯。圓球狀的研磨介質較常被用於濕式球磨，但卵石狀的燧石其研磨效率較差些。人工成形的瓷質及高鋁質媒介，除了圓球形狀也有製成短圓柱形、以增加磨擦的面積。因為卵石的形狀較不規則，反向轉動的動作常不連續也不穩定，比起圓球型或短圓柱形的研磨效果自然較差【圖4-8】。

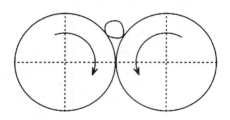 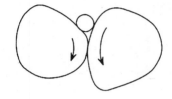

【圖4-8】圓球與圓柱形和卵石的反向轉動

4.2.4.1 球石的添加量

球石的添加量明顯影響研磨效率。研磨的時間隨著球石添加量增加而縮短，到達磨桶容積一半時最短，然後增長。即研磨效率在球石添加量達磨桶容積一半時最高，然後遞減。一般建議的添加量為磨桶容積的50~55％最佳，這個數目包括球石間的空隙，稱為「視容積」。

假設在理想狀態，同體積的球體在立方體及圓柱體中的最密填充，球體實際的容積分別為52.36％與66.67％；假設磨桶為橫置的圓柱體，而且桶徑比球徑大很多，堆積後的最密填充約為60％。所以55％的球石填加量實際佔有55％×0.6＝33％，球石間留下的空隙容積為55％×0.4＝22％，則磨桶中扣除球石後的容積為22％＋45％＝67％。

添加球石的重量＝密度×球石的實際容積。容積分配的情形如下：

球石視容積	球石實際容積	球石空隙容積	球石以外容積
50%	30%	20%	70%
55%	33%	22%	67%
60%	36%	24%	64%

當兩個相同的球石相接觸，有一原料顆粒同時與球石相切，假設都是理想的圓球形，則該顆粒與球石的切線所形成的夾角Φ（grip angle）與球石及顆粒半徑（R及r）的關係，當顆粒的直徑較大時夾角Φ越大，輾碎性能不良。例如以ASTM標準篩25目的粒徑為0.7mm之顆粒，Φ＝17°為最佳的夾角，則 cosΦ/2＝R/（R＋r）；或 cos 8.5°＝R/（R＋0.7/2），即

　　0.9890＝R/（R＋0.35），則R＝31.4mm，或球石直徑=62.8mm。

然而，這個粒徑間的關係在研磨一段時間後就不合適了。因此磨桶內都添加有較小粒徑的球石，大的研磨粗料，小的用於研磨較小粒的原料。通常以三種尺寸的球石組合，其數量的比例為：大（50~60mm）25~30％；中（40~50mm）25~30％；小（20~30mm）45~50％。

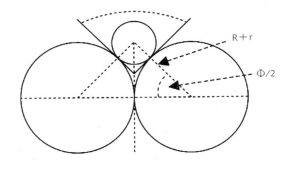

【圖4-9】球石與原料顆粒間粒徑的關係

4.2.4.2 原料的添加量

研磨的效率固然與磨料添加量有關，但並沒有通用的規則可資依循，各生產單位常以嘗試後的經驗值當作主要的依據。例如球石添加於磨桶中佔有50％的視容積，則球間空隙有20％，包括磨桶上方還有70％的空間。

假設添加磨料的量為磨桶容積的20％或更少時，則揚昇後翻落的球石撞擊到其他球石的機會大於撞擊到原料粒子。即使研磨的時間可以縮短，但桶內溫度將升高，球石與內襯將過度磨耗。因此一般建議原料添加量還須再加上球石上方空間的一半，既全部添加量為20％＋50％／2＝45％。如此才有磨料像緩衝墊樣的效果，能降低內襯與球石的磨耗。當然添加量越多，研磨的時間須越長。

至於最高的原料添加量是多少才是最理想呢？計算球石與磨料的負載量時，必須考慮 留最小的空間。記住原料添加量少可縮短研磨時間，但單位時間的研磨量會降低，因此同時考慮研磨效率、加料、出料的方便性及加工成本，才能獲得正確的選擇。

4.2.5 進料

為了能正確計算研磨料的添加量，必須先進行實驗以便了解各個數據，然後依照機具設備的操作手冊，執行下列的研磨步驟：

1. 依據球磨機的容量，計算能容納的球石、原料及水量
2. 依據稠度與泥漿比重的關係值規劃釉泥漿的密度
3. 計算釉泥漿中原料無水時的乾燥重量，可利用的計算公式如下：

> 乾料重量＝ $\varepsilon \times V_a \times d \times y$ 而 ε ＝球桶的充填係數（coefficient of fullness），
> 氧化矽球石 ε ＝0.55；高氧化鋁瓷質 ε ＝0.67
>
> V_a＝磨桶內可用的容積（升）
>
> d ＝釉泥漿的密度（公斤/升）
>
> y ＝泥漿中粉料乾量百分比％

4. 依照計算的配料數據，以釉配方的成分原料分別秤量。假如原料中含有水分，應以乾燥的基礎計算，水分應於球磨添加的水量中扣除。
5. 將秤量妥當的原料及水經由進/出料口傾入磨桶，封閉進/出料口。
6. 啟動磨機進行定時研磨。過程中依需要執行水量、粒度等的檢測。
7. 研磨完畢後取出泥漿，進行必要的性質調整、陳放、儲存以備用。

例題

有一圓形燒結瓷器內襯的磨桶內部尺寸為120cm×90cm ϕ，使用燧石卵石為研磨介質，希望調製泥漿的密度為1.530kg/l，計算出：

（1）卵石的重量

（2）釉批料各原料成分的重量及

（3）用水量。釉的配方（重量%）為：

長石	54（含水率10%）
石灰石	12
氧化鋅	5
碳酸鋇	5
滑石	10
骨灰	3
硅石粉	9
黏土	2
氧化鐵	1.80%外加

解：

乾料重量＝ $\varepsilon \times V_a \times d \times y$

球磨機有效容積 $V_a = \pi r^2 \times L = 3.14 \times (90/2)^2 \times 120 = 763020$ cc 或 $V_a = 763$ 公升

卵石之充填係數 $\varepsilon = 0.55$

釉泥漿之密度 $d = 1.530$ kg/公升

泥漿中粉料乾量 y% = 56.29%（查泥漿濃度比重表）

1. 卵石的添加量：

當卵石的密度g＝2.5g/cc，填充視容積為Va的50~55%，則最密填充以其60%計算時，卵石佔有的真實容積V＝30~33%。所以添加的：

卵石總重量＝2.5×763000×V／1000 ≒ 570~630kg

大卵石（50~60mm）25%＝142~158kg

中卵石（40~50mm）30%＝171~189kg

小卵石（20~30mm）45%＝256~284kg

2. 乾料重量（M）與各成分原料的重量為：

$M = \varepsilon \times V_a \times d \times y = 0.55 \times 763 \times 1.530 \times 56.29\% \fallingdotseq 362$ kg

則批料中各成分原料的（乾）重量分別：

長石	54%×362kg	＝195.48kg
石灰石	12%×362kg	＝43.44kg
氧化鋅	5%×362kg	＝18.10kg
碳酸鋇	5%×362kg	＝18,10kg
滑石	10%×362kg	＝36.20kg
骨灰	3%×362kg	＝10.86kg
硅石粉	9%×362kg	＝32,58kg
黏土	2%×362kg	＝7.24kg
氧化鐵	1.80%×362kg	＝6.516kg外加

長石中含有水分10%，所以長石須秤量195.48÷（100－10）%＝217.2kg

即長石中夾帶有水分217.2－195.48＝21.72kg

3. 球磨用水量：

乾料重量M＝362kg；
粉料乾量％＝56.29％ 則
球磨水量％＝100－56.29＝43.71％ 然後
43.71：56.29＝X：362

∴ X＝（362×43.71）÷56.29＝281.1kg，扣除長石所夾帶的水，
得到需要加入的水量＝281.1－21.72＝259.38kg。

4.3 震盪式研磨

　　這種研磨原理是電力驅動水平軸或垂直軸，以不平衡配重或偏心旋轉裝置，在水平或垂直方向產生高頻率振動，利用震盪的能量來進行研磨的工作方式。圓周運動配合與其垂直方向的振動，使研磨槽中的研磨介質以三度空間的快速位移，產生撞擊與磨擦力將原料粉碎。

　　震盪式研磨機通常填充較多短柱形的研磨介質【圖4-10】，其視容積約佔有磨桶的75％，剩下的25％空間全部是被研磨的原料，如此緊密填塞的柱形介質將讓較粗的原料顆粒優先被「撞到」，因此，在這種方式磨出的粒度分布將集中在一狹窄的範圍內（與球磨機相比較）。

　　震盪式研磨介質運動的情形分析，介質與原料顆粒在磨槽內的[翻動攪拌]運動比球磨機中的差很多，混合的效率較差，震盪的能量使粒度降低的功能較明顯。為了彌補不足，因此預先混合或研磨後進行進一步混合使原料成分均勻分部是必要的措施。

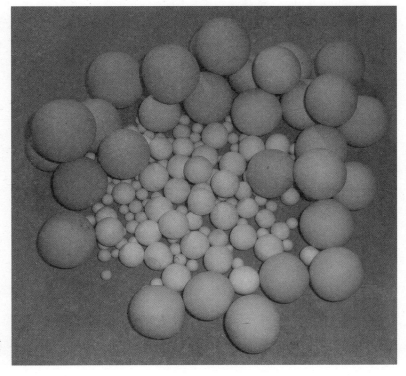

【圖4-10】
不同尺寸、高度燒結之瓷質
球形研磨媒介

震盪研磨介質與內襯的材料都要求規格化的製品，磨槽的內襯是高度耐磨的橡膠；介質則是燒結氧化鋁或氧化鋯。高密度的介質與短距離、高頻振動產生的衝擊動量很大，研磨效果比球磨機高。而同樣是震盪研磨，水平震盪式者除研磨效率較高外，混合的效果也比垂直震盪式者好。

4.4 研磨操作

設置研磨機械組要考慮到操作條件與研磨對象可能會改變，例如釉原料包括軟而細的黏土、堅硬的岩石礦物、玻璃化的熔塊、化工原料、燒結的色料及其他少量的添加物。為避免交叉污染，有色的和無色的（或者透明的與乳濁的）釉最好能分別在不同的研磨機處理，鉛釉和無鉛釉也以相同的理由，分別使用各自的磨桶。但是大部分小型工作單位的設備無法容許如此作業方式，則建議 次更換會交叉污然的研磨對象時，必須先行將磨桶徹底清潔前次可能殘留的原料。通常除了以大量的清水沖洗數次，防止顏色污染都以對下一批料沒有妨害的生料如硅石或長石，添加適量的清水執行「清掃目的」的研磨，使內襯與球石表面乾淨。

有些補償性的添加物，例如為抵消由於少量的鐵化合物，在氧化性燒成所引起的「黃色」，微量的氧化鈷或鈷藍色料（約0.01~0.02%）會被引入研磨料中，通常在衛浴陶器用的白色乳濁釉，以及非還原性燒成的半瓷或硬質陶器坯土，都可添加，淡淡淺藍讓呈色看來較白。因為添加量非常少，想均勻分散在泥漿中非常困難。為了達到使呈色劑有良好的分散效果，與避免集中產生色斑，都先將色料與需要先行研磨的釉原料，或與部分釉原料一起預先研磨。

釉原料中的成分原料種類比坯體的多而複雜，原料間的比重差異大，研磨除了粉碎的目的外，粒子均勻分散混合也是重要的目標。所以濕式研磨期間加入適量的懸浮劑、粘著劑與電解質等，來加強研磨的效果。

假如所有原料成分都已經具有合適的粒度時，均勻混合的要求比粉碎更形重要。否則須以中度粉碎分級後，不太粗的粒徑（0.5~0.7mm或25~28目以下）生料，依照釉配方將各種料秤量，置入磨桶通時進行研磨。假如是熟料含量大的熔塊釉，則先置入熔塊運轉一段時間，再將剩餘的成分（如黏土）置入，完成研磨操作。有些特別的釉原料成分，是在研磨的最後階段才加入，例如製造斑點效果的較粗顆粒原料，只需要它在釉中適當混合，而不再進一步讓其粉碎變細。

綜合釉批料中各原料的性質，磨桶內襯及球石材質等，執行濕式球磨週期所費的時間並不是固定不變的。依照操作手冊的參考數據及實際經驗來決定研磨的時間是比較明智的做法。因為研磨設備機械的性能及研磨介質的可變因素較少，而原料的材質變化較大，所以要謹記球磨機、介質、原料與研磨效率間的關係，以達到良好的效果。

高密度研磨介質所需的研磨時間通常可以較短，但研磨時間長短並不是最佳的工作指標，因為使磨桶旋轉的傳動皮帶常因溫度、油漬或磨桶的慣性而「打滑」。釉料研磨

若需要精密控制時，則要裝置記數器及/或計時器紀錄磨桶的旋轉總數及/或時間。

　　新配方釉料首次研磨的過程包括磨桶的內容、時間、轉速、轉數以及研磨終了粒度分布的情形都有紀錄，並確定泥漿的性質以合乎規範，當作以後相同釉料處理的參考。若出料前發現有研磨不足的情形，可延長研磨時間來改善。

　　研磨完畢取出的釉泥漿，常會經過網篩除去碎片及較粗的粒子，必要時通過磁選機進行脫鐵。一般日用瓷的釉料以全數通過200目標準篩即可，細緻的產品可能需要通過更細的篩網。

　　取出釉泥漿時，往往因黏滯性而殘留在磨桶中，通常會導入一些水將它「洗出來」，因此常常使泥漿被稀釋到不適合施掛的比重。補救的方法是使泥漿靜置，讓多餘的水分離在容器中粉料懸浮液的上方，然後以傾倒的或虹吸的方法除去多餘的水。研磨進行過程中，磨桶內容物的溫度會升高，泥漿的黏度會下降，是取出泥漿的好時機。

　　取出的釉泥漿經過檢驗與初步燒成試驗後，進行包括比重、流動性、結合力等性質的最後調整，視需要添加有機染料著色，以資識別不同種類的釉料，例如未經燒成的無色透明釉與白色乳濁釉的外觀，看起來幾乎是相同的。

4.5 施釉

　　將調製妥善的釉施掛到坯體表面然後燒成，是陶瓷器製造的必經過程。每種製品的要求不盡然相同，但一般都要注意釉層的厚度、平整均勻性、覆蓋狀況等情形。施釉是不能回復的單向工程，例如一旦施釉過厚，要變薄就不容易，厚薄不均時，厚的部位可能較流動，薄的部分可能覆蓋不足，也可能引起波紋狀不平順表面，色釉容易因釉層的不均勻或太薄而有色差等缺陷。

　　選擇施釉的方式，產業界大多考慮以下的通則來決定施釉的方法
1. 陶瓷器製品的型式
2. 製品的形狀及尺寸
3. 生產量
4. 施釉是否需要能源
5. 勞力條件
6. 作業空間

　　有效率、容易掌控的施釉方式是經過漫長歲月改進的結果，而且可能是源自一個古老的方法－「乾粉灑佈」。這是將能夠在燒成中成為釉的粉料，裝置於編織的、有孔隙的布袋內，有如撲粉般將乾粉佈施於剛以濕泥塗刷過，或剛拉好的濕坯上。相反地，今天的陶工們利用進步的手法與工具，將釉的粉料添加適量的水調成「濕料（泥漿）」，然後將它塗施或噴灑在乾燥的，或素燒過的坯體上。

4.5.1 浸釉

　　浸釉是種簡便、有效率及容易操作最通俗的施釉法，技術要求不高，無須特別規劃的廠房設施，成功與效能完全依靠從事的經驗與熟練的技巧。

　　浸釉的步驟是：
坯胎→浸入釉泥漿中→取出坯件→滴乾過剩的釉漿→乾燥。

　　過程簡單不複雜，最重要是要掌握被吸附的釉層厚度，並控制有限的釉層厚度中能維持均勻分佈的原料成分。即使最簡單形狀的坯件，最先與釉泥漿接觸的可能就是最後離開的部位，因此控制各斷面的釉層厚度儘可能均勻，才能在釉燒後得到良好的釉色。一般說來，坯體表面所吸附釉的數量，與坯件的氣孔率、泥漿的比重與流變性質（Rheological properties），以及浸泡的時間有關。

　　浸釉設備的花費不大，形狀簡單的桶或盆等容器，只要大到足夠容納裝填釉泥漿，將坯件一次浸透的寬度和深度即可。如何執行良好的浸釉要看坯體的形狀，尺寸或是中空與否，可以徒手或使用合適的夾具配合操作。拿捏與夾持的位置有時難免無釉或釉層太薄，則可在坯件離開容器後立即以手指醮釉點塗補上。

　　利用浸釉法施掛後燒成的釉面組織性狀與下列的條件或性質有關：
1. 釉泥漿的比重
2. 釉泥漿的黏滯性
3. 釉泥漿的搖變性
4. 釉泥漿中是否添加有硬化劑、黏著劑等材料
5. 釉料的粒度與粒度分布
6. 操作者的專業技術程度
7. 坯件的形狀、尺寸及厚度
8. 坯件的氣孔率
9. 坯件的溼度
10. 浸泡的時間

　　上述的因子有些是互補性的，例如較厚、氣孔較多的坯件可以在較短時間吸附足夠的釉；或在更短時間內就吸附更多比重較大的釉，或流動性佳的釉泥漿停留在坯件上的時間較短，因此當其他條件相似時，釉層則較薄。

　　若為了避免多氣孔率的坯件吸附過多的釉，可以調低泥漿的比重，或縮短浸泡的時間。假如氣孔是在經過素燒的坯件上，則可於浸釉前先在水中稍微晃動一下，也可在浸泡於高比重的釉泥漿中得到適當厚度的釉層。

　　中空如盃形的坯件內外都施釉時，可以將坯件一次浸入泥漿中然後提起盪掉多餘的泥漿，或先內後外分兩次施釉。大量生產內部施釉時，可利用一個腳踏板控制、安置在比施釉平面略高位置容器內的泥漿流動，使其通過直立管子的噴嘴往上如噴泉般輕輕射出，讓泥漿灑佈坯件內部，多餘的泥漿收集後可再使用。坯件外部則再施釉一次。施工

期間，必須隨時注意補充容器內的釉泥漿量，並須時時攪拌以確保泥漿性質都處在最佳的狀態。

某些造型簡單對稱如淺盤的坏件，已經開發有合適的自動化機械式浸釉設備，釉泥漿的性質條件的要求與徒手浸釉類似，操作的重點在整個作業系統包括：

（1）從素燒窯經輸送帶送來施釉的坏件管制
（2）裝置夾具或吸盤的、夾持坏件浸釉、可循環運動的機械手臂系統
（3）釉槽中泥漿容量及品質管制
（4）坏件圈足或口沿擦拭及修整系統
（5）乾燥、裝窯釉燒的輸送系統等，各部門之接續機制與連續性運轉的規劃與協調功能。

4.5.2 淋釉（Pouring）

這也是一種古老的施釉方法，陶瓷產業界已經不常使用，但工藝陶瓷製作上有其功能。較大型的、較重的或複雜造型的坏件不適合浸泡施掛、或工作場所的空間限制、或釉泥漿的數量不足，難以浸釉時，可利用容器提起釉泥漿從坏件的上方傾倒，讓泥漿流遍坏體的表面。但半自動瀑布式淋釉設備是大量生產瓷磚的新式施釉方法。

4.5.3 刷釉、塗釉（Painting and Brushing）

這也是古老的施釉工藝技法之一，但直到今天仍然好用。淋釉或噴釉法不容易達到的部位，都可以利用此法達成施釉任務。技藝純熟的工藝師傅不只是以此方法將釉泥漿塗佈在坏件上，更能以設計獨特的工具施展想像力，從小型輕巧到大形複雜的坏件，都可製造特殊釉色表現與裝飾的效果。

此施釉法僅需要少量的釉就可工作。為了讓釉層有較佳附著性及平整的釉面性狀，調釉時會額外添加一些有機粘著劑、軟化劑等。

塗刷的施釉方式燒成後的釉，往往較不容易有平整的釉面。刷釉工具及操作技巧影響塗刷的品質。若釉泥漿的濃度低或刷動速度較快，燒成後將留下塗刷的痕跡。近代陶瓷產業如浴缸、面盆、大型花瓶等產品，都以噴釉法替代塗刷；小型的坏件則浸釉施工。

塗刷技術應用在新式面磚的施釉線上，讓未施釉或施過釉的坏體，都可利用分別安置在施釉站前端或後方的帶柄機動刷子，刮除或塗裝釉料或顏色，形成交織的、或其他妝飾圖紋。

4.5.4 噴釉、吹釉

利用包括加壓空氣、機械力或電力使釉泥漿霧化成微粒狀，施加在坏件表面達到施釉的目的。古代中國工藝陶瓷「吹釉」的技藝是利用相同的原理。

噴釉法是較新的施工技法，各種噴釉方式各有其經濟效益，與適用的坏件型式範圍，各種型式尺寸的坏件都可應用此法施釉，但即使設備優良及操作熟練，大型的和複雜造型的坏件也不容易獲得均勻厚薄的釉層。釉泥漿的準備量無需像浸釉方式的一樣多，但要注意泥漿中粗顆粒比須事先過濾除去，以避免阻塞噴霧系統。而噴出飛散沒有被坏體接收的可達數10%的泥漿粉粒必須有回收裝置。

　　噴釉的設備包括一隻「噴槍」，空氣壓縮機、配合供料機構（泥漿容器及/或輸送管線）、配備粉塵收集水洗簾的噴釉台。

　　噴槍的型式、大小有多種式樣，但其運作原理大同小異，以加壓的、高速流動的空氣「抽動」與氣流出口接近的泥漿流，使懸浮液分散成微粒霧狀噴出。泥漿供給有依靠重力（低比重或低黏度泥漿）、吸力抽引（噴槍附屬供料壺）、或加壓供料（大量供料噴施）等三種主要的方式。

1. 重力供料

這是最佳的使用方式，小量施工及實驗室操作比大量生產更方便，經由軟管從與噴槍分離、安置於較高位子的儲釉槽中、以重力方式導引釉泥漿流向噴嘴，泥漿的濃度及黏滯性影響液體流動的速率。

2. 吸力抽引

這個噴釉的方式是，以高速流動的加壓空氣流產生的負壓，把泥漿從附屬在噴槍上的盃子中導引經由細孔噴出。因為儲釉盃的容積有限，雖然使用上非常方便容易，但也因此其可應用性較受限制，適用於低密度及低黏度泥漿。

3. 加壓供料

高黏度及高密度的釉泥漿，加壓方式供料是最佳的選擇。經由幫浦的壓力將分離的、位置低於噴槍的儲釉槽中的泥漿，強迫通過噴嘴成霧狀後灑佈到坏件表面。儲釉槽通常會加裝攪拌器，偶而攪動以維持泥漿的穩定性。

4.5.4.1 噴釉的參數

　　噴霧施釉的設備是否有適當調整、與釉泥漿的性質是否穩定都會影響施工後釉層的均勻度及燒成後釉品質的完美程度。以下是噴霧施釉時應注意的一些因素，它們會影響噴釉與燒成的結果。

1. 泥漿的比重（稠度）
2. 泥漿的黏性
3. 泥漿的流變性
4. 泥漿的粒度
5. 壓縮空氣的壓力
6. 壓縮空氣的流量
7. 釉泥漿的供料速率
8. 噴嘴開口的孔徑
9. 操作人員的熟練程度
10. 坏體的種類，生坏或素燒後氣孔率，是燒結或瓷化的坏體

11. 施工標的的溫度（施釉坏件是否有預熱）

12. 噴施的方式，單槍噴釉或多槍噴釉

4.5.4.2 自動化噴釉 〔註8〕〔註9〕〔註10〕〔註11〕〔註12〕〔註13〕

大量規格化，自動生產線的產品如餐具瓷，建築瓷面磚等，適合採用自動化噴釉。坏件持續經過專門為特定產品設計的作業系統之各階段，其中包括輸送系統，預熱系統（選擇性設備），泥漿霧化噴灑裝置，乾燥室，粉塵回收系統，清洗設備等。

自動化施釉可針對個案特別設計，大致有「環形無軸型」、「軸動環盤型」、「直線輸送帶型」等，環型的施釉設備較具彈性，使用在餐具瓷施釉較多；而直線型的較適合形狀規則、表面平坦的瓷磚施釉。生坏、素燒坏、燒結或瓷化的坏體都可以視噴施的對象。自動化施釉比其他施釉法除了效率高外，還有勞動力較節省、較少不規則性的釉面等優點。

4.5.4.3 靜電施釉法（Electrostatic Spray）〔註14〕〔註15〕

靜電施釉可以讓坏體表面獲得均勻的高品質釉層，同時降低粉塵飛散的損失。整套施釉裝置主要包括：

（1）可加壓式儲釉槽

（2）配備有截流閥、逆止閥、壓力調節器的泥漿輸送管線

（3）壓縮空氣輸送管線

（4）霧化裝備（噴槍或旋盤）

（5）靜電發生器

（6）坏件輸送裝置

（7）相對溼度調節機構（噴水）等。

靜電噴施需要有個能充當「接地」迴路的導電體，而坏件正好可以利用。生坏的坏土中含有帶結晶水的黏土，因此就具有此性質，所以比素燒坏或燒結坏件更能獲得均勻塗裝的釉層。

從儲釉槽加壓經過調節閥輸送到霧化器的釉泥漿，利用與一般噴霧器原理類似的噴槍以壓縮空氣「吹出霧化」或「餵入」一個機械式、以高速旋轉圓盤的中心，然後從銳利的邊緣被離心力「甩出」生成微細的煙霧。

這些雲霧狀的釉微粒在不平衡電場中被賦予一高壓的負性電位，因此每個粒子都成為帶相同靜電荷而互相排斥而更形分散成薄霧狀。由於導電性坏體經由載具「接地」（帶正電荷）及壓縮空氣噴射方向之導引，霧滴「飄」向、撞擊坏體失去電性並附著在表面上，包括坏體的反面都能覆蓋均質性的釉層。

沒有附著的粒子會從坏體表面反彈形成「反向噴灑」效應，重新獲得充電，然後朝霧化器方向飄回。為消除這現象，噴槍處會安置一個「離子化環」，或在霧化器加裝噴射空氣來改變噴灑粒子的方向，使其再度飄向坏件施釉。

裝備有電眼的靜電施釉系統，當坏件被移到施釉位置時，程序管制機構會自動開啟

〔註8〕
R.F. Grady: A Development in Spraying Devices. Jour. Amer. Ceram. Soc., 13(10)780-786(1930).

〔註9〕
P.L. Christensen and E. Schramm: Application of the Schweitzer Spray Machine to the Glazing of Vitreous Ware. Bull. Amer. Ceram. Soc., 31(10)384-385(1952).

〔註10〕
E. Meeka: Drying and Glazing of Structural Tiles. Bull. Amer. Ceram. Soc., 35(6)239-241(1956).

〔註11〕
R.J. Verba: Automatic Spraying of Glazes. Bull. Amer. Ceram. Soc., 33(10)307-308(1954).

〔註12〕
Anon: Automatic Glazing Machine. Schweitzer Equipment Co., Ceramic Ind., 24(5)294(1935).

〔註13〕
D.W. Perkins: Glaze Applications. Ceramic Age. 51(6)335-338(1949).

〔註14〕
J.R. Taylor and A.C. Bull: Ceramics Glaze Technology (1986).

〔註15〕
T.A. Dickinson： Electrostatic Glazing. Ceramics Age, 54(1)28-29(1949).

施釉裝置。通常安裝有數支噴槍同時操作，每支噴槍負責噴灑規劃好的區域，以避免每個單位發生超載的情形。

因顧慮對電場及釉的性質造成不良影響，施釉附近的環境條件例如溫度及相對溼度必須維持在一狹窄範圍。當溼度過低時，雲霧狀的釉粒子很容易失去水分而以「乾」的狀態到達坯面。與所有噴施方式一樣，若針對釉漿的「流變性」有適當的調整，各種型式的釉都可以操作。

除了乾釉粉塵可能造成衛生上的顧慮外，必須裝配靜電場發生機構的高壓電防護設施。

〔註16〕
J.R. Taylor and A.C. Bull: Ceramics Glaze Technology (1986).

4.5.4.4 沉澱施釉法（Sedimentation）【圖4-11】〔註16〕

精密陶瓷製造時，以沉澱法在陶瓷電晶體和二極體施加薄層釉膜，使其生成不活潑的表面。此法利用離心力讓極微細的釉粒子被覆沉積在坯體表面、低溫或高溫（依熔塊的組成而定）燒成極薄的（0.5~1.5 μm）、無針孔的釉層。以此方法施釉除了選擇坯件外，尚有數點要求與傳統施釉法不相同：

（1）釉懸浮液是研磨極度微細的熔塊，粒度通常低於0.3 μm。
（2）被覆在坯面的釉層厚度以離心機的轉速、釉懸浮液的濃度及操作的時間來控制。
（3）傾倒離心盃內的懸浮液時，不可擾動坯件上沉積的釉層；懸浮介質的黏滯性越低越佳。
（4）使用揮發性的懸浮介質，使沉積的釉層乾燥不會受到抑制。
（5）一起考慮釉熔塊的粒度和對電的性質，來選擇適當的懸浮介質。

4.5.4.5 轉印施釉法

陶瓷元件需要被覆高度精密厚度與密度的釉層時使用的方法。以印刷的方式將合適的熔塊粉體塗裝到塑膠質的薄膜上，這薄膜的材質必須是柔軟的、均質的、及堅韌又非常的薄。當熔塊粉粒塗裝到薄膜後，再塗上一層感壓性黏膠，這個有三夾層的薄膜以可方便脫離的、較厚的紙保護著（與釉上彩裝飾用的轉寫貼紙相似）。

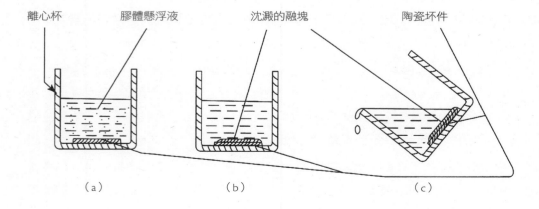

離心杯　　　膠體懸浮液　　　　沈澱的融塊　　　　陶瓷坯件

（a）　　　　　　　　（b）　　　　　　　　（c）

【圖4-11】膠質狀的熔塊以沉澱法施釉

這種轉印貼釉的技法可以施上低於5μm厚的釉，也適合各種形狀、任意彎曲的坯體貼印以獲得均勻的釉層。各種組成、型式、熔點的熔塊可分別選擇以適合不同燒成溫度的坯體。

在氧化性氣氛（或開放性空間）中燒成，燒成較簡單，無需顧慮程序的問題；但當坯件的本質需要在中性或還原性氣氛下燒成時，預先開放性加熱至約400℃，將那些有機質膠膜和黏劑燒掉揮發，然後進行氣氛規劃的燒成程序。

4.5.4.6 簾幕式施釉法（Curtain Coating）打點滴釉法（Dripping）[註17]

[註17]
CACMI IMOLA
Co. Ltd., :
Technological Notes
on the Manufacture
of Ceramic Tiles.
中華民國陶業研究學
會翻譯出版（1992）。

簾幕式亦稱瀑布式施釉（Waterfall Glazing），這是產業依需要而開發的單面施釉、效率很高的方法。適合半自動或全自動化生產線、單次燒或二次燒成的面磚製造。瓷磚製造過程從各自獨立施工的分項工作、發展成綜合性工程，生產線上總合坯體供給、施釉及整理與清洗等三個主要系統。

施釉的設備型式各廠有其獨特的設計與技術，但其原理都是利用輸送機具將坯件送入瀑布施釉機及/或滴釉機下，承接佈施的釉泥漿完成施釉。施釉的機械型式大致有簾幕式淋釉機、鐘型淋釉機、盤式打點滴釉機、管狀打點機、盃型滴釉機等。依照面磚的設計需要例如分色施釉、打點、上彩等不同的工作程序，結合各式施釉機械完成連貫性的作業。

4.5.4.7 其他施釉法

1. 無氣施釉（Airless Spray）

釉泥漿經過加壓通過噴嘴噴出煙霧狀的潮濕粉粒，在密閉的施工室內使坯體上釉。

2. 乾粉撒釉

這是新式面磚製造時採用的古老施釉法。經過造粒或著色的乾釉料（粉料或顆粒料），以適當的裝置依規劃的圖案撒佈在生產施釉線上仍然潮濕的釉面上。或者在乾燥的面磚坯體上先行塗刷一層膠合劑，緊接著依設計的式樣、紋理、顏色等佈施乾釉料，視需要與否然後噴施透明釉，但多餘的粉料回收較困難。撒粉裝置若改成印花或彩繪，可得到多變化的裝飾效果。

3. 壓印施釉（Pressing）

這是種改良式的面磚施釉法，把原本不同階段的成型與施釉同時一次完成。將釉的粉粒噴灑在瓷磚壓製的模型中，尚未壓實的坯料上，然後釉粉與坯粉同時被壓實。或在模型中先灑佈釉粉，然後充填坯料後衝壓成形。

4. 電泳施釉（Electrophoresis Cataphoresis）

此法是將裝填有極度微細的釉粒子，以水為介質的懸浮液的容器，當作電性泳動迴路裝置的一部分，讓這些釉的粒子獲得正電性，使它們能夠沉積在帶負電性的坯件上。釉微粒泳動的速率由其〔淨帶電荷數〕（依材質而不同），粒度和形狀所影響。不同材質例如熔塊與發色劑粒子以不同的速率移動，因此使得釉色有深淺變化，因此著色的熔塊比混合色料的熔塊有較佳的結果。

這種施釉法的優點即使是複雜形狀的坏體，也容易獲得在坏件上有較密實的沉積與均勻釉層厚度。

5. 噴焰施釉（Flame Spraying）[註18]

這是被開發後使用並不廣泛的施釉方式。將熔融的釉料粒子噴射到預先加熱到瓷化或接近瓷化的坏件表面。釉面性狀雖然能達到令人滿意的品質，但不能與傳統以水為基本介質的懸浮液浸釉或噴釉的相競爭。施釉的設備須能同時達到下列三個階段：

（1）以火炬或電弧將釉料加熱直到熔融

（2）能以高速將加熱的粒子拋射

（3）讓熱粒子有如黏膠一樣沉積在坏體表面。

火炬的熱源是以氧氣幫助燃燒的乙炔或氫氣，噴射粒子的速度達每秒30~45公尺，雖然這種火焰的溫度相當高，還是會有一些粒子沒有完全熔化。熔融粉末的黏度、比熱、熱傳導係數與坏件的熱傳導係數都影響施釉的品質。這種施釉法的重點是：

（1）如何以均衡的速率供給釉料

（2）釉料的粒度分布應如何控制才能獲得理想的熔融

（3）釉熔融時的黏度關係著是否能有效緊密黏附於坏件上

（4）噴槍出口與坏件間的距離非常重要，距離太短時不容易使每個釉粒都熔化；距離太長時，到達坏件的熔融粒子已經冷卻固化了。

6. 自體施釉（Self Glazing）

如堇青石（Cordierite Bodies，理論組成是$2MgO \cdot 2Al_2O_3 \cdot 5SiO_2$；F. Singer 1929 年的專利配方是滑石43%、高可塑性黏土35%、氧化鋁22%；燒成溫度1400℃，熱膨脹係數$\alpha = 0.53 \times 10^{-6}℃$（0~200℃）），這種低膨脹率的坏體，很難調配能與它合適的低膨脹係數的釉。因此，以後發展的低膨脹率的坏體的釉，有從坏土的組成著手，讓它在燒成到高溫時，能在坏體表面生成類似釉、而厚度僅約0.025~0.05mm的薄層玻璃狀物體，透過有明確堇青石晶體的緩衝層與坏體黏結。

L.E. Thiess 開發的低膨脹率的坏體中含有少量的含鈉長石，霞石閃長石或氧化鋅，當加熱到1350℃，蒸發的氧化鈉與坏體表面的矽酸、氧化鎂結合生成玻璃相物質，自體施釉的現象就出現了。坏土中若有過渡金屬氧化物如氧化鐵或氧化鉻時，會加強自體施釉的情形[註19]。

7. 鹽釉（Salt Glazes）

此法是在燒成中高溫的階段執行施釉。15世紀，在今德國萊茵地區的窯場生產硬質陶器所開發的施釉方式。這種陶器的坏土含有粒度微細的游離矽酸，無釉的坏件在窯室中升溫到約1100~1200℃左右，將潮濕的鹽投入燃燒室蒸發導入窯室，鹽的蒸氣與坏體中的成分結合成生成釉膜。

［註18］
J.R. Taylor and
A.C. Bull: Ceramics
Glaze Technology
(1986).

［註19］
L.E. Thiess: Vitrified
Cordierite Bodies. Jour.
Amer. Ceram. Soc.,
26(3)99-102(1943).

第 5 章

釉的形成
Formation of Glaze

107

5.1 燒成過程中釉的變化

經過粉碎、混合完善的釉料，施加在坯體表面後加熱至所定的溫度熟成。升溫過程中包括化學反應與物理變化，最後熔融生成被稱為釉的玻璃相物質。

在升溫過程，釉料成分進行一系列化學反應、熔融，冷卻後得到平滑、有光澤的堅硬表面。高溫狀態軟化的釉和「冰」直接由固體溶化為液體是不一樣的，釉料液化的變動不明顯，而且會在一段溫度範圍內維持軟化的狀態。熔融的過程中，化學反應從頭到尾持續進行著。至於釉『熟成』的溫度，是經過試驗、控制熱能，使釉在達到預定的溫度時有最佳的熔融結果。

釉料與玻璃相似，沒有明顯熔點，一般都以軟化變形溫度作為參考的基礎。在反應終了，釉料將形成新的單一化合物或多種化合物的混合體，原料固有的性質已經改變，顯現完全不同的風貌。

不同種類和同類、但產地不同的釉原料，其性狀與變化各自相異，差別的程度與它們的組成、粒度分佈、付著的水分、加熱條件等有關。以下是一些在燒成過程中會發生的反應或變化：

1. 原料中吸附的水分之蒸發。
2. 結晶水因熱分解脫離。
3. 碳酸及硫酸鹽類中的CO_2與SO_3等氣體因熱分解脫離。
4. 釉中低熔點的物料在到達熔化溫度前，物料間以固相發生化學反應[註1]。
5. 低熔點的釉料先行熔解成液狀，流動擴大熔融現象，形成共熔混合物。
6. 熔融中的原料分解、融合，生成新的化合物。
7. 釉料的成分或液相內成分之揮發與熔解，例如Na_2O、K_2O、B_2O_3、PbO、SiF_4、BF_3、Sb_2O_3等因升溫而揮發，損失量會改變釉組成的百分比。

[註1]
理論上固相反應分為兩類，都因加熱所引起，但溫度都尚未達到使受熱的物質熔化的程度。一是晶體的變化（例如由小變大或由大變小），一是二個或數個相異的晶體受熱未熔融但形成新的晶體。

5.1.1 解離——脫水及分解

有些釉與熔塊原料所結合的碳酸、水分子或氧等氣體，會在升溫過程中解離釋放。例如氫氧化鋁、硼砂、硼酸、黏土等，含有結晶水，石灰石含有二氧化碳。加熱時逐漸分離釋出，到更高溫度時就全部脫除。例如硼酸熱至攝氏200度開始解離逐步釋放出水，最後在更高溫全部分解脫離生成氧化硼。

氫氧化鋁（$Al(OH)_3$或$Al_2O_3 \cdot 3H_2O$），加熱至145℃以上時開始分解脫水，溫度達到200℃時，有90％以上的水分解釋出。

$$2Al(OH)_3 \longrightarrow Al_2O_3 + 3H_2O \uparrow$$

含結晶水的化合物分解脫水時，水蒸氣分壓會抑制蒸發，所以在密閉的容器中要完全脫水需加熱至更高溫度。當加熱的處所開放與大氣相通時，水蒸氣分壓幾乎不變，所以分解的溫度是個定值。實際上，加熱條件及原料粒度都有影響，粒子越細小，解離的溫度越低。若裝置在如匣鉢的容器，熱傳導被匣鉢的厚度所緩和，故表面已經解離而內部尚有殘餘，需要更長時間傳熱才能完全脫水。

石灰石（CaCO3）在825~915℃之間釋出碳酸氣體，極度微粉碎的只要約610℃就開始。在大氣中，碳酸鎂（$MgCO_3$）在350℃開始，至750℃急速解離。而白雲石則由碳酸鎂先行分解，然後碳酸鈣，約在750~760℃間反應劇烈進行。實際的狀況將因礦物結晶構造、粉碎後的粒度以及窯室內的氣氛而改變。碳酸鹽分解後，在還沒有與其它化合物共熔時，生成的是氧化物。

碳酸鈉及碳酸鉀，在到達分解的溫度前，就先與矽酸（SiO_2）反應。分解的溫度並不重要，但分解釋出氣體是釉面產生針孔缺陷的主要原因之一，所以分解與和共熔反應的溫度過於接近時就必須注意，先分解使氣體釋出，然後共熔，較不容易有氣泡或針孔生成。

釉原料中的長石，因加熱熔融生成氣泡與針孔的問題是大家都知道的。長石中並不含結晶水，卻吸附有水或酸性瓦斯的氣體分子，它們會在長石到達熔化的溫度時才大量脫離，所以長石釉容易留下氣泡或穿透坏面的針孔。

黏土及高嶺土中的結晶水從400~650℃之間持續釋放出來，直到960℃時尚有殘留量存在。

5.1.2 玻璃化反應

釉原料中的各成分，加熱熔成玻璃是相當複雜的化學反應，有關釉的化學反應或變化的研究，其方式大致如下：

1. 調合後原料的重量經加熱減少。
2. 測量反應發生時釋出的氣體分壓（分解的壓力）。
3. 進行各個溫度域的反應生成物之化學分析。
4. 加熱溫度及加熱時間為函數的熱分析。
5. 反應生成物的顯微鏡觀測。

5.1.2.1 鹼金屬鹽與矽酸的反應

無論低溫或高溫釉，熟成的溫度都和參與的成分有絕對關連。燒成時，釉內的鹼金屬及鹼土金屬鹽，在它們解離前、或解離後的某一溫度，與矽酸逐漸化合熔融，變成一層玻璃相物質。

開始反應與終了的溫度，和所有化合物之添加比例有關。碳酸鈉（Na_2CO_3）及石英粉（SiO_2）各1 mole的混合物加熱至650℃時，仍然維持粉末狀態，約在700℃時有燒固的現象，固化的混合物隨溫度上升逐漸增加並且加速硬化，到900℃時就成為堅實的硬塊。此時，圍繞石英粒子表面的碳酸鈉與它反應，生成矽酸鈉圍聚在粒子四周。950℃時已經有液狀矽酸鈉（Na_2SiO_3）生成。溫度繼續上升，熔融現象往內部擴散，進行連鎖性「玻璃化」的反應。到1150℃附近，徹底熔化且具有如「水」般的流動性。對SiO_2來說，相對增加鈉離子（Na^+）的量，熔融反應較容易進行，熔化速率較快；相反地，增加SiO_2的數量，則反應的起始與終了溫度都升高，而生成矽酸鈉的量卻減少[註2]。整個連鎖性的反應情形大致如下：

〔註2〕
Dr. Herman Mayer 著，1939年4月；奧田進譯，1950年9月初版：水玻璃的性質、製造及應用：1973年7月，第9版。素木洋一著：釉及其顏料 p137~142；1981年1月。

$$Na_2CO_3 + SiO_2 \rightarrow Na_2O \cdot SiO_2 + CO_2 \uparrow$$

$$Na_2O \cdot SiO_2 + SiO_2 \rightarrow Na_2O \cdot 2SiO_2$$

$$Na_2CO_3 + Na_2O \cdot 2SiO_2 \rightarrow 2（Na_2O \cdot SiO_2）+ CO_2 \uparrow$$

$$或 Na_2CO_3 + Na_2O \cdot SiO_2 \rightarrow 2Na_2O \cdot SiO_2 + CO_2 \uparrow$$

碳酸鉀（K_2CO_3）與矽酸反應的情形與此類似。

〔註3〕
素木洋一著：釉及其顏料 p143~146。1981年1月。

5.1.2.2 碳酸鈣與矽酸的反應〔註3〕

將碳酸鈣（$CaCO_3$）與石英粉依各種比例混合，進行從500~1400℃的加熱試驗，在達到約800℃就已開始有固相反應，這溫度離開各化合物的熔點還很遠。開始反應的溫度與兩者的混合比例多寡無關，最初的生成物都是$2CaO \cdot SiO_2$。整個反應過程中的生成物有$CaO \cdot SiO_2$；$2CaO \cdot SiO_2$；$3CaO \cdot SiO_2$；$3CaO \cdot 2SiO_2$等，但並不是SiO_2多就生成$CaO \cdot SiO_2$；也不是SiO_2少就生成$2CaO \cdot SiO_2$或$3CaO \cdot SiO_2$。隨著反應溫度升高，$2CaO \cdot SiO_2$及$3CaO \cdot SiO_2$的量逐漸減少，$CaO \cdot SiO_2$的量逐漸增加，到反應終了，以矽灰石（$CaO \cdot SiO_2$）的型態出現。

矽酸和碳酸鈣的混合物中，當增加SiO_2的量時，會加快$CaCO_3$分解速度，因為它讓$CaCO_3$的粒子分離，解離的碳酸氣體較容易擴散逸出。

〔註4〕
素木洋一著：釉及其顏料 p146。1981年1月。

5.1.2.3 碳酸鈉－碳酸鈣與矽酸的反應〔註4〕

矽酸、碳酸鈉、碳酸鈣三成分，分別以100、40、25的重量比混合加熱，當升溫達600℃時就開始有固相反應，繼續加熱，三種成分間有解離、化合、共熔等現象發生，1200℃時，完全熔融玻璃化，以反應式表示如下。

$CaCO_3 + Na_2CO_3 \rightarrow CaNa_2（CO_3）_2$	600℃
$CaNa_2（CO_3）_2 + 2SiO_2 \longleftrightarrow Na_2SiO_3 + CaSiO_3 + 2CO_2 \uparrow$	600~830℃
$Na_2CO_3 + SiO_2 \longleftrightarrow Na_2SiO_3 + CO_2 \uparrow$	720~900℃
$CaCO_3 \longleftrightarrow CaO + CO_2 \uparrow$	912℃
$CaNa_2（CO_3）_2 \longleftrightarrow CaO + Na_2O + 2CO_2 \uparrow$	13~960℃
$CaO + SiO_2 \longleftrightarrow CaSiO_3$	1010℃
玻璃化	1200℃

〔註5〕
素木洋一著：釉及其顏料 p146~147。1981年1月。

5.1.2.4 碳酸鉀、氧化鉛與矽酸的反應〔註5〕

將矽酸、鉛丹及碳酸鉀分別以48.0：45.5：6.5的比例混合，加熱到410℃時，自碳酸鉀（K_2CO_3）中解離釋放出CO_2，紅鉛丹（Pb_3O_4）在500~530℃之間分解釋出氧氣。整個分解過程在600℃時急遽加快，同時在此溫度點，SiO_2開始與碳酸鉀反應。到700℃鉛加入，有初步熔融的情形發生。當溫度繼續升高到1000℃，熔解的速率加快，直到矽酸完全熔融成玻璃，與氧化鉛結合成為均質化的鉛玻璃時，溫度約達1200℃。

當鉛丹與碳酸鉀的調合量相對於矽酸增加時，反應的速度會加快，全部熔化的溫度降低。但因為矽酸的量減少，機械強度、折光率等性質將會改變。

5.1.3 釉的熔融現象與熔融機制 [註6]

　　將石英、碳酸鈉及石灰石的粉末混合物加熱，在熔融之前就開始解離釋出氣體。碳酸鈉與石灰石幾乎同時分解，生成的氧化物與矽酸結合呈固體狀態的矽酸鹽。溫度上升，逐漸由外向內熔解為矽酸鹽熔液。它是釉中首先生成的「共熔體」，先熔化的包裹在未熔解的釉料顆粒外面。當溫度逐漸升高，內部（靠近坯面部分）的釉料解離生成的、或從坯體中的氣體被熱能驅出聚集，形成的氣泡因「浮力」往外面（釉層與空氣接觸部分）移動，在熔融的釉層中留下痕跡。

　　矽酸原料或黏土的顆粒尚未與其它釉料完全熔融前，產生的氣泡較容易逸出。否則除非氣泡大到有足夠浮力，一旦矽酸全部熔融，形成高黏滯性的玻璃液時就會阻礙氣泡逃逸而留在釉層中。

　　從固相反應開始進行到熔融階段所生成的氣泡，在浮到釉表面前，對其周圍的矽酸鹽有隔離作用。直到氣泡浮出，各種熔融矽酸鹽就開始進行均質化的接觸。熔融的釉進行均質化的時間實際比一般熔融玻璃要長得多，兩者間最大的相異點，是釉熟成（完全玻璃化）的溫度到達時，即使釉中已經徹底脫泡，但繼續從坯體中釋出的氣體還是有可能滲透進入釉內，使釉變成「多泡性」。在正常燒成條件下，當釉中的長石與石英皆完全熔解後，氣泡的含量（氣孔率）將隨著燒成溫度上升而降低。

　　組成釉的成分在加熱升溫的過程中，在熔化之前的固相反應就會讓原料粒子向反應的中心靠緊，形成所謂「燒結」的現象。所有參與的成分並沒有相同的熔點，但卻可能在熔融之前有共熔的現象發生使局部液化，而未熔化的依舊維持固體狀態，對陶瓷器坯體來說，燒結是瓷化的必要過程，對釉來說則尚未完全玻璃化。共熔的現象隨時間及溫度繼續進行，直到全部熔化成液體的狀態。

　　在進行「分解」與「化合」的釉化作用時，熔融物質中的分子或團塊有擴散與流動的物理現象發生。同時，結晶性的物質也有可能因高溫使晶格子結構發生轉移的現象（例如從等方性轉變為異方性）；半徑小的離子或原子也會因熱量增加，變得較容易「嵌入」鬆弛的晶格中。釋出的氣體分子聚集成氣泡而浮動，對熔融物產生攪拌作用，能促進均質化。共熔形成的液相物質越多，釉中耐火性成分的粒子就更容易熔解，黏滯度會明顯變小，流動性會增加。當溫度再升高，表面張力將變小，濡濕能力會增強。

　　釉料混合物中有較粗顆粒及水分時，熔融溫度與熔解時間會受到影響，據 W.E.S. Turner 對 $Na_2O - CaO - SiO_2$ [註7] 及 $K_2O - Bo - SiO_2$ [註8] 兩系統的玻璃進行研究，少許水分（約5％以下）可以縮短熔化的時間。

　　釉料調合物的粒度影響熱能吸收，也影響熔融的溫度與時間。通常微粉碎程度較大的調合物，燒成時會有下列的表現：

　　1. 降低熔融溫度

　　2. 縮短熔融時間

　　3. 熔融物有較佳的均質性

　　4. 熔融之際其流動性較佳

　　5. 較容易獲得平整光滑的表面

　　6. 機械強度較佳 [註9]

〔註6〕
素木洋一著：釉及其顏料 p147~149。1981年1月。

〔註7〕
M. Parkin and W.E.S. Turner: The influence of moisture on the mixing of soda-lime-silica glasses. Jour. Soc. Glass Technology, 10, 114 – 129(1926).

〔註8〕
M. Parkin and W.E.S. Turner: The effect of moisture on the mixing of batches for potash-lead oxide-silica glass. Jour. Soc. Glass Technology, 10, 213 – 220(1926).

〔註9〕
素木洋一著：釉及其顏料 p151。1981年1月。

但是過度粉碎的釉料，對於消除氣泡與針孔並無好處。調合物的粒度分佈是研究釉的化學變化及物理現象的一項實際、而且重要的課題。

同樣是鹽基性的氧化物，如CaO或MgO，分別在釉中的效果也各有千秋。在瓷器用的石灰釉中，部分CaO以MgO來置換，例如下面這樣變化：

$$
\left.\begin{array}{l} 0.3\,K_2O \\ 0.7\,CaO \\ 0.0\,MgO \end{array}\right\} \rightarrow \left.\begin{array}{l} 0.3\,K_2O \\ 0.5\,CaO \\ 0.2\,MgO \end{array}\right\} \rightarrow \begin{array}{l} 0.3\,K_2O \\ 0.2\,CaO \\ 0.5\,MgO \end{array}
$$

MgO的量增加時，燒固的溫度會提前，這個現象可由試片的收縮率變化得知。同時氣孔在早期固相反應時就急速降低。換句話說，加入MgO對於釉調合物的有促進燒固、降低氣孔率的功用。

各個反應階段都有「氣體釋出」形成「氣泡」，產生氣體最多的時機通常在熔融階段開始後，由混合物各物料解離及反應所生成。完全熔融後的玻璃相液體中，釋出量有限，僅約全量的1%。這些潛藏在玻璃中的氣體形成「氣泡」，對玻璃液體有攪動作用讓生成的「矽酸鹽」更能均質化。但是「釉」與單純的「玻璃」不一樣，玻璃的「氣泡清澄」作用在「釉」不容易達到，因為坯體中的氣體會透過「釉－坯」的介面陸續進入釉中。而這些氣體幾乎都在發生「液相反應」後的溫度域形成的，此時釉與坯已經相互熔著，所以較難排除。尤其高黏度、高表面張力的釉，有較集中、但沒有突破釉層的大型氣泡，使表面突出成泡瘤狀（blister）。當釉中有較多著色氧化物或釉的黏度較低，或有超溫的情形時，氣泡破裂形成沸騰現象。即使是微小氣泡，大量殘留會影響冷卻後釉的物理性質。

長石質的「志野釉」，是坯及釉生成的氣體不容易從較大表面張力、高黏度的釉釋出，及脫泡後釉面較難彌平的事實，使釉層留下如蟲蛀的小凹洞。

〔註10〕
A.B. Blakely: The life history of a glaze. Maturing of a white ware glaze. Jour. Amer. Ceramic Soc., 21 (7), 239－242 (1938).

A.B. Blakely 有一項釉的研究〔註10〕，將高嶺土20％、黏土33％、石英36％、長石11％配合的半瓷坯體試片，「噴施」相同厚度、能在1150℃熟成的熔塊釉，放置於能控制升溫速率的試驗窯中燒成，在各溫度點從窯中取出，讓試片在空氣中急速冷卻。然後製成薄片在顯微鏡下觀察，有如下的紀錄：

750℃以下	釉面強度非常不足，不能製作顯微鏡觀測的薄片。
600℃	從外觀可以看出部分熔塊開始軟化。
750℃	石英及長石的顆粒依然明顯可辨認。
900℃	已明顯固化，但釉及坯的界面依然有清楚的界線。
1025℃	開始有醒目的微細晶粒形成，氣泡的量達到高點。
1095℃	熔融液態的玻璃相中的氣泡逐漸消滅。
1100℃	石英逐漸完全熔解。
1145℃	釉熔液開始侵蝕坯體，接觸的界面坯體有被熔化的現象。
1150℃	釉完全熔融，並且與坯體結合為一體。

釉中的石灰與黏土在燒固前的反應，利用不同溫度燒成的試片，以鹽酸處理，計算石灰的溶解量來測定。石灰的溶出量與燒成的溫度成反比，燒成的溫度越高，溶出量越低。

5.2 釉之熟成

釉熟成的溫度隨著下列條件改變：

1. 釉原料調合的粒度。
2. 所有調合物之均勻性。
3. 燒成時間。
4. 媒熔劑的種類及添加量。

鹽基性媒熔劑中分為R_2O群及RO群，R_2O有Na_2O、K_2O、Li_2O以及非鹼金屬的PbO，屬於「軟熔劑」，在低溫熟成的釉中用量較多。含多量R_2O的釉對水溶液及酸液的耐蝕性較低。RO為鹼土金屬氧化物，有CaO、MgO、BaO、ZnO等，是所謂的「硬熔劑」，RO的陽離子具有比R_2O的有更高的離子結合強度（Bond Strength），能加強玻璃的網目結構，因此也具有類似氧化鋁安定網目的能力，是高溫的媒熔劑。RO類熔劑含量較多的釉，其機械強度與耐磨耗性都較高。

從釉方程式的配合例，可以了解不同的RO及R_2O鹽基性化合物組合，與固定分子當量數比例的SiO_2-Al_2O_3配合，有不同的熔融或軟化溫度，它們之間的關係，有如下表：

釉的組成				軟化溫度
0.3 Na_2O	0.7 PbO	0.1 Al_2O_3	2.0 SiO_2	690℃
0.3 K_2O	0.7 PbO	0.1 Al_2O_3	2.0 SiO_2	730~750℃
0.3 BaO	0.7 PbO	0.1 Al_2O_3	2.0 SiO_2	750~790℃
0.3 CaO	0.7 PbO	0.1 Al_2O_3	2.0 SiO_2	790℃
0.3 MgO	0.7 PbO	0.1 Al_2O_3	2.0 SiO_2	815~835℃

對大部分的釉來說，鹽基性成分的分子數相對增加時，熔融的溫度就越低。至於共熔的化學的及物理的變化，並沒有通用的法則可資依循。

以石灰（CaO）為基準，數種媒熔劑對瓷器釉的助熔能力之比較值如下[註11]：

$$CaO \ 1 \, mole \ 當量 ≒ K_2O \ 1/6 \, mole \ 當量$$
$$CaO \ 1 \, mole \ 當量 ≒ ZnO \ 1/2 \, mole \ 當量$$
$$CaO \ 1 \, mole \ 當量 ≒ Na_2O \ 1/2 \, mole \ 當量$$
$$CaO \ 1 \, mole \ 當量 ≒ BaO \ \ \ 1 \, mole \ 當量$$

Al_2O_3是中性化合物的重要成分，對釉的性質如黏性、發色、化學持久性、機械強度、耐磨耗性、耐火性等有重要的調節功能。相對於鹽基性成分，釉中的Al_2O_3分子當量數，所引起釉的熟成溫度、燒成時間、及燒成結果的變化，和鹽基性媒熔劑所引起的相反。生料釉調配時，Al_2O_3的使用當量範圍如下：

$$0.0～0.20 \, mole \ 當量 \quad SK020～2（670～1120℃）$$
$$0.2～0.50 \, mole \ 當量 \quad SK2～9（1120～1280℃）$$
$$0.5～1.25 \, mole \ 當量 \quad SK9～13（1280～1380℃）$$

一般經驗，Al_2O_3稍微增加，釉的熟成溫度與黏度就有明顯升高。Al_2O_3含量適當時，制衡鹼性媒熔劑所引起的過度熔融，賦予釉在熟成溫度範圍內有合適的流動性與黏性。針對燒成的溫度要求，適當量的Al_2O_3能確保釉的安全溫度範圍。

〔註11〕
M. Barrett: A method for determining the melting points of glass and glaze silicates of the porcelain type as used in the ceramic industry. Trans. Amer. Ceramic Soc., XI, 80 - 83（1909）.

一般釉中矽酸與氧化鋁分子當量數的比例為8~10倍，若Al_2O_3超過合理的量，耐火性會影響釉的熔融性質，難熔的結果使黏著力明顯降低。當Al_2O_3與SiO_2的比值大於1/8時，釉面的光澤度將喪失。

SiO_2的使用量，其分子當量數一般都是鹽基及中性物質分子數總和的2~3倍以上，或是Al_2O_3的分子當量數之7~12倍。低SiO_2含量的釉，流動性大，較高SiO_2含量的釉，熔融後的黏滯度增加。低溫釉中，矽酸與熔劑的分子數比約為2：1；高溫釉時的比約為5：1至10：1。矽酸的來源當然也影響它在釉中的表現，除了最後的數量以石英或硅石粉末補足外，計算過程中它的來源應該從矽酸岩礦物中取得。SiO_2量多固然會提高釉的熟成溫度，但若矽酸含量太少，熔融物的耐火性有時卻反而增加，主要原因是SiO_2不足時，將妨礙混合物的「初始」熔融，共熔物的生成較困難，玻璃相物質的數量會不足。

SiO_2是釉的主要玻璃網目形成氧化物，它調節釉的熔融、熟成溫度、黏度、熱膨脹係數及光澤度等性質。其他有形成網目結構性質的氧化物有B_2O_3、P_2O_5、ZrO_2、TiO_2等。但在陶瓷、玻璃工業界，硼酸及磷酸有其用途，並不全部用來取代矽酸來形成玻璃。但當為了降低釉的熔點及改變釉的性質，以B_2O_3部分取代或SiO_2，或者說以$B-O_3$三角體代替$Si-O_4$四面體，置換量可達12%，加入硼酸的釉將使其熟成溫度降低。

尚有其他方法可以降低釉的軟化點，例如：

1. 調配無硼的釉時，降低釉組成氧化物的氧原子比（Oxygen Ratio）。

  所謂氧原子比是釉中鹼性及兩性氧化物的氧原子總數，與酸性氧化物（通常為SiO_2）氧原子總數的比。例如：

  SK 8~10（1250~1300℃）瓷器釉的基本組成為

  $0.3K_2O + 0.7CaO \cdot 0.42Al_2O_3 \cdot 4.2SiO_2$，

  其氧原子比為（$0.3 + 0.7 + 0.42 \times 3$）：$4.2 \times 2 = 2.26 : 8.4 = 1 : 3.72$；

  SK 3~4（1140~1160℃）的布里司脫釉組成為

  $0.36KNaO + 0.40CaO + 0.24ZnO \cdot 0.50Al_2O_3 \cdot 3.16SiO_2$，

  其氧原子比＝1：2.528；

  SK 08~03（940~1040℃）的低溫鉛釉

  $0.10Na_2O + 0.30CaO + 0.60PbO \cdot 0.20Al_2O_3 \cdot 1.60SiO_2$，

  其氧原子比＝1：1。

  一般氧原子比的法則是粗陶器在900℃時1：1到1200℃的1：3；燒結的精陶器或瓷器在1200℃時 1：2到1300℃的1：4。[註12]

2. 以較高離子能（Ionic Potential 或 Ionic Field-strength）[註13]的修飾氧化物來替代較低者【表5-1】。如以Li^+取代部分Na^+；Sr^{+2}、Ba^{+2}、Mg^{+2}、Zn^{+2}、Pb^{+2}等以一種或數種來部分取代Ca^{+2}，也能有效降低軟化點。

3. 對具有媒熔能力的氧化物來說，鹼金屬與鹼土金屬相比，離子場強度及結合強度（Bond Strength）[註14]都較低，與玻璃網目之間的結合鍵較弱，因此容易移動，使熔融物的結構有較大的可變化性；而鹼土金屬和中間性金屬離子的結合強度高，能加強網目的結構，使熔融物更加安定。

4. 硼原子有三個氧原子配位，在純硼酸玻璃中為正三角形的網目結構。但它並不單

〔註12〕
Eric James Mellon: Ash Glazes Part 3. p 4－7, Ceramic Review No. 65 (1980).

〔註13〕
Table of Ionic Radii, HandbooKof Chemistry and Physics p. F214~215. CRC Press Inc.,(1979). J.E. Stanworth: The Structure of Glass. Jour. Soc. of Glass Technology, 30, 54－66 (1946).

〔註14〕
Pauling Linus (Carl)：The Nature of the Chemical Bond (1939).

獨被使用為玻璃形成氧化物，卻經常添加在矽酸玻璃以及釉中。氧化硼在釉中的功能比較像當媒熔劑的鹼金屬，它能有效降低釉的熟成溫度，同時也增加熔融物溶解其他氧化物的能力。

5. 和降低釉料軟化溫度的情形相反，假如有下列的改變時，釉熔融的現象也將有所變化。以相同的離子半徑，但電荷數較高的氧化金屬來部分置換，例如以鈣取代鈉時，則網目（釉或玻璃）的性質將有以下的改變：

（1）由於對矽酸四面體頂端氧原子有較大的結合強度，所以網目密度增加。

（2）隨著密度增加使玻璃相光折射率增加。

（3）較高電荷的陽離子可移動性較低，電導性會降低。

（4）離子可移動性低的結果是熔融物的黏性增加。

6. 有些氧化物例如Fe_2O_3、Mn_2O_3、Cr_2O_3等三價化合物，在氧化性氣氛中，雖然僅依照著色需要的量添加，但這些氧化物除了顏色外，對於釉的黏性、化學耐性、機械強度與耐火度等，依然會造成明顯影響。

離子	離子價	配位數	離子半徑（Å）	離子能（Z/r^2）	結合強度（Kcal/mol）	在釉中的角色
B^{3+}	3	3	0.23	56.7	119	形成玻璃網目氧化物的離子（酸性氧化物）
P^{5+}	5	4	0.35	40.8	111~88	
Si^{4+}	4	4	0.42	21.6	106	
Al^{3+}	3	6	0.51	11.5	53~67	形成網目安定劑的離子（中性氧化物）
Ti^{4+}	4	6	0.68	8.7	73	
Zr^{4+}	4	8	0.79	6.4	61	
Mg^{++}	2	6	0.66	4.6	37	玻璃網目修飾氧化物的離子（鹽基性氧化物）（註：Z＝離子價 r＝離子半徑）
Zn^{++}	2	4	0.74	3.6	36	
Li^+	1	4	0.68	2.2	36	
Ca^{++}	2	8	0.99	2.1	32	
Sr^{++}	2	8	1.12	1.6	32	
Pb^{++}	2	6	1.20	1.4	36	
Na^+	1	6	0.97	1.1	20	
Ba^{++}	2	8	1.34	1.1	33	
K^+	1	10	1.33	0.6	13	

【表5-1】釉與熔塊中常用的陽離子之離子場強度

5.2.1 燒結、熔融與結晶

1. 燒結（Sintering）

調製成釉料的單一熔塊或混合的生料，在粉體到達熔點之前，或在沒有液相反應之前，就已由於固相反應而聚集成塊。通常由團塊粒子的表面開始，然後深入直到坯釉的介面。當升溫達到接近開始熔化的溫度時，釉層已經變成略帶強度的硬殼。Kingery 及 Kuczynski 的研究曾明確敘述粉體在高溫的燒結模式[註15]。

燒結的程度與下列條件有關係：

（1）釉的類型（與原料的種類相關）－高溫或低溫釉；生料釉或熔塊釉。

（2）原料的粒度－在相同燒成條件下，燒結程度與原料粒度成反比。

（3）燒成溫度與燒成時間。

〔註15〕
G. C. Kuczynski:
Metals Trans.,
185. 169（1949）；
W.D. Kingery:
Ceramic Fabrication
Process（1958）；
Kinetics of High
Temperature
Process（1959）.

2. 熔融（Melting or Fusion）

　　當溫度達到釉成分或混合物的熔點時，熔化的現象開始由釉的外層往內以連鎖反應方式進行；緊密的結晶格子因為吸收熱能而鬆弛，媒熔劑中的陽離子，例如Na^+、Pb^{++}、B^{3+}等，開始進入網目的格子間隙，截斷連續的矽酸網目結合鍵，使其熔解逐漸變成液體狀。熱量繼續供應，液態物質將擴散蔓延。當溫度越高，液相物質的黏度愈小，流動性愈大。此時從原料中解離生成的氣體聚集為小氣泡，浮昇移動而有攪拌的功能，促進玻璃相均質化。

　　釉料從開始加熱到完全熔融的整個過程，伴隨的變化有收縮、熔解、成分重組、揮發、緻密化、再結晶諸現象，都受到原料的粒度、溼度、混合的均勻程度、加熱設施和加熱速率的影響。

　　釉調合物加熱時的反應過程與玻璃大致相似，但是和坯體的熱反應就大不相同。釉熔融反應的過程簡單敘述如下，有些反應是同時進行的：

（1）調合物的粒子間互相熔合，孔隙及容積開始減少。

（2）玻璃相從表面開始生成，孔隙被封閉，未及逃逸的氣體如碳酸鹽與黏土的分解生成的氣體，被密封變成氣泡。

（3）氣泡浮升到熔融釉液的表面，破裂、散失、表面敉平。

（4）表面張力的效應隨著溫度上升而更明顯。

（5）釉與坯體間的中間層隨著時間及溫度逐漸成長，增進硬質陶器及瓷器的彈性率及機械強度。在瓷器的「中間層」內，若有適當量的富鋁紅柱石（Mullite, $3Al_2O_3 \cdot 2SiO_2$）生成時，強度增加尤其明顯。

　　釉料混合物在高溫熔解的過程在窯爐外面是觀察不到的，F.N. Norton 以圖說明單純熔塊料加熱熔融、附著陶器坯體上的情形就容易理解【圖5-1】。

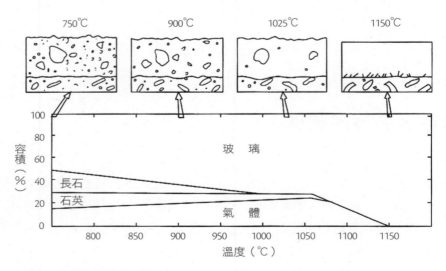

【圖5-1】熔塊釉的熟成過程（F.H.Norton: Elements of Ceramics, P177, 1952）

3. 結晶（crystallization）

　　釉全部熔融後剛開始冷卻時，若有適當的分子互相吸引結合，常會有結晶核形成。和一般所知的鋅矽結晶釉不同，正常但緩慢冷卻的釉面析出的微細結晶顆粒，

固化後會讓釉失去光澤，平滑的表面有如蛋殼或皮革般的無光，這種結晶通常是石灰的矽酸礬土鹽，結構有如灰長石。無光釉中的細微結晶，在普通的燒成條件就可以獲得。但要有肉眼可見的量多、發達的，甚至成長成直徑達數公分的結晶，需要下面的條件配合。

（1）足夠的結晶核數目。

（2）夠快的結晶成長速度。

（3）不太高的釉熔液黏度。

熔融釉液的擴散能力是結晶生成的重要因素，而擴散程度受溫度、持溫時間及熔融物黏度的影響。析出懸浮在釉熔液中的小結晶顆粒，若被有色金屬氧化物著色時，有時會選擇性吸收某段光譜、或反射未被吸收的波長，呈現耀眼的光芒或顏色，有特殊工藝裝飾效果，例如砂金石釉、貓兒眼釉等。

從熔融成玻璃狀態的釉中生成析出的結晶，其形狀與尺寸受到釉層厚度的影響與限制，差異很大。懸浮在釉中沒有熔化的耐火性細小原料顆粒，與細微的結晶相似，會造成釉的乳濁性失透。

5.2.2 成分重組（Recompose）、相平衡與相分離

釉料加熱時，所有成分在高溫環境進行的熱化學變化非常複雜且不穩定，最後重新組合達到平衡。高溫時的相平衡受到與熱力學有關的函數如溫度、壓力、成分變化等所支配。

釉與玻璃是相似的熔融鹼金屬矽酸礬土鹽，從多成分單獨熔解或共熔，到組合成為多重的相（Phase）。不同的修飾氧化物與SiO_2及Al_2O_3構成多種性質不同的矽酸鹽玻璃混合物，例如：

石灰－鹼玻璃	Na_2O-CaO-SiO_2 及 K_2O-CaO-SiO_2
鹼－硼－矽 玻璃	Na_2O-B_2O_3-SiO_2；CaO-B_2O_3-SiO_2；ZnO-B_2O_3-SiO_2；PbO-B_2O_3-SiO_2
鹼－鉛－矽 玻璃	Na_2O（K_2O）-PbO-SiO_2；Na_2O（K_2O）-CaO-PbO-SiO_2
石灰－鹼土－矽玻璃	CaO-MgO（RO）-SiO_2
石灰－鹼－鎂（其他鹼土）－矽玻璃	CaO-Na_2O-MgO（RO）-SiO_2
石灰－矽酸－礬土玻璃	CaO-Al_2O_3-SiO_2
石灰－鹼－矽酸－礬土玻璃	Na_2O-CaO-SiO_2-Al_2O_3及K_2O-CaO-SiO_2-Al_2O_3
硼－矽酸－礬土玻璃	Na_2O-B_2O_3-SiO_2-Al_2O_3；CaO-B_2O_3-SiO_2-Al_2O_3；ZnO-B_2O_3-SiO_2-Al_2O_3；PbO-B_2O_3-SiO_2-Al_2O_3
鉛－矽酸－礬土玻璃	Na_2O（K_2O）-PbO-SiO_2-Al_2O_3；Na_2O（K_2O）-CaO-PbO－SiO_2-Al_2O_3

但熔融中的釉，由於引進的原料組成之複雜程度，並不會如上面列舉的這樣涇渭分明，能夠清晰分辨各自組成的玻璃。反而是由氣體、熔解的、或解離後再結合出現的不同系統玻璃質，甚至未熔化的固體以及析出的晶體等，全部於某溫度範圍共存。在熱力學上，這些混合物處在被稱為「準安定相（meta-stable phase）」的環境中。由此可知大家所理解的釉玻璃相其實是一種混合型的液體，包括氣相、液相、固相（或晶相）等不同型態的物相同時存在。但當環境參數改變，例如溫度或壓力的變化，準安定平衡將立即改變或消失。

與水溶液的情形類似，高溫熔融的液相物體也有電性分解或離子化的現象，不過必須是在維持高溫熔融的狀態下才行。當溫度及壓力穩定時，氣相或固相物質與液相混合，其界線通常都很明確，但兩種液體在準安定相能混合時，就不容易鑑別它們的界線了。處在高溫熔融相混狀態的數種不同成分系統的釉熔液，當溫度下降到某範圍，則立刻分離不相容。這樣子的物理現象，叫做相分離（Phase Separation），若是發生在液相中，就叫做液相分離，這情形好像水與油不相混溶的情形類似。

玻璃中的「相」越單純，越容易達到均質化的程度，在無須特別操作控制就能獲得此結論，這是陶瓷產業希望有的品質要求之一。困難的是，陶瓷釉藥原料的複雜性使各成分系統的相分離不容易被支配控制，均質化往往不容易得到，但工藝釉反而因此可獲得額外的效果。

5.2.3共熔與共晶

加熱初期的相分離或相變化，是熱力學上不安定的階段，結晶核生成及結晶成長則是朝向安定的相轉移。當擴散到全部成為穩定狀態後，不安定的相就消失了。當溫度仍然高達使釉處在軟化的狀態，準安定相內的液體有自然發生的、或被異物粒子所誘發的「核」生成，當溫度略微下降時，將引發被稱為過飽和而使熔質析出的相分離現象，當黏度的條件（或適當控制持溫）合適，「核」將從熔融物中帶動一連串結晶析出、成長的活動。

以簡單的石灰－長石透明釉為例子，$Na(K)_2O\text{-}CaO\text{-}SiO_2\text{-}Al_2O_3$系統在平衡狀態時，呈現透明光亮的釉面。當$CaO$與$SiO_2$逐漸增加，但仍維持在合適的範圍內，此時熔融物中有更多量矽酸鈣生成，就在冷卻階段中黏度適當的時候，矽灰石晶體從液相中被析出，懸浮在釉層內或浮現在釉面上。前者使釉乳濁、後者令釉面無光。

若有二成分或多成分以上的結晶相同時存在釉熔液中，析出的將是多種不同晶體所形成、稱之為共晶（eutectic crystal）的固相混合體，或無結晶析出時的共熔混合物（eutectic mixture），熔融物有共晶或共熔現象出現的溫度，稱為共晶點或共熔點（eutectic point）。

二個或兩個以上、分別有不同熔點的成分（或成分系統），當混合比例變動時，共熔點隨之改變，通常比單獨成分的熔點低。若配合比例能得到最低的共熔溫度，則稱該混合比例是最低共熔點調配。

〔註16〕
R.T. Stull & W.L. Howatt: Deformation Temperatures of Some Porcelain Glazes. Trans. Amer. Ceram. Soc., XVI, 454 – 460 (1914).

1914年，R.T. Stull & W.L. Howatt發表瓷器釉的變形溫度研究[註16]，以鹼性成分0.7 mole CaO及 0.3 mole K_2O為標準鹽基組成之簡單石灰－長石釉，改變SiO_2與Al_2O_3的分子當量數，測試它們的變形溫度（共熔溫度）。【圖5-2】是以$0.7CaO \cdot 0.3K_2O \cdot x\,Al_2O_3 \cdot y SiO_2$中，最低變形溫度在x = 0.6；y = 4.0，也就是$RO \cdot 0.6\,Al_2O_3 \cdot 4.0SiO_2$的組成，其變形溫度是1220℃。實曲線為各種不同x、y組合的「軟化等溫線（共熔溫度）」；粗點線E F，是改變Al_2O_3與SiO_2時最低共熔點的組成範圍；而實線A B及C D，分別表示以示溫錐9及11號（1250~1285℃）燒成時，有最佳光澤的釉組成。雖然共熔點等溫線的組成與優秀的釉組成並不一定一致，但是良好的釉應該座落在最低共熔軸線或其附近。

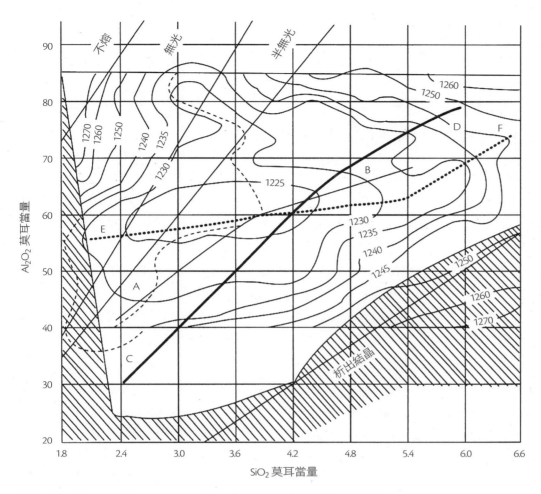

【圖5-2】RO為0.3K$_2$O：0.7CaO，Al$_2$O$_3$及SiO$_2$變動中的瓷器釉變形溫度曲線

5.2.4 釉中的玻璃相與晶相

　　釉中物質存在的狀態與溫度有絕對關係。完美無任何晶體的玻璃被定義為「超冷液體」，常溫呈現的是具有剛硬性質的固態，高溫則有可能是黏度小到如水般的稀薄液體。這二個極端的狀態中間並無明確的溫度間隔，而是以隨溫度變化其濃稠度、柔軟度的型態介於固體與液體之間。

　　在高溫範圍，熔融的釉中大多有二種或二種以上的不同熔液互相混合著，也會有溶解的氣體或晶體。但這樣的融合狀態是不穩定的，當壓力及溫度下降（冷卻時）到某一點，液體將分離成為不相混合的相。溶解的氣體若不及逸出，將留在釉中成為氣泡，晶體將因溶解度降低被析出。這種現象和水溶液溶解氣體及析出過飽和的溶質晶體相似，差別在進行溫度的高低。室溫下，釉可能是有氣體與（或）晶體懸浮的、固化的超冷液體，比單純的玻璃複雜很多，也與同一物質因為溫度之高低而有三態大不相同。

　　釉的複雜性在於除了SiO$_2$與Na$_2$O、CaO生成的普通玻璃外，也與其他鹼金屬、鹼土金屬氧化物（RO），以及Al$_2$O$_3$、著色劑等，生成各式各樣的化合物。在高溫熔融狀態時，所有RO離子都有可能使「矽－氧四面體」呈現不規則的、鬆弛的、但仍舊連續的骨架，此結構的空隙將被安定劑及著色劑佔據或填充。

添加在熔融物中的修飾氧化物與安定劑，將因它們的原子價、離子半徑、與它們在玻璃網目中所佔據的位置，或取代的成分與數量，使釉熟成後的強度、化學耐久性、光學及電氣等性質受到影響。基於這方面的理解，變動或調整成分組合，釉的性質是可以依照要求加以控制調節的。

5.2.5 釉熔融時的黏度與表面張力

在物理學上，液體流動可視為無數分子在層層重疊的結構中發生連續性、不可逆的塑性變形，過程中各液體分子都有抑制變形的「力」，它的表現的就是黏性。或者說，黏性是指阻止液體流動的力，也是使液體停止流動的力。黏性越大的液體，須有更大的力才能使它流動（攪動），當外力消失，流動即時停止。

若混入液體中的固體粒子非常微細，則稱它為「膠體溶液（Colloidal solution）」，愛因斯坦曾發現與這種溶液有關的理論，他發現液體中有微粒子時，黏性會增加。釉與玻璃是在高溫才熔融成為液態，組成內容至少有2種以上的物質，較一般溶液更複雜，牛頓的黏性定律並無法有效詮釋。

釉的黏度與流動性和陶瓷器的品質關係很大，例如多孔性坯體不適合施加高流動性的釉，因為先熔解的釉液將被氣孔吸收，殘餘較難熔的成分則在表面生成無光的，或成熟度不足的薄膜。若高緻密性的坯體施加流動性高的釉，明顯的缺陷如：器物的下方將留下厚厚釉箍，嚴重者會流到匣缽或棚板上，上方口緣變得粗糙無釉，釉層因過度流動而厚薄不均，釉下彩繪的顏料可能被熔解暈開或帶走，色釉中的發色劑或顏料因流動而濃淡不均。若釉的黏度高，不論微細的、或肉眼可見的大結晶，析出都較困難。因此，經由釉的組成來影響黏度，配合燒成及冷卻的程序，來控制是否讓釉完全熔化或析出結晶，以獲得所希望之光澤的、透明的、乳濁的、失透的甚至無光的釉。

當不計入重力時，液體內各個分子間的吸引力，前後左右各方向的力相互抵消，與未成受任何力的情形相似。而表面的分子（例如與氣體或固體接觸的部份）只承受兩旁及內側的力，沒有來自外側的作用力，向內的拉力特別顯著，這個力就是表面張力（surface tension），它讓液體形成最小面積的形狀。此情形在典型的「縮釉」現象可以看出，當乾燥後的釉層發生龜裂，使釉面被分割成無數小面積區塊，或因為釉與坯面的乾燥結合強度不足，或因熔融的釉與坯面的結合力不足，釉燒後每個熔融小區塊將向中心收斂，趨向最小面積的圓球狀。

陶瓷工作者都知道一個現象，窯內維持還原性氣氛時，釉的表面張力比在氧化性氣氛中略大。表面的釉液由於還原氣氛而收斂，氣泡較不容易移動。在高溫時，玻璃或釉對氣體的溶解度會降低，擴散速率會增加，此時對於移除「氣泡」表面張力是一個很重要的因素。高黏滯性的釉系統中，氣泡較難合併變大，但因持續輸入熱能增加釉的流動性，氣泡有成長的條件。黏性高的釉中氣泡小巧、多而分散，相反的，容易流動的釉氣泡少而大。

聚集維持在釉內的氣泡之尺寸與數量，受到「釉層厚度」、「表面張力」、「黏性」、「釉的組成」等條件所左右。施釉過程中可以控制最合適的釉層厚度，而釉的組成與熟成溫度有直接關係，當然也對表面張力及黏性造成影響，在熔融狀態中，表面張

力和黏性隨著溫度升高而降低，而表面張力的變化量不若粘性的變化大。化學組成的變動或修改是影響表面張力改變的主要因素。

選擇組成釉的原料，也是釉的黏度、表面張力、氣泡成長與維持的關鍵，同時影響析晶、透明度及釉色變化。例如高溫釉中，適當調整鈣與鎂的比例，將降低氣泡生成的可能性，因為鈣－鎂的比例與熔融時的黏滯度有關。而鹼金屬氧化物可用來同時降低釉的黏度及熟成溫度，合適的添加比例可改變表面張力的影響。下列是釉中常出現氧化物成分的簡介，以及它們與釉的性質例如黏度與表面張力的關係[註17]。

1. 鋁

Al_2O_3 也是使釉安定化不可少的氧化物成分，少許增量即可影響釉的熔點與熔融物的各種性質，如黏度及表面張力都因而增加。冷卻後，將增進化學持久性與機械強度，降低熱膨脹係數。但增加 Al_2O_3 時，若燒成溫度不夠高或持溫時間太短，則熔融的程度不足[註18]。

2. 氧化鐵

有氧化鐵的釉熔融時黏度會降低，尤其在還原燒時更明顯。

3. 鉀、鈉與鉛

單獨或同時加入此三種金屬的氧化物或化合物時，都會快速降低黏度與表面張力、增加流動性。

4. 硼

釉中添加含硼的化合物，一旦熱至開始熔融，黏度就急速降低。

5. 鋰

雖然鹼金屬鋰化合物也是強力的媒熔劑，但它和鉀、鈉相反，倒比較像鹼土金屬氧化物，反而增進熔融釉的表面張力。

6. 鈣

溫度高於1000℃以上，熔融釉的黏度將因鈣增加而降低，此現象當CaO的當量數逐漸增加到0.55 mol.時最明顯，然後黏度隨著CaO增加而升高。

7. 鎂

鎂化合物的耐火性不太適合低溫釉，是在較高溫釉使用的熔劑。任何種類的釉添加鎂化合物，都會增加釉的黏性與表面張力。

8. 鋇

高溫釉中有鋇的化合物，其媒熔的能力與鎂類似。假如將鋇先製成熔塊，它的助熔效果有如鉛，而且急速降低釉的黏性與表面張力。

9. 鋅

與氧化鈣比較，氧化鋅可以在較高溫時和緩地降低釉熔液的黏度，因此適量添加有助於增廣釉熟成的溫度範圍。

10. 矽

氧化矽自身是玻璃網目形成物質，釉中含量越多則熔融的溫度越高。高矽酸的釉的黏度也高，假如以長石除外的熔劑、例如鈣及鎂的化合物，很容易獲得乳濁或無光釉。

[註17]
素木洋一著：釉及其顏料 p173—174。1981年1月。

[註18]
C.W. Parmelee and C.G. Harman: Effect of Alumina on the Surface Tension of Molten Glass. Jour. Amer. Ceram. Soc., 20 (7) 224 (1937).

5.2.6 釉熔液的濡濕能力

從常溫觀察液體與固體的接觸面和毛細管現象，就可以明白釉熔融時與坯體間的密切關係。濡濕（wetting）是指液體（熔融的釉）與固體（坯）的表面接觸時，兩者間的結合力強、弱所表現的狀態。強結合是液體容易以薄膜狀、廣泛擴散到固體表面。高溫化合反應熔融後的釉溶液，它的表面張力及黏性，對其「濡濕」坯面的能力有絕對關係，兩者都是釉能否完美黏著於坯面的要素。

熟成階段的釉熔液與周遭環境有3種獨立的關係：（1）液態的釉與大氣的接觸面（2）固體的坯面與大氣的接觸面及（3）液態釉與固態坯的接觸面。每一接觸面不同物質間的吸引或排斥，都受到表面張力的變化而改變接觸關係。最明顯的是液態釉與固態坯面的「接觸角」，有＜90°或＞90°兩種狀況【圖5-3】，接觸角呈現不同的「濡濕」狀態。理論上，當液體的表面張力越小，接觸角就越小、液膜的厚度越薄，濡濕的狀況越佳。

氣體（空氣）和固體（坯面）間的表面張力無法測量計算，介於氣體與固體間的液體，以接近圓滴狀或扁平狀的接觸角 θ（液體之球面或弧面與固體接點之切線角度），表面張力顯現的狀態可以從 θ 的數值獲得理解。如圖中之a，θ 大於90°，對於釉－坯的關係，好像水滴在油紙上一樣，不容易甚至不可能攤平濡濕。反過來說，若 θ 小於90°，如圖中之b，液體的表面張力低，濡濕的情形較佳。理想的釉－坯關係是如何調配釉的組成與燒成才能讓 θ 趨近於0[註19]。

〔註19〕
素木洋一著：釉及其顏料 p166—168。1981年1月。

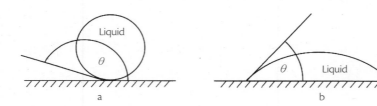

【圖5-3】液體—固體的接觸面

5.2.7 釉中成分的揮發

組成釉的氧化物成分在高溫時有揮發的現象，氧化硼、氧化鉛、氧化鈉、氧化鉀、氧化銻、氟化物、氯化物等各在不同溫度，有不同程度的氧化揮發量，例如當溫度分別達到：氧化鉻1000、氧化鉛850、硼酸450℃時，就有揮發的情形發生[註20]。揮發的成分損失往往影響呈色及釉面的燒成結果。

揮發的量與溫度、加熱時間成正比，與熔融物的厚度、各揮發成分的蒸氣分壓及窯室內的爐壓成反比；開始揮發的溫度與結合或參與反應的其他化合物有關，例如生鉛釉比製成熔塊的含鉛釉更容易有鉛揮發。熔塊中 PbO 與 SiO_2 的比例，鉛越多則在相同溫度、單位時間內的揮發量越大，若矽酸的比例越高，即使在較高溫度，揮發量依然較少。目前市販的兩種主要矽酸鉛，其 PbO 與 SiO_2 的結合比例分別85-15和65-35，當溫度到900℃前者就開始有揮發；而後者加熱達1100℃時尚未有明顯的損耗。

添加著色劑的釉在燒成過程中，對溫度敏感的著色氧化物的揮發量，對發色濃度將形成影響，例如銅紅釉中少量的銅離子若因揮發而損失，將使部分或全部釉面的呈色喪失；以氧化鉻著色的綠釉，若相鄰被燒物的釉中有以氧化錫為乳濁劑的時候，揮發

〔註20〕
H.C. Harrison. W. G. Lawrence and D.J. Tucker: Investigation of the Volatility of Glaze Constituents by the Use of the Spectrograph. Jour. Amer. Ceram. Soc., 24 (4) p111-116, (1940).

Cr_2O_3 的將與 SnO_2 結合生成桃紅釉色，如何避免、應用或調整是陶瓷製造業或陶藝作者的技術課題。

氧化物揮發的問題固然使釉的成分比例受到影響，但是利用它們揮發的性質有時是陶瓷器施釉、加工或著色的方式呢。例如自十五世紀起就已被運用的「鹽釉」，熔點 $801℃$ 的食鹽蒸氣從燃燒室隨熱氣流進入窯室內，接近瓷化溫度坏體表面的黏土石英及長石就會與NaCl化合生成具耐久性、耐蝕性的薄層釉膜。燒製熔塊時，添加少量食鹽，生成非常容易揮發的氯化鐵，以除去原料中的氧化鐵。若將含有氧化錫的釉在塗佈有 Cr_2O_3 的匣鉢中燒成， Cr_2O_3 蒸氣將使錫白釉著色變成桃紅色。

每種氧化物在釉中開始揮發的溫度都不相同，揮發量也不同。某些氧化物特別容易揮發，而某些甚至在高溫也不容易揮發。曾經有人分析排煙系統煙道後端中沉積的灰渣，發現高量的氧化鉛及硼酸或鹼金屬鹽。經揮發而損失的成分當然影響釉的性質，至於要設法防止或調整，則是技術性的課題。

5.2.8 中間層（intermediate layer；或釉坏介面 Glaze-body interface，或緩衝層Buffer layer）

釉燒升溫到某一程度，釉成分會與接觸的坏體表面之矽酸礬土鹽起化學反應，它們將結合生成非釉非坏的漸移層（Compositional Gradient），好像釉滲透到坏層後形成的中間地帶，它被稱為「中間層」。

中間層發育可以說是釉熟成過程的附帶反應，成長的狀況與釉的組成、熔融後黏度及坏土組成成分、粒度等有關。很多研究報告[註21][註22][註23][註24]都明確地指出，可以清楚看出這些低熔融的成分如硼、鉛、與鹼金屬等擴散在坏體中。而坏中的主要成分如Al與Si，經X-光分層檢視， Al_2O_3 的量從中間層介面到釉表面遞減約達20%；而 SiO_2 由釉表面到介面的差值約僅5%（意味著坏體中的 Al_2O_3 較不容易與釉熔合擴散）。很明顯地，釉中的熔劑成分或離子會滲透進入坏層中；坏中的分子或離子在釉熟成的溫度會「移動」或「移轉」進入釉層。

坏中若有石灰、游離矽酸或氧化鐵，就很容易與釉中的鹼化合，有助於中間層生成。有良好中間層的陶瓷製品，能改善品質。中間層有富鋁紅柱石針狀晶體形成的「轉移區（Transition zone）」，對釉坏的結合有幫助[註25]。但若富鋁紅柱石結晶量過多，其低熱膨脹係數將使冷卻途中，在坏－釉間各方向形成壓縮的應力，造成龜裂或甚至跳釉剝落的缺陷[註26]。發達的中間層，釉－坏間有明顯的擴散斷面。支配中間層發育的條件[註27]如下：

1. 坏土的組成。
2. 坏體的性質與狀態：是否多孔或緻密；是生坏或素燒坏。
3. 釉燒溫度、時間、頂溫時的持溫時間長短。
4. 是熔塊釉或生料釉，熔塊在釉中的含量。
5. 釉的組成：是否含鉛、硼、鹼金屬等強力媒熔劑。
6. 施釉層的厚度。
7. 釉熔液的黏度與表面張力。
8. 釉與坏土間各成分的擴散與共熔作用。

〔註21〕
C.W. Parmelee and P.E. Buckles: Study of Glaze and Body Interface. Jour. Amer. Ceram. Soc., 25 (1)11-15 (1942).

〔註22〕
E. Thomas, M.A. Tuttle and E. Miller: Study of Glaze Penetration and its Effect on Glaze Fit. Jour. Amer. Ceram. Soc., 28 (2)52-62 (1945).

〔註23〕
A.N. Smith: Investigations on Glaze-Body Layers: Influence of the Layer on Crazing and Peeling. Trans. Brit. Ceram. Soc., 53 (4)220-226 (1954).

〔註24〕
F.P. Hall: Influence of the Chemical Composition on the properties of Glaze. Jour. Amer. Ceram. Soc., 13 (3)182-199 (1930).

〔註25〕
F.H. Norton: Fine Ceramics, Technology and Applications. P287, 1970.

〔註26〕
A.W. Norris: Changes in Glass when Used as A Glaze. Trans. Brit. Ceram. Soc., 55 (10)674-686 (1956).

〔註27〕
素木洋一著：釉及其顏料 p196。1981年1月。

〔其他參考資料〕

(1)日本窯業協會編印：陶瓷器化學1974。

(2)素木洋一著：釉及其顏料。1981年1月。

(3)柳田薄明編 セラミックスの化學，丸善株式會社，1982年出版發行。

(4) J. R. Taylor & A. C. Bull, Ceramics Glaze Technology, 1986。

(5) F.H. Norton: Fine Ceramics, Technology and Applications, 1970.

(6) Pauling Linus (Carl)：有關化學鍵第二法則－離子能。

對於高度耐火的坯體（例如氧化鋁含量高的坯體），若施加始熔溫度低的或含有較多熔塊的釉，則釉在低溫熔融時，坯體的氣孔將吸收那些先行熔化的玻璃相物質，以致改變了釉的組成。因此，調配較高溫的、在坯體緻密化了之後才開始熔融的釉來配合。這樣的安排不僅能支配釉-坯之中間層生成，也可以讓釉與坯內的氣體有足夠時間逸出，能降低氣泡的數量及避免生成針孔，這點對於生坯施釉執行一次燒成的製品更形重要。

5.3 釉的冷卻與硬化

當熔融熟成終了停止熱能供應後，除非有特別的裝置防護保溫，窯室內的溫度會很快下降，釉將由低黏度、具有流動性的高溫狀態，迅速變成濃稠、高黏度塑性狀態，然後在高於室溫數百度（不同組成的釉軟化點不同）時硬化。冷卻到硬化的過程，伴隨著燒成物的體溫下降將發生以下的情況：

1. 釉與坯體的容積隨著溫度下降以不同的比例收縮，這是由於熱膨脹率之差異，兩者的收縮量無法同步。收縮差引起的應變過大時，不是釉層就是坯體、或兩者同時出現龜裂。

2. 不同溫度的矽酸有不同的晶體型態，也就是說同一個矽酸晶體經歷不同溫度階段時有不同的晶型轉移。在轉移溫度附近，容積變化有時高達10%，這情形在熔融的釉中較稀罕，但未完全瓷化的坯體中有游離石英存在，因轉移引起的膨脹、收縮，應力集中將造成釉開片或坯裂的結果。硬質陶器與全瓷化的坯體中，游離矽酸幾乎已經完全熔解或轉移為安定的晶形，所以不會出現這種問題。

3. 燒成終了從高溫冷卻的釉之黏度隨溫度下降，可大致分為三個階段：

（1）高溫階段：低黏度呈熔融流體狀態。

（2）溫度下降到具高黏度、有可塑性、可加工性、低流動性到開始固化的階段：玻璃相中若有形成晶體的物質存在時，會在此階段的較高溫範圍隨著持溫或徐冷過程析出晶體。

（3）溫度從開始固化持續降至到室溫的階段：完全冷卻（到達室溫）後的釉層是種具有脆性的玻璃質薄膜。

4. 冷卻過程中，開始固化的溫度（升溫時開始軟化的溫度）與釉的熟成溫度成非線性的比例關係，熟成的溫度越高、固化起始溫度也越高。在固化前的塑性溫度範圍，徐緩冷卻有析出微細結晶、使釉呈現失透的傾向。固化溫度以下的脆性階段範圍，異常的快速收縮將形成應力，對釉及坯產生破壞性的應變。

第6章

釉的物理性質
General Phyical Properties of Glaze

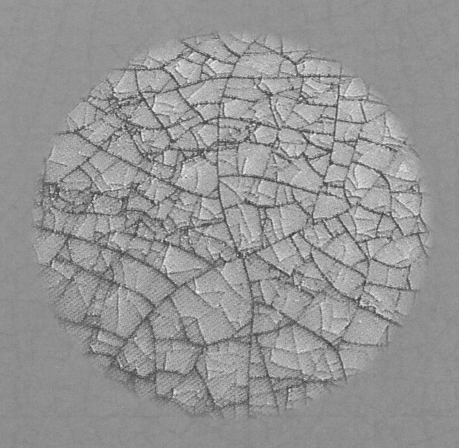

釉與玻璃的一些物理性質有些相似，例如比熱、熱傳導性、熱膨脹性等，有加成的情形，很多釉成分經過測試研究後，得到各種性質的個別數值。這些數值，能事先計算加總供調配釉料的參考。。但有的性質並非如此，例如黏度、硬度、彈性係數、表面張力、耐磨耗性等，就沒有可供參考的規則。即使可以計算性質加總的性質數值，也必須明白下列的要件：

1. 加總的計算值僅是一個參考的數值，與實際情況通常會有差異。
2. 各氧化物間的相互影響產生的性質變化往往使加總的數值誤差更大。
3. 改變氧化物的影響往往是非線性的變化，必須是相同系統才能比較。
4. 釉料熔融的環境條件與熟成後冷卻的過程會影響釉的最後性質。
5. 燒成中的揮發損失，及釉、坏間的反應會改變釉的組成而影響結果。

本章所敘述的是陶瓷器燒成後，與陶瓷器的品質有關的性質。如機械強度、耐磨耗性、耐化學侵蝕性、彈性率、抗張性、熱膨脹性、電氣的性質等。

6.1 釉的硬度與耐磨耗性

雖然在材料學或日常生活上都用到「軟的或硬的」這個形容詞，但真正要定義「硬度」並不是簡單的事。有個共同的認識是「硬度是物體對使其永久變形或損耗的外力之抵抗能力所表現的的程度[註1]」，物質或材料的硬度是複雜的性質，它與物質內各原子間的化學鍵、原子價狀態、原子間的距離及結合的密度與強度有關。有數種測試方式被用來紀錄物質的相對軟硬程度，例如莫氏硬度（Mohs scale）用在礦物學、而維克氏硬度（Vickers scale）常用來紀錄金屬的硬度。

礦物學上（也是陶瓷學）常用的硬度測量方法主要有三種[註2]：

1. 刮搔硬度（Scratch hardness）
量度物質的耐刮搔能力。

2. 磨耗硬度（Polishing hardness 或Abrasion hardness）
測量物體表面的耐磨強度。

3. 凹陷硬度（Indentation hardness）
以特製工具將額定的撞擊力施加於試驗材料上測量其凹陷深度、對角線的長度或面積計算出硬度。

釉與玻璃的磨耗量和釉或玻璃的組成、密度、抗張強度與硬度等性質間的關係，自20世紀初就開始有研究報告。釉的磨耗量測定是以「吹砂法」在：砂的粒度、硬度、形狀、使用過的次數、操作環境的溫度與溼度、試片的形狀等條件控制在標準化的情狀下進行減量測試[註3]。

刮搔硬度試驗在莫氏（Friedrich Mohs）的比較測試法之後，有更多人投入研究，分為定性的與定量的兩類，前者紀錄材料的相對硬度；而後者是測定刮落引起的減

〔註1〕
B.W. Mott：Micro-indentation Hardness Testing. Butterworth's Publications Ltd., London (1956).

〔註2〕
S.R. Williams：Hardness and Harness Measurement. American Society of Metal (1942).

量：（1）額定負荷刮搔下，刮痕的深度與幅度（2）刮搔額定的深度與幅度所需的負荷（3）以逐漸增減負荷量的方式，測試刮落的臨界值[註4]。

　　釉的硬度及耐磨耗性是餐具瓷、衛生陶器、地磚及大部分工業陶瓷器製品必須考慮的品質規範，這些製品幾乎都長期處在被摩擦的環境中。高溫熟成的釉具有高硬度；含鉛及含高鹼量的釉傾向形成質地較軟的釉，使用不同的鹼土金屬氧化物與添加量，會讓釉有不同的硬度。依照用途的品質要求，審慎選擇合適的成分或原料及燒成條件來達耐久性的目的。【圖6-1：a；b】是將各種釉製成規格化的標準形狀的試片，執行磨耗減量試驗的裝置示意圖。

〔註3〕
窯業協會：窯業工學手冊，p421-428技報堂出版（1980）。
〔註4〕
同上

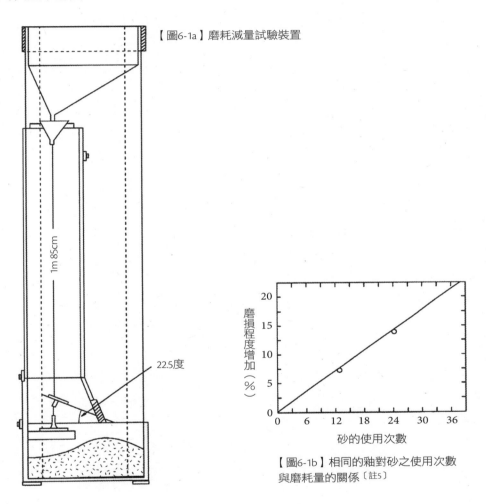

【圖6-1a】磨耗減量試驗裝置

1m 85cm

22.5度

【圖6-1b】相同的釉對砂之使用次數與磨耗量的關係[註5]

磨損程度增加（％）

砂的使用次數

〔註5〕
素木洋一著：釉及其顏 p252. 1981，技報堂出版。
W. J. Scott: An apparatus for measuring the abrasive hardness of glazes. Jour. Amer. Ceramic Society 7 (5) 342-346 (1924).

6.2 釉的彈性與拉伸強度及耐壓強度

　　冷卻固化後的釉層是脆性的物體，和玻璃相似，不容易彎曲卻容易折斷破碎，也就是說釉的抗壓比抗拉強度大得多。陶瓷製作通常都以調整成分與燒成條件，使釉的熱膨脹係數與坏相當或稍微小些，讓它處在被壓縮的狀態、而非承受在拉伸的張力狀態。

　　和所有物體相似，玻璃狀的釉層當受到外力作用時，一樣會有變形、折斷或破裂等

結果。這些因外力而引起變化的程度，和釉的彈性率（彈性模數Modulus of Elasticity）有關。雖然對釉做有系統化研究的參考資料不多，但那些探討陶瓷器坏體的彈性率、坏體彈性與燒成溫度的關係以及玻璃的化學組成與彈性率的關係等研究，都有助於理解有釉陶瓷製品的品質。

具有玻璃性質的釉，彈性率是影響釉層開片的重要因素之一。尤其對於多孔性坏體的陶器，假如沒有中間層或中間層不發達，就無法緩衝釉－坏之間的應力變化。當釉與坏的膨脹係數差異較大的時候，或多孔性坏體容易因「吸濕」而膨脹時，釉層發生開片（龜裂）就與彈性率的關係更加密切。

釉與坏體都有其各自的應力與應變的性質。燒成溫度高的釉或坏都有較高的彈性模數，但超溫過燒時，彈性率反而下降。

除燒成溫度外，與釉的化學組成也有關。但與釉的熱膨脹係數不同，以個別氧化物的彈性率因數，加總計算出成為釉的彈性率，實際的測定 與利用加總計算的結果差異很大。彈性模數大表示釉的機械強度較高，相反的通常表示該物體的彈性較大，但同時表示該物體的抗拉伸強度較小，較容易變形[註6]。

〔註6〕
素木洋一著：釉及其顏料 p226，1981，技報堂出版。

6.3 釉的熱膨脹性

當溫度升高時，無論氣體、液體或固體，其尺寸與容積都會增加。這是因為物體受熱時，其分子間的振動頻率與距離（振幅）都會增加。但因為分子間的束縛力大小不相同，所以膨脹的數量也不一樣。固體的分子束縛力比液體或氣體的都大，所以固體受熱膨脹沒有氣體及液體明顯。

固體受熱的膨脹量通常以線膨脹係數表示，所謂線膨脹係數是溫度每升高 $1°C$ 時，長度的增加率。例如在兩個測量點的溫度分別為 t_1 及 $t_2°C$；長度為 l_1 及 l_2 微米，則該物體的線膨脹係數為：

$$\alpha = (l_2 - l_1) / l_1 (t_2 - t_1) ；或 \alpha = \triangle l / l \times \triangle t ；$$
$$\triangle l = (l_2 - l_1) ；\triangle t = (t_2 - t_1)$$

固體的膨脹係數非常小，只有1公尺的百萬分之幾而已，所以公式中的 α 都書寫成：

$$\alpha = n（一個數值）\times 10^{-6} °C^{-1}。$$

實用上一般都只測量線而不量體積膨脹。和玻璃最明顯的差異是，窯業製品幾乎都含有屬於異方性晶體結構的顆粒，燒結中高溫使製品產生的空泡，測量時因為溫度升降使晶型轉移及氣泡膨脹等，常令精確性降低。釉的高溫軟化性質也會使熱膨脹產生異常的變化，更高的測量溫度常會造成永久性的膨脹或收縮。

固體的線膨脹係數並非一個常數，不同的溫度域的膨脹率都可能不同。所以記載陶

瓷器的膨脹係數通常是標示著常溫到某個高溫點－例如釉的軟化溫度間的膨脹係數平均值。

〔註7〕
窯業協會：窯業工學手冊，p1259-1280，技報堂出版（1980）。

各類型陶瓷器釉、坏的線膨脹係數是不相同的，即使同一類型的製品，也由於組成的成分及燒成的條件之差異性而不同。例如數種陶瓷器釉、坏的線膨脹係數範圍分別為〔註7〕：

	坏體的線熱膨脹係數	釉的線膨脹係數
彩繪工藝陶器：	$7.0{\sim}9.0{\times}10^{-6}\,^{\circ}C^{-1}$	$6.5{\sim}9.5{\times}10^{-6}\,^{\circ}C^{-1}$
衛生陶器：	$6.5{\sim}8.0{\times}10^{-6}\,^{\circ}C^{-1}$	$4.5{\sim}5.5{\times}10^{-6}\,^{\circ}C^{-1}$
半瓷或硬質瓷磚：	$6.5{\sim}8.0{\times}10^{-6}\,^{\circ}C^{-1}$	$6.0{\sim}8.0{\times}10^{-6}\,^{\circ}C^{-1}$
白雲質陶器：	$7.3{\sim}8.1{\times}10^{-6}\,^{\circ}C^{-1}$	$6.0{\sim}7.5{\times}10^{-6}\,^{\circ}C^{-1}$
硬質瓷器：	$4.0{\sim}5.0{\times}10^{-6}\,^{\circ}C^{-1}$	$3.5{\sim}4.5{\times}10^{-6}\,^{\circ}C^{-1}$
軟質瓷器：	$5.5{\sim}6.5{\times}10^{-6}\,^{\circ}C^{-1}$	$5.0{\sim}6.0{\times}10^{-6}\,^{\circ}C^{-1}$
骨灰瓷器：		$8.5{\sim}10{\times}10^{-6}\,^{\circ}C^{-1}$ 。
低膨脹菫青石瓷器：	$1.5{\sim}3.2{\times}10^{-6}\,^{\circ}C^{-1}$	
低膨脹鈦酸鋁瓷器：	$0.8{\sim}1.2{\times}10^{-6}\,^{\circ}C^{-1}$	
氧化鋁質高強度瓷器：	$6.8{\sim}8.8{\times}10^{-6}\,^{\circ}C^{-1}$	

由此可知，不同組成的釉熟成後之線膨脹係數也不相同，與彈性模數、拉伸強度與等物理性質相似，其對釉、坏的機械強度之影響與關係一樣、充滿複雜性。

1930年 F.P. Hall 曾就118種釉，測定它們的化學組成，詳細研究其與物理性質的關係〔註8〕。這些被選上的釉分為：（1）以鉛釉為基礎的：（2）以高量的鹼釉為基礎的：（3）以硼及鉛釉為基礎的：（4）以各種形式的釉及玻璃為基礎的：共四群，針對各組成氧化物調配量之改變與物理性質的彈性、拉伸強度及熱膨脹係數的變化進行探討；S. English & W.E.S. Turner〔註9〕（1927）【表6-1】及其他多位化學家也針對玻璃（或釉）的成分與熱膨脹係數的關係進行研究。

〔註8〕
F.P. Hall：Influence of the Chemical Composition on the Physical Properties of Glazes. Jour. Amer. Ceramics. Soc., 13（3）182-199（1930）.
〔註9〕
S. English & W.E.S. Turner：Relationship between Chemical Composition and the Thermal Expansion of Glasses. Jour. Amer. Ceram. Soc., 10（8）551-560（1927）.

氧化物	Na$_2$O	K$_2$O	CaO	BaO	PbO	ZnO	MgO	ZrO$_2$	Al$_2$O$_3$	SiO$_2$	B$_2$O$_3$
＊	3.86	3.00	1.50	1.20	0.25	1.00	0.20	--	0.50	※	0.20
＃	4.32	3.90	1.63	1.40	1.07	0.70	0.45	0.23	0.14	0.05	–0.66

【表6-1】玻璃中氧化物之熱膨脹係數之因數

膨脹係數 $\alpha = {\times}10^{-7}\,^{\circ}C^{-1}$ 。

＊：F.P. Hall（室溫~初始軟化點）研究；
＃：S. English & W.E.S. Turner（室溫~100℃）研究。
※ SiO2的膨脹係數是個變數，它隨著含量增加而降低，α 的數值參考【圖6-2】

釉－坏系統中的熱膨脹差異性雖然是附帶的、但卻是燒成後必定存在的事實，有時它所造成的困擾與釉－胚間的缺陷，是所有調配釉料的技術人員希望能克服的問題。他們以各種組成釉料的氧化物、各自對釉的熱膨脹性質影響的程度在那狹窄的範圍內進行調整。研究的科學家發現組成釉的氧化物、都給予釉的熱膨脹性質提供不同程度的影響，他們將之定義為線膨脹係數的因數。由每個元素氧化物的因數特質，加總計算後之熱膨脹係數數值，受到除了玻璃相之外，釉中經常會存在著晶體、氣泡、不熔物顆粒等

影響，加總數值與實際測量並不一定契合，可能有個差值，尤其存在不同型式、尺寸的晶體時，計算值與實測值有時會出現矛盾的情形。雖然如此，依然是調配釉料時有用的參考。

F.P. Hall 研究組成玻璃的氧化物對熱膨脹係數的影響力由大到小的次序是：

Na_2O、K_2O、CaO、BaO、ZnO、PbO、MgO、Al_2O_3、SiO_2、B_2O_3。

Hall 認為 SiO_2 的因數是個變數，它隨著含量增加而降低；B_2O_3的熱膨脹係數最低，當它的含量低於12%、全部都以 [BO_4] 四面體的網目結構存在時，係數是個負值。

利用 F.P. Hall 及 S. English & W.E.S. Turner 研究歸納出的氧化物膨脹因數【表 6-1】，可以計算出全瓷化坏體與釉的熱膨脹係數。和彈性率的加總計算值相比，誤差率較少，也就是說，與實際製作試片測量的結果相近。參照【表 6-1】及【圖6-2】計算熱膨脹係數的例題如下[註10]：

〔註10〕
由於研究者操作的方式，相同氧化物有不同因數的數值，因此同一個物體的組成計算的結果，也不大相同。

有一瓷器內玻璃相物質的組成為

Al_2O_3：17.0 %；SiO_2：62.3 %；K_2O：20.7 %：

以 F. P. Hall 的數據計算的膨脹係數：

$$K_2O \quad : 3.00 \times 20.7 = 62.1 \times 10^{-7}\,℃^{-1}$$
$$SiO_2 \quad : 0.04 \times 62.3 = 2.492 \times 10^{-7}\,℃^{-1}$$
$$Al_2O_3 \quad : 0.50 \times 17.0 = 8.50 \times 10^{-7}\,℃^{-1}$$

線膨脹係數合計 $\alpha = 73.10 \times 10^{-7}\,℃^{-1}$

或 $\alpha = 7.31 \times 10^{-6}\,℃^{-1}$

體膨脹為線膨脹的三倍 $\therefore = 21.93 \times 10^{-6}\,℃^{-1}$

以 S. English & W.E.S. Turner 的數據計算：

$$K_2O \quad : 3.90 \times 20.7 = 80.73 \times 10^{-7}\,℃^{-1}$$
$$SiO_2 \quad : 0.05 \times 62.3 = 3.115 \times 10^{-7}\,℃^{-1}$$
$$Al_2O_3 \quad : 0.14 \times 17.0 = 2.38 \times 10^{-7}\,℃^{-1}$$

線膨脹係數合計 $\alpha = 86.23 \times 10^{-7}\,℃^{-1}$

或 $\alpha = 8.63 \times 10^{-6}\,℃^{-1}$

體膨脹為線膨脹的三倍 $\therefore = 25.86 \times 10^{-6}\,℃^{-1}$

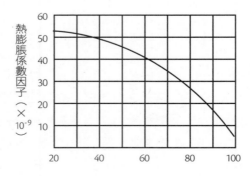

【圖6-2】釉中SiO_2含量與熱膨脹係數之因數的關係（F.P. Hall 1930）

釉的組成化學式為：

$$\left.\begin{array}{l} 0.205\,K_2O \\ 0.155\,Na_2O \\ 0.500\,CaO \\ 0.140\,MgO \end{array}\right\} \quad 0.410\,Al_2O_3 \cdot 3.682\,SiO_2$$

以氧化物的熱膨脹係數因數來計算釉的熱膨脹係數的步驟入下：

加總計算前，先將釉方程式中的氧化物分子當量數回歸為重量百分比，然後依照上面例子相同的步驟，演算釉的熱膨脹係數如下。

氧化物	分子當量		分子量		氧化物的重量百分比計算	% 組成
K_2O :	0.205	×	94	=	$19.27 \div 325.22 \times 100\%$	= 5.93 %
Na_2O :	0.155	×	62	=	$9.61 \div 325.22 \times 100\%$	= 2.95 %
CaO :	0.500	×	56	=	$28.00 \div 325.22 \times 100\%$	= 8.61 %
MgO :	0.140	×	40	=	$5.60 \div 325.22 \times 100\%$	= 1.72 %
Al_2O_3 :	0.410	×	102	=	$41.82 \div 325.22 \times 100\%$	= 12.86 %
SiO_2 :	3.682	×	60	=	$220.92 \div 325.22 \times 100\%$	= 67.93 %

合計 325.22

以 F.P. Hall 的數據計算坏體的膨脹係數：

K_2O : $3.00 \times 5.93 = 17.79 \times 10^{-7}\,°C^{-1}$
Na_2O : $3.86 \times 2.95 = 11.39 \times 10^{-7}\,°C^{-1}$
CaO : $1.50 \times 8.61 = 12.92 \times 10^{-7}\,°C^{-1}$
MgO : $0.20 \times 1.72 = 0.344 \times 10^{-7}\,°C^{-1}$
SiO_2 : $0.036 \times 67.93 = 2.445 \times 10^{-7}\,°C^{-1}$
Al_2O_3 : $0.50 \times 12.86 = 6.43 \times 10^{-7}\,°C^{-1}$

線膨脹係數合計 $\alpha = 51.32 \times 10^{-7}\,°C^{-1}$
　　　　　　或 $\alpha = 5.13 \times 10^{-6}\,°C^{-1}$
體膨脹為線膨脹的三倍 ∴ $= 15.39 \times 10^{-6}\,°C^{-1}$

以 S. English & W.E.S. Turner 的數據計算：

K_2O : $3.90 \times 5.93 = 23.13 \times 10^{-7}\,°C^{-1}$
Na_2O : $3.40 \times 2.95 = 10.03 \times 10^{-7}\,°C^{-1}$
CaO : $1.63 \times 8.61 = 14.03 \times 10^{-7}\,°C^{-1}$
MgO : $0.45 \times 1.72 = 0.774 \times 10^{-7}\,°C^{-1}$
SiO_2 : $0.05 \times 67.93 = 3.400 \times 10^{-7}\,°C^{-1}$
Al_2O_3 : $0.14 \times 12.86 = 1.800 \times 10^{-7}\,°C^{-1}$

線膨脹係數合計 $\alpha = 53.16 \times 10^{-7}\,°C^{-1}$
　　　　　　或 $\alpha = 5.32 \times 10^{-6}\,°C^{-1}$
體膨脹為線膨脹的三倍 ∴ $= 15.96 \times 10^{-6}\,°C^{-1}$

除不同種類與含量的氧化物成分之外，燒成的溫度、釉原料的粒度也都影響各種釉組成的熱膨脹性質。

6.3.1 釉的熱膨脹及其與坯之相適應性

將釉的結構當作均勻混合的玻璃時，較容易探討與理解釉的各種性質。

釉層須依附坯體才能存在，釉與坯體間膨脹係數的差值所產生的應力，將引起釉－坯的應變。無論陶器或瓷器、高或低溫釉，甚至必須具備高機械強度的高壓電礙子，釉－坯間的熱膨脹係數差值與中間層成長，都具有舉足輕重的角色。

釉－坯系統中，釉坯間的熱膨脹差異性，在釉層及坯件形成應力。這應力是燒成後冷卻期間，從開始固化的溫度一直持續到室溫並逐漸增加。應力的強度與作用的方向，決定坯件上的釉層是否能完美附著、或者產生龜裂甚至剝落的缺陷。

【圖6-3】[註11]是以單面施釉燒成的平板形試片，來解說釉坯系統與熱膨脹係數的關係。將試片加熱至熟成的溫度完成「釉化」時，除了厚度外，完全熔融的釉層與坯體在同一個方向有相同的尺度，而且任何釉坯的尺寸都可以在釉具有「塑性流」的狀態下輕鬆地變化【圖6-3a】。停止供應熱能讓試片降溫進入冷卻期，當釉仍在「軟化」狀態時依然能維持這樣的態勢。當溫度下降至開始「固化」的溫度，釉坯間的關係就此以較「剛性」的狀態黏附在一起。

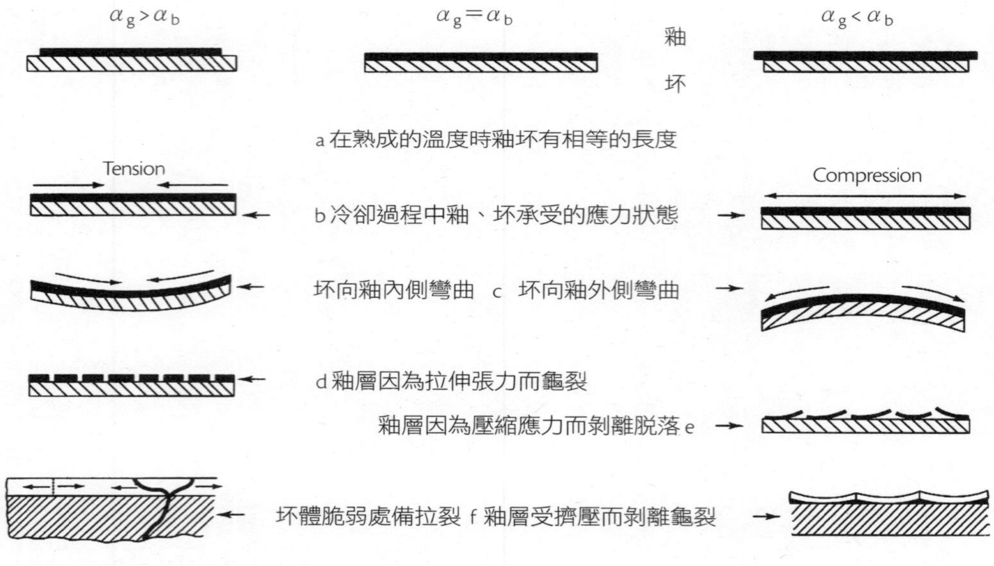

〔註11〕
J. R. Taylor & A. C. Bull：Ceramics Glaze Technology. p 78-81。
素木洋一著：釉及其顏料 p273-276. 1981，技報堂出版

【圖6-3】釉與坯的熱膨脹係數差生成的應力與應變

假設釉與坯的熱膨脹係數分別為 α_g 與 α_b，則兩者間的數值有 $\alpha_g = \alpha_b$；$\alpha_g < \alpha_b$ 及 $\alpha_g > \alpha_b$ 三種情形。現在先單純地假設坯試片具有足夠的強度，則從開始固化到室溫的冷卻過程，這三種情形會分別表現不同的結果。

1. 當 $\alpha_g = \alpha_b$，釉與坯有相同的熱膨脹係數時，冷卻過程中同步收縮，所以沒有應力形成。

2. 當 $\alpha_g > \alpha_b$，釉的熱膨脹係數大於坏。冷卻途中隨著溫度下降，有較高膨脹率的釉層的收縮量比坏體大，產生的內縮壓力使坏體承受到壓縮應力，而釉層卻承擔相反的拉伸應力【圖6-3b左】。此兩個方向相反的應力有時會大到足夠使坏件彎曲，尤其當製品是在高溫，坏體具有「彈性」的狀態時，這情形在單面施釉的瓷磚最容易發生【圖6-3c左】。但是從固化的溫度點開始，若坏體沒有明顯的變形，則固化的釉層將受到坏件所給予相對應的拉伸力，假如釉層沒有瑕疵及有足夠的抗張強度，它就能承受。不然的話，當拉伸張力大於其彈性率時，即使 α_g 僅比 α_b 大一些，釉層仍然容易開片，尤其當釉面出現抓痕歇隙時，龜裂更不能避免（6-3d）。若坏體的質地鬆脆，除了釉層會開片外，會在坏件應力集中處或較薄的、脆弱點裂開【圖6-3f左】。

3. 當 $\alpha_g < \alpha_b$，坏、釉層的膨脹、收縮的情形與 $\alpha_g > \alpha_b$ 相反，冷卻時坏件的收縮量大於釉層，形成的應力作用方向也相反，單面施釉的坏體將有向釉外側彎曲的傾向【圖6-3c】。室溫時，維持一定尺寸的釉與坏永遠分別承受壓縮與拉伸的應力。當壓縮力大於釉坏的結合強度時，「釋放」應力的結果是釉層被「擠破」、然後剝離脫落。【圖6-3e、f右】。

釉—坏的熱膨脹係數差越大，或釉層對拉伸或壓縮的抗力較弱時，應力導致的應變效應就越大。釉、坏機械強度與彈性率和它們的中間層發展的情形，龜裂或剝落與否大有關係，質地脆弱的薄坏件會在釉出現缺陷前即被破壞。

釉開片或剝落現象都發生在固化溫度以下，假如將已經冷卻了的坏體再次升溫至軟化點以上時，釉坏層內的應力就會消失。再度冷卻時釉層所承受的應力，有時會與首次冷卻時不同，因而造成缺陷也時有所聞。例如陶器的釉上彩烤花，常發現原本無瑕的釉卻開片了。這情形除了烤花操作的昇降溫度過速、釉坏的熱膨脹係數差值較大外，陶器坏土中常存在游離矽酸，重複加熱冷卻週期中，矽酸晶體轉移引發容積突然變化，釉龜裂就在彈性不足的時候發生。

普通陶瓷器釉、坏之間的關係中，形成龜裂開片的現象比剝落的多。而開片的情形陶器又比瓷器釉更常發生。除了因熱膨脹係數差，不同燒成溫度形成陶器坏體不同的氣孔性、彈性率也引起龜裂，前者因吸收濕氣而使坏體膨脹；後者若因彈性模數大（較無彈性），都容易造成釉生成裂紋。

6.3.2 如何防止因熱膨脹係數差異引起釉裂或剝落

1882年W. Seger 就發表他對解決多孔性陶器釉出現開片的一般法則[註12]是：

1. 增加坏土中的石英
2. 將坏土中的石英研磨得更微細
3. 將坏體中的長石、白雲石、石灰石等媒熔劑進行微粉碎
4. 將調配坏料用的石英煅燒使其轉移為方石英
5. 提高坏體的燒結溫度
6. 減少坏料中黏土的使用量

[註12]

素木洋一著：釉及其顏料 p277. 1981，技報堂出版。

〔註13〕

熟坯粉（Sherd; Shard; Scherben; セルベン）

素燒、燒結、或釉燒後瓷器的不良品或其破片，微粉碎後的粉末，稱為熟坯粉。素燒的坯粉通常利用以適當量添加於調配新坯料；燒結或釉燒的熟坯粉利用來當作除黏劑或調配釉料用。

〔註14〕

素木洋一著：釉及其顏料 p277. 1981，技報堂出版。

W. Kerstan; Über Haarrisse in Glasuren auf porösen keramischen Erzeugnissen. Sprechsaal, 85 (7) 139-141 (8) 163-166；(9) 189-193 (1952).

〔註15〕

同上。

7. 以高嶺土取代坯料中部分的可塑性黏土

8. 添加熟坯粉〔註13〕以降低坯土的黏性

以上這些處置釉開片的手段陸續被試驗加以驗證。1952年W. Kerstan〔註14〕引用 Truss & Stainway 的研究的報告，說明不會發生釉龜裂和剝落的坯土組成範圍〔註15〕【圖6-4】。也就是說在長石和黏土較多的範圍發生開片；在較多石英的配合量時發生釉剝落。依照經驗提高燒成的溫度可以改善開片的現象。至於將石英原料磨細及提高燒成溫度都可以降低多孔性陶器坯體的氣孔率，減少因吸濕膨脹引起的釉龜裂。但對於瓷器坯體來說，結果可能適得其反，因為過度研磨與提高燒成溫度將使瓷化的坯體變形。

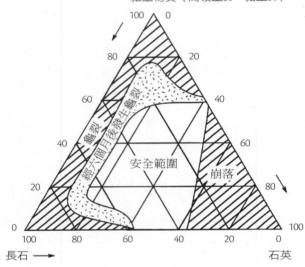

【圖6-4】

不會發生釉龜裂和剝落的坯土組成範圍

〔註16〕

C. N. Fenner; Jour. Amer. Ceram. Soc., 36 331–383, (1913).

〔註17〕

素木洋一著：釉及其顏 p280-283. 1981，技報堂出版。

游離矽酸加熱時，晶體型態轉移引起容積變化【圖6-5】是個常會造成問題物理現象〔註16〕，石英、鱗石英、方石英是矽酸三個主要的晶體變種，各晶體型態又分為 α 型及 β 型。溫度升高時，從 α 到 β 型，降溫時從 β 到 α 型，都是可逆的轉移；而從 α–石英 → α–鱗石英 → α–方石英，則是不會恢復的不可逆型。晶體轉移常伴隨明顯的容積變化，是造成龜裂或釉剝落的原因之一。

長石質地的陶器中的長石的粒度與石英一樣，研磨得較微細時有較佳的密填充，能降低釉的開片性。陶器中的成分如石灰、苦土等，對於釉、坯間膨脹係數差的關係如下〔註17〕：

1. 石灰石

不含石灰的黏土或高嶺土在SK07a（960℃）燒成後的線膨脹係數很小，約為 $\alpha = 44 \times 10^{-7}$，添加石灰時候燒成後增加到 $\alpha = 83 \times 10^{-7}$，施加低溫的鉛硼釉也不發生開片。因此低溫陶器坯土中的高嶺土可以用可塑性黏土部分或全部取代。

石灰石在低溫就能夠與黏土反應，增加燒結物的熱膨脹係數。石灰的添加量視黏土中夾雜熔劑成分的量而定，通常添加10%精緻的「鈣白」，高純度的高嶺土可添加到20%；低溫燒成的最多用到30%為限。

含5%長石的陶器坯土中，添加5%的石灰石坯料的熱膨脹係數增加；若燒結溫度達1250℃時，添加2~10%時，則 α 從137×10^{-7}降低到90×10^{-7}。

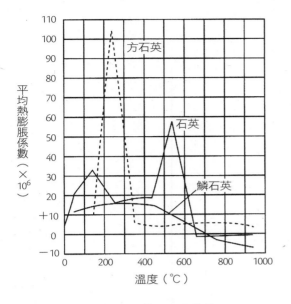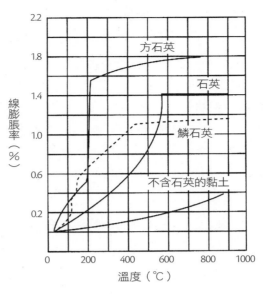

【圖6-5】游離矽酸的結晶轉移與容積膨脹

　　石灰和黏土的混合物中，若石灰高達46％時，於900℃時就與黏土反應生成
CaO・Al₂O₃・2SiO₂，升溫到1100℃時全部成為相當於鈣長石的鈣 － 鋁矽酸鹽化合
物，而夾雜的游離石英並不參與反應。

　　低溫陶器釉（SK010~05a（900~1000℃），例如三彩、交趾陶或瑪約利卡陶器
釉）其熱膨脹係數 α 通常在70~80×10⁻⁷之間。例如【表6-2】所示。

2. 苦土

　　黏土與氧化鎂的反應也約在900℃附近開始，和石灰黏土相似，生成鎂 –鋁矽酸
鹽，1100℃全部反應，1200℃以上熔融生成玻璃狀物。黏土中夾雜的鹼金屬成分能
助長反應。與含有相同量CaO的比較，含MgO的坏土強度約增100倍，但是在低溫
燒成的坏土，雖然以苦土置換石灰卻顯現不出任何效果，反而因為使坏體的熱膨脹
係數降低，釉層耕容易因此發生龜裂。

No.	化學組成成分百分比									平均線膨脹係數（×10⁻⁷）20~t℃	
	PbO	K₂O	Na₂O	CaO	BaO	Al₂O₃	SiO₂	B₂O₃	SnO₂	300°	400°
1	15.7	6.7	--	7.8	--	8.7	51.2	9.9	--	52	58
2	44.8	--	--	4.8	--	5.9	36.4	8.1	--	57	57
3	61.2	--	--	--	--	7.1	31.7	--	--	57	59
4	16.3	--	4.5	8.2	--	9.0	52.9	9.1	--	59	59
5	22.5	1.6	2.8	6.6	--	8.3	46.9	11.3	--	64	62
6	20.6	5.2	2.3	10.3	--	5.6	50.8	5.2	--	73	72
7	24.3	7.5	1.5	3.0	--	5.4	43.8	3.3	11.2	72	71
8	70.8	--	--	--	--	4.4	24.8	--	--	79	72
9	58.5	--	2.6	--	--	--	20.5	18.4	--	77	45
10	71.7	--	--	--	--	--	28.3	--	--	81	70
11	--	7.6	7.5	--	--	10.3	60.5	14.1	--	83	79
12	24.9	6.0	4.9	3.6	--	9.1	40.4	11.1	--	86	89
13	33.0	13.9	--	--	--	1.5	42.7	--	8.9	88	88
14	--	8.5	6.6	9.0	--	11.0	49.8	15.1	--	92	93
15	--	7.6	5.0	--	24.8	8.3	42.9	11.4	--	102	102

【表6-2】陶器釉的組成與平均線膨脹係數的關係[註18]

[註18]
素木洋一著：釉及
其顏料 p283-294.
1981，技報堂出版。

3. 滑石

雖然在緻密性坯土中添加滑石將導致發生問題，但對於陶器來說卻是良好的添加物。添加滑石約30％到能在高溫燒成緻密化的坯土中，會因為有董青石生成而降低其熱膨脹係數。添加的比例量超過時，熱膨脹率反而增加。

4. 熟坯粉

將相同的熟坯粉添加於新調配的坯料中，既不改變坯土的組成又有防止龜裂的功能。在有適當可塑性的範圍內，為了防止開片，熟坯粉的添加量多多益善。又使用含高量石英的黏土質匣缽，因為它含有很多安定的方石英，所以這種匣缽微粉碎後的燒粉也很有用。

5. 氧化矽（矽酸加熱時晶體型態變化與溫度的關係參考【圖6-6】）

天然產矽酸質原料以低溫型石英晶體形態產出，加熱中晶型在額定溫度出現轉移（Conversion）的情形，此關係於1913年Clarence N. Fenner 著手古典的研究後、已再經科學研究追加更多理解。矽酸這項晶體轉移的物理性質、大大影響陶瓷器釉、坯以及耐火物製造時須要思考的課題。

石英、燧石、硅石等矽酸質原料，在足夠高的溫度煅燒後，能夠轉化為方石英，就能夠避免在230℃附近結晶態轉移所引起的容積變化（冷卻時有5.2％的收縮量），在大部分情形下，有防止龜裂開片的效果。

〔註19〕

吉木文平：耐火物工學 p229~234。技報堂昭和43年10月1日4版發行。

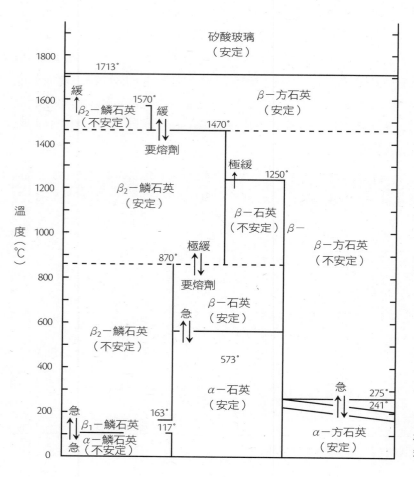

【圖6-6】溫度變化引起的矽酸（SiO₂）晶體形態轉移（Conversion）關係圖。〔註19〕

其實石英結晶態勢轉移的內容非常複雜，除了燒成溫度外，粒度對於方石英化的結果也有關連。較大粒度的石英雖然經過煅燒，也僅有部分方石英化而已。較常見的結果如精陶器假如有較大顆粒的石英原料粉末，燒結的溫度較低時發生開片；若粒度非常微細，則在相同的溫度釉層將剝落。前面曾提到W. Seger以原生高嶺土（未離開風化母岩者）取代黏土可以獲得改善的說法，經過H. Harkort試驗證實，是因為高嶺土常含有比沉積或球狀黏土更多微細的石英的緣故。

6. 長石

黏土—石英—長石三成分系統的陶器坯料，只要仍然維持在多孔性的狀況，雖然盡量增加長石，釉層還是會發生開片，何況當長石量少時更加不能避免。長石的熱膨脹性質大約與高嶺土相當，但熔融成為玻璃質物後膨脹係數大增。所以當三成分系統的坯體經高溫燒成有多量玻璃質生成，共熔體有較大的熱膨脹係數，能避免因燒成溫度較低的釉層發生開片。

7. 富鋁紅柱石

較低溫燒成的陶瓷器坯體中不容易出現富鋁紅柱石，外加的匣缽粉若含多量富鋁紅柱石時，因為坯體的熱膨脹係數降低，釉層更容易開片，因此添加與坯土成分相近的熟坯粉或方石英較多的匣缽粉較佳。

6.3.3 中間層對釉面開片的影響 [註20]

〔註20〕
素木洋一著：釉及其顏料 p310-316. 1981，技報堂出版。

燒成溫度不足時，中間層成長不良，常引起釉層開片或剝落。釉坯之間有明顯界線的製品，比界線不清或有不規則層的，都較容易發生開片或剝落。低溫釉有不發達的或甚至沒有中間層，中火度的半瓷器釉也有這種情形，釉坯之間幾乎沒有或僅有少許的反應，看到的只是釉料熔化而已，這兩種是最容易發生釉層龜裂的產品。有時在製類產品的釉坯之間塗裝一薄層與坯料組成相異的化粧土可以獲得改善。

令中間層發展最簡單的改善方式為：（1）延長燒成時間及（2）提高燒成溫度。而這兩個製作程序同時關係到坯料與釉料的問題。

1. 當不能改變坯的組成時，釉料可以作以下的變動：

（1）當釉出現毛髮狀裂紋時：

a. 增加SiO_2或減少媒熔劑的用量，SiO_2使用過多將使釉面趨向無光，添加Al_2O_3補償卻會提高釉的熟成溫度。

b. 鹽基成分不變，以B_2O_3部分取代SiO_2、或增加硼酸將釉的熔點降低。

c. 釉式計算時以分子量小的媒熔劑置換分子量大的，可以增加SiO_2的配合量，升高釉的熔點。

（2）當釉層發生剝落時

a. 減少SiO_2的用量或增加媒熔劑的用量，以降低釉的熔點。

b. 以SiO_2取代硼酸，其他成分不變，提高釉的熔點。

c. 釉式計算時以分子量大的媒熔劑置換分子量小的，可以減少SiO_2的配合量，降低釉的熔點。

2. 當不能改變釉的組成時，坯土可以作以下的變動：

（1）當釉出現毛髮狀裂紋時：

　　a. 減少坯土中可塑性黏土的量、增加石英。

　　b. 以高嶺土置換一部分可塑性黏土。

　　c. 減少長石的使用量。

　　d. 使用研磨更微細的石英。

　　e. 提高坯體的燒結溫度。

　　添加滑石到坯土中效果很好，可增加熱膨脹係數防止釉層龜裂；燒成溫度高於1050℃時，則燒成收縮量增大，添加量以低於7％為宜。

（2）當釉層發生剝落時：

　　a. 增加坯土中可塑性黏土的使用量、減少石英。

　　b. 用可塑性黏土置換一部分高嶺土。

　　c. 增加長石的使用量。

　　d. 使用粒度較大的石英。

　　e. 降低坯體的燒結溫度。

3. 從燒成技術層面來解決問題：

（1）提高坯體的燒結溫度。

（2）將石英、燧石、硅石等矽酸原料事先在高溫下煅燒。

（3）延長釉燒時間。

（4）改變冷卻的方式，針對釉面容易開片的製品，應避免急速冷卻。

（5）釉上烤花容易剝落的製品在200~300℃附近以緩慢升溫通過；冷卻時則相反地讓其快速跳過。

（6）釉上烤花容易有釉開片的傾向時，則應採取與釉燒相同的冷卻速率。

4. 從坯土調整來解決問題：

（1）將石英原料微粉碎，以增進坯體的緻密性。

（2）注漿成形時，儘可能使用高濃度的泥漿以避免石英粒子分離。

（3）塑性坯土必須混練，並利用真空設備脫除坯土中的氣體。

〔註21〕

素木洋一著：釉及其顏料 p310-316. 1981，技報堂出版。

6.3.4 坯體吸濕膨脹與釉開片的關係 [註21]

　　釉燒後冷卻過程中或完全冷卻後，當釉層成受到拉伸的應力時，將發生各種不同形式的裂紋。應力小的時候，通常在出窯全冷後數小時至數日出現較分散而不規則的裂紋。

　　釉的開裂性質試驗，是以強制冷卻的方式來鑑定有釉陶瓷器的使用安全期限。依據 H. Harkort（1913）的試驗方法，在120~230℃之間，以10℃的增溫量將試片加熱然後投入15℃的冷水中，檢視有無裂紋出現，當作製品耐久性的參考【表6-3】。H. Harkort 的方法根據觀察釉坯系統忍受溫度劇變的性能，來判斷坯體承受壓縮或拉伸應力時的反應，方法簡單而誤差在所難免。

急冷發生裂紋的溫度℃	室溫放置不發生裂紋的天數
120	數日
150	3~4 月
160	15個月
170	2年半（也有例外）
180	2年半
190	2年半以上（無例外）
200/230	無條件安全

【表6-3】 H. Harkort 判定發生龜裂的試驗

非均質的陶器釉坯系統，可依循下面Winkelmann & Schott 的實驗公式理解相關的耐急熱急冷（耐熱衝擊）的性質：

$$Tw = Z / (E \cdot \beta)$$

式中的Tw為耐熱衝擊的性能；Z為拉伸強度；E為彈性模數；β為容積膨脹係數（＝3×線膨脹係數）。

1. 關於坯體吸濕與水和膨脹

當釉的熱膨脹係數大於坯體，冷卻時釉的收縮量也大於坯體，開裂的可能性與膨脹係數的差值成正比，會開片者在製品從窯室內取出後就發生，稱為「立即性開片（Immediate Crazing）」，事實上，出窯後一年、甚至數年後才有稱為「延遲性開片（Delayed Crazing）」發生。在以往，這種情形被認為是因為釉坯熱膨脹係數差，引起經常存在於釉中的張力，以致產生彈性疲勞所形成。

但是，釉、坯並非以「張力形式」黏附的，由出窯冷卻後無任何「應變」的情形可以理解。所以必然有其他因素影響坯體使其膨脹，使釉受到其彈性限度以上的「張力」而「應變」，出現所謂的「延遲性開片」。

1928年，H.G. Schurecht 曾經測定儲藏12年才發生龜裂的陶器之釉、坯間的熱膨脹率差異，其結果分別為【圖6-7a】和【圖6-7b】，圖中的【第一次】與【第二次】分別為放置12年與加熱至700℃（即恢復初次燒成狀態）的試片之熱膨脹率曲線。因此，兩次試驗的熱膨脹率之差，就是經年累月吸濕所引起的「水和膨脹（Hydrated Expansion）」，也稱為吸溼膨脹（Moisture expansion），生成的裂紋稱為吸濕開片（Moisture crazing）或吸濕膨脹開片（Moisture expansion crazing）。從圖上檢視，坯體膨脹率的差值約為0.09％；釉的差值為0，所以可以認定放置12年的坯體將比釉膨脹多出0.09％而生成裂紋。

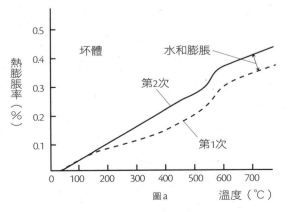

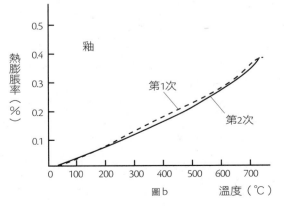

【圖6-7】釉坯因為吸濕而引起的膨脹率的變化

〔註22〕
H.G. Schurecht;
Method for testing
crazing of glazes caused
by increases in size of
ceramic bodies. Jour.
Amer. Ceram. Soc.,
11 (5) 271–277 (1928).
H.G. Schurecht and
G.R. Pole; Moisture
expansion, Ceram. Ind.,
16 (6) 548–550 (1931).
H.G. Schurecht and
G.R. Pole; Moisture
expansion of glazes and
other ceramics finishes.
Jour. Amer. Ceram.
Soc., 14 (4) 313–
318 (1931).

長時間放置然後觀測的方式實際上是不可能的，因此H.G. Schurecht[註22]研究，進行壓力鍋試驗（Autoclave test）以單位時間內試片開裂的狀況來預測與證實。他們的方法是將試片放置於壓力鍋中，以150~175 psi（10.5~12.3 kg/cm²）加壓處理一小時，看看有無開裂及其程度。H.G. Schurecht以壓力鍋測試各種坏體，與保存三年之久的坏體比較它們發生龜裂的狀況，並進一步探討吸水率、吸濕性及燒成反應程度的相關性，得到【表6-4】的結果。

坏體	煮沸2小時、放置24小時的吸水率（%）	硫酸處理的減量（%）	戶外三年放置後的吸濕率（%）	壓力鍋處理後的釉面狀況	存放3年以上的釉面狀況
1	8.0	--	--	開裂	開裂
2	3.0	--	--	無裂紋	無裂紋
3	9.2	15.4	0.23	開裂	開裂
4	15.5	15.7	0.13	開裂	稍微開裂
5	16.0	16.7	0.17	開裂	開裂
6	10.2	15.5	0.13	開裂	開裂
7	17.0	17.5	0.23	開裂	開裂
8	11.2	9.3	0.09	無裂紋	無裂紋
9	--	10.5	0.11	開裂	--
10	0.01	4.5	0.04	無裂紋	無裂紋
11	0.5	5.5	0.03	無裂紋	無裂紋

1. 1~8號為普通陶器坏體；9號坏體為半瓷、10號為瓷器、11號為炻器。
2. 開片紋路的狀況以孔雀石綠染色（Malachite green）判定。
3. 硫酸處理係利用O. Kallauner & R. Barta（1922）的方法，將釉層剝除後的坏體粉碎至80~100目，水洗後在120℃烘乾。精確秤量1克放入容積200 c.c. 的"艾倫梅育燒瓶（Erlenmeyer flask）"中，與比重1.84的濃硫酸22cc一起煮沸1小時冷卻後加入蒸餾水50cc稀釋過濾，然後水洗3次。燒瓶中再加入5%的Na₂CO₃溶液50cc 燉煮15分鐘、攪拌5分鐘，過濾後以蒸餾水洗3次。再滴入濃硫酸5滴，然後再度水洗，將殘渣乾燥後精確秤量。
4. 壓力鍋處理是以150 psi 的水蒸氣加壓1小時。試片必須避免接觸水而濕濕。
5. 存放地點並非得在室外，只要完全不與水接觸即可多孔性物體在室內一樣能吸濕引發膨脹。

【表6-4】陶器的一些性質與開片之關係

2. 水泥對壁磚釉面開裂的影響

陶瓷壁磚和餐飲用食器不同，貼在灰泥上後釉面發生龜裂一直是重要的問題。縱然是經過壓力鍋檢驗合格的壁磚，仍然經常出現龜裂的情形。

當水泥凝固時，張貼於其上的壁磚立即與之固著。磚的內面隨著水泥凝固產生的收縮，承受被壓縮的應力；有釉的表面承受到從中心向邊緣的拉力而彎曲，致使瓷磚具有開裂的傾向。彎曲的程度視：（1）坏體和釉層的彈性模數；（2）坏體和釉層的厚度；（3）水泥的厚度與收縮率；（4）水泥中膠著凝固的材料等情形而有所不同。水泥或水泥及砂的混合物，因凝固所發生的收縮在最初的數週內最大，惟經歷二年後就逐漸減少，釉層承受的應力從此消失。在這期間，壁磚坏體在大氣中持續有「吸濕膨脹」發生，有可能抵消因水泥收縮所引起的彎曲，但釉層卻在這兩種應力作用下增大開裂的可能性。

3. 坏體之組織與水和膨脹（Moisture Expansion）

前面提到的延遲性開片均係施釉的多孔性坏體，緩慢吸收大氣中的水分而膨脹，使釉層發生龜裂的現象。雖然如此，也曾發現瓷器有水合膨脹的情形，因此，坏體的組成、瓷化的程度成為這個問題的重點。

坯體有三種方式吸收濕氣，分別為：（1）吸附於坯體或釉的表面；（2）吸附在坯體開放性氣孔的內壁，加熱至105℃即可驅離；（3）吸附的水分與坯體成分產生化學變化，水分子進入氧化物的結晶格子內，使晶格擴大引起坯體膨脹。這些是產生水和膨脹的典型因素。

能否形成水和作用要看坯體的組成與燒成溫度之高低。這兩點關係著釉燒成後坯體內的礦物結構與氣孔的分布狀態。1958 年，A.W. Norris, F. Vaughan , R. Harrison and K.C.J. Seabridge 有關「由於水分和可溶性鹽改變多孔性陶瓷器尺寸」的報告，他們的研究證實以玻璃質的粉末成形燒結的多孔性坯體，經過壓力鍋處理發現有相當大的吸濕膨脹率[註23]。也發現多孔性坯體一離開乾燥的窯室而暴露的有濕氣的空氣中，近數小時即明顯出現水和膨脹。他們同時發現當坯體吸收少量可溶性鹽，就會顯示永久性的膨脹，而且期待將那些可溶性鹽從氣孔中驅離極其困難；1962 年，F. Vaughan and A. Dinsdal「水和膨脹」的測試報告。認為燒成溫度在1000℃以上時，水和膨脹率會隨著燒結溫度上升而下降[註24]。又根據J. Dukes 針對玻璃粉末，添加不同金屬氧化物混合後試驗的燒結體，測試證實坯體中的玻璃相是影響水和膨脹率最大的因素。

A.A Milne 於1958 年報告[註25]，純高嶺土因添加碳酸鈉或碳酸鉀，在較低溫形成的玻璃質物，其水合膨脹將增大；而添加碳酸鈣者則減少。

多孔性坯體例如衛生陶器、室內壁磚、外牆面磚、地面磚等，水和膨脹延伸的問題何其多。因此陶瓷產業界針對多孔性坯體、如何降低因吸濕引起水和膨脹，以克服釉層延遲性龜裂的問題研究，是一個持續不斷的課題，或者說研發如何以較容易的方式來製造「低水和膨脹」的多孔性坯體。

多孔性陶器坯體雖說容易發生吸濕性膨脹，但實際上不隨之引起裂的情形也很多，因為有些坯體和釉層同時也有彈性模數、抗折強度等的變化。

4. 釉對施釉坯體強度的影響

（1）釉坯間熱膨脹係數與強度的關係[註26]

●支配釉強度的因素：

a. 釉的組成與燒成的方式

　　支配釉的機械強度：在正常燒成的情形下，釉的組成對抗折強度的影響大於對抗拉伸的強度。

b. 冷卻時釉坯間的收縮差

　　釉層是承受壓縮抑或拉伸的應力作用：釉的熱膨脹係數小於坯體時，坯體的抗折強度增加；相反地，則相當於或略小於無釉的坯體。釉面開裂的產品，強度恐不及無釉產品的一半。

c. 釉層的厚度

　　雖然釉層的厚度僅是坯體的1/60至1/80，只要是正確使用的釉，坯體的抗折強度將增加30%。熟成狀況不良（不足或過燒）的釉，即使釉層夠厚，抗折強度還不及在相同溫度燒成的無釉坯體。

〔註23〕
A.W. Norris, F. Vaughan , R. Harrison and K.C.J. Seabridge; Size changes of porous ceramics caused by water and soluble salts. Sixth international Ceramic Congress, Wiesbaen, 1958, p. 63–75.

〔註24〕
F. Vaughan and A. Dinsdal; Moisture expansion. Trans Brit. Ceram. Soc., 61(1)1–19(1962).

〔註25〕
A.A Milne; Expansion of fired kaolin when autoclaved and effect of additives. Trans. Brit. Ceram. Soc., 57(3)148–160(1958).

〔註26〕
素木洋一著：釉及其顏料 p 327–332. 1981，技報堂出版。

d. 釉坯間之中間層發育的情形

發育正常的中間層有助於提升釉的強度。

e. 熱處理

熱處理不會改變釉的組成與釉層的厚度，但會影響釉坯間的熱膨脹係數與中間層的發育。

a、b 兩點不容易區分，因為組成變化隨即影響機械強度；熱處理的效果除了 a、c 兩項外，其餘的都有影響。

（2）釉與抗折強度的關係

常使用色釉的電氣用瓷器，雖然釉的組成相同，但添加著色劑如氧化鐵、氧化鉻及氧化錳等的釉，對瓷器坯體的抗折強度也有相當影響。1936年L.E. Thiess 發表以長石–石灰–高嶺土–石英系統的瓷器釉添加顏料後對抗折強度影響的研究報告[註27]，瓷器釉的調配比例和化學組成分別如【表6-5】與【表6-6】，並且將RO的組成當量固定為0.3（Na, K)$_2$O＋0.7 CaO。

使用這些釉製作的試片經測量它們的抗折強度範圍如【圖6-8】；著色釉瓷器試片的抗折強度如【圖6-9】。

（3）抗折強度與釉層龜裂關係

既然釉與坯之間的熱膨脹係數差，是施釉坯體造成釉層開片傾向的主要原因，若能明顯增強施釉坯體的抗折強度，則釉層將較不容易發生龜裂。

（4）坯料粒度的影響

當坯土調配時經過適當研磨到有最緻密的填充時，會增進成形後的乾燥強度，而製品的最佳強度卻是在最適當的加熱條件下獲得。原則上瓷器坯土原料的粒度越小強度越高，但由於粉碎方式影響原料粒子的性狀，燒成後坯體中的玻璃相與游離石英的量也可能不同，因此，即使使用相同的釉料，抗折強度也會出現不同的結果。

RO＝0.3（Na, K）2O＋0.7 CaO			釉原料調配比例（%）			
No.	Al2O3	SiO2	長石	石灰石	高嶺土	石英
1	0.4	2.4	58.2	24.4	9.0	8.4
2	0.4	2.8	53.7	22.5	8.3	15.5
3	0.4	3.2	49.8	20.9	7.8	21.5
4	0.4	3.6	46.5	19.5	7.2	26.8
5	0.4	4.0	43.6	18.3	6.7	31.4
6	0.5	3.6	44.8	18.8	13.8	22.6
7	0.5	4.0	42.1	17.7	13.0	27.2
8	0.5	4.8	37.5	15.7	11.6	35.2
9	0.5	5.6	33.8	14.2	10.5	41.5
10	0.6	4.8	36.4	15.3	16.8	31.5
11	0.6	5.6	33.1	13.8	15.2	37.9
12	0.7	5.6	32.1	13.5	19.8	34.6

【表6- 5】電氣礙子瓷器釉的調配比例

[註27]

L.E. Thiess; Influence of glaze composition on the mechanical strength of electrical porcelain. Jour. Amer. Ceram. Soc., 19(3)70–73 (1936).

No.	釉的化學組成（%）					熱膨脹係數（×10⁻⁶）	釉的性狀	有無開片
	SiO₂	Al₂O₃	K₂O	Na₂O	CaO			
1	58.71	16.06	8.48	1.38	15.37	8.58	無光	有
2	62.16	14.73	7.73	1.26	14.00	8.12	半無光	有
3	65.19	13.63	7.12	1.16	12.90	7.67	半無光	無
4	67.78	12.61	6.60	1.08	11.03	7.32	半無光	無
5	70.00	11.72	6.15	1.00	11.13	6.93	半無光	無
6	66.02	15.05	6.44	1.05	11.44	7.24	光亮	無
7	68.08	14.61	6.07	0.97	10.87	7.07	光亮	無
8	71.94	12.41	5.28	0.85	9.51	6.33	光亮	無
9	74.87	11.12	4.71	0.77	8.53	5.79	半無光	無
10	70.29	14.36	5.17	0.84	9.34	6.45	最光亮	無
11	73.32	12.92	4.66	0.75	8.35	6.00	最光亮	無
12	71.82	14.60	4.55	0.74	8.27	5.13	光亮	無

【表6-6】電氣礙子瓷器釉的化學組成與性質

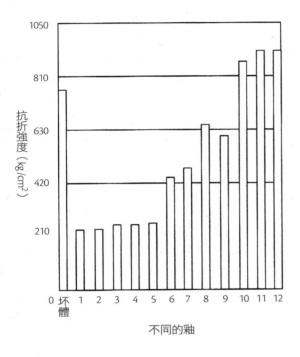

【圖6-8】不同組成的釉的抗折強度

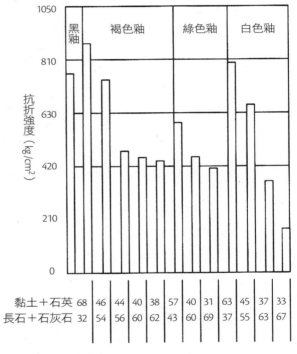

【圖6-9】著色釉瓷器的抗折強度

6.4 電的性質 [註28]

[註28]
素木洋一著：釉及其顏料 p 266-273. 1981，技報堂出版。

　　有關釉之電氣的性質，幾乎都從玻璃的研究加以推論。由於非晶質的玻璃在低溫時，其黏性非常大，結構中的離子的位移受到很大限制，導電性非常低。但隨著溫度上升黏性降低，導電性增加。例如普通玻璃在室溫時的電阻$R_{25}=10^{19}$歐姆（Ω）；1200℃時電阻$R_{1200}=1$歐姆而已。

非導電體的表面受潮時，也會導電，但與釉層的厚度及下方的坏體無關。物體的導電率是1cm³立方體表面到相對表面的電導性。釉層的厚度比坏體薄很多，體積的電阻並不重要，考慮的是在釉面上的表面電阻。

　　戶外輸配電的瓷器礙子，其釉的表面電阻對於高壓電是個重要的問題。釉面所吸附大氣中的塵埃以及水膜，是釉面導電的原因。之外，影響表面導電性的其他因素有：

　　（1）釉的組成與特性

　　（2）釉燒的溫度與氣氛

　　（3）使用環境的溫度

　　（4）環境大氣中所含鹽分的種類、數量與性質

　　（5）釉面的性狀

　　（6）水膜的厚度。

　　釉和玻璃一樣，表面因吸附濕氣而降低表面電阻，降低絕緣的性能。組成中含鹼土金屬氧化物及氧化矽、鋁等可以防止這項缺點，但鹼金屬氧化物如氧化鈉、氧化鉀卻助長此缺陷。所以如果希望有較大的電氣絕緣性，儘可能在容許範圍內調配不含鹼金屬的釉。

　　高壓電瓷器，有時需施加具有半導體（導電率 $\sigma = 10^{13} \sim 10^{10}$ ohm$^{-1} \cdot$ cm^{-1}）性質的釉，以滿足下列的要求。

　　1. 環境大氣中有從工業區排放具滲入性的廢氣，為了使絕緣礙子不致發生「跳電」，礙子施加半導體釉。

　　2. 無線電裝備使用施加半導體釉的礙子，可以防止雜訊或其他障礙到最小的程度。

　　普通白色或透明的瓷器釉不具有半導體的功能，必須添加據適當導電性的物質於釉中。半導體氧化物Fe_2O_3、Fe_3O_4、MnO_2、Cr_2O_3、Co_3O_4、CuO、TiO_2、SiC、C等，添加20~40％到釉中即可。高壓礙子的釉以混合氧化鐵、氧化錳、氧化鉻、氧化鎳及氧化鋅煅燒製成的棕褐色顏料。使用這色料調配的釉，它不僅能提高瓷器的機械強度，而且當溫度升高時還能維持其性能，並且使釉帶有半導體的功能。

　　半導體顏料以不是熔解、而是「埋入」的方式進入釉中，成為結晶性網目結構。這些呈色氧化物的網目結構若沒有完全被釉所覆蓋，則暴露的地方將被電解質所破壞。尤其在輸電配線靠近電流密度較大的上端支架懸掛式絕緣礙子（Cap and Pin Type Insulators），性能劣化的可能性最高。

檢視經歷千年之久的古代有釉陶器的製品，就能體會光亮明艷的釉色為何可以歷久不衰。現代的餐飲用瓷器經年累月，每天都在清洗中受到鹼性的水溶液的攻擊，也不會喪失光澤度。但是各種形式的釉藥都多少因接觸「水、酸與鹼」，而延伸一些輕微分解的問題。

釉和玻璃相似，結構很複雜。矽酸鹽玻璃僅會受到水稍微的影響，而矽酸與鹼類的結合是弱勢的、被稱為「水玻璃」的矽酸鈉，雖然也稱為「玻璃」，卻會溶於水，它接觸水而引起解離的作用是：

$$Na_2SiO_3 + H_2O \rightarrow H_2SiO_3 \cdot x\,H_2O + 2NaOH \text{。}$$

假如是在大氣中發生水解，$NaOH$ 將因空氣中的二氧化碳形成碳酸鈉。普通玻璃表面也會發生這樣的分解與風化，而且是持續不斷的進行著，表面附著的塵埃會凝聚更多的水氣與生成的鹼，加重分解的程度。日久之後，表面形成嚴重的積附風化物，使玻璃不復有明亮的光澤。日用陶瓷的釉面也會發生這種變化。

同樣地，長期暴露在大氣中的陶器釉，例如建築物外牆有釉的面磚、瓷磚和輸配電設備的電瓷礙子等，濕氣及雨水都是促成風化作用的大幫手。以矽酸為基礎的釉很容易受到磷酸、氫氟酸猛烈的侵蝕，而鹽酸會腐蝕二矽酸鉛的釉。

釉藥具有抵抗液體侵蝕的性能非常重要，且比其他令人賞心悅目的性質更形重要，如果不具此性能，很容易遭受弱鹼性以及食物中的酸性溶液腐蝕。日用餐具瓷、衛生陶器、外牆磚、裝飾用工藝陶瓷等製品的釉，因此分別有不同的品質要求。基本上，如若期待經過長期使用，而不喪失其本來的風貌，即使釉面已因磨損而喪失光澤，釉層必須具備不透水的性質。

陶質的容器中，純淨的水會因為釉中的成分被溶出而受到污染。一個相當受重視的狀況是儲裝「威士忌」酒的陶罐，雖然僅從釉中溶解出 2 ppm 的鋁、鈣和鎂的離子，就使得醇酒變質了；而果汁酸更會將容器中未完美熟成的陶釉中的鉛、鎘、銅等離子溶出，飲用後危害到衛生與健康。

在釉面上進行的侵蝕作用包括有離子交換，溶解，吸收以及反應等化學變化。侵蝕的結果常導致釉面模糊無光澤及失去色彩，甚至出現小凹點等缺陷。受到侵蝕的釉面常釋出金屬陽離子，污染容器內的食物，若是高壓電瓷器礙子的半導體釉受到侵蝕，釉表面的導電特性將因而失效。

〔註1〕
J. R. Taylor & A. C.
Bull: Ceramics Glaze
Technology. p.168
(1986).

7.1 侵蝕的模式〔註1〕

釉面受到液體侵蝕的歷程相當複雜，並不僅僅是單純的溶解而已，過程中尚且包括滲透、玻璃化結構之間的交叉反應，及玻璃相物質分解等情形。

侵蝕作用的速度發生很快，當矽酸鹼鹽（例如矽酸鈉、矽酸鉀等）接觸到具有解離能力的「水」時，會生成鹼性的水溶液及含水矽酸。

矽氧化合物是玻璃和釉的主要構成成分，侵蝕作用一旦發生，包括矽酸網目在內，所接觸的範圍都同時被水及其他化學物質進行攻擊，而且是從網目格子內單價和二價的陽離子（例如Na^+，K^+，Ca^{++}，Mg^{++}等）與接觸到的水中之「水化的質子H^+」相互作用開始。水或溶液的溫度也影響侵蝕的程度，通常溫度越高侵蝕的能力越強。

7.1.1 水的侵蝕

水溶液與釉中的鹼金屬矽酸鹽接觸時，最先引發的反應是釉中的鹼金屬離子被水中的氫所取代，反應的形式如下：

$$\equiv Si\text{-}O\,R + H \cdot OH \rightarrow \equiv Si\text{-}OH + R^+OH^- \qquad 【7\text{-}1】$$

然後氫氧基（OH^-）與網目中的矽氧鍵（$\equiv Si - O - Si \equiv$）相互結合，反應如下：

$$\equiv Si\text{-}O\text{-}Si \equiv +\, OH^- \rightarrow \equiv Si\text{-}OH + \equiv Si\text{-}O^- \qquad 【7\text{-}2】$$

然後與另外的水分子反應，生成另一個氫氧基離子，如下式：

$$\equiv Si\text{-}O^- + H \cdot OH^- \rightarrow \equiv Si\text{-}OH + \equiv Si\text{-}O^- \qquad 【7\text{-}3】$$

如此繼續進行【7-2】、【7-3】的反覆連鎖性效應。

當H^+離子取代R^+離子時，會在釉層表面生成和原先形成玻璃相物質的不同性狀之「膠質性矽氧（Silica gel）」薄膜，這層薄膜會鼓脹形成一道屏障，能減緩H^+離子擴散、滲透進入釉層的速率，似乎能夠抑制進一步的侵蝕活動。

7.1.2 鹼的侵蝕

與釉面（或玻璃）接觸的溶液中含有鹼性離子R^+成分時，侵蝕作用的程序將更加複雜，侵蝕已經不只是與「水」之間的相互作用而已。含矽酸鈉的玻璃在這樣的環境下將釋出矽氧及鈉離子（Na^+），然後延續更多化學反應。例如當氫氧化鈉溶液與釉面接觸，將發生下面的情形：

$$\equiv Si\text{-}O\text{-}Si \equiv +\, Na^+OH^- \rightarrow \equiv Si\text{-}OH + Na^+O^-\text{-}Si \equiv \qquad 【7\text{-}4】$$

溶液中出現Na^+離子將使pH值升高，當pH值高於9的時候，釉層中矽氧被抽取釋出的速率也會隨pH值增加而加速。升高pH值固然會使以鹼（Soda）為基礎的釉層（玻璃）的鹼金屬離子的交換速率減緩，但卻有利於將矽氧的溶解，因此更多的「鹼」會從解構的矽酸玻璃網目中釋放出來。因為不會如上節敘述的，有保護性薄膜生成，鹼性溶液侵蝕釉層（玻璃）的活動會持續進行。

「鹼」被釋出的「量與速率」可以利用來測度侵蝕是屬於「惰性的」或「活性的」程度指標〔註2〕。

〔註2〕
Atsushi Nishima and Masaki Ikeda: Bull. Amer. Ceram. Soc., 62, 683–68 (1983).

7.1.3 酸的侵蝕

1. 有機酸

　　某些釉受到有機酸的侵蝕，其受創程度比低pH值無機酸的破壞來得深而嚴重。酸的「強度」並非侵蝕破壞的主要因素，有機陰離子在溶液中形成「複離子（Complex ions）」，會增加釉層受到侵蝕引起的溶解度。

　　螯合劑（Chelating agent），具有使多價體的離子分離的能力，有它們存在的液體接觸釉面或玻璃表面時，侵蝕的速率會加快。通常釉中帶有如Ca^{2+}、Mg^{2+}、Al^{3+}等陽離子，它們會強化矽氧質釉層的表面，提供相當強度的保護性薄膜。但是當與螯合劑接觸時，保護的能力即告失效。

　　兒茶酚（Catechol），兒茶酸在溶液中是穩定的，但是塗在釉表面時卻呈不穩定的狀態，持續對釉層的侵蝕作用。沒食子酸和單寧酸也有類似的行為。

2. 無機酸

　　釉與玻璃完全不會受到鹽酸及硫酸的侵蝕。有些無機酸的侵蝕作用有如水般的侵蝕方式，例如矽氧化合物很容易被氫氟酸所侵襲，作用非常直接而強烈，破壞性很大，它分解矽酸網目的情形如下：

$$\equiv Si\text{-}O\text{-}Si \equiv + H^+F^- \rightarrow \ \equiv Si\text{-}OH + \equiv Si\text{-}F^- \quad \text{【7-5】}$$

　　利用氫氟酸的強烈腐蝕矽氧的特性，在第19世紀中葉，玻璃或釉面的加工裝飾技法被開發出來。加工時的化學變化如下：

$$SiO_2 + 6HF \rightarrow SiF_6{}^{-2} + 2H_2O + H^{2+} \qquad \text{【7-5a】 或}$$
$$\equiv Si\text{-}O\text{-}Si \equiv + H^+F^- \rightarrow \ \equiv Si\text{-}OH + \equiv SiF \qquad \text{【7-5b】}$$

　　蝕刻反應的速率隨著溫度升高而加速，但氫氟酸容易揮發的性質，使腐蝕緩和下來。某些特殊耐酸性最優秀的瓷器釉，甚至也承受不住二份鹽酸（38%）、一份氫氟酸（40%）混合液的侵蝕，釉表面很快就被蝕光。

7.2 化學組成與抗侵蝕效果

　　除氫氟酸外，釉和玻璃類似，其抗鹼能力比抗酸能力弱很多。主要原因乃是因分解而游離的矽酸是可溶性的。所以硼、矽酸玻璃的抗酸性比抗水性強；抗水性又比抗鹼性強，但是矽酸含量少的玻璃或釉，較容易就被酸侵蝕。

　　SiO_2含量高的釉，抗侵蝕性較大，增加鹼土金屬氧化物的量與增加矽酸有相似的抗侵蝕效果。但是鹼土金屬中，離子半徑最大的Ba^{2+}，其抗蝕性最差。而PbO雖然不是鹼土類氧化物，雖不如CaO和MgO，卻也有不錯的抗鹼特性，其優秀的媒熔能力常被使用來調配熔製鉛玻璃及陶器的釉料。玻璃和釉成分中，若含有Al_2O_3、B_2O_3、ZnO、ZrO_2，

即使量不多，對抗蝕性都有實效。各氧化物成分的量與耐蝕的能力並沒有確切的參考數值，反而與之接觸的溶液及其中溶質的種類與濃度較有明確的比例值。以玻璃進行試驗各氧化物的抗蝕性順序[註3]為：

1. 抗水性：$ZrO_2 > Al_2O_3 > TiO_2 > ZnO > MgO > PbO > CaO > BaO$

2. 抗酸性：$ZrO_2 > Al_2O_3 > ZnO > CaO > TiO_2 > PbO > MgO > BaO$

3. 抗鹼性：先天上玻璃的抗鹼性比抗水、酸的能力差，即使與和苛性鈉相比屬於弱鹼的Na_2CO_3溶液接觸，也會嚴重侵蝕含BaO、CaO及PbO的玻璃，MgO的略好些。含Al_2O_3、TiO_2的玻璃，與NaOH溶液生成可溶性鹽而表現明顯的侵蝕痕跡；含B_2O_3的玻璃則會被NaOH嚴重腐蝕。

4. 氧化鋁具有眾所週知的耐化學侵蝕特性，玻璃中添加Al_2O_3後的效果，經過多位科學家針對$CaO-Na_2O-SiO_2$系統的板玻璃實驗，明確指出對耐侵蝕有正面的效果[註4]。此三成分之外，通常添加1~9%的Al_2O_3當作第四成分。另外W. Horak及D.E. Sharp（1935）[註5]、永井彰一郎和井上恆彥（1951）[註6]研究指出改以ZrO_2代替Al_2O_3時，耐蝕性的效果更佳。

釉的化學組成左右其中離子被萃取或置換的速率，在低溫熟成「軟質的」陶器釉，通常含有較高量的「鹼」。鹼的釋放量隨著其總量增加而加速，鹼離子的半徑越大，釋出的量也越多。將二價或多價的陽離子「植入」這類軟質的釉中可以降低鹼的出量，因此只要有Pb^{2+}、Ca^{2+}、Ba^{2+}、Zn^{2+}、及Al^{3+}、Zr^{4+}、Ti^{4+}等存在釉中，對於軟質釉的耐久性都是有幫助的[註7]。

矽酸礬土鹽組織的釉中含有稀土的氧化物，通常較能防護鹼性溶液的攻擊；多原料成分組成及以熟料（熔塊料）調配的釉，對於水溶液也有較好的耐蝕性，矽酸鹽中的矽若被較多的K^+離子侵入時，釉面就很容易被酸性液體腐蝕。

1. 相分離與耐化學侵蝕性

熔融的玻璃和釉料都構造複雜的混合物，其中不乏存在著有如「水與油」互不相溶的共熔體。它們在高溫熔融狀態好像是均勻的混合著，但在冷卻時、或在熱處理時，於液相線以下，固化轉移點以上的溫度域內，組成相異的兩種或以上之玻璃相組織，會有分離的現象，稱為「相分離或分相（Phase Separation）」，因為發生於液態的時機，所以也稱為「液相分離」。

熟成後冷卻過程中，熔融的釉熔液中出現相分離是相當常見的事，玻璃以及熔塊內也尋常可見。假如不是呈「均質」的狀態，則液相與另一個液相（玻璃相），或液相和固相（結晶相或不熔物相）是釉內主要的「相」。因為「相分散」的緣故，玻璃質混合物中可以明顯分辨，以「基質填充（Matrix）」的形式分別成立兩種結構的類型：（1）雙骨架式結構（Two FrameworKStructure,【圖7-1a】）及（2）露滴狀結構（Droplet Structure,【圖7-1b】）[註8]，前者的兩個「相」幾乎都是連續的分散相較多；而後者則是有較多有不尋常的、不連續的露滴狀結構。

雙骨架式結構釉層的耐久性由該結構中任一相是否安定耐久及數量是否較多而定；露滴式結構的耐久性則大致由「基質填充」的強度所決定。通常在相分離的過程中，發生相的組成成分變化，會使一相變得更耐久。假設是「露滴」發展成一個

[註3]
V. Dimbleby and W.E.S Turner: The relationship between chemical composition and the resistance of glasses to the action of chemical reagents. Jour. Soc, Glass Technology, 10 304–358 (1926).

[註4]
A.K. Lyle, W. HoraKand D.E. Sharp: The effect of alumina upon the chemical durability of Sand–Soda–Lime glasses. Jour. Amer. Ceram. Soc., 19(5)142–147(1936).

[註5]
W. HoraKand D.E. Sharp: Note on the effect of zirconia on the chemical durability of some borosilicate glasses. Jour. Amer. Ceram. Soc., 18(9)281–282(1935).

[註6]
永井彰一郎和井上恆彥：硝子の水溶性と化學成分（第9報）珪酸の一部をヂルコニアで置換した硝子の耐水性。窯協誌，59(656)61–65(1951)。永井彰一郎和井上恆彥：硝子の水溶性と化學成分（第10報）石灰を減じヂルコニアを加えた硝子の耐水性。窯協誌，59(659)202–206(1951)。

[註7]
J.W. Mellor: Durability of pottery frits, glazes and enamels in services. Trans. Eng. Ceram. Soc., 34(2)113–190(1934–35).

[註8]
J. R. Taylor & A. C. Bull: Ceramics Glaze Technology. p. 171 (1986).

較不穩定的、低耐久性的相，但因它的數量（填充容積總數）較少（灰色不連續部分），則穩定的、數量較多、基質填充較強的耐久性連續相將將加。而在第二種「露滴結構」中，數量眾多的「露滴」是由穩定的、高耐久性的相所構成，相對弱化的「基質填充」（白色連續相部分）之耐久性則較低。雖然在熔塊製作時，由於組成的緣故會自發性地出現相分離的情形，而釉中相分離的程度及其是否會發生通常決定於釉燒過程熱處理的條件而定。

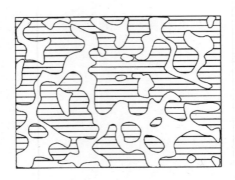

【圖7-1a】雙骨架式結構

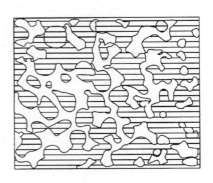

【圖7-1b】霧滴狀結構

至於會形成怎樣的「相」，完全決定於釉的組成成分，甚至受到原料的來源以及它們的純度影響。

2.矽酸的含量與耐化學侵蝕性

釉（玻璃）中矽酸的含量是組織具有耐水性與否的指標數據。假設為了不想有高的熱膨脹係數而限制「鹼」的含量時，只要釉中的SiO_2含量達到50％以上，就能夠具有理想的耐水侵蝕的能力。

但長期暴露在水中或潮濕的大氣中仍然具有風險。例如高壓電塔上瓷器礙子釉，SiO_2的含量必須更高量、經過高溫燒成的才行。

釉的組成可以設計含有高量的SiO_2，來抵抗酸的侵蝕。為了對付可能分別碰到鹼性或酸性清潔劑的攻擊，新式的衛生陶器釉中含有60％以上的SiO_2。而化工用耐蝕性釉其SiO_2更高達75%。

3. 鉛化合物與鉛之溶出

近年來，更關心從釉面溶出鉛離子的問題。釉組成中的鉛化合物對於鹼的耐久性方面並無明顯影響，但卻對酸具很低的耐蝕性。窯業使用鉛的歷史相當漫長，而明白鉛對健康有不良影響也有好長一段時間，各國政府都有管制使用鉛化合物（例如十九世紀末葉（1899）英國政府公告）的規範。鉛必須能完全熔入、以最不容易溶解的形式合併於組成的結構中。矽酸鉛玻璃（$PbO \cdot nSiO_2$）的組成中，最具不溶性的是二矽酸鉛（$PbO \cdot 2SiO_2$）。

含鉛的玻璃和釉具有高光澤度、高折射率、高黏性、高彈性率及低熱膨脹率等優點，所以數種餐飲用瓷器含有鉛。因此大量的研究都為了克服可能從玻璃化的釉層或玻璃製品中，因鉛溶出而引發的隱憂及衛生問題。

包括結晶玻璃，低溶解性釉，含鉛熔塊與琺瑯釉，含鉛熔塊色釉等製品都曾被檢驗鑑定，有關的研究探討鉛溶出的模式的報告數量不少，當然也關係到克服的方法〔註9〕〔註10〕〔註11〕〔註12〕。

4. 氧化硼與耐化學侵蝕性

防止釉中鉛溶出污染最直接了當的方法，就是使用無鉛的熔塊代替，而氧化硼就是這種熔塊製作時最有用的媒熔劑，多數具耐久性的釉都有。但是硼在熔塊中的使用量並非無限制，最重要的要求是加入熔塊中的B_2O_3，所有B^{3+}離子最好能全部以「網目形成物」的形式進入四面體配位的玻璃中，才能發展出更強固更耐久的結構。當持續將B_2O_3增加到某程度的量（此點依熔塊或釉的組成不同而變）時，超過的將在矽酸四面體網目外，以三角形的網目結構形成不一樣的相，結構變得脆弱易受侵襲（【圖1-3】）。因此，只要B_2O_3的添加量在其使用限度內，都能發揮它應有的功能，並且不會影響到玻璃或釉的耐化學侵蝕性。

熔塊製作時高添加比例的B_2O_3容易導致相分離。一旦發生相分離，其中某分相就可能會有較高的含鹼量，因此更容易遭受水溶液的侵蝕，這個情形調製含硼的無鉛熔塊時是不應該忽視的。若添加一些Al_2O_3及ZrO_2，即使量並不多，也能有降低相分離所引起的風險。

5. 二價及多價氧化物與耐化學侵蝕性

添加CaO到某些「矽酸─鹼」的玻璃中，長久以來被認知是有效防化學侵蝕的良方。其他二價及多價的金屬氧化物也具有這項優點。少量Mg及Zn的氧化物就有表現不錯的效果。BaO在高溫的媒熔力與Pb相當，因此BaO有時也取代PbO及部分CaO，但其耐蝕性較差。自十九世紀末葉，各國開始注意鉛所引起的健康衛生問題以後，氧化鋅就以其在中高火度優異的媒熔能力及其他特性，成為調配釉藥的重要成分。它在對化學侵蝕、尤其耐鹼性方面最佳。

多價金屬氧化物或其離子，在釉中以修飾表面介層的方式來防止化學侵蝕。它們以和其他釉成分生成不溶性的化合物，使不致擴散到接觸的溶液中，對於各種酸鹼性溶液，Zr^{+4}及Ti^{+4}就具有非常低的溶解度，因此效果是顯而易見的。當釉層內含有高量的ZrO_2時，對酸及鹼都具有耐蝕性。在含高量鉀、鈉媒熔劑的低溫釉中，它抵消了因為高鹼所引起的「化學性弱化」的作用。Al_2O_3在低火度的釉中也有這樣的性質。

大多數商業用熔塊料中都含有少量的Al_2O_3，這是特意加入的。Al_2O_3的來源可以是礦物原料如黏土與長石中所含有的，或經過計算以精確的比例添加的氧化鋁或氫氧化鋁。熔塊中Al_2O_3含有量通常都僅數％的量而已，主要目的是防止熔製當中避免坩堝或耐火物構築的熔解槽遭受嚴重腐蝕，配釉時會再從長石及黏土獲得Al_2O_3。

若熔塊中無Al_2O_3，調配釉料時大部分無鉛熔塊就不能執行溼式水磨，因為研磨過程中很容易釋出鹼性成分，而且「低溶出性」含鉛的熔塊也不易獲得。

雖然$PbO \cdot 2SiO_2$是所有矽酸鉛（$PbO \cdot nSiO_2$）組合中，鉛溶出量最少的，若再添加、熔入少量的Al_2O_3，更能有效降低鉛的溶出率。

〔註9〕
後藤繁策、青島忠義：添加於青綠釉中的CuO有促進鉛溶出的傾向。名古屋工業技術試驗所昭和46年窯業技術報告書，蔡謀渠譯：台灣窯業，vol.16 p25-29，1971。

〔註10〕
前田武久、堀尾正和、山本隆一：銅釉中含鉛熔塊之鉛溶出。名古屋工業技術試驗所窯業技術報告書，林根成譯：台灣窯業，vol.38 p12-21，1973。

〔註11〕
J.H. Koenig: Lead frit and fritted glazes. Ceram. Ind., 26 (2) 134-136 (1936).

〔註12〕
W.P. Rix: Lead frits and their adsorption to pottery glazes. Trans. Amer. Ceram. Soc., IV 201-207 (1902).

釉的耐化學侵蝕性是耐久性的主要關鍵之一，對於高火度的瓷器釉而言，釉中含有高劑量的Al_2O_3與SiO_2，耐久性自不成問題，但是多孔性陶器釉及低溫鉛釉，尤其低溫色釉，有重金屬溶出的毒性和易受化學侵蝕的問題，衛生上和耐久性是個隱憂。

7.3 釉上彩飾的耐侵蝕性

釉上彩飾的低溫色料是由顏料及熔劑組成，燒成的溫度約在700–850℃之間，因為熔劑的滲透能力，燒成後將色料一起滲進稍微軟化的釉層中。

只要在安全穩定的溫度範圍內，釉上彩飾的溫度越高，燒成後的色彩亮度越佳，耐久性也越好。但除了餐飲菜餚、果汁、清潔劑等的化學性侵蝕的問題以外，洗滌時候的擦拭磨耗抵抗能力都是必須顧慮的問題。燒成溫度低或燒成結合不良的釉上彩，受到以上的攻擊時，劣化的程度會很急速而明顯。常見的損耗外觀為：

（1）光澤度喪失
（2）彩度消失，褪色或變色
（3）因洗滌、碰撞而磨損，以及因化學性侵蝕而熔解、剝落等。

7.4 釉的耐久性

短期間測試的結論數據，有時可以當作製品長期使用時耐久性依據的重要參考資料。每個試驗所獲得的「耐久性」或「耐化學侵蝕性」的數值，是經過認定的「標準化」條件下導引出來的，可是可能會因為操作的手法，或其他條件不足而無法得到絕對可靠的數值。有時在人為的環境條件下所得的結果，會與在日常狀況的使用壽命期限相牴觸。

利用檢視離子釋出量去評估耐化學侵蝕性必須體認一個隨之而來的困難，例如當一個無鉛的餐具瓷浸泡於水中，利用比實際使用時更嚴苛的條件（如高溫、高壓的壓力鍋）進行測試，這個瓷器可能從測試中過關，但往後的環境應非只有水而已，它將經歷各式酸性或鹼性混合液體，它們所含的成分之複雜性，將使簡單的試驗數值無法認定耐侵蝕性的能力。所以餐飲用瓷器釉，也應該營造類似有機酸溶液及鹼性洗滌液的環境，以該類化學藥劑測試，而且每種都經過取樣的方式進行檢測。

通常認為釉已經被燒製的很「均質化」，但由於表面的揮發與釉坯中間層之相互熔解，釉層的成分組織並非施釉時那麼均勻。從釉表面到釉坯交界處的橫斷面，各點的釉成分組成有可能變化而不相同，因此想以簡易的方式在那不均衡的態勢下去界定釉的成分溶出程度也有實際上的困難。所以當以在控制下的條件判定的受侵蝕程度（腐蝕速

率）可以說是個比較值而已。另外，一項試驗的結果都與操作的經驗純熟度有關。

完美熟成、具有光亮平滑的釉層，對「耐侵蝕性的效果」比那些未經良好燒成的更具耐久性。假如發生「相分離」，則富鹼的相將首先遭受攻擊；釉層中結合結晶相及有巨形裂紋出現時，將提供給各種化學試劑攻擊的廣大表面積，促使那些較靈巧、容易移動的侵蝕性離子或被取代的離子進出。

析晶呈現失透或無光的釉，也會影響侵蝕的過程，晶相與玻璃相介面之間首先會發生離子交換，因此，侵蝕的情形將先由這個位置發生。

7.5 金屬溶出與釉的毒性

包括釉及釉上彩飾的色料，其中常見有毒的原料包括鉛、鋅、鋇、銅、鎘、銻、砷等多種元素及其化合物。除了製作過程可能造成的污染外，產品在使用期間溶出有毒成分常常成為健康與衛生的問題。只要被利用在原料中，重金屬或非金屬的離子都可能從釉或彩飾中被釋出，進入容器所裝置的食物中。因此，製造業者必須遵循規範的指標調製產品，例如努力控制鉛的溶出量在最低標準以下。

1. 鉛

鉛害的與鉛使用的歷史一樣長遠，關於這方面的報導也很多。包括搪瓷（金屬胎琺瑯釉容器）在內的釉，鉛溶出造成毒性的問題，由以下3點判定：

（1）熔融釉中的鉛濃度：玻璃相中鉛的濃度在低溫釉及釉上彩料中最高，容器使用時必須特別注意，鉛漂出量往往與釉中鉛的濃度成正比。

（2）萃取液中鉛漂出量（Leaching out）：鉛釉中幾乎沒有不被溶解的鉛，但將其製成無毒性較不易被溶出的鉛熔塊是個最可行的防護方法。

（3）重複檢測操作時的漂出量：測定值是必須經過試驗才能獲得的數據，幾次溶出後的總量與單次溶出的量，在參考意義上是不同的。【圖7-2】

美國起先由「製陶者協會」（USPA）及「鉛工業協會」（LIA）的資助研究鉛被漂出的機制，然後「國際鉛鋅研究機構」（ILZRO）經過兩年共同研究制定的ASTM – 555 – 70 標準；英國的「不列顛陶瓷研究協會」（BCRA）也研發一系列的檢測方法及程序，來釐清長期使用漂出情形及機械式清洗的耐久性。「聯邦食品暨藥物管理局」指定的FDALIB No. 834（FDA實驗資料彙報 No. 834）號報告書的檢定標準為7ppm（1970年 9月）。今天，合格的業者產製的餐飲器皿的最大鉛溶出量經以ASTM的方法檢驗，大多在低於安全量很多的0.5ppm 以下。[註13][註14]

2. 鋅

人體中微量或痕跡量的鋅是必須的，是生命中不可少的元素之一。但很多研究都證明多量的鋅化合物對人體卻是有害的。雖然如此，至今仍沒有制定出食品衛生的標準，僅規定有鋅溶出的容器不得用於裝盛嬰兒的食物。氧化鋅對於調製釉藥和琺瑯非常有用。鋅與同族元素鎘、汞中，是毒性最輕的一種。【圖7-2】

[註13]
J.S. Nordyke：1970年美國窯業協會年會專題報告「陶瓷釉中的鉛」。程道腴譯：台灣窯業vol.23, p17–18（1972）。

[註14]
J.F.Cole：ILZRO之「鉛在釉研究中的衛生觀」。程道腴譯：台灣窯業vol.2, p6–7（1972）。

3. 鋇

水溶性的鋇化合物比非水溶性者毒性大很多。鋇對人體的毒性與鉛相當。它的漂出率比鉛小，但不能認定如此就比鉛安全無害，因為在陶器釉料調配，鋇的化合物使用相當廣泛。雖然多項試驗證明酸性溶液對鋇離子的漂出率很大【圖7-2】，但至今尚無任何檢定的標準。

4. 銅

銅是一種毒性很強的金屬元素，調釉原料中僅當作發色劑使用。即使在弱酸中，漂出率還是很大。經過反覆漂洗後，溶出量即顯著減少【圖7-2】。

5. 鎘

關於鎘的毒性已經被重視一段長時間了，雖然僅是微量也是有害健康的。它和鋅、汞同屬於第 II B族的元素，雖然只有在黃色或紅色含鎘的色料中才有，但因為非常容易溶解於酸中，有這類色料的釉上彩餐具瓷，必須特別注意。

金屬鎘的熔點很低，吸入鎘的蒸氣或含鎘的粉塵都會中毒，工業生產中吸入鎘煙塵氣可引起嚴重的、致命的急性肺部炎症。服食器皿中被酸溶出鎘將導致慢性肝腎中毒性而損傷。

6. 銻

陶瓷器釉中除了較低溫黃色系列的彩料外，幾乎不常使用，所以不成為問題。而搪瓷釉中的銻化合物在衛生方面早已受重視。五價的銻的化合物如Sb_2O_5和$NaSbO_3$都是無毒的，三價的Sb_2O_3則有毒。

所以燒製銻黃色料或搪瓷釉，保持在氧化性燒成或添加氧化劑如硝石較可確定他以五價的化合物存在。氧化性氣氛不足及延長熔融的時間容易將它還原為三價的化合物。若釉中有銻離子被溶出，這種器皿最好捨棄不用，因為從釉中溶出的大多是三價銻。

搪瓷釉的燒成溫度較低，若需使用氧化銻，建議直接以五價的氧化銻以研磨添加物調入較佳。

7. 砷

和銻一樣，砷很少用於釉中，而較常用於搪瓷作為乳濁劑。砷的溶出率雖然很低，但還是不宜用再嬰兒食物的容器製造。

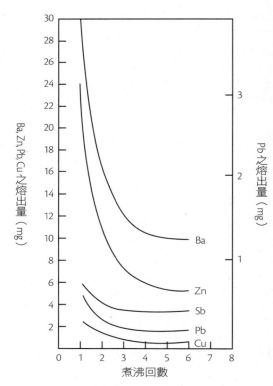

【圖7-2】琺瑯器釉經過煮沸有毒金屬熔出的狀況
（A. Petzold, 1954）[註15]

[註15]
素木洋一著：釉及其顏料 p 385.（1981）。

第 8 章

釉燒成與窯爐
Firing and Kilns

在窯爐中，以高溫將施釉後的陶瓷器皿進行熱處理，使其形成堅硬牢靠、具有光澤或無光的作業過程，叫做「燒成」。陶瓷器的「釉」是無法單獨燒成的，它必須依附在坯體上同時完成。

將熱能引入窯室內，從室溫到高溫的燒成過程中，坯體和釉藥都會發生化學的及物理的變化。被燒物品質將因組成的化學成分、燒成溫度、窯室氣氛、燒成時間、升溫與冷卻的條件而有所不同，假如無須進行額外的處理時，「釉燒」是有釉陶瓷器製作的最終階段。

窯爐設備是陶瓷器燒成必要的裝置，由於窯爐具有供給與控制熱量、調節升溫速率及氣氛的機能。各種不同溫度層燒成的陶瓷器，各具有其性質與使用目的。但無論如何，整個升溫過程將有下列的幾個階段的變化：

（1）室溫到約200℃、成形及施釉後乾燥不完全殘餘自由水追出；

（2）300℃附近，原料中夾帶的有機物或加工添加的有機結合劑之燃燒；

（3）400~900℃，原料中的結晶水解離釋出；

（4）400~950℃，釉原料中碳酸鹽解離釋出二氧化碳；

（5）450℃硫化物開始分解釋出二氧化硫；

（6）550~650℃游離矽酸結晶相轉移，容積膨脹；

（7）800℃以上，釉開始熔融，坯體成分開始燒結，共熔部分生成玻璃相、然後燒結；

（8）900℃~頂溫，依須要執行氧化性、中性或還原性燒成。

在古代沒有儀器設備時，燒成過程中，對各溫度域種種變化無法了解，完全依賴經驗及觀察火色來判斷。今天利用各式設備讀取窯室內的溫度及窯室壓力（選擇項目，一般燒成不需要），配合測溫錐熔倒的情形了解釉熟成的性狀。

8.1 氧化與還原

〔註1〕
J. Kenneth Salisbury:
Kent's Mechanical
Engineers' Handbook,
12th ed., Power
Volume；Combustion
and Fuel. 25 Furnace
Atmosphere p2–85.
(1971).

以燃燒方式直接加熱的窯爐內氣氛，是依據窯室內氣體的化學分析值，而非被處理物的反應情形，分別有「還原」、「中性」及「氧化」三種性質。美國瓦斯協會實驗室（The American Gas Association Testing Laboratory）所下氣氛的定義是：

還原：（$CO+H_2$）＞0.05%，O_2＜0.05%；

中性：（$CO+H_2$）＜0.05%，O_2＜0.05%；

氧化：（$CO+H_2$）＜0.05%，O_2＞0.05%。[註1]

在燃料充分供應、空氣供給略少的情形時，較容易獲得還原性的窯室氣氛，反過來說，較容易有氧化性氣氛。但實際上，過度還原時容易導致「碳」的沉積。還原氣氛下燒成產生的一氧化碳是無色無嗅的有毒氣體，任何時間都必須特別注意室內的空氣遭受污染，以避免發生中毒。

因為需要或其他原因，陶瓷器可以執行氧化、中性或還原的燒成。通常為了釉呈色、坯體組織及其他品質要求，可分別執行適當的窯室氣氛的燒成。

8.1.1 氧化燒成

釉燒時,沒有裝置任何輸入還原性氣體的電窯,從室溫到頂溫的整個過程可說都是在氧化性的條件下;以燃料燃燒方式加熱的窯爐,若從頭到尾都控制在有充分空氣供應時,會有「多餘的空氣」存在窯室中,氣氛是氧化性的。此時,鐵、銅都分別以高價的氧化鐵(Fe_2O_3)及氧化銅(CuO)存在。

氧化性燒成的釉色如大部分的天目釉系列、結晶釉系列,銅綠、銅藍釉,鐵紅釉、鐵砂釉等色釉,在氧化性氣氛下都能獲得安定的呈色。氧化燒的全部過程大致如下。

1. 焙燒期(室溫~400℃)

脫水、有機物燃燒去除。200℃以下,升溫速率最快不超過每分鐘1℃;200度以上可略快些。大件、厚件必須更慢的徐徐加熱

2. 熱分解(約400℃~900℃)

結晶水脫離、碳酸鹽、硫化物開始解離。

3. 熔融期(900~1250℃或以下)

釉熟成。

4. 冷卻期(1250℃~室溫)

正常冷卻或析晶。

全部氧化燒過程中,通風系統幾乎沒有人為的限制阻礙,排煙非常順暢,窯室內的氣壓與窯室外同樣高度的大氣壓力比是略低的「負壓」。因此冷空氣容易從窺視孔及燃燒器的「二次空氣」入口處進入,使得窯室內幾乎不見未完全燃燒的「煙氣」,此情形可從窺視孔清楚看見被燒物的「火色」及測溫錐的性狀。而還原燒成時,讓窯室內充滿未完全燃燒的煙氣,從窺視孔看進去是朦朧一片。

若要維持窯室內為「正壓」又有完全的氧化燒氣氛時,排煙速率必須要很快,如此一來將造成燃料上的不經濟;若窯室內是極端的負壓,通常是由於煙囪排煙過速、或排煙系統過度抽取所引起,燃燒熱大多經由煙道快速排放而喪失在大氣中,容易造成窯室內溫度分布不均。

氧化性燒成的最經濟的燒成溫度大多在1230~1250℃之間,當然也有在1200℃就可燒好的,這是依據釉及坏的最佳熟成溫度來決定。一次釉燒時,過低的燒成溫度將使坏體的燒結程度不良或瓷化不足,會降低它的機械強度。

8.1.2 還原燒成

一般陶瓷器製品如白瓷、青瓷、青花瓷、銅紅釉等,都以還原性氣氛燒成。這是在燒成的適當階段,讓空氣供應不充裕的情況下繼續升溫,使釉料及坏體中金屬如鐵、銅的氧化物中的「氧」,在高溫時被那些窯室內增加的還原性氣體($CO+H_2$)奪取,生成低價的氧化物,甚至被還原成為金屬。例如三價的Fe_2O_3變成二價的FeO;如二價的CuO變成一價的Cu_2O或膠質狀的金屬銅Cu。

還原燒成的升溫過程與氧化燒類似,重要的差別在於釉料熱分解後開始熔融前,即

刻執行的還原燒法到一段適當的溫度歷程，然後再執行一小段中性或弱氧化性的「清澄性」燒成。以下是還原燒過程的簡單敘述。

1. 焙燒期（室溫~400℃）

生坯或素燒坯經施釉乾燥後入窯，徐緩升高溫度使坯件、及窯室內包括棚板等窯道具都脫除水分，並使有機物燃燒去除。200℃以下，升溫速率最快不超過每分鐘1℃；200度以上可略快些。

2. 熱分解（約400℃~900℃）

結晶水脫離、碳酸鹽、硫化物開始解離。這段期間，必須充分供給新鮮空氣及良好通風排煙，使有機物能完全去除，硫化物能完全脫硫。但排煙順暢有時會引起上下窯溫差過大，不利往後的燒成。所以這期間必須同時適時調節，以維持最小的溫差。

3. 還原燒階段

雖然在此階段前期（900~950℃，視燒成最終溫度而定），釉尚未開始液化，但已經有固相反應發生。此時釉層和坯體一樣，都是在氣孔密佈的狀態。窯室內的氣氛經過增加燃料（或減少空氣）或同時限制排煙通風，使從氧化性轉變為還原性，CO及H_2分子得以順利經由開放性的氣孔深深進入釉、坯的內層，進行所謂的還原作用。此階段維持窯室內穩定的一氧化碳濃度非常重要，配合穩定升溫速率才能燒出良好還原燒的器物。〔註2〕

4. 熔融釉化期（~1200℃或以上）

釉料通常在高於還原起始溫度數十度時就開始熔融液化。陶器坯體在此時期燒結，瓷器坯體在此階段燒結或瓷化，視溫度及坯胎的組成而定。

此階段通常升溫較緩慢，每小時約為40~80℃。假如窯的結構不良、或燃料與空氣的供給量比例不對，天候方面如大氣壓力與溼度都會影響順利升溫，有時反而使窯溫下降。這階段溫差拉近約在20℃以內。

5. 熟成期（1200℃或以上＋20~30℃）

還原階段完成後，常常因為煙氣過濃而使釉色黯暗。所以都會最高溫度到達前二、三十度進行清澄燒法，就是將前段還原性氣氛調整為中性或弱氧化性，和緩升溫將窯室內的煙氣除去。此時，清澄的燒法讓窯室內的熱氣流恢復較清澈透明，從窺視孔又可清楚看見內部的火色。窯溫差度將更加拉近（±5℃以下）。

6. 冷卻期（~室溫）

熄火正常冷卻。注意通風良好的窯爐，熄火時刻最先侵入的新鮮空氣常令釉層的最表面於固化之前再度被氧化。

〔註2〕
還原不良的可大致分兩大類，一為還原不足或過度還原，一為還原不穩定，通常與添加燃料、調節空氣進氣量、升溫速率有關。燒成後釉色與正常的有明顯的差異，例如還原不足又不穩時，白地部分會出現街坊俗稱「醉釉」的黃色斑；過度還原時釉面容易出現皺紋、灰斑點等缺陷。

釉藥學

158

8.2 燒成的窯爐

窯業的投資人所需要的設備中，窯爐是其中一項最貴重、最需要精確控制的項目，所以有關陶瓷器的課程中都有獨立的章節加以專門論述。

將物質或物料利用高溫使其在一個封閉性空間內發生物理性及化學性變化的裝置，稱之為窯爐。東方對於窯、爐名稱較無很明確的區別，通常較大型的稱為「窯」，較小型的稱為「爐」。但在英文字義上，通常燒製陶瓷器、耐火物、水泥等稱之為窯（kiln），冶金、熔製玻璃等稱為爐（furnace），而烤、蒸、煮、烘、焙等的發熱裝置稱為烤箱或灶（oven或coke oven）。

用在窯業、鋼鐵業、金屬處理工業、火力發電等等各業別的窯爐的形式、規格、皆需視其操作方法，被處理物的性質、形狀及使用何種熱源等特性，使用適當的耐火材料來構築。窯爐的形狀、大小與功能各有所不同。

陶瓷器燒成所需的熱能目前最常用的是：（1）燃料燃燒的熱及（2）電熱。利用燃燒熱的窯爐大致由燃燒室、窯室（加熱室）和通風系統所構成。電熱窯爐沒有燃燒室，通常可不具備排煙系統。

8.2.1 窯爐的分類

1. 依燒成作業方式分為
- 連續式窯（Continuous kiln）
- 半連續式窯（Semi-continuous kiln）
- 單窯或不連續式窯（Periodic or Intermittent kiln）

2. 依火焰行進方向分為
- 昇焰式 （Up draft kiln）
- 倒焰式 （Down draft kiln）
- 橫焰式窯 （Horizontal firing kiln）

3. 依形狀分為
- 豎窯 （Shaft or vertical kiln）
- 圓窯 （Round kiln）
- 角窯 （Rectangular kiln）
- 回轉窯 （Rotary kiln）
- 隧道窯 （Railroad Tunnel kiln及Roller hearth kiln）等。

4. 其他因燃料的種類、用途、熱瓦斯與被加熱物接觸的形狀、性狀或作用而有各種不同窯爐的名稱。

在陶瓷器製造如：素燒窯、本燒窯、樂燒窯、錦窯、蛇窯、目仔窯、登窯等。

在台灣，據考古曾發現南部有燒陶的古代原住民留下的遺跡，但陶窯的格式不能瞭解。磚、瓦陶瓷工業，創始於清代嘉慶元年，在台中，南投築窯燒製磚瓦，從事燒製的窯爐大多是蛇窯，以柴薪做為燃料。「南投燒」一時盛名遠播，不久苗栗、鶯歌及北投等地紛紛設立窯廠。

陶窯附近都有可製陶的黏土及豐富的木材或煤炭生產。從日本引進的窯爐技術是當時最進步的倒焰式角窯（【圖8-1】此種型式的窯爐在明治維新時德國人華格納博士引進日本），用煤炭為燃料。直到1968年，除了少數幾家裝設有燃燒重油的隧道窯外，從北

投南下到埔里南投，燒製陶瓷器使用的煤炭角窯所排出的黑煙處處可見。

1969年開始約十年間，液化石油氣及天然瓦斯先後被運用在窯爐燒成，它能獲得「乾淨」的燒成。大型陶瓷工廠用他來作為隧道窯的燃料，中小型陶瓷工廠拿來作為梭式台車窯的燃料。此後燃燒生煤就成絕響。

連續燒成例如直焰台車式隧道窯（Railroad Tunnel Kilns-Direct Fired）及附滾軸爐床隧道窯（Roller Hearth Tunnel Kilns）。 至少具備四個不可缺少的要件：

1. 經過精密控制的熱源（燃燒控制系統）
2. 熱能傳佈到坏體的方式（直接加熱或間接加熱）

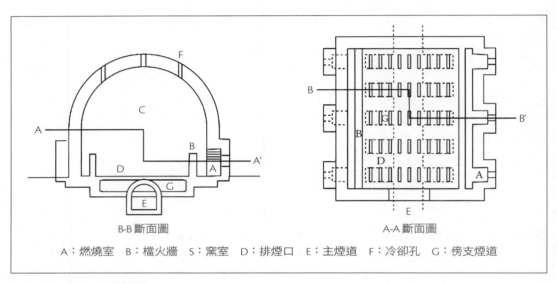

A：燃燒室　B：檔火牆　S：窯室　D：排煙口　E：主煙道　F：冷卻孔　G：傍支煙道

【圖8-1】倒焰式角窯結構圖

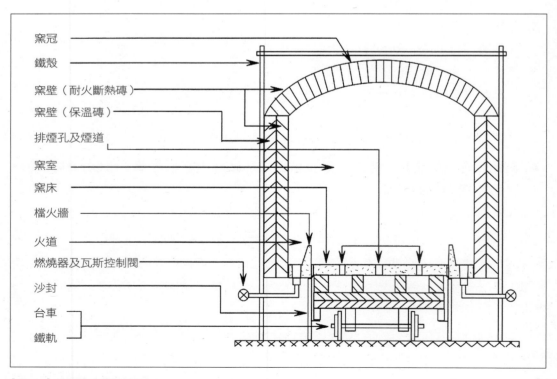

【圖8-2】燃氣台車窯正面圖

【圖8-3】台車式隧道窯

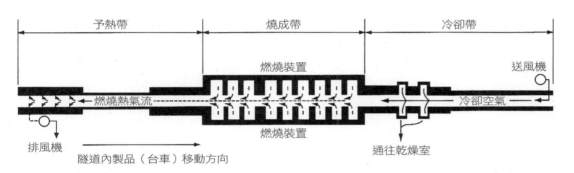

【圖8-4】直接加熱台車式隧道窯的剖面圖

3. 安置坯體的基礎結構（台車或滾軸）

4. 耐火材料構築的封閉結構防止熱量消散（窯體結構及平衡通風系統）

　　上面敘述的各種現代窯爐其熱量的來源也可使用電熱，但必須評估其效益與必要性。因為在台灣或大部分國家的電價都相當高昂。而陶藝燒成用小型爐除瓦斯爐之外，小型電熱爐也經常被使用。

　　電熱爐在燒成過程中，因為並沒有利用任何燃料的燃燒來供給熱量，僅利用電、熱轉換的能量將窯爐內的坯體和氣體（一般情形是空氣）加熱升溫，所以爐內的氣氛是充分氧化性的。假如要使電熱爐內的氣氛為還原性，有兩種較常運用的方法：（1）燒成中在某適當溫度時由一小開口投入適量的、能產生還原性氣體的化合物到窯室中或（2）電爐外加裝能產生還原性氣體的（燃燒）裝置，將氣體引入電爐內使氣氛還原。

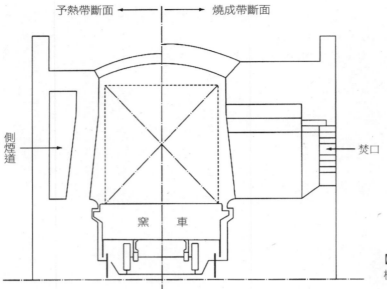

【圖8-5】
橫焰直接加熱隧道窯的正面圖

予熱帶斷面 ← → 燒成帶斷面

側煙道

焚口

窯　車

【圖8-6】小型側開式電窯
（左：40kw chamber furnace, from the Kanthal Super Handbook 1972。右：金屬發熱元件裝置示意圖）

8.2.2 燃料與燃燒

1. 燃燒的定義

廣義的燃燒（Combustion）是指任何物質產生光與熱的化學反應，但一般所瞭解的是物質和氧氣結合時，有火焰發生的燃燒。陶瓷器燒成時所說的是那些含有碳、氫能進行燃燒的化合物為主，我們稱這些物質為燃料（Fuel）。

2. 燃料的種類

（1）固體燃料（Solid Fuel）：

煤炭、焦炭、泥煤、煤球、木材、木炭及可燃性固態廢料等。

（2）液體燃料（Liquid Fuel）：

　　石油類（輕油、燈油、重油）及醇類（酒精、木精）等在室溫、常壓時為液態者。

（3）氣體燃料（Gaseous Fuel）：

　　天然氣、液化石油氣、發生爐煤氣、水煤氣等在室溫、常壓時為氣態者。

8.2.3 電熱與電窯

　　電能熱能的轉換效率很高，但熱能的利用的效率則因為窯爐的結構和操作方式不同使得差異很大。

　　以電熱進行陶瓷器的燒成，只要電力供給充裕，電熱是最乾淨的能源。尤其在釉上彩飾或一些特殊精密陶瓷製造，都可獲得非常的效益。除使用特殊發熱元件的電爐外，燒成溫度都不高於1300℃，一般在1250℃以下。瓷器釉上烤花、低火度的陶器及尺寸細小的瓷器甚至可構築電熱隧道窯來執行。但是必須注意，經常進行還原性或特殊氣體燒成時，必須考慮選用合適的發熱元件與窯爐結構，才能維持持久耐用性。電爐的其他特點有：

1. 利用電能加熱，沒有燃料燃燒排煙的問題，熱效率較高
2. 爐內氣氛性質穩定，對於發色燒成的要求較容易達到
3. 爐溫調節容易，可裝置自動控制系統，爐內較容易有均勻的溫度分佈
4. 爐床基地佔地較少，無須燃料的儲存場與裝備
5. 沒有因燃燒產生的熱氣流或煙灰引起的爐體損壞情形

8.2.4 窯爐內的傳熱

　　在兩個不同溫度的物體之間，會發生熱能傳遞。因為溫度不同的兩物體是在熱的不平衡狀態，能量會從溫度高的部分流向溫度低的一方，一直到達熱的平衡為止。熱的傳輸方式有三種：傳導（Conduction）、對流（Convection）及幅射（Radiation）。以燃燒的方式燒成多利用對流傳熱；電熱燒成則是輻射傳熱。

8.2.5 熱（溫度）[註3] 控制

　　陶瓷氣燒成從加熱升溫、釉化熟成、然後冷卻降溫，整個過程都和「熱」及「窯室內的溫度」有關。在沒有測溫儀器的年代，觀察窯室內各燒成階段的「火色」來判斷燒成的結果，幾乎是經驗累積的表徵。燃燒薪材及煤炭的窯爐，觀察煙囪頂端排煙、以及窯中火焰的狀態，可以鑑別判定從氧化到還原的各個不同的程度。今天利用儀器測度窯室內溫度，並將溫度訊息以指針或數字或配合全程自動紀錄儀器，提供燒成中調整的參考依據。

　　實際燒成中，無論觀察火色、看煙囪排煙或溫度紀錄儀器，陶瓷的燒成通常會配合燒成中取樣【圖8-7a】以及查看測溫錐「倒伏」的狀況【圖8-7b】。

[註3]
溫度是以被認定的標度來表示冷熱的程度的物理量。從溫度的差異可以指明在已被測定溫度的物體及其周圍之間熱能流動的方向。溫度並不等於系統的能量，例如一支點燃的火柴其溫度比一座冰山高很多，但是龐大質量的冰山所蘊含的熱能卻達非一根火柴所能比擬。現代通用的溫度標示方式有攝氏（℃）、華氏（℉）及絕對溫度（°K）。它們之間換算的關係如下：
℃＝（℉－32）×5/9；
℉＝（9/5×℃）+32；
°K＝℃+273
（或℃＝°K－273）。

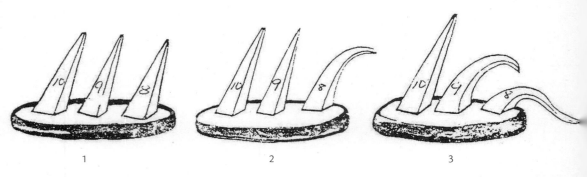

1. 測溫錐以83°傾角固定於耐火土板上
2. 燒成途中，8號錐先行軟化
3. 燒成終了，8號錐完全倒伏，10號錐猶然未變

【圖8-7b】測溫錐倒伏的情形

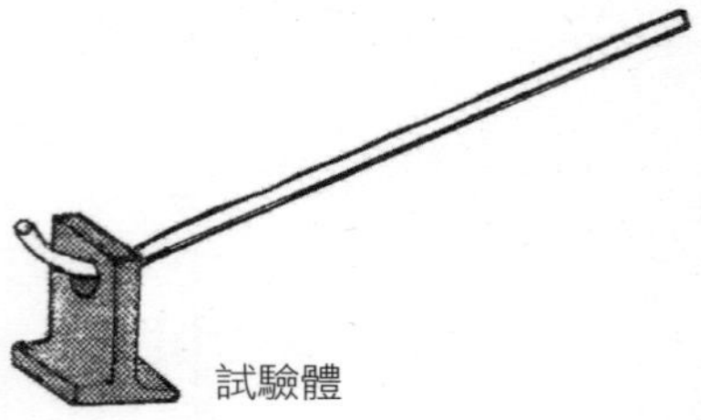

【圖8-7a】勾取燒成樣本　　試驗體

8.2.6窯爐的選擇

陶瓷器燒成的各種型式窯爐各有其優缺點，有些缺點並非絕對不利於燒成操作。設計構築窯爐首先需要考慮的客觀因素有時要比單純顧慮其本身的優缺點重要，所以尋求最適合產業或個人使用的窯爐才是合理的選擇。以下簡單敘述各種窯爐的特點。

1. 不連續性窯

（1）橫焰式窯：

燃燒室生成的火焰以與爐床平行的通路進入窯室，讓被熱物昇溫，從煙囪排出，中國景德鎮的傳統窯，目前台灣風行的柴燒窯就是屬於此種。接近燃燒室（火膛）的窯室溫度較高，與接近煙囪的部位的溫差很大，燒成溫度不容易達到均一是最嚴重的缺點。

（2）升焰式窯：

燃燒室生成的火焰上升通入其上方的窯室內，將被燒物加熱後，從更上方的通風口排出。台灣從沒有這種窯，它的結構較簡單，築窯及修補費用較節省。但火焰通路短促，升溫速率快，但燃燒效率不佳，燃料費用高。直接上升的火與熱容易使上下方溫差擴大是主要的缺點。

（3）倒焰式窯：

不論圓形窯或方形角窯，燃燒室生成的火焰循著檔火牆與窯爐內側壁間的通路上升到窯冠，再反射下降通過窯室將物體加熱，然後經過爐床下的煙道再從後方的煙囪排出。倒焰式窯比前述的兩類窯爐有較高的燃燒效率、經濟效益及均勻的熱量分佈。

2. 半連續性窯

（1）登窯

依循傾斜的坡地地形，構築逐次升高相鄰的窯室，前一窯室的排氣廢熱或冷卻的餘熱可作為順次的窯室的預熱源。由於坡面傾斜度的緣故，排煙通風力很強，氣流動快速，窯內溫度不容易均勻，前後的溫差甚至高達

SK 3~5（60~100℃）。又因通風良好，會引起過快的冷卻效應，對大型的器物造成不良的結果。若結構是整條相通而無分隔的窯室者，在台灣稱為蛇窯，中國稱為龍窯。早期的中國、日本與法國等地，都有這種窯，今日已不常再被利用。

（2）砲型窯

地平面上以連續燒成室相連構築的窯爐，每個窯室之間為薪碳投入口和燃燒室。燒成作業是從頭逐次往後進行，利用前一窯室的廢熱作為相鄰的窯室的預熱源。熱效率是比單獨窯經濟，但被燒物容易受到煙氣或灰份的污染，所以大多使用在低級的耐火物或磚、瓦類的燒成。

3. 連續式窯

（1）輪窯

十九世紀中葉，德國開發的窯爐，各相鄰燃燒室連接成橢圓環狀，由各自的煙道連接主煙道經由中央煙囪排煙。窯室數目約有12~20，通常有14室，總長80米左右。窯室輪替操作的方式是由冷卻中的數個窯室的排熱，當作鄰接的燒成室的預熱。燒成室的廢瓦斯則為次第窯室未燒成品的預熱或乾燥的熱源，燃料費用比單獨角窯節省35%以上。此型窯爐主要用在磚瓦燒成，陶瓷器業並不使用。

（2）連續室窯

與輪窯相同的原理，方形窯室有共用的窯壁互相緊鄰，連續在各窯室次第倒焰燒成，各自窯室可執行不同的燒成火度與變化爐內的氣氛，使用範圍很廣，效益也很高，在隧道窯未開發前曾被大量利用。

（3）隧道窯

上述的各式窯爐都是被燒的物件固定裝置在窯室內，以間歇或半連續的方式進行燒成。而這種長條隧道型的爐體結構，被燒物裝積在台車或（滾筒輸送帶）上，台車在固定的軌道上順序往與燃燒瓦斯相反的方向移動，接受窯室內不同階段、受到控制與調節的「熱能」。對台車上的被燒物來說，走一趟隧道，就逐次經歷預熱加溫、燒結、瓷化、冷卻等所有陶瓷器燒成的全部步驟。而窯室各特定的部位，經常性的保持設定好的功能，維持既定的加熱曲線來確保整個燒成均勻順利。隧道窯的形式很多，有橫焰式、倒焰式、直接火焰式或間接火焰式等，但相同的要求是：橫斷面的上下左右的溫差要越小越好。

8.2.7 築窯材料與裝窯道具

1. 工業用窯爐的形式很多，尺寸相異性也很大，窯體外部通常會以紅磚或鐵製外殼作為燃燒及窯室部門的固定及保護層，需要裝置的煙囪則大多使用不容易腐蝕的不銹鋼管（小型窯），大型窯爐的煙囪則由紅磚或鋼筋水泥外殼保護的耐火磚砌成。窯體的各部分則使用耐火材料、斷熱材料、耐火灰泥及耐火纖維等逐層構築。

2. 裝窯道具：施釉後的半成品在窯內安置，需有適當的材料輔助，做成最有效益的燒成，這些以耐火材料製成的輔助材料稱之為窯道具。它們必須具備以下的特性：
   （1）成形後的乾燥強度要大
   （2）能耐急冷急熱

（3）燒成後有高機械強度及比陶瓷器較小的收縮率

（4）適宜的耐火度，及

（5）能長時間多次使用

常用的窯道具有：（1）匣缽：配合器形做成容器狀，除了支撐的用途外，用來防止燒火過程中火焰或燃料的灰分污染坯體或釉藥。（2）棚板，支柱，墊塊等。

8.3 溫度測定

陶瓷器燒成時，將熱能導入窯室內使被燒物件升溫，以達到坯體燒結、瓷化與釉熔融熟成的目的。加熱過程中，「溫度、熱能和時間」是3個相互關聯的重要因素。而為達到不同窯業製品的品種與規格要求，通常會規劃不同的燒成程序與加熱方式，這些條件中會包含有升、降溫度的速率及相關的能量供應，規劃與調節都需要有正確的溫度數值作為參考，以增加作業時的信心指數。

人們對日常生活週邊的氣溫可以用「感覺」的方式感到冷或熱，但無法以此方式去感覺窯室內的熱度多高。測定溫度的儀器因需要而被發明運用。溫度量度大致可分為下列的模式：（1）探測的組件（儀器或儀器的延伸部分）A與被探測物（物體或物體存在的環境）B之間是直接接觸的：（2）A與B有一段適當距離分開，以媒介的方式透過訊號（例如以導線或光線）傳輸被測物件的溫度資料，於裝置在適當距離外的儀表或紀錄器上顯示讀取溫度。

探測溫度的裝置有不同的原理依據，其形式如：（1）膨脹式溫度計：（2）壓力式溫度計：（3）熱電偶式溫度計：（4）光電式溫度計：（5）輻射熱式溫度計：（6）光色式溫度計：（7）溫錐熔倒溫度計等。陶瓷器燒成最常使用的是熱電偶、光色高溫度計及測溫錐，可以單獨使用或同時交互運用來作為最佳的燒成參考。

8.3.1 熱電偶溫度計 〔註4〕

兩種不同的金屬線末端熔接構成一個迴路，一端放置在被感知的「熱的」位置，另一端在參考基準點「冷的」位置，維持較冷的低溫。迴路中途連結一個讀取的儀器或紀錄器。由於兩端點間的溫度差，不同金屬線端點間會產生「電動勢（Electromotive force, emf）」，emf的大小與溫度差值成正比【表8-1】〔註5〕，所以當被探測點的溫度越高，產生更大的emf使儀表的指針在刻度面板前移動，或在數字顯示屏幕更動。使指針或數字變化的裝置通常有電磁式驅動指針，或惠斯登電橋（Wheatstone bridge）驅動的數字式儀表。

目前陶瓷業所使用最標準的是鉑（Pt）與鉑銠合金（Pt–Rh）〔註6〕金屬線【表8-2】所構成的迴路。但因為鉑與銠都是貴重金屬，所以探測端的金屬線都僅以一適當的長度裝入絕緣耐熱的保護管【表8-3】〔註7〕中，其餘以特製的「溫度補償銅合金線」連結到顯示器或紀錄器端。

〔註4〕
窯業協會編：窯業工業手冊，p367，表3.1.2，1980 Feb. 01。

〔註5〕
窯業協會編：窯業工業手冊，p367，表3.1.3，1980 Feb. 01。

〔註6〕
窯業協會編：窯業工業手冊，p368，表3.1.7，1980 Feb. 01。

〔註7〕
窯業協會編：窯業工業手冊，p368，表3.1.7，1980 Feb. 01。

溫度℃	emf（mV）	溫度℃	emf（mV）	溫度℃	emf（mV）	溫度℃	emf（mV）
100	0.056	600	1.796	1100	5.791	1600	11.260
200	0.162	700	2.442	1200	6.811	1700	12.390
300	0.419	800	3.162	1300	7.890	1800	13.520
400	0.790	900	3.964	1400	9.000		
500	1.245	1000	4.839	1500	11.130		

【表8-1】Pt-Rh（30%）／Pt-Rh（6%）之基準熱電動勢（emf）

+極（%）	-極（%）	最高使用溫度	備考
Pt 70, Rh 30	Pt 94, Rh 6	1800℃	適合氧化中性焰使用（Pt-Rh-18）
Pt 80, Rh 20	Pt 95, Rh 5	1800	適合氧化中性焰使用
Ir 60, Rh 40	Ir 100	2000	因具特別安定性，也適合還原焰使用
W 100	Ir 100	2100	同上
Pt 60, Rh 40	Pt 80, Rh 20	1950	適合氧化中性焰使用
Pt 60, Rh 40	Pt 95, Rh 5	1700（1800）	適合氧化中性焰使用
Pt, Rh	Pt	1800	適合氧化中性焰使用
Ir	Ir, Rh 10or 40	2000	適合氧化中性焰使用

【表8-2】高溫用熱電偶用 金屬－合金一覽表

材質	最高使用溫度℃	常用溫度℃	用途
·特殊耐火物：			
高純度半熔Al_2O_3	1900	1700~1800	主要用於鉑–銠質地的熱電偶；
氧化鋁單結晶	1900	1700~1800	氧化鋁單結晶具有特殊的耐熱衝擊性。
·瓷器質：			
普通半熔Al_2O_3	1600	1500	適合用於鉑銠–鉑質地的熱電偶；
硅線石質瓷器	1600	1500	耐化學、熱衝擊性。
硬質瓷器	1500	1400	
·石英質：			
透明石英質	1400	1300	適合用於鉑銠–鉑質地的熱電偶；
不透明石英質	1300	1200	具安定的熱衝擊性，耐鹼性弱。

【表8-3】高溫用熱電偶保護管材質種類與特性

　　熱電偶保護管具有氣密性，可以隔絕窯室內氣體對熱電偶的可能污染或侵蝕。不同材質的有不同的用途與溫度範圍，一般的性能要求為：

1. 能在最高使用溫度以下安全使用

2. 具耐熱衝擊性及耐化學侵蝕性

3. 優秀的氣密性

4. 熱傳導性小

　　沒有裝置「冷接點」的熱電偶式溫度計之冷端是以環境的溫度為基準值，所以儀表板上讀取的或顯示的數值，是未經補償的，並非探測點的真正溫度，僅能當做燒成時一項有用的參考。但是為了希望有永久參考的價值，窯爐的測溫儀器裝置的情形，與使用的習慣應維持相同的標準，最好長期使用同一套儀器。使用熱電偶測溫計應注意事項：

1. 第一次使用前，注意熱電偶熱端點在保護管內的確切位置，當作安置熱電偶在窯室內深度的參考。

2. 定期檢查整個測溫裝置系統的接點是否牢固

3. 使用適當的電阻補償導線

4. 各接點必須使用正確的接續端子

5. 溫度表需經過校正規零

6. 操作進行中發生任何故障須及時修護並從新校正調整

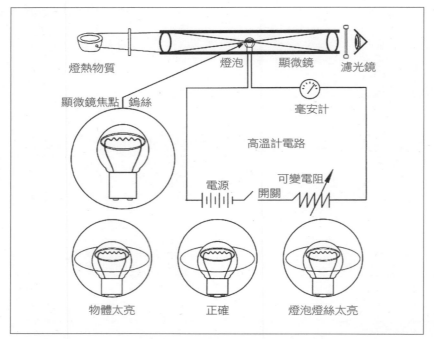

【圖8-8】
光高溫度計燈絲與熱體亮度的對比

燈熱物質　燈泡　顯微鏡　濾光鏡

顯微鏡焦點　鎢絲

毫安計

高溫計電路

電源　開關　可變電阻

物體太亮　正確　燈泡燈絲太亮

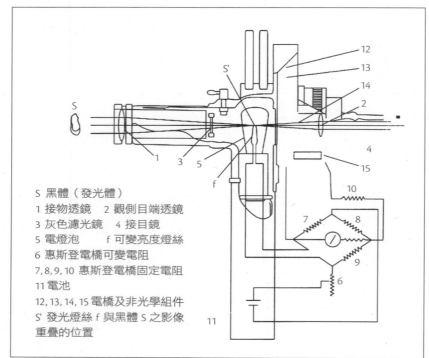

【圖8-9】
光高溫度計之構造圖

S 黑體（發光體）
1 接物透鏡　2 觀側目端透鏡
3 灰色濾光鏡　4 接目鏡
5 電燈泡　　f 可變亮度燈絲
6 惠斯登電橋可變電阻
7,8,9,10 惠斯登電橋固定電阻
11 電池
12,13,14,15 電橋及非光學組件
S' 發光燈絲 f 與黑體 S 之影像
重疊的位置

〔註8〕
光復書局：大英科技
百科全書 vol. 11,
p53（1985）。

〔註9〕
窯業協會編：窯業工
業手冊，p373，1980
Feb. 01。

〔註10〕
素木洋一：釉及其顏
料第3章（1981）。

8.3.2 光學高溫度計

　　光高溫度計的構造中，有兩個主要的系統，一個是光學望遠鏡系統、一個是包含惠斯登電橋，以可變電阻器調節內建小燈泡亮度的系統。以此方式探測被燒物件在高溫狀況的溫度，是以不接觸「熱體環境」的方式，調節電橋的可變電阻，當燈泡中燈絲的亮度與熱體的亮度一致時（當兩者的亮度一樣時，僅能看見燈絲而不見其亮光），儀表板上從電橋微電流轉換的指針位置或數位讀數，可以立即獲得該熱體的溫度。【圖8-9】〔註8〕【圖8-10】〔註9〕

8.3.3 溫錐與溫度測定 [註10]

塞格氏錐和歐頓錐自分別被發表後，就廣泛被採用在窯業熱處理時的燒成狀態實況模擬的參考，協助作業人員判斷窯室內被處理物件的燒成性狀。因為溫錐材料的化學組成非常接近被燒製品的成分，所以燒成條件中如溫度、升溫速率、窯室氣氛等對溫錐的熱效應會同樣反映在製品上。

1. 塞格錐（Seger Cone Seger Kegel，簡稱SK）

1885年德國人Herman Seger發表一系列與釉類似、利用鹽基與酸的關係之化學式來表示的三角錐組成，1886年開始被使用。當時Seger制定的是SK1-20；SK21-36兩套溫錐，之後Kramer與Hecht等共同研究，往低溫補充到SK022（600℃）、及高溫的SK42（2000℃）。此後經過多年、數位化學家（Kramer；Hecht；Simons；Rieke等）試驗整理，確定從SK022到SK42、每一相鄰錐號的軟化溫差為20℃的全新塞格錐系統。

市面販售的塞格錐尺寸有個標準【圖8-10】。安置的方式，分別為傾斜的（83°德國式）及直立的（90°日本式）兩種【圖8-11】。使用方法通常都將相鄰的三個錐號（例如SK8, 9, 10），以相同的傾斜角排成一列，安放在窯室內適當的位置，如【圖8-7b】（1），加熱途中八號錐首先變形，如【圖8-7b】（2）。最具參考價值的熔倒情形是八號錐全倒、剛好接觸底板、九號錐半倒約40~45°，十號錐依然維持原先的位置，如【圖8-7b】（3）。

2. 歐頓錐 （Orton cone, Orton Standard Pyrometric Cone）

1896年，Edward Orton 在Encaustic Tiling Co.（在Zanesville 的瓷磚製造公司）見到由的 Karl LangenbecK製給該公司自用的示溫錐後，遂在俄亥俄州立大學窯業系以工業方式生產應市，命名為「標準高溫錐」，與變形熔倒溫度相對應的錐號，稱為高溫錐當量（Pyrometric Cone Equivalent），簡稱PCE。

PCE的數值所表示的是窯業材料及其製品之耐火度等諸性質的數值，例如耐火黏土具有耐32號錐的耐火度當量，意思是說，以該黏土製成標準尺寸的錐時，在相同的加熱條件下，與歐頓32號錐比較，發生同樣的變形倒伏情形。

美國的窯業論文中提到使用溫錐熔倒的程度時，通常都以錐尖端彎曲至幾點鐘方向為準，從熔融軟化起始的一點鐘、然後二、三、四、五到尖端碰觸到底板的六點鐘方向為完全彎曲。

歐頓錐倒伏的溫度與與升溫速率有關，快速加熱需要較高溫度才會有與緩慢升溫、但在較低溫有相同的軟化程度。例如某種產品要燒到九號錐（1250℃）、變形度為三點鐘方向時，假若升溫的速率為20℃/小時，則所需的燒成時間約為60小時。若採取另一個加溫速率，150℃/小時，則九號溫錐須升溫到1285℃才能達到相似的變形程度，所需的時間約為九小時。

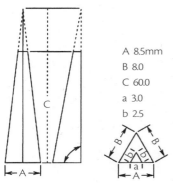

A 8.5mm
B 8.0
C 60.0
a 3.0
b 2.5

【圖8-10】標準塞格錐的形狀與尺寸

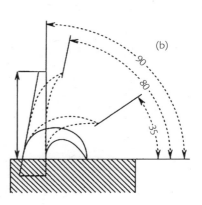

【圖8-11】塞格錐放置的方法熔倒時的情形

第9章

釉之缺陷及矯治的方法
Glaze Defects and Curing Methods

釉發生的缺陷種類繁多，有些很難控制，尤其在少量製造時，失誤的機會更多。為達到品質要求，釉的缺點當然越少越好。因此調配釉料的技術人員必須具備有關的知識與技術，他必須明白產生瑕疵的源頭與發生的原因，進一步知道如何去克服，以避免缺陷重複發生，他也會分辨發生瑕疵的原因是由於釉本身的或包括燒成的技術問題所引起。

明顯而嚴重瑕疵會降低製品的價值與消費者的興趣，製陶業者具備矯治缺陷的知識與技術非常重要，下列情形可能會在釉層或釉面發生缺陷：

1. 由於釉原料或成分間的反應，形成缺陷
2. 釉燒過程中玻璃化反應不完全（熔融不良）
3. 不適當的調配混合程序
4. 不適當的窯爐與燒成條件
5. 不當的燒成與冷卻的程序，使釉層出現不能承受的應力
6. 不成熟的製陶技術

缺陷釉有時反而是工藝的裝飾效果，例如斑點，它們會糟蹋光潔明淨的釉面，但常常是色釉或乳濁釉裝飾的一環；開片與失透通常被應用於工藝的視覺效果上，但若容許它發生在飯店餐具瓷上面時，析晶失透及開片將引起不雅的感覺與衛生方面的問題。但是無論如何，嚴重的瑕疵如「冷裂」、「釉層剝離」就不能當作裝飾的一部分了。

9.1 氣泡與針孔

熔塊與釉層內，整個加熱、熔化過程都會生成，並保留大量的氣體，有些以分子的形式存在玻璃熔液中，有些則以不同尺寸的氣泡形式出現。釉層中的氣泡有時是少而小，有時可能會大而多，通常在同一件製品上，垂直面比水平面上的氣泡數量較少、尺寸也也較小。

釉發生此缺陷比坯體的多，解決的方法也較難。從原料的組成，調配時研磨與粒度分布，施釉修整過程，燒成中的解離，化學反應與物理變化，熔融的狀態，黏度及表面張力，到燒成後冷卻的階段，或出窯後彩飾再度燒成，都是發生缺陷的時機。有時並不是單純一種原因就會發生缺陷，若剛好有適當的時機，就會立即出現，甚至坏件的原因也會引起釉層連帶出現瑕疵。產生氣泡的氣體來源有很多可能，例如：

1. 原料及化合物中的結構水，加熱過程的解離與化合作用。
2. 有機雜質或添加的有機補助材料燃燒產生的氣體。
3. 釉料加工時混入的空氣及多孔性坯體孔隙中的空氣。
4. 在釉料熔融或軟化前未及逸出，或釉熔融後才產生的氣體。
5. 存留在釉層中的氣體與釉層的厚度、熔融釉的表面張力及釉的粘性。

J. R. Taylor & A. C. Bull：Ceramics Glaze Technology. (1986)

素木洋一著：釉及其顏料（1981）

窯業協會：窯業工學手冊，技報堂出版（1980）。

9.1.1. 調釉前置作業及施釉時所引起的氣泡

1. 釉原料中結合有燒成時會分解的氣體。
2. 釉泥漿調配時混合不均勻。
3. 泥漿中混入大量空氣。
4. 施釉期間坏體中有過多的水分。
5. 坏件上有油漬或灰塵。
6. 坏件內部吸附的，及表面開放性氣孔或小凹洞內的空氣。
7. 施釉時，釉的溫度過高，或坏體為多孔性的，被釉層封閉的空氣會膨脹，在無處可逃的情形時，將會使釉層鼓起小泡。
8. 浸釉的時間過長，噴釉時局部過濕，釉層過薄或過厚，都會使釉層中產生小氣泡。
9. 坏件的尖銳部分、棱邊、表面有沉積的可溶性鹽類如水玻璃、碳酸鈉等解膠劑時，會降低該處釉的附著力。
10. 釉燒過程中的煙氣或水蒸氣。
11. 碳化矽質窯道具的粉塵，氧化時生成氣體。
12. 化粧土或彩繪的緣故或釉上彩烤花升溫不當。

9.1.2 釉本身的原因所引起的

1. 調配釉料時添加的有機膠等因發酵產生氣體（可添加防腐劑解決）。
2. 釉泥漿儲存期間因相互的反應或分解生成氣體（這種釉最好及早使）。
3. 釉泥漿陳放的時間不足，或泥漿過黏；或陳放靜置過久，蓄積的氣體不及排出（施釉前須先經過適當的設備脫除泥漿中的氣體）。
4. 坏體太濕或施釉不當，使坏體吸水達到飽和。
5. 重疊施釉時，前後次間隔時間過長，再次施釉容易長出氣泡。
6. 釉中生黏土量太多時，宜部分以煅燒黏土替代。
7. 碳酸鹽或部分碳酸鹽以矽酸鹽替代（例如矽灰石可取代部分石灰及矽酸）。
8. 釉料調配時過度研磨，粒度太細，容易產生針孔與氣泡。
9. 化粧土層過厚，釉燒後容易出現針孔。

9.1.3 熔融釉中的氣泡

　　和玻璃一樣，熔融的釉中會含有多量氣體。這些氣體有氫、氧、氮、二氧化碳、二氧化硫及水蒸氣，會有什麼氣體與多少量則依組成成分，熔融的溫度及窯室內的氣氛而定。若釉層很薄，例如餐具瓷，在其熟成的溫度黏度甚低時，氣體逸出就容易多了。通常熟成的時候，高溫釉的黏度比低溫釉大，氣泡較不容易脫除，即使能脫泡，也較容易留下氣泡的痕跡。

　　熔融的矽酸鹽玻璃質混合物在高溫時的狀態，例如當時的黏度與表面張力，對氣泡的消除影響很大。釉中的氣體無法像熔製玻璃一樣地以藥劑或機械的方式讓其「清澄脫泡」，也無法以更高溫度來降低黏度，使氣體容易逸出。另外，釋出的氣體將因為釉層

較厚又不能延長持溫的時間，因此逸出更加困難。

　　釉原料中的碳酸鹽，氟化物、硫化物或硫酸鹽等化合物，加熱時都會解離釋出氣體。鉛料使用矽酸鉛熔塊時，較沒有氣體分解的問題，生鉛釉中，密陀僧和鉛丹比鉛白釋出較少的氣體。長石雖然並不會與氣體有化學性的結合，但是晶界或顆粒周圍吸附多量的水與氣體，燒成中逐漸被釋放，因為熔融的長石黏度很大，若不及逸出就留下明顯的氣泡。發色的金屬氧化物如氧化鐵、錳、鈷、鎳等，很容易在高溫釉熔融時才釋出多餘的氧氣形成氣泡與針孔。對於瓷器坯體來說，長石吸附氣體因為在瓷化之前就順著未被封閉的氣孔逸出。而釉中的長石則不然，有名的「志野釉」[註1]如蟲蛀般的孔穴就是這些破裂的氣泡留下的紀錄。

　　有些調配坯土與釉料的黏土，除了結晶水外尚夾帶一些有機雜質腐殖物，如在燒結或釉料開始熔融前未全部氧化燒失，將容易殘留在釉中形成氣泡或針孔，未燒化的還可能造成黑斑，有時還原燒的瓷器釉中，出現的黑灰色小氣泡或斑點就是碳化的有機物留下的殘餘物。

〔註1〕
志野釉
日本志野燒是16世紀末葉桃山時代，在歧阜縣南部美濃地方所開發的一種「抹茶碗」陶器類型。厚施的長石釉上呈現乳白色的釉面凹凸不平整、開片、蟲蛀般的針孔為其特色。呈色裝飾有赤志野、鼠志野等。

9.2 乳突狀泡瘤（Blister）

　　釉燒成後，很細小的、數量很少的氣泡通常不會造成困擾，但釉層內大型的氣泡形成乳突狀泡瘤破壞釉面的平整度。假如爆破了的泡瘤在釉尚未固化前沒有足夠時間讓其敉平，則留下類似微小火山口的孔洞。

　　直接從釉內或間接從坯件生成的氣體都會形成泡瘤，釉厚度決定泡瘤的成長程度，釉的黏度及表面張力關係它是否能夠破裂釋出氣體，敉平的程度將與突破後軟化持續時間的長短有關。下列一些措施能有效防止或至少可以改善。

1. 降低熔塊料中那些會在熔製時分解生成氣體的成分之調合量。
2. 減少會分解生成二氧化碳、二氧化硫或水蒸氣的釉料研磨添加物的份量。
3. 入窯燒成之前將釉坯完全乾燥。
4. 為避免僅因「過燒」造成泡瘤，釉燒成時稍微降低最高溫度。
5. （低溫）釉中添加一些瓷土、硅石粉，或以較硬質的（熔點較高的）熔塊調製熔塊釉，然後提升熟成的溫度。
6. 燒成週期前段、特別在650℃之前，宜調整較緩慢的升溫速率，如此能允許有足夠長的時間讓氣體通過仍然具有透氣性的釉層，然後逸散。
7. 減少釉層的厚度。越薄的釉層提供氣體越容易透過的途徑，也讓那些陷入的、不及逸出的氣體，只能以細小的泡泡留在釉內。

　　泡瘤是否會破裂形成小火山口，取決於釉的粘滯性。長石釉的黏性高眾所週知，若以鈉長石取代部分鉀長石，或多添加少許石灰，或施掛較薄的釉層，或提高燒成溫度或延長燒成的時間等，都有利於解決長石釉高黏度的部分問題。

　　硫化物及硫酸鹽，在坯釉中都是問題的源頭。早期以煤炭或未經脫硫的重油為燃料

時，常因硫份造成相當大的困擾。脫硫的石油類燃料已經沒有硫磺氣體的問題，但釉、坯中的硫化物（通常為原料中的雜質）或硫酸鹽（通常為破損的石膏模碎片），直到釉熔融的溫度尚不分解，若有分解，則氧化後常留滯釉中形成泡瘤，在釉燒過程中，氧化階段是個相當關鍵的時期。若硫酸鹽都在釉熔融後才分解，生成小氣泡常令全部或部份釉面失去光澤，甚至出現皺紋。

碳化矽（SiC）的污染也會形成泡瘤或小火山口。作業環境週遭的切割、打磨等使用的砂輪機工作，飛揚的SiC顆粒不經意地使釉受到污染。燒成中會有 $SiC + 2O_2 \rightarrow SiO_2 + CO_2$ 的反應，產生二氧化碳是氣泡的來源。

9.3 凹痕（Dimple）與針孔（Pinhole）

針孔發生的原因與前一小節敘述關於氣泡的相似，如釉的組成、坯體中逸出的氣體、蒸氣或煙氣、彩繪、碳化矽塵埃等，只差有否爆破而已。沒有完全弭平的小火山口，就在釉面上留下凹痕或針孔。另外釉質地太軟或太硬，釉熔融不足，或施釉時掉落會產生氣體的有機塵埃，都容易形成針孔或凹痕。凹痕是泡瘤爆破，釉被吹開後留下沒有十分癒合的開口。產生針孔的氣泡較小，吹開的時機較晚，直徑較小，通常在2mm以內，數量龐大的凹痕與針孔將釉面糟蹋的成稱為「蛋殼」或「橘子皮」的缺陷。沒有單一的方法可以矯治它，例如增加及降低釉的黏性，是不可能在同一時間，同一種釉可同時達到的目標。

1. 熔塊料熔化管制

檢驗熔塊內是否有因為粗粒，或鎔爐溫度過低的緣故，而有未熔融的生原料。

2. 釉組成成分不良

釉質太硬、黏度太高時，氣體不易排除，釉料太軟表示低溫時釉的流動性大，氣體容易逸出，但是也容易發生釉 – 坯間的反應。有時為了考慮成本，選用不安定的原料容易出問題，例如夾帶有機雜質的黏土，安定性不足的釉下彩繪色料，在釉熔融時分解生成氣體。

3. 技術應用不當

有些釉從不曾出現過這些毛病，但應用錯誤的技術會導致發生缺陷。例如噴釉時，噴槍太靠近坯件，噴嘴處霧化的壓力過大，噴施的釉層太厚，或噴施第二層時第一層釉未乾或太乾。

4. 可溶性鹽的緣故

製配陶瓷色料常常須要水洗，甚至熱水洗或酸處理，來除去那些反應生成的可溶性「鹽」。例如水溶性釩鹽就是惡名昭彰的，很容易產生泡瘤的元兇，溶在釉泥漿時它立即生成「釩酸鈣結晶」，釉燒時就形成泡瘤，矯治的方法為添加一些凝膠劑，使形成不溶性的複鹽。

5. 坯體條件

最好不要用氣孔率高的坯體，以避免帶來太多氣體；施釉之前坯件表面的粉塵要清除乾淨。

9.4 釉噴出（Spit out）

釉面之針孔聚集成穴，尤其在坯體燒結不十分完全的多孔陶器，再次在釉上烤花燒成時出現的缺點。坯體中吸附的氣體或水分，因加熱時經由與坯體相通的微細釉層裂紋逸出。當釉處在軟化的狀態時，龜裂的釉面會再次救合，而泡狀的氣體則膨脹爆裂衝破釉層，看起來好像噴口的模樣。

其他釉噴出的原因，很多與形成針孔類似。未完全乾燥的坯件入窯燒成因水氣蒸發，釉料本身有容易產生氣體的原料，有硫化鐵或類似的雜質，有機雜質燃燒，成形用的坯土中含有大量空氣，燒成中窯室內氣氛氧化還原交替變化時，都容易使釉坯起皰。一但氣泡夠大，釉層夠薄夠軟，則釉面吹出比針孔大的噴口，若釉層很厚，噴口會隨之加大，也時會深到見坯層。沒有噴出的將形成突出釉面的泡瘤（參考9.2節各種形成的原因及可能解決的方法）。

9.5 龜裂

龜裂大多以毛髮狀的裂紋，發生在從釉、坯中間層開始，延伸到釉表面的釉層玻璃相中。通常它們會集中在較厚的釉層區域，而有些裂紋因為太細了以致不容易辨識。除非是在有意讓作品出現工藝的效果而使釉面發生開片，不然龜裂將使製品的外觀失色，而且會減低坯件原先性能設計的強度或耐用性。例如，原本要求完美無缺的釉當做保護層的花器，因為釉開片使得多孔性的坯件因為滲水而喪失其實用的價值。

由於膨脹係數差引發的拉伸張力的程度不同，釉層所能承受的時間也有快慢之別，使龜裂分為「立即的」及「延遲的」兩種型態。發生的主要原因是當冷卻溫度降低到釉的軟化點以下時，釉坯之間的收縮不一致，形成隨溫度下降而逐漸升高應力的變化。正常釉的強度，比較能忍受壓縮的應力，對拉伸的張力較難以抗衡。因此陶瓷技術人員通常都設計，讓釉在正常使用時承受些許壓縮應力。換個說法，要求釉的熱膨脹係數比坯件的稍微小些。不同因素形成的龜裂方式都不相同，下列的是幾種較常見的。

1. 坯件上的裂痕在施釉之前或釉熔化之前即已存在，因收縮使得裂紋張開，熔融的釉液無法覆蓋，裂口邊緣形成圓潤的釉面，裂縫清晰可辨。【圖9-1】
2. 應力很大，應變使釉層坯件徹底破裂。
3. 毛髮狀的裂紋佈滿釉面。發生的時機有的出窯後立即可見，有的是經過一段時間後出現。各種形式的裂紋。【圖9-2】

【圖9-1】釉溶解前坯體發生裂紋，燒成後釉層中斷

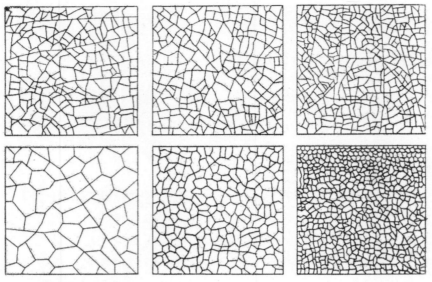

【圖9-2】各種形式的裂紋

9.5.1 立即的龜裂（Instant 或 Primary Crazing）

施過釉燒成的陶瓷器，冷卻後從窯爐中取出，就可以看到龜裂。假如不是過度熱衝擊的緣故（例如急速升、降溫度），那必然是由於釉玻璃相與坯件的配合度不佳，最可能的原因就是釉、坯間的熱膨脹係數差引起過大的應力變化。只要環境的溫差有季節性的變化，這種形式的裂紋會持續進行。

9.5.2 延遲的龜裂（Delayed 或 Secondary Crazing）

吸濕性膨脹（Moisture Expansion）。曾經一度以為因熱變化的膨脹收縮是發生延遲性龜裂的主要原因，但這種見解已被駁斥，並經確認坯體吸濕性的膨脹才是元兇。因為膨脹抵消了壓縮的應力，更使釉層必須承受因坯件膨脹所引起的拉伸張力，當超過其彈性限度時發生龜裂。

陶器製品因吸濕性膨脹引起的龜裂是經過多天、數週、數月甚至幾年後才會出現的缺陷。即使在日常的週遭環境中，濕氣或水蒸氣會毫無顧忌地從支燒的無釉部位，或刮傷的小瑕疵處滲透進入坯體的孔隙中。在多孔性的施釉陶器坯件上最容易發生這樣的裂痕，真正無氣孔的瓷器坯體，不會有延遲性龜裂。

坯體中的氣孔分為兩種形式，一為開放連續性的，另一為封閉的或不連續性的氣孔，後者通常因為坯料中含有較多會在燒成時，生成玻璃相物質的成分，大部分氣孔都不與大氣相通。雖然兩個坯件有相同的氣孔率，但沒有開放性氣孔的坯件較不會遭受吸濕膨脹的威脅。

添加少量（約2%）滑石、白雲石或煅燒氧化鎂於陶器坯土內，能有效降低吸濕性膨脹而不大影響氣孔率。陶器坯土添加滑石有另外的優點，滑石能在不增高燒成溫度的情況下，使游離矽酸（如燧石）的微晶結構轉移成為「白矽石」，讓坯體的膨脹係數增加而升高釉層的壓縮應力，因而產生抗龜裂性。

9.5.3 烤花燒成發生的龜裂

　　釉上彩烤花燒成的溫度一般都比釉燒溫度低很多，但是在此形勢下也有幾種不同的可能原因生成因烤花而發生龜裂。若坯體中含有高量游離矽酸，分別在220℃（方石英）與573℃（石英）附近時，釉、坯的膨脹差值△相當大，坯體將發生「烤花」龜裂。於升溫階段，矽酸在上述的溫度遭遇 $\alpha-\beta$ 型的結晶轉移，膨脹量引起的應力超過釉層能承受的程度，引發釉龜裂，甚至破裂。

　　如【圖9-3】，標準陶器釉與標準陶器坯體的熱膨脹曲線A與B，比較每個釉、坯在500℃的膨脹差值△，較大△值的坯體A比坯體B有較高的龜裂風險。燒成的初期升溫過速使膨脹差值更大。（p. 213, Ceramics Glaze Technology. J.R. Taylor）

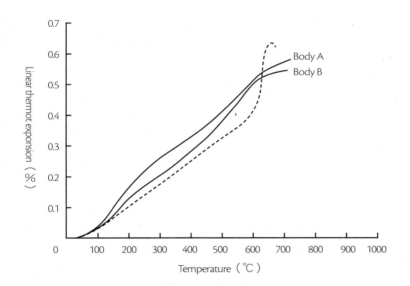

【圖9-3】釉與坯體的熱膨脹差值曲線

　　因膨脹差過大引起的龜裂經常連帶發生成排小氣泡或釉噴出的缺陷，此情形較容易發現在坯件邊緣先受熱的部位，烤花燒成時加溫過速的熱衝擊常常是形成如此嚴重缺陷的主因。當溫度低於釉軟化點以下時，釉尚保持在「硬的」，還不能「流動」的狀態，此時坯件上生成的應力將導致沿著「等溫應力線」發生龜裂。溫度繼續升高到釉軟化點以上，溫度越高釉越軟，開裂的釉面將重新彌合復原。也在這時候，從坯體氣孔內被誘入釉層裂紋下的氣體或水分就形成小氣泡。若氣泡爆開，結果就好像釉噴出。

　　解決的方法通常為（1）提高坯體燒結的溫度（2）如上節，添加滑石、白雲石等以增加封閉性氣孔（3）改善釉料的配方，增加釉彈性，降低釉龜裂性（4）烤花燒成初始加熱階段不宜太快（5）若是在釉燒時出現的缺陷，最好修改釉坯的組成，使產生的氣體越少越好。

9.5.4 因水泥凝固形成表面應力引起的龜裂

當使用水泥當作陶瓷牆面磚的膠合材料，敷施在牆壁上的介質固化後，因其尺寸變化將使面磚在很長期間都會受到影響。最明顯的當水泥固化收縮時，使面磚的釉層承受稱為「水泥的擠壓效應（Cement pinch effect）」壓縮力。當受壓的坯體彎曲，釉層中的應力會從壓縮轉為拉伸，在達到臨界點時釉就開裂。

在歐洲，有使用「瑪斯褆樹脂」[註2]固定牆面磚大大降低上述的缺陷，因為樹脂的彈性不會將應力傳佈到瓷磚坯體上。而且敷貼瓷磚時，無須加水調合，所以面磚的坯體也不會有明顯的「初期」吸濕性膨脹。

分別有兩個方向來改善不含游離矽酸的施釉陶器坯體的耐龜裂性：

1. 釉改良的方針
（1）降低釉的熱膨脹係數
（2）升高釉的軟化溫度
（3）減少釉層的厚度

2. 改良坯體
（1）增加坯體的熱膨脹係數
（2）升高素燒的溫度
（3）增加坯體中氧化矽的比例量
（4）將石英或燧石研磨得更細
（5）增填坯土中熔劑的含量

〔註2〕
瑪斯褆樹脂（Mastic）
從地中海沿岸或地中海形氣候生產的瑪斯褆樹（一種漆樹科常綠灌木）之切口流出的芳香樹脂。使用為各種彩料、塗料的膠合載體。合成的瑪斯褆樹脂是以溶解於揮發性溶劑的樹脂做介質、膠合礦物成份做成。當作水泥使用時，為牆面專輯玻璃的膠合劑。

9.6 跳釉、脫皮及剝落

正常的釉坯系統其熱膨脹係數為釉比坯的略大，使得冷卻過程中讓釉承受適度的壓縮應力，維持穩定的機械式平衡。但假如坯件的收縮比釉的大很多，超過系統的彈性極限時，釉層將發生被擠壓破裂而發生剝落的現象。呈薄片狀剝離的釉層，通常都沿著中間層，或從發生挫傷（例如龜裂或斷折）的處所開始，破裂的釉層邊緣因持續受擠壓而緊靠，甚至重疊。【圖9-4b】

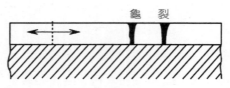

【圖9-4a】釉承受拉伸張力時龜裂

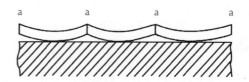

【圖9-4b】釉層承受過度的擠壓而剝離

剝落最容易發生在器物的口沿，邊緣或彎曲度大的表面。因為釉的耐壓縮能力通常都比抗拉伸優異，所以比起龜裂，陶瓷器發生剝落缺陷的情形較不常見。雖然並不絕對正確，在某個溫度定點測度釉坯之配合適應的程度尚稱方便。例如在 500℃，經驗告訴我們，釉坯的膨脹差值在0.02~0.05% 內較安全。但因為製造過程及燒成條件的差異性，出現缺陷的臨界值還是無法肯定的。在某些極端的情況，由於熱膨脹不一致產生的應力大到足夠使整個施釉陶器坯件碎裂。

　　韌的坯體結構較不傾向出現剝裂，所以瓷化製品較少發現這樣的缺陷。或者說多孔性的陶器坯體，若能增加（燒成時發展出來的）一些「空隙填充」的玻璃相，以增進結合的強度時，也能對此缺陷有所改善。最單純的方法就是在釉不過火的情況下，略微提高燒成的火度。

　　釉坯中間層的結構對釉承受壓縮力的影響也是很明顯的。多孔性的陶器搭配低火度熟成的釉進行釉燒，中間層將會過度發育，生成「釉－中間層－坯」層次分明的系統。則機械強度或三個層次間的結合力會弱化，即使釉坯的熱膨脹係數差值並無明顯的不合適，剝落的現象還是會發生。

　　將燒成的條件及釉坯的特性標準化，若依然發生跳釉或釉剝落，往往不是因為釉的緣故，而是由於系統設計不良所致。成形後的黏土質坯件在乾燥過程中，混入的可溶性鹽類會朝向稜線及尖銳角的表面集中，形成施釉時影響附著力的隔離層，升高跳釉及釉剝裂的風險。這情形也會在乾燥後或燒成中發生。添加少量的鋇鹽，可以中和這些可溶性物（通常為鉀、鈉的硫酸鹽，佔有全部可溶性鹽的50%以上），生成不熔性的硫酸鋇。

　　空飄的灰塵沉積在素燒坯體的表面，很容易導致貧乏的釉坯附著性；生胚以濕海綿擦拭，若不經常更換清洗海綿的水，則無可避免的微粉狀黏土粒子將被「擦拭」到坯件的表面，形成鬆弛的黏土薄層沉積，降低釉的附著力。

　　塑性成形的坯體通常具有較高的乾燥收縮率，因此在「革硬」坯體依然在潮濕狀態時，塗施化粧土是最適當的時機。非塑性或可塑性較差，半乾壓成形的坯件，化粧的時機則在全乾之後執行。素燒後或乾燥的坯體化粧後施釉，最容易形成鱗片狀的剝離後脫皮。化粧後的坯件若先執行素燒後再施釉，可獲得更可靠的燒成。

　　釉下裝飾的彩繪，假如熔劑含量不足，在釉燒時彩繪變成釉與坯之間的隔離層，妨礙熔融的釉附著在坯件表面，因此常會在釉下彩飾的部位發生跳釉或剝落的現象。下面是一些常被應用的矯治發生剝落時的方法；

1. 稍微增加釉的熱膨脹係數。
2. 降低釉的軟化點。
3. 降低坯體的熱膨脹係數。
4. 降低可能引起不良效應的可溶性硫酸鹽類的量，或添加少量的鋇鹽，例如添加 0.05~0.5% 碳酸鋇，將之中和成不熔性的硫酸鋇。
5. 經常更換「清洗」擦拭海綿的水。
6. 素燒後的坯件在未施釉前應妥善放置，勿使灰塵沉積在坯面上。
7. 升高坯體的燒結溫度，以增加坯體組織中的玻璃相，增進坯體的強度。

9.7 釉面小疙瘩，痱子狀的突出小粒

這種瑕疵無須借重眼睛，只需用手觸摸就能感覺到。利用手持放大鏡檢視粗糙的釉面，會發現釉層內有未熔化的原料顆粒。這些突出物的尺寸有時比釉層的厚度大，因而破壞了釉面平滑的連續性。發生的原因有可能是熔塊料或研磨添加物中未熔融的顆粒，或釉泥漿存放，或施工中夾帶的污染。

1. 原料中硬質粗顆粒

研磨添加物中有些質地堅硬的礦物原料，都已事先粉碎到適當粒度後，才置入磨機繼續為粉碎。原料加料口的周圍常會黏附一些原料，包括那些硬質高熔點的較粗粒子，整個過程幾乎都無法磨到。若出漿料時不經過篩，這些粗粒子將於施釉後留在釉層中。

2. 釉調整的粉末

研磨後取出的釉泥漿，為了微調有時會另外添加原料的粉末（尤其是黏土）到泥漿中。沒有再經過球磨想要讓黏土充分分散相當困難，聚集成小團粒的黏土施釉時一起被帶到釉層內。

3. 可溶性鹽的凝結物

「水磨」後的釉泥漿放置一段時間沒有使用，常會在液面或接觸容器壁上方邊緣，出現凝結如水泥狀的薄層表皮，攪動則破碎混入泥漿中。為避免出現困擾，建議每次施釉前再過篩一次。

4. 儲存時被污染

釉泥漿的容器必須加蓋，防止各類從工作環境及儲存處所因施工維護等產生粉塵的污染。但雖然有妥善防護，還是建議釉泥漿使用前先過篩一次。

5. 鈣結石

雖說大部分原料及熔塊皆為不溶性的，但在加水球磨時都會產生溫度，多少提高各類離子如Li^+、Na^+、K^+、Ca^{++}、Mg^{++}等在釉泥漿中的溶解度。靜置在空氣中的釉，當吸收二氧化碳時將發生，而且是持續性地發生如次的反應，$Ca^{++}+H_2O+CO_2 \rightarrow CaCO_3\downarrow +2H^+$，然後以灰塵的微粒為晶核，結成硬硬的圓球形鈣結石（結晶性碳酸鈣）沉降在釉泥漿中。在容器壁液面附近呈薄片狀的結晶比球狀的多。不讓鈣球進入釉層的方法還是施釉前先過篩。為使儲存期間儘可能減少鈣結石，存放的場所最好是陰涼建築物內，因為高溫會是出更多鈣離子，增加結石的機會。

6. 以浸泡方式施釉，操作前事先將坯件徹底清潔，利用擦拭或適當的毛刷清除可能附著的坯土破片或細渣。

若釉層夠厚，或許痱子不會突出釉面上。釉層內難免有未熔的原料顆粒，所以釉層最好有足夠厚度能掩蓋任何粒子，但並不是所有釉都需要為了避免出現痱子而施得厚厚的，每種釉都有其各自的功能所配合的適當厚度。例如建議燒成後透明釉的厚度為 0.15~0.16mm，乳濁及著色餐具瓷的釉厚度為0.16~0.25mm，骨灰瓷釉的厚度為0.07~0.08mm，衛生陶器的釉厚0.5mm，工藝陶瓷的0.25mm。

9.8 有色斑點

比痱子狀的粒子小，也不突出釉面，但明顯出現在透明釉上的色斑以深色者較多，白色斑出現在白色乳濁釉上似乎易被忽略。釉層越厚或釉過燒，色斑會更明顯。色斑出現的原因和痱子狀突粒相似，有從釉內原料夾帶的，但多數是外來的污染所引起，因含鐵份粒子而著色的也不少。

1. 夾帶雜質引起的色斑

生料中的黏土類，常含有鐵，大多可利用磁選機脫鐵。不能磁選而又能通過200目網篩的污染粒子直徑都在50μ甚至更小，雖然不會形成突粒，但釉燒時熔解生成著色的斑塊，或小部分熔解的斑點。假如是高耐火性不熔的白色斑點，在白色坏體透明釉層內，較不受到注意。

2. 有機物引起的色斑

通常由沉積黏土夾帶的較多，或球磨時磨損的橡膠內襯。色釉，尤其Cr–Sn桃紅色釉燒成時，因有機物引起的局部還原破壞發色而形成色層中的「白斑」。

3. 由於研磨及儲存的緣故

施釉前通常反覆過篩數次釉泥漿，以除去可能的研磨介質碎屑，硬質的色料顆粒，耐火性原料顆粒，未分散的乳濁劑粉末，或存放時析出的鈣結石。

4. 施釉中應注意的事項

操作前必須徹底清除坏件表面的灰塵積垢。釉下彩繪應適量添加膠合劑，勿使色料掉落釉中。避免工作環境中的粉塵飄落污染。勿使受到切削工具產生微粒的污染。

5. 釉燒過程中應注意可能發生的事項

燒成中，未熔（具有孔隙）及已熔融（具有黏性）的釉層，都可能黏附隨燃燒氣流進入窯室的有色污染性粉粒。隧道窯平衡通風的熱回收系統夾帶的污染性粉粒在預熱帶使釉層受到污染。窯爐耐熱結構上剝落的耐火物碎屑黏附在釉上。裝窯道具如匣缽、棚板上掉落的耐火性粉末或碎屑。

9.9 禿釉、縮釉

這是燒成中器物表面出現的嚴重缺陷，通常在釉-坏的結合力薄弱時發生。由於釉泥漿的黏度過低，乾燥無收縮或收縮過大，施釉乾燥後生成毛髮狀龜裂，燒成熔融後因表面張力及收縮，從裂紋處往兩旁擴張形成無釉遮蓋的坏面。或施釉後搬動的原因使釉層脫落裸露，或素燒坏體表面被油漬污染，排斥釉層正常黏附，燒成後生成禿釉，或嚴重的起皺、翻捲的蜷縮現象。

1. 不合適的釉藥

釉的黏性不足，乾燥無收縮或收縮比坯件慢，釉層被擠壓剝落。或收縮過大，乾燥時即刻生成龜裂，燒成時發生釉蜷縮。可添加適量的黏土或有機粘著劑來改善生釉坯的結合性。若是原料本身的問體，例如釉的原料有過多質輕蓬鬆的物料，像生黏土、碳酸鎂、未煅燒滑石、未煅燒鋅氧粉、氧化錫等，最好以煅燒過的，或製成熔塊的，或利用可替代性的原料重新調整組合。

2. 釉泥漿的稠度

釉料中生黏土或膠合劑太多時，往往表示需要更多的水分。陳放過久的釉，為重新調整其流動性不小心加入過多的水。此時特別不利於生坯施釉，因為吸入大量水的坯體表層，脫水乾燥的時機表外層的釉慢很多，容易使釉層龜裂翻捲。改善的方法是少用吸水性　的物料，注意釉的泥漿調整，適度使用電解質與粘著劑。

3. 釉料過度研磨

不同硬度與粒度的原料分別有不同的研磨時間。原料粒度過細對坯件得黏附力較弱，乾燥收縮也較大。通常堅硬的、粗粒的以及色料都先行研磨然後再加入其他生料或熔塊繼續研磨。或縮短研磨的時間。

4. 生坯的性質

生坯的組成容易因吸水而膨脹時，施釉後會降低結合的強度使釉剝離。解決的方法以可塑性較低的黏土全部或部分取代，添加熟坯粉，加入部分煅燒黏土等。

5. 坯表面受污染

落塵、油漬、石膏模碎屑、加工打磨後坯體的粉末，以及坯體內的可溶性鹽集中於表面形成的浮皮，或坯體表面過分緻密，或素燒溫度過高使釉黏附力降低，釉坯間形成隔離而剝落，燒成後造成禿釉或釉蜷縮。

6. 施釉後未完全乾燥

未全乾的施釉坯件入窯立即加熱燒成，可能因急速脫水而造成收縮過快的問題。最好完全乾燥後入窯，或者須緩慢加溫並保持良好通風，直到安全時再執行正常的燒成程序。

7. 釉下彩繪色料過度「貧瘠」彩繪潤滑劑過量 或施釉層太厚

施釉覆蓋後彩料不隨釉坯一起收縮，造成釉層分離。色料中可添加少量的生黏土或透明釉料；減少潤滑劑如甘油的用量；加強施釉技術，控制釉層的厚度。

8. 釉中有水溶性物料

例如硼砂、蘇打灰、矽酸鈉等可溶性鹽，生坯上施釉容易引起禿釉或跳釉。宜事先製成熔塊，再經過釉調合計算配成熟料釉。

9. 有機結合劑用量過多

如黃蓍樹膠、印度膠、阿拉伯膠、漿糊、糊精等，如添加在釉泥漿中，將使泥漿稠度增加，可能需要大量的水稀釋，釉的乾燥收縮變大。調釉時必須選擇合適的膠、適量使用，以期降低釉的乾燥收縮量。

10. 坏面發霉

生坯在陰濕場所放置過久，坏面積滿霉垢，相當不容易清除，最直接的方法就是施釉前先執行素燒。

9.10 釉面乾枯

有很多原因讓燒成後釉面缺少光澤，本來經高溫處理後正常具有亮度及光反射性的釉面變晦暗無光。影響這樣的缺陷大致有以下的因素：（1）釉層的厚度；（2）燒成的溫度；（3）坏體吸收；（4）窯爐的環境等。

1. 釉層厚度

施釉層太薄時，不容易平順規則地覆蓋在坏件表面，底下坏層的組織清晰可辨，表面喪失反射的光芒，用手觸摸可以感到釉面的粗糙程度。

2. 燒成溫度

規劃的燒成溫度過低或設定到熟成溫度的時間太短，釉面的光澤度低於標準之下。相反地，燒成的溫度過高或設定到熟成溫度的時間太長，則稱為「過燒」，同樣也是有害的。過燒的釉因高溫揮發，喪失一些成分（PbO、Na_2O及B_2O_3等）後改變了組成。而這些成分都是助熔的亮光劑，所以過燒的釉也會喪失它應有的光澤。

3. 坏體吸釉

施釉的多孔性坏件燒成，在低溫熔融的釉很容易被坏體吸收，尤其當釉中缺乏氧化鋁及氧化矽，釉的黏性很低時最容易發生。或者當陶器坏土中含有較多氧化鈣時，當釉熔化時立刻會與坏中的CaO發生化合作用，使釉喪失應有的成分或厚度，釉面因而粗糙。若是瓷器釉提早熔化，或它的流動性太大，邊緣部份極容易因釉坏化合或流動使釉層過薄，使表面粗糙。

4. 窯爐環境

當施釉坏件放入新築的或多孔質耐火磚構築的窯爐，或多孔性的窯道具，或與素燒坏件一起入窯燒成時，揮發的釉成分蒸氣會被它們吸收，導致施釉坏件缺乏那些使釉面光亮的鉀、鈉、鉛、硼的氧化物等必要元素，僅留下豐富氧化矽的粗糙薄層暴露在外。

上述的釉面乾枯無光澤的情形大多由於釉的條件性狀，燒成規劃或燒成環境不當所致，矯治的方法例如：（1）注意釉泥漿的比重，釉漿的變性質，以較大密度、較好的流動性，使施釉層的厚度增加；（2）選擇不同的燒火程序，以合乎不同組成釉的燒成；（3）缺乏Al_2O_3及SiO_2時，不能成為安定的釉，容易與坏體中的任何成分發生化學反應或被氣孔所吸收，因此必須重新調配釉的組成，可適量添加含Al_2O_3及SiO_2的原料如黏土、石英或熟坏粉；（4）在新的窯道具表面塗裝較不具透氣性的耐火性物料，不與多孔性的素燒坏件一起燒成。

9.11　流釉

1. 釉的組成與釉層厚度

流釉的現象通常發生在窯溫升高，釉的黏性降低時。假如不是因為超溫而流釉，就可能是釉中熔劑成份的含量過多，熔融釉的過度流動。當不能降低燒成溫度時，釉的組成必須調整，通常添加可增進釉黏度的成分如Al_2O_3及SiO_2（原料有長石、石英或黏土），就能獲得改善。有時釉的組成並無不當，流釉往往是釉層太厚。

2. 熟成溫度過高、持溫時間太長

組成正確、厚度正常的釉，常因高溫持溫時間長而流動，因此熟悉窯爐的性能及規劃適當的燒成程序是可行的改善方針。

3. 釉下彩繪色料不妥

安定性低的色料往往會與釉料發生化學變化，尤其以耐火性較低的色料在高溫燒成時，最容易發生這樣缺陷，呈色也會走樣。反過來說，以高耐火性的色料在低溫燒成時，則容易有跳釉或釉乾枯的現象。

9.12　釉脫落

施釉、乾燥、搬運、入窯等燒成前的各個步驟，都有機會遭遇機械性的損害如「割傷」、「擦傷」或「碰傷」，造成部分釉層脫落。此外前面提到的如坏體表面的灰塵、油漬、水氣、滲出的可溶性鹽等以及釉坏結合性不佳，也會造成施釉後脫落。

機械性的傷害可以從注意操作工具的使用，施工技巧與工作環境來預防任何發生的可能。施釉前坏體表面的品質與清潔也是可以控制的。添加若干合適的有機黏著劑或硬化劑可以改善乾燥後釉層的機械強度。

9.13　窯汗滴落

這是由於年老失修窯爐的缺憾所引起釉的缺點，從施釉坏件揮發的成分，長年吸附累積在窯冠內面（窯室頂部），與耐火磚結構的成分化合，生成玻璃相物質，經年累月積存成厚厚的一層。當某次燒成溫度升高到它熔點時，該玻璃物質熔化流動，滴落在被燒物件的表面。這些滴落的玻璃物質被稱為「窯汗」，因與耐火物成分化合時，受到熔解的耐火材料中氧化鐵污染，大多呈現棕褐色。

避免的方法是：間歇性操作的窯爐利用停燒的空檔，定期進行全面性的檢查，並將積存的窯汗剷除；對於全年無休的連續性燒成窯，防患於未然才重要。隧道窯的台車裝載被燒坏件後，其上方常安置有塗裝保護性耐火泥的棚板或匣鉢，來承接可能滴落的窯汗。另一種保護的方式是窯爐內壁的耐火磚結構，事先以耐火材料全面塗裝。例如以矽酸鋯粉末塗裝的保護層，一旦發生揮發物質積存時，化合生成的玻璃物質的熔點很高、黏性很大，較不容易發生流動滴落。

9.14 褪色、變色

出窯之後發現期待的顏色產生變化，其原因從組成到燒成都有可能。

1. 很容易熔化的釉，會將釉下色料熔解，使其流動及暈開，甚至與色料反應使其分解褪色。因此必須審慎選用安定的釉下顏料及覆蓋用的透明釉的組成。例如熔點低的熔塊釉容易使青花暈開流淌，銻黃顏料容易熔解於透明釉中被稀釋其呈色。釉中的 ZnO 對以 Cr_2O_3 或 Cr 化合物著色的顏料及色釉起不良的副作用，過多的 B_2O_3 對粉紅色不利等。

2. 燒成溫度過高，釉成分侵入與其反應使顏料喪失其安定性而分解或揮發褪色，例如 Cd-Se 系統的紅色顏料在安全溫度以上就蒸發喪失呈色能力。

3. 還原氣氛使顏料褪色。大部分色料都不耐還原而喪失顏色，燒成時必須慎選。鈷發色及二次大戰後開發的鋯系列，是能安全承受還原性氣氛的顏料。

4. 窯室中同時裝載含有錫釉及氧化鉻著色釉時，容易揮發的氧化鉻將使附近的錫釉呈現桃紅色的釉面。即使氧化鉻蒸氣很稀薄，污染也非常明顯。因此，電窯的發熱體應該選用不含鉻的合金或非金屬發熱元件。

5. 陶器坯土或黏土中常含有氧化鐵，低熔融的鉛釉常將其熔解，生成帶黃褐色澤浮現在釉中。改善的方法可利用化粧土隔離或改進釉的配方。

6. 有些顏色是因為氣氛所引起的，釉或坯有微量的氧化鐵在氧化焰中呈現象牙色，若在還原焰中白度會更高。

7. 氧化鈦礦物（如金紅石）常含有氧化鐵，若當作釉中氧化鈦的來源時，除非是故意讓其呈色，通常會出現棕褐系列的色澤。

8. 色斑或污點通常都不是有意讓其存在釉中的雜質引起。有色金屬例如銅產生黑斑、綠斑，鈷會出現藍斑，鐵會呈現黑斑、棕色斑，有機雜質或 SiC 顆粒使 Cr-Sn 紅釉出現白斑等。

第二篇 釉藥各論

Discussions of Various Glazes

無鉛釉
Raw Leadless Glazes

無鉛釉的燒成溫度大多在SK6（1200℃）以上，依坯體的性質而有陶器釉、精陶器釉及瓷器釉。瓷器釉一般都是無色、光滑、透亮的，也有著色的如青瓷釉，以長石及石灰為主要媒熔劑，燒成溫度約為SK9~10（1280~1300℃）或更高。例如古中國景德鎮使用的瓷器釉是「釉灰」及「釉果」的混合物，前者為石灰石粉末與乾燥的羊齒，層層相疊灼燒成灰，充分水洗後乾燥獲得，後者則是含有長石、白雲母及石英的陶石（耐火度較高的是配坯料用的瓷石）。

　　陶器釉大致有灰釉，鹽釉，含鋅的布里斯托釉等，可以是透明的、失透的、乳濁的、無光的、以及結晶的無色或著色釉。由同一個釉化學式計算調配的釉料，將因原料的種類、來源、處理過程、釉厚度、坯土的性質、窯爐、燒成的方法與釉燒成的溫度等而有差異。

10.1 瓷器釉

　　基本上瓷器釉的成分與瓷器坯體相似，主要原料有石英、長石、黏土及比坯土更多石灰質（CaO）。若不再添加媒熔劑時，這些調合物成分如氧化鋁、氧化矽及氧化鈣的熔點都很高，所以瓷器釉的熟成溫度都在1250℃以上，有些工業用釉溫度更高達1400℃以上。

10.1.1 瓷器釉的性質

　　硬質瓷器或長石質餐具瓷的生坯，先在較低的溫度素燒（900~1000℃），施釉後在更高的溫度（1250~1400℃）瓷化熟成。因坯體原料中常含有微量的氧化鐵，通常以還原方式燒成略帶淡藍色的透明釉層。

　　因為燒成溫度高，瓷器釉都以無鉛的生原料包括長石、石英、高嶺土及含鈣或鎂的石灰石、白雲石、滑石調配，有時也會含有氧化鋅、氧化鋰與碳酸鋇。

　　典型的硬質瓷器釉氧化矽含量約為79~83摩爾百分比（70~75重量百分比），熟成後具有下列性質：（1）不透水、不會水解 （2）具有對一般溶劑的抗蝕性 （3）除氫氟酸、磷酸及熱濃硫酸外，能耐各種酸 （4）高耐鹼性 （5）質地堅硬、耐磨耗性高 （6）機械強度大，可增進坯體的抗拉性 （7）透明度高，可執行適當的釉下裝飾。因為具有優秀的耐酸鹼性，也適合施用於實驗室瓷器如蒸發皿上。

　　高矽酸低鹼組成的瓷器釉與坯體一樣，其熱膨脹係數很低，約在$3\sim5\times10^{-6}℃^{-1}$之間，因此製品通常都具有較優秀的耐熱衝擊性及耐金屬用具如刀叉的刮搔能力。

　　硬質瓷器釉都不含鉛及鎘，除非有釉上裝飾，使用時沒有重金屬溶出的問題。今天的趨勢大多以「釉中（in glaze）」彩來裝飾餐具及烹調瓷器，無論含有鉛與否，它都具有優異的耐酸鹼侵蝕性。

10.1.2 瓷器釉的組成與成分

　　由瓷器釉的組成，可分為「石灰釉」及「石灰鹼釉」兩大系統。學者們曾針對 CaO–Al₂O₃–SiO₂ 三成份系統進行研究，1932年 E. Berdell 以及 G. Dannheim 發現三成份混合物中，有兩處比例具最低的共熔點【圖10-1】、【表10-1】。在SK11~13（1320~1380℃）溫度域內，合適的光澤透明釉與無光釉的組成如【表10-2】；而適合組成瓷器釉的CaO–Al₂O₃–SiO₂ 三成份系範圍如【表10-3】。

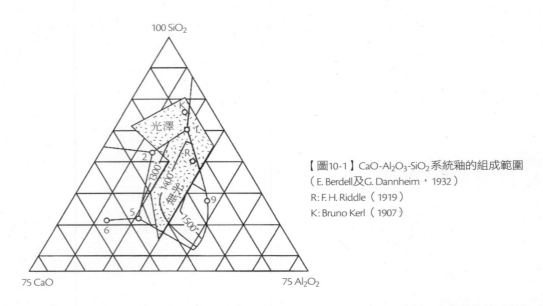

【圖10-1】CaO-Al₂O₃-SiO₂ 系統釉的組成範圍
（E. Berdell 及 G. Dannheim，1932）
R: F. H. Riddle（1919）
K: Bruno Kerl（1907）

No.	共熔成分組成			熔點℃	耐火度SK約
	CaO	Al₂O₃	SiO₂		
1	9.80	19.8	70.4	1345	13
2	23.3	14.7	62.2	1170	4
5	38.0	20.0	42.0	1265	10
6	47.2	11.8	41.0	1310	12
R	14.0	25.6	60.3		17
k	8.00	16.5	75.5		17

【表10-1】CaO–Al₂O₃–SiO₂ 系統共熔點的組成與熔融溫度

熟成溫度	石灰石	生高嶺土	煅燒高嶺土	石英
SK11光澤釉	100	26	67	192
SK11無光釉	100	26	112	96
SK13光澤釉	100	26	245	396
SK13無光釉	100	26	290	198

【表10-2】CaO–Al₂O₃–SiO₂ 系統瓷器釉的調合例

成分	光澤釉%	無光釉%
SiO₂	80~50	60~35
Al₂O₃	30~4	30~20
CaO	25~5	35~20

【表10-3】CaO–Al₂O₃–SiO₂ 三成份系瓷器釉的範圍

　　根據上面的範圍調配的瓷器釉熟成的溫度很高，燒成範圍也很窄。因此19世紀末 H. Seger 開發的系統，鹽基部分除了石灰外，也引進了「鹼」，在降低熟成溫度之餘，同

時加寬燒成溫度域，塞格氏瓷器釉式的鹽基部分為：

0.3 K₂O

0.7 CaO

K_2O可以包含K_2O和Na_2O及Li_2O；CaO可以用MgO、BaO、SrO部分取代，鹼金屬氧化物可從各種長石引進釉中。長石是自然界賦予最優秀的天然熔塊料，它不熔於水，具有值得信賴的安定成分與低廉的價格。有的長石含鈉較多、有的鉀較多，鈉多會使釉的熱膨脹係數增加，鉀的影響較小，但兩者都使釉的熔點降低，熔融時的黏度減少。

氧化鈣的來源大抵為石灰岩礦物如大理石、方解石及白雲石或工業副產品碳酸鈣等，它與長石共同使用時，是組成瓷器石灰-鹼釉的基礎。

含有較多CaO的石灰鹼釉透明度較佳、黏稠性較低，也較容易與接觸的坯層結合生成良好的中間層。通常瓷器釉層都很薄，若釉層較厚，出現雜色斑的機會增加。若包含CaO在內的鹼土金屬氧化物量多時，則容易析出微細結晶造成乳濁失透，或使釉面無光。

氧化鎂來自菱苦土、白雲石、滑石以及工業碳酸鎂。當添加量不大時，對瓷器釉有很好的媒熔力，使光澤度增加。但用量過多的釉極難熔融，使用量最好控制在0.3 mole以下。

氧化鋇的來源為化工碳酸鋇或毒重石礦。分解生成氧化鋇的溫度雖比碳酸鈣高，但在高溫的媒熔能力很強，能促進釉熔融及增加釉的透光性。用量較多（如超過0.4 mole時）能有效使釉形成無光。

添加SrO於瓷器釉中是值得一提的事。碳酸鍶是二次大戰後才開發使用的鹼土化合物，它的存在使瓷器釉在無鉛的環境下，也能在更低的溫度熟成，而燒到高溫仍能維持釉的性質。SK 03~10（1040~1300℃）光澤釉的化學式是C.G. Harmon擴充H. Swift及Hanks等人的研究成果，以改變氧化鋁及矽酸的比例並加入氧化鍶所獲得的結論[註1]。這個釉的化學式與其原料配合比分別為：

〔註1〕
素木洋一：釉及其顏料，p 443，1981 Jan. 31技報堂。

$$
\left.\begin{array}{l}
0.2\,\text{KNaO} \\
0.3\,\text{SrO} \\
0.1\,\text{CaO} \\
0.4\,\text{BaO}
\end{array}\right\} 0.3\,Al_2O_3 \cdot 3.0\,SiO_2
$$

碳酸鋇	22.1
碳酸鈣	2.7
碳酸鍶	11.8
霞石正長石	25.3
No. 5田納西球狀黏土	2.2
葉臘石	6.0
石 英	30.1

除非特殊情形，瓷器釉中的氧化鋁都不使用化工原料，而是取自長石及黏土。氧化矽則由長石、黏土以及石英或硅砂獲得。（原料諸性質參考第二章）

10.1.3 瓷器釉的燒成溫度

適合在SK7~8（PCE8~9；1225~1250℃）燒成的瓷器釉其基礎組成是

$$\left.\begin{array}{l} 0.3\,K_2O \\ 0.7\,CaO \end{array}\right\} \; 0.4\,Al_2O_3 \cdot 4.0\,SiO_2$$

　　將基礎釉的鹽基固定，氧化矽與氧化鋁的量逐漸增加，若以相同的條件燒成，沒有熔化的成份將增加，釉的性狀逐漸從光亮、半無光、無光到不熔變化著，燒成溫度必須隨之上升才能獲得滿意的熟成。H.H. Sortwell[註2]及R.Jr. Twells[註3][註4]曾分別仔細研究瓷器釉的組成與燒成溫度的關係。從第三章【圖3-2】可清楚看出，相同Al_2O_3與SiO_2的比例在不同溫度下，燒成後性狀的比較。

　　茲轉載一些相當成功的高、低溫瓷器釉的主要成份之調配比例，以方程式表示如下[註5]：

SK4	$\left.\begin{array}{l} 0.30\,K_2O \\ 0.50\,CaO \\ 0.20\,MgO \\ 0.10\,BaO \end{array}\right\}$	$0.40\,Al_2O_3 \cdot 3.85\,SiO_2$ （W. Pukall, 1912）
	$\left.\begin{array}{l} 0.20\,K_2O \\ 0.70\,CaO \\ 0.10\,MgO \end{array}\right\}$	$0.40\,Al_2O_3 \cdot 3.50\,SiO_2$ （W. Pukall, 1912）

SK7	$\left.\begin{array}{l} 0.48\,K_2O \\ 0.40\,CaO \\ 0.12\,MgO \end{array}\right\}$	$0.70\,Al_2O_3 \cdot 4.80\,SiO_2$ （W. Pukall, 1912）
	$\left.\begin{array}{l} 0.20\,K_2O \\ 0.70\,CaO \\ 0.10\,MgO \end{array}\right\}$	$0.40\,Al_2O_3 \cdot 3.50\,SiO_2$ （F. Singer, 1923）
	$\left.\begin{array}{l} 0.30\,K_2O \\ 0.30\,CaO \\ 0.20\,MgO \\ 0.20\,BaO \end{array}\right\}$	$0.50\,Al_2O_3 \cdot 4.00\,SiO_2$ （F. Singer, 1923）

SK7~9	$\left.\begin{array}{l} 0.48\,K_2O \\ 0.40\,CaO \\ 0.12\,MgO \end{array}\right\}$	$0.70\,Al_2O_3 \cdot 4.80\,SiO_2$ （W. Pukall, 1910）
	$\left.\begin{array}{l} 0.25\,K_2O \\ 0.37\,CaO \\ 0.38\,MgO \end{array}\right\}$	$0.75\,Al_2O_3 \cdot 7.10\,SiO_2$ （W. Pukall, 1910）
	$\left.\begin{array}{l} 0.06\,Na_2O \\ 0.14\,K_2O \\ 0.63\,CaO \\ 0.17\,MgO \end{array}\right\}$	$0.83\,Al_2O_3 \cdot 4.72\,SiO_2$ （W. Funk, 1922）
	$\left.\begin{array}{l} 0.07\,Na_2O \\ 0.15\,K_2O \\ 0.62\,CaO \\ 0.16\,MgO \end{array}\right\}$	$0.38\,Al_2O_3 \cdot 4.72\,SiO_2$ （W. Funk, 1922）

〔註2〕
H.H. Sortwell：High Fire Porcelain Glazes, J. Am. Ceram. Soc., 4: 718 (1921).

〔註3〕
R., Jr. Twells：The Field of Porcelain Maturing between Cones 17 and 20, J. Am. Ceram. Soc., 5:430 (1932).

〔註4〕
R., Jr. Twells：Further Studies of Porcelain Glazes Maturing at High Temperatures, J. Am. Ceram. Soc., 6:1113 (1932).

〔註5〕
素木洋一：釉及其顏料，p 456，1981 Jan. 31 技報堂。

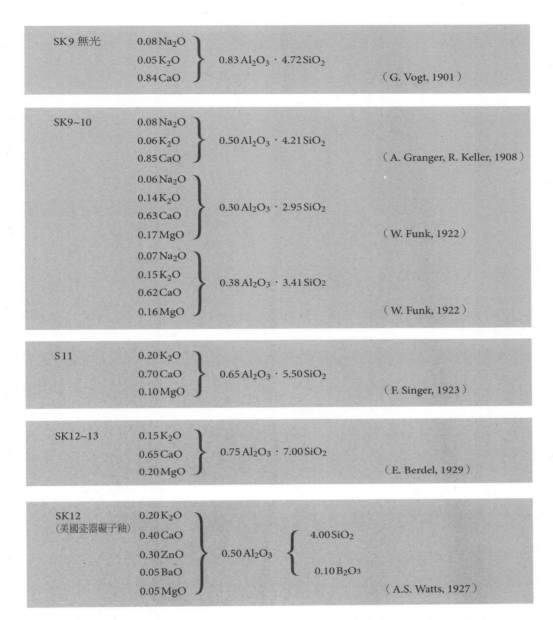

SK9 無光
$$\left.\begin{array}{l} 0.08\,Na_2O \\ 0.05\,K_2O \\ 0.84\,CaO \end{array}\right\} 0.83\,Al_2O_3 \cdot 4.72\,SiO_2$$
（G. Vogt, 1901）

SK9~10
$$\left.\begin{array}{l} 0.08\,Na_2O \\ 0.06\,K_2O \\ 0.85\,CaO \end{array}\right\} 0.50\,Al_2O_3 \cdot 4.21\,SiO_2$$
（A. Granger, R. Keller, 1908）

$$\left.\begin{array}{l} 0.06\,Na_2O \\ 0.14\,K_2O \\ 0.63\,CaO \\ 0.17\,MgO \end{array}\right\} 0.30\,Al_2O_3 \cdot 2.95\,SiO_2$$
（W. Funk, 1922）

$$\left.\begin{array}{l} 0.07\,Na_2O \\ 0.15\,K_2O \\ 0.62\,CaO \\ 0.16\,MgO \end{array}\right\} 0.38\,Al_2O_3 \cdot 3.41\,SiO_2$$
（W. Funk, 1922）

S11
$$\left.\begin{array}{l} 0.20\,K_2O \\ 0.70\,CaO \\ 0.10\,MgO \end{array}\right\} 0.65\,Al_2O_3 \cdot 5.50\,SiO_2$$
（F. Singer, 1923）

SK12~13
$$\left.\begin{array}{l} 0.15\,K_2O \\ 0.65\,CaO \\ 0.20\,MgO \end{array}\right\} 0.75\,Al_2O_3 \cdot 7.00\,SiO_2$$
（E. Berdel, 1929）

SK12
（美國瓷器礦子釉）
$$\left.\begin{array}{l} 0.20\,K_2O \\ 0.40\,CaO \\ 0.30\,ZnO \\ 0.05\,BaO \\ 0.05\,MgO \end{array}\right\} 0.50\,Al_2O_3 \left\{\begin{array}{l} 4.00\,SiO_2 \\ \\ 0.10\,B_2O_3 \end{array}\right.$$
（A.S. Watts, 1927）

　　無鉛瓷器釉的原料大多使用天然礦物，即使是同一個釉式，原料的組成也可能不一樣。而且各礦區產地的條件與雜質的相異性，同一個釉式調配的釉藥，燒成的結果也不可能完全相同。或同一個以原料重量組成的釉方，相同名稱的礦物原料，不一定有完全相同的性質，所以不同地區或不同的技術人員都可能燒出不相同的結果。下表（【表10-4】）是轉載[註6] 1938 年 H. Hegeman發表的「瓷器製造—工廠的經驗」一書中的部分配方。

[註6]
素木洋一：釉及其顏料，p459，1981 Jan. 31 技報堂。

原料	SK3				SK4		SK5					
石英	270	307	310	152	305	500*	306	245	216	500*	320	270
長石	270	337	430	464	66	84	224	347	454	--	100	417
白雲石	243	195	260	214	173	250	184	204	190	167	200	175
BaSO₄	--	--	--	--	66	--	--	--	--	--	--	--
本燒熟坏粉*	--	--	--	72	347	83	184	102	--	--	310	--
生高嶺土	50	50	--	98	41	60	50	52	140	53	70	100
煅燒高嶺土	50	111	--	--	50	23	52	50	--	280	--	25

原料	SK6				SK7						SK7/8
石英	260	350	246	55	268	286	272	170	372	318	340
長石	450	200	70	--	322	357	421	680	382	409	340
白雲石	170	200	187	--	160	250	177	130	193	157	170
本燒熟坯粉	--	200	292	--	160	--	--	20	--	--	150
生高嶺土	50	50	41	34	50	60	70	--	53	114	--
煆燒高嶺土	70	--	--	--	40	47	60	--	--	--	--
燒結熟坯粉*	--	--	164	--	--	--	--	--	--	--	--
BaCO₃	--	--	--	24	--	--	--	--	--	--	--
SrCO₃	--	--	--	19	--	--	--	--	--	--	--

原料	SK8										SK8/9
石英	343	353	267	133	235	304	345	359	270	332	385*
長石	343	294	267	535	402	--	345	451	527	104	241
白雲石	171	175	164	266	161	190	166	190	142	4	96
本燒熟坯粉	143	89	160	--	113	316	--	--	--	322	121
生高嶺土	--	89	31	66	58	--	74	--	61	72	73
煆燒高嶺土	--	--	--	--	31	--	70	--	--	--	84
燒結熟坯粉	--	--	111	--	--	190	--	--	--	--	--
方解石	--	--	--	--	--	--	--	--	--	166	--

原料	SK9										
石英	313	240	340	293	370	345	305	391	202	500	520
長石	260	60	340	207	366	305	73	465	464	100	--
白雲石	157	140	170	146	154	180	--	--	--	--	--
本燒熟坯粉	270	300	--	--	--	90	368	--	--	--	--
生高嶺土	--	60	50	74	50	50	48	64	150	100	350
煆燒高嶺土	--	--	100	--	60	30	36	--	--	250	--
燒結熟坯粉	--	200	--	280	--	--	--	--	--	--	--
方解石	--	--	--	--	--	--	170	120	--	--	--
螢石	--	--	--	--	--	--	--	--	214	250	260

原料	SK9										
石英	40	45	40	50	20	15	180	150	150	133	30
長石	30	20	20	10	45	46	--	--	--	535	30
白雲石	--	--	--	--	--	--	180	--	--	--	--
本燒熟坯粉	--	--	--	--	--	--	--	70	--	--	45
生高嶺土	15	10	10	10	10	10	100	100	100	66	10
煆燒高嶺土	10	15	15	25	10	--	--	--	100	--	--
燒結熟坯粉	--	--	--	--	--	--	70	--	--	--	--
方解石	15	--	--	--	--	--	--	210	210	--	15
螢石	--	--	15	25	--	--	--	--	--	--	--
BaSO₄	50	45	50	--	--	--	--	--	--	--	--
SrCO₃	--	15	--	--	--	--	--	--	--	--	--
磷灰石	--	15	--	--	20	--	--	--	--	--	--
BaCO₃	--	--	--	--	21	21	--	--	--	--	--
松脂石***	--	--	--	--	--	--	450	460	460	--	--
骨灰	--	--	--	--	--	--	--	--	--	266	--
滑石	--	--	--	--	--	--	--	--	--	--	45

原料	SK10									
石英	353	294	407	270	280	393	267	324	367	360
長石	333	196	254	--	244	279	44	250	366	50
白雲石	117	137	169	168	140	164	156	105	--	160
本燒熟坯粉	197	255	85	337	--	82	322	--	100	340
生高嶺土	--	40	85	57	69	82	--	80	113	70
煆燒高嶺土	--	38	--	--	--	--	--	30	--	70
燒結熟坯粉	--	40	--	168	267	--	211	--	--	20
方解石	--	--	--	--	--	--	--	--	154	--

原料	SK11											
石英	315	300	316	268	279	250	404	320	470	394	270	50
長石	263	370	210	250	349	--	278	150	314	250	527	30
白雲石	87	100	105	125	93	150	126	120	137	105	--	--
本燒熟坯粉	211	--	316	232	279	350	56	--	--	--	100	--
生高嶺土	62	50	53	50	--	--	50	60	79	90	61	10
煅燒高嶺土	--	30	--	21	--	--	60	--	--	59	--	15
燒結熟坯粉	62	150	--	54	--	250	20	350	--	--	--	--
方解石	--	--	--	--	--	--	--	--	--	--	142	--
BaSO$_4$	--	--	--	--	--	--	--	--	--	--	--	45
SrCO$_3$	--	--	--	--	--	--	--	--	--	--	--	20

原料	SK12							
石英	334	305	365	349	414	310	468	349
長石	222	490	365	77	323	340	250	76
白雲石	65	85	104	129	90	197	105	--
本燒熟坯粉	269	--	125	268	30	--	--	268
生高嶺土	50	50	10	60	--	83	102	77
煅燒高嶺土	60	70	--	26	--	70	79	14
燒結熟坯粉	--	--	31	91	143	--	--	86
方解石	--	--	--	--	--	--	--	130

原料	SK13										
石英	370	353	510	320	94	257	400	424	360	297	430
長石	309	235	205	225	340	619	--	--	167	117	253
白雲石	74	60	85	90	151	52	120	121	70	--	253
本燒熟坯粉	247	235	--	--	377	--	480	--	--	225	--
生高嶺土	--	50	70	60	38	50	--	60	75	--	64
煅燒高嶺土	--	67	130	20	--	22	--	274	69	--	--
燒結熟坯粉	--	--	--	285	--	--	--	121	--	252	--
方解石	--	--	--	--	--	--	--	--	--	109	--

原料	SK14									
石英	300	341	357	270	257	420	580	292	320	504
長石	375	398	200	640	619	400	270	366	225	167
白雲石	25	34	50	--	52	45	100	50	90	--
本燒熟坯粉	300	170	250	--	--	--	--	292	100	--
生高嶺土	--	57	50	50	50	60	50	--	60	98
煅燒高嶺土	--	--	75	40	22	30	--	--	20	117
燒結熟坯粉	--	--	--	--	--	45	--	--	285	--
方解石	--	--	--	--	--	--	--	--	--	70

【表10-4】瓷器釉調配例

＊　本燒熟坯粉：施釉瓷器的粉碎物

＊＊　燒結熟坯粉：無釉瓷器的粉碎物

＊＊＊松脂石：一種玻璃質火山岩礦石

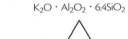

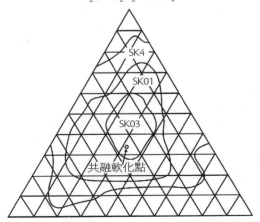

K$_2$O・Al$_2$O$_2$・6.4SiO$_2$

ZnO・0.318Al$_2$O$_3$・0.81SiO$_2$　　　　CaO・0.318Al$_2$O$_3$・2.49SiO$_2$

【圖10-2】三成份系統塞格錐軟化性狀（Watts, 1918）

10.1.4 著色瓷器釉

和所有陶瓷器釉的呈色一樣，瓷器釉可利用發色金屬的化合物或以它們調製的顏料著色。呈色的方式有：

（1）在釉玻璃相中的離子顏色

（2）膠體微粒的顏色

（3）懸浮的晶體或固體微粒的顏色

（4）液相分離著色。

每種呈色方式各有其機制，同時受到釉的組成（釉的酸鹼性），燒成溫度，窯室氣氛（氧化或還原）所影響。

與較低溫的陶器釉相比，高溫的瓷器釉能呈現的顏色較少。因為大多數陶瓷顏料在高溫都不安定，對溫度敏感，容易變色、揮發、熔融、沸騰、分解，或與釉成分發生化學變化。例如鐵、銅著色的通常最高燒到SK10（1300℃），再高就會有揮發及起泡。高溫瓷器釉色料的選擇較不容易，而且釉中的鹼性成分關係重大，一般儘可能選用含鉀較多的呈色較佳。以還原焰燒成時必須考慮發色劑的安定性，有很多在氧化燒成表現正常的色料，容易被還原性氣體破壞。例如錳會生成不潔灰黑色，鉻錫紅則喪失紅色而變白。而氧化鐵及氧化銅卻可以利用它們在不同氣氛下，生成美麗的呈色來裝飾。

凡是在高溫仍然安定的、揮發性低的、且著色力強的有色氧化物，都可以適量添加使釉呈色，這些發色材料都是過渡元素或稀土金屬，例如：鈦、釩、鉻、錳、鐵、鈷、鎳、銅、鋅、銥、鋯、鐠、鈾等的氧化物，或其所調製成的顏料。

1. 藍色

釉中添加Co_3O_4 3~5%、或CoO 0.025~0.10 mole，可得到從淺藍到深藍色。釉中的鈣有助於發出藍色，銀則使呈色偏向土耳其藍。中國古代鈷藍色釉有磷酸成分，釉呈色常帶明艷的紫色。青花料中含有少量的鐵與錳，艷麗的色彩中同時呈現沉著古樸。

2. 綠色

氧化鉻是最常用的綠色顏料。耐火度很高，其著色能力很強，只要添加少量就能得到鮮豔的色調。添加的範圍從 0.015~0.15 mole，呈色從淡綠到深墨綠色。還原燒時，以較少石灰的釉、並添加少量的氧化鈷較佳。同時有鈣與銀時呈色較深；有氧化鉀和氧化鋇時，色調變為黃綠或蘋果綠；有鋇、鎂、鉀的氧化物則呈灰色；CaO、MgO、K_2O都存在時，則為帶褐綠色；沒有CaO的釉色成黃茶色。

釉中有少量的氧化鋅時，鉻綠會夾帶灰色陰影；量多時生成不雅的黃褐色至褐色。氧化鋁加氧化鉻及氧化錫加氧化鉻，產生桃紅色；只添加氧化銅到石灰含量多的釉時，呈現很美的青綠色，但高溫使氧化銅揮發，呈色變淡。

釩黃與釩鋯矽藍，鈾黃和鈷藍調配量正確時，也產生綠色。

3. 棕褐色

氧化錳的當量數在0.1~0.25 mole時，釉從淺紫色到濃褐色呈色。氧化鐵用量0.025 mole，生成明亮的黃褐色，增加到0.10 mole，呈色為棕褐色。氧化鎳添加0.05~0.15 mole，呈色由亮褐色到暗褐色。

釉中的鹽基部分，當K_2O、CaO、MgO比例相同時，氧化鉻產生褐色調；透明釉中，MnO_2、Fe_2O_3及Cr_2O_3的mole數相同時，可得到濃褐色。

4. 黃色及奶油黃色

瓷器釉中有氧化鈾，氧化燒成可得黃色，添加少量氟化鈣，呈色會更鮮豔；還原燒則轉變為灰色或黑色。金紅石或含有微量氧化鐵的氧化鈦，用量在1~3％時，生成奶油色。

5. 黑色

MnO_2、Fe_2O_3及Cr_2O_3等量混合生成濃褐色，外加1~3％CoO時，可得到黑色。鈷藍色釉添加2~4％的MnO_2時，可得到黑色。以MnO_2、Fe_2O_3、CoO及Cr_2O_3得到的黑色，若鈷多時，呈藍黑色；鉻多時呈發綠黑色，鐵多時成褐黑色。事實上，純黑的瓷器釉非常難得，元素銥及鉑可用來製造黑色釉，但因價格昂貴，並不合乎經濟效益。

6. 紅色及桃紅色

少量的氧化銅在還原燒瓷器釉中可得到紅色；鉻錫紅適合較低溫度（SK9以下）的瓷器釉以氧化燒成發色。氧化鐵雖然是紅色的發色材料，但在高溫不穩定，容易變灰褐色或黑褐色。

7. 銅紅釉

燒製銅紅釉最好不含鉀，氧化鋁少些，鈉可以多些。添加硼酸除了可防止開片外，尚能促進銅紅發色。還原過程中，氧化銅（＋2價）被還原成氧化亞銅（＋1價）或膠質銅（金屬銅）而呈色。為確保呈色，通常釉中常額外添加少量的氧化錫。它和釉中少量氧化鐵一樣，被還原的氧化亞錫，先與侵襲的氧氣接觸，保護還原銅避免再度被氧化。但S.F. Brown與F.H. Norton[註7]研究結果似乎並不真實，沒有添加SnO_2的釉也一樣得到美麗的銅紅。

希望在釉熔融期間有氧化亞銅或膠質銅產生，必須在熔化前執行強還原燒成，熔融之後利用中性或弱氧化性使釉呈現明亮鮮豔的紅色，並不需要持續強還原直到坯體燒結。釉開始到全部熔融期間，應避免受到氧氣的侵襲，不然釉色將是呈現綠色或無色的結果。在還原氣氛下，氧化銅的變化如下：

$$2CuO + CO \rightarrow Cu_2O + CO_2 \quad ; \quad Cu_2O + CO \rightarrow 2Cu + CO_2$$

J. W. Mellor[註8]研究古中國「牛血紅」銅紅釉指出，釉層可明確分為三層，（1）外部無色的氧化層（2）中間紅色的膠質層（3）下方帶藍味的還原層。紅色層上方的無色層之厚度，表示窯室氣氛中氧氣滲透入釉中將膠質銅氧化的程度。

Mellor也研究著名的「桃花片」，這是種柔和粉紅色中間，帶有綠色斑點的不平凡銅紅釉。據了解，銅釉如果僅在氧化性氣氛下燒成，只能到均勻淡綠色釉，沒有紅色也不帶斑點。如果先在還原性氣氛下燒成，然後再在足夠氧化的氣氛下操作一段時間，就有綠色斑點出現在粉紅及淡綠色背景中。綠斑處銅的濃度比紅色部分高，應該是未再度被氧化前膠質銅叢聚集中的結果。

另一種出現桃紅色的理由是因釉中的低氧化鋁，高矽酸的乳濁失透作用，少量膠質銅呈現的釉色。實際上，各種銅紅生成的道理並不複雜，但是精美的作品難求，最重要的環節在於適當的釉藥酸鹼度調配，燒成窯爐的結構（甚至坯件擺放的位

〔註7〕
S.F. Brown and F.H. Norton：Constitution of Copper – Red Glazes. Jour. Amer. Ceram. Soc., 42 (11)499–503 (1959)．

〔註8〕
J. W. Mellor：Chemistry of the Chinese Copper-red Glazes. Trans. Eng. Ceram. Soc., 35 (8)364–378；(11)487–491 (1936)．

置），火焰（燃料）的性質，升溫的程序等都有關係，因為這些複雜的工藝要求，稀世珍品實在難求。有一個曾經發表的優秀銅紅釉的組成如下〔註9〕：

熔塊：1000；草酸銅：20；煅燒氧化錫：10。熔塊的調配比例為：	
Hohenbocka 硅砂	448（重量）
Roerstrand 長石	196
毒重石	105
氧化鋅	45
熔融硼砂	130
碳酸鈉	48
Zettliz 高嶺土	28

E. Breitenfeldt 1929年發表SK 05低溫燒成的銅紅配方，釉的組成為：

$$\left.\begin{array}{l} 0.3\,CaO \\ 0.7\,PbO \end{array}\right\} \; 0.25\,Al_2O_3 \; \left\{\begin{array}{l} 2.1\,SiO_2 \\ 0.4\,B_2O_3 \end{array}\right.$$

呈色劑是 $CuO\ 0.2\% + SnO_2\ 0.4\%$，或 $CuO\ 0.5\% + SnO_2\ 0.7\%$ 最佳。

〔註9〕
素木洋一：釉及其顏料，p486，1981 Jan. 31技報堂。
〔註10〕
J.S. Laird：The Composition of Chinese Celadon Pottery. Jour. Amer. Ceram. Soc., 1 (10) 675–678 (1918).

8. 青瓷釉

廣泛的青瓷定義為指帶有灰綠色及灰藍色調的含鐵單色釉。H.A. Seger的研究說中國古代青瓷釉的基礎為RO．$0.5\,R_2O_3$．$3.82\,SiO_2$。根據J.S. Laird（1919）〔註10〕的分析報告，基本組成為SK4的瓷器釉。RO大部分是CaO，著色劑以氧化亞鐵為主，CaO及 Al_2O_3 特別多，不含銅、鉻、鈷等發色劑。

青瓷釉中的鐵含量在1.0~3.0之間，僅能以二價（Fe^{2+}）及三價（Fe^{3+}）的鐵存在。依照燒成中還原的程度，它們在釉中的含量會有不同比例，釉的呈色也因而不同。這個比例稱為還原比值。中國古代青瓷如梅子青、粉青等燒成的還原強度與比值如【表10-5】。

青瓷釉（無開片）

青瓷釉（開片釉）

FeO %	Fe$_2$O$_3$ %	還原比值	燒成氣氛	釉色
0.83	0.07	11.9	強還原	梅子青
1.26	0.30	4.20	較強還原	青綠
1.13	0.23	4.10	較強還原	粉青帶綠
1.78	0.45	3.95	較強還原	豆青
0.77	0.23	3.34	還原	粉青
0.71	0.62	1.13	還原	青綠帶黃
1.54	1.71	0.90	弱還原	灰黃帶綠
0.50	1.23	0.40	弱還原	黃綠
0.25	1.16	0.21	較強氧化	深黃帶紅

【表10-5】青瓷釉中鐵的還原比值與釉色〔註11〕

〔註11〕
張玉南：陶瓷藝術釉工藝學，p79，(1992)。

　　中國古龍泉青瓷釉大體上可分為石灰釉及石灰鹼釉。石灰釉在高溫熔融後黏性較低，容易流動，因此釉層都施得較薄，若熔化情形良好又無氣泡時，會顯得很透明。

　　石灰鹼釉熔融後黏度較大，釉可以施得厚些。假若SiO$_2$含量較高時，釉中會存在多量的未熔石英顆粒及細小氣泡，容易失透乳濁，釉色顯得柔和淡雅，這就是有名的龍泉粉青瓷。它的化學成分分析值如【表10-6】。

	SiO$_2$	TiO$_2$	Al$_2$O$_3$	Fe$_2$O$_3$	CaO	MgO	K$_2$O	Na$_2$O	MnO
粉青釉	69.16	Tr.	15.40	0.95	8.39	0.61	4.87	0.32	Tr.
梅子青釉	66.97	0.14	14.71	1.01	11.51	0.65	4.26	0.54	0.20

【表10-6】青瓷釉化學分析值例〔註12〕

〔註12〕
中國硅酸鹽學會：中國陶瓷史，p277，(1982)。

〔註13〕
石井桓：砧青瓷釉調製試驗。陶瓷器實驗所報告第4號，1926。

〔註14〕
石井桓：天龍寺青瓷釉藥試驗。陶瓷器實驗所報告第2號，1923。

〔註15〕
素木洋一：釉及其顏料，p489，1981 Jan. 31 技報堂。

　　優秀的中國青瓷釉的釉色柔和淡雅，優雅的名稱更襯托出它們的價值。但無論如何，釉色的表現都與光線在釉中的散射有關。前面提到釉中有未熔的原料顆粒與氣泡，它們在原本應該透光性良好的玻璃相中，形成不透明的填充物質，光線從它們的表面反射回來，造成散光亂射現象，使釉層失透，並形成雲霧的效果。這樣的效果在宋代南方的龍泉非常明顯，北方的或到了明朝的青瓷，就有顯著不同，釉層較薄，透明度較高是其主要外觀。

　　日本人石井 桓氏（1923, 1926年）研究名稱為「砧青瓷（一種施加不透明性釉的南宋龍泉青瓷）」〔註13〕，及「天龍寺青瓷（帶黃綠質感的深綠色釉）」〔註14〕的中國古釉，有下面的敘述〔註15〕：

（1）砧青瓷釉（宋代龍泉青瓷）釉中的SiO$_2$較一般瓷器釉的含量多，鹽基中K$_2$O與CaO的比值影響不大，但以0.50 K$_2$O＋0.50 CaO及0.6 K$_2$O＋0.4 CaO最好。引進釉中的鐵份以矽酸鐵較佳，它是以相當於Fe$_2$O$_3$・3SiO$_2$的氧化鐵與矽酸的混合物，經SK11還原燒成後研磨，當作色料添加3.5％於釉中，釉的配合例如【表10-7】。

	（1）	（2）	（3）	（4）
石灰石	7.73	10.35	15.76	--
長石	64.45	55.78	32.17	48.21
硅石	27.82	24.70	23.48	22.89
天草石	--	9.71	28.59	--
BaO・2SiO$_2$	--	--	--	28.90

【表10-7】砧青瓷釉試驗調和例

（2）天龍寺青瓷釉（明代龍泉青瓷）比起明亮的砧青瓷，它的釉色為偏向暗黃綠色，有些像海水綠色。這種釉有些透明性，試驗的調合例如【表10-8】，相當於矽酸鐵的$Fe_2O_3 \cdot 3SiO_2$添加3.5%，再外加Cr_2O_3 0.04~0.05%。

	（1）	（2）	（3）	（4）	（5）	（6）	（7）	（8）	（9）
石灰石	26.0	23.6	21.6	24.8	22.4	21.0	23.6	21.8	21.0
長石	26.6	24.6	22.6	35.9	15.6	14.6	24.8	22.7	14.5
天草石	35.7	32.4	29.8	34.0	62.0	58.0	32.6	30.0	58.0
硅石	11.7	19.4	26.0	7.5	--	6.4	3.6	11.3	--
高嶺土	--	--	--	7.8	--	--	15.4	14.2	6.5

【表10-8】天龍寺青瓷釉試驗調和例

與這些釉組成相當的塞格氏釉式如下：

（1）$\left.\begin{array}{l}0.2K_2O \\ 0.8CaO\end{array}\right\}$ $0.3Al_2O_3 \cdot 3.0SiO_2$

（2）$\left.\begin{array}{l}0.2K_2O \\ 0.8CaO\end{array}\right\}$ $0.3Al_2O_3 \cdot 3.5SiO_2$

（3）$\left.\begin{array}{l}0.2K_2O \\ 0.8CaO\end{array}\right\}$ $0.3Al_2O_3 \cdot 4.0SiO_2$

（4）$\left.\begin{array}{l}0.2K_2O \\ 0.8CaO\end{array}\right\}$ $0.4Al_2O_3 \cdot 3.0SiO_2$

（5）$\left.\begin{array}{l}0.2K_2O \\ 0.8CaO\end{array}\right\}$ $0.4Al_2O_3 \cdot 3.5SiO_2$

（6）$\left.\begin{array}{l}0.2K_2O \\ 0.8CaO\end{array}\right\}$ $0.4Al_2O_3 \cdot 4.0SiO_2$

（7）$\left.\begin{array}{l}0.2K_2O \\ 0.8CaO\end{array}\right\}$ $0.5Al_2O_3 \cdot 3.0SiO_2$

（8）$\left.\begin{array}{l}0.2K_2O \\ 0.8CaO\end{array}\right\}$ $0.5Al_2O_3 \cdot 3.5SiO_2$

（9）$\left.\begin{array}{l}0.2K_2O \\ 0.8CaO\end{array}\right\}$ $0.5Al_2O_3 \cdot 4.0SiO_2$

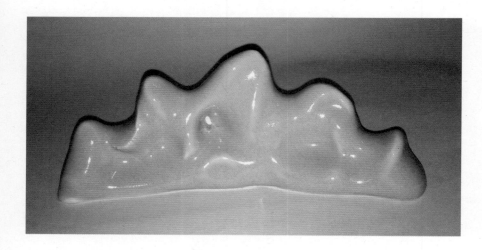

燒製青瓷的坏體中最好也含有約2%的氧化鐵，陶土中的鐵有時太多，會影響釉面的質感，最好採取薄層的白化粧素燒後施釉。

以一般的氧化燒成方法（電窯或以燃燒加熱的窯爐），下面的配方可以出現類似青瓷的釉：鉀長石48；石灰石6；高嶺土15；石英31，外加氧化銅3%。（如圖）

10.2 鋅釉（布里斯托釉Bristol Glazes）

最早在英國布里斯托地方的陶瓷工廠使用，以氧化鋅調配的鋅釉代替含鉛的軟瓷器及炻器釉。釉中的氧化鋅具有兩個重要的功能：助熔性與乳濁性，但是當做乳濁劑並不如氧化錫與矽酸鋯普遍。它使陶器釉乳濁後失透，能遮蓋有色坏體的本來色澤。氧化鋅

調釉的溫度域相當廣，最適合當作SK2~6中溫度的主要熔劑，但其折光率不及它所取代的鉛釉，所以光澤度較差。調配布里斯托釉的氧化鋅最好先經過煅燒，才能避免釉層因收縮乾裂、捲縮或生成針孔。

10.2.1 布里斯托釉的組成與性質

鋅釉由鹼、鹼土及鋁的矽酸鹽所構成，使用範圍很廣，除了乳濁、失透釉外，各種透明釉、光澤釉、無光釉、色釉及結晶釉都可調配。因為此種釉適合施在生坯上，故常用在建築瓷、衛生陶器及裝飾瓷上。鋅釉熔融時的黏度很大，除非釉層很厚，一般流動性不高，不容易有流釉的現象，因此容許延長燒成時間，擴展燒成的溫度範圍。

與石灰釉或石灰鹼釉等瓷器釉相比，鋅釉也有不錯的耐化學侵蝕性，它能耐一般的酸、鹼及清潔劑，也具有耐磨耗性。

布里斯托釉的熔融情況良好，無需再添加熔塊料。氧化鋅的媒熔能力很強，在適量使用的範圍內，其助熔能力與等重量的氧化鉛相當。這類釉的組成特徵是鹼較多些，氧化鋅和氧化鈣的分子當量數大致相同或略多，氧化鋁較高，所以 Al_2O_3 / SiO_2 比值約在 $1:5~1:7.5$ 之間。下面為兩個典型SK6~8的鋅釉。氧化鋅及氧化鋁都高的釉，容易形成乳濁、失透的光澤釉：

$$
\left.\begin{array}{l} 0.35\,KNaO \\ 0.20\,CaO \\ 0.45\,ZnO \end{array}\right\} \quad 0.565\,Al_2O_3 \cdot 3.10\,SiO_2 \qquad (Z1)
$$

$$
\left.\begin{array}{l} 0.40\,KNaO \\ 0.30\,CaO \\ 0.30\,ZnO \end{array}\right\} \quad 0.60\,Al_2O_3 \cdot 3.55\,SiO_2 \qquad (Z2)
$$

換算成重量百分比組成分別是：

	Z1	Z2
長石	56.5	59.6
石灰石	6.0	8.0
氧化鋅	10.9	6.5
高嶺土	16.5	13.8
硅石	10.2	12.1

減少布里斯托釉中的黏土量時，會增加釉流動性。若增加黏土就需要多一些CaO，因為鋅釉中的CaO是唯一能與黏土反應的成分。CaO太少，釉的乳濁度會增加，甚至出現無光的釉面。與所有釉類似，釉面光亮與否尚且與 Al_2O_3 / SiO_2 比值有關，釉式（Z1）與（Z2）的比值分別為5.5及7.2，很明顯的（Z1）不能得到光亮的釉面。

石灰鹼釉中大量增加氧化鋅至鹽基成分的二分之一以上、同時減少 Al_2O_3 與 SiO_2 時，容易使釉變成無光、乳濁甚至結晶。例如下面的釉（Z3）在SK8~9可得到乳濁到結晶的釉面。（Z4）的組成則已是典型的鋅結晶釉了。

$$\left.\begin{array}{l} 0.20\,KNaO \\ 0.23\,CaO \\ 0.57\,ZnO \end{array}\right\}\quad 0.30\text{~}0.25\,Al_2O_3 \cdot 2.62\text{~}2.0\,SiO_2\quad (Z3)$$

$$\left.\begin{array}{l} 0.13\,KNaO \\ 0.25\,CaO \\ 0.62\,ZnO \end{array}\right\}\quad 0.23\,Al_2O_3 \cdot 2.28\,SiO_2\qquad\quad (Z4)$$

布里斯托釉以及高鋅的乳濁失透釉、結晶釉，若燒成溫度過高，則生成光亮的透明釉；若溫度太低則變成無光釉。

A.S. Watts[註16] 研究布里斯托釉的共熔成分的組成範圍後，提供實際可靠的，適合溫度範圍SK3 ~12使用的鋅釉配方如（Z5）、（Z6）、（Z7）。

[註16]
A.S. Watts：Bristol Glazes Compounded on a Eutectic Basis. Trans. Amer. Ceram. Soc., XVIII, 631– 641 (1918).

$$\left.\begin{array}{l} 0.40\,KNaO \\ 0.25\,CaO \\ 0.35\,ZnO \end{array}\right\}\quad 0.60\,Al_2O_3 \cdot 3.47\,SiO_2\qquad (Z5)$$

$$\left.\begin{array}{l} 0.35\,KNaO \\ 0.20\,CaO \\ 0.45\,ZnO \end{array}\right\}\quad 0.565\,Al_2O_3 \cdot 3.10\,SiO_2\qquad (Z6)$$

$$\left.\begin{array}{l} 0.30\,K_2O \\ 0.30\,CaO \\ 0.40\,ZnO \end{array}\right\}\quad 0.534\,Al_2O_3 \cdot 3.0\,SiO_2\qquad (Z7)$$

鹽基中ZnO的量增加時，會加強釉的乳濁性。當其摩爾數達0.3或更大時，可提高乳濁度、白度與光澤度，耐火性同時增加，但容易發生釉蜷縮。若釉中CaO含量過多時，過剩的CaO會減弱光澤度，呈現奶油狀的白色，此時以氧化鋅置換1/3的石灰，可得到較佳亮度，最大亮度的置換量約為1/2。

釉成分中有等量的石灰與鋅時，釉最容易熔融，兩者中任何一個為另一個的1/3時，則釉的熔融溫度增高，此時，Al_2O_3 與 SiO_2 的比值以1：6最合適。而最好的光澤釉和大部分釉相似，Al_2O_3 與 SiO_2 的比值以1：8~10最佳。

No.	KNaO	CaO	ZnO	MgO	BaO	Al$_2$O$_3$	SiO$_2$	SK	組織
1	0.160	0.413	0.428	0.004	--	0.250	1.70	2/3	無光
2	0.238	0.354	0.210	0.055	0.144	0.430	2.90	4－7	光澤
3	0.170	0.330	0.500	--	--	0.350	3.30	5	光澤
4	0.160	0.440	0.090	--	0.350	0.21~0.41	2.1~3.7	6	光澤
5	0.160	0.440	0.050	--	0.350	0.370	1.90	6	無光
6	0.277	0.288	0.145	0.100	0.190	0.350	2.71	6－7	緞面無光
7	0.400	0.200	0.400	--	--	0.470	2.96	6－8	光澤
8	0.300	0.600	0.100	--	--	0.400	3.80	10	光澤

1. P.G. Larkin（1918）. 2. H. Wilson（1918）. 3. C.W. Parmelee（1907）. 4. G.D Phillips（1914）. 5. A.R. Heubach（1913）. 6 & 7 H.E. Davis（1929）. 8. E.T. Montgomery, I.A. Kruson（1914）

【表10–9】陶器釉及炻器用鋅釉的化學（分子當量）組成

原料	（1）	（2）	（3）	（4）	（5）
長石	60.0	39.8	58.0	43.3	54.7
硅石	12.0	19.7	18.7	29.3	7.4
石灰石	12.0	10.6	5.2	6.3	17.7
氧化鋅	6.0	5.1	6.2	--	--
碳酸鋇	--	8.5	5.2	5.7	--
碳酸鎂	--	1.4	--	1.8	--
黏土	10.0	14.9	6.7	13.6	12.2
鉛白	--	--	--	--	8.0

【表10–10】SK3–7陶器用光澤釉的原料重量%（H. Wilson 1926）

原料	（1）	（2）	（3）	（4）
長石	54.1	51.6	64.3	47.8
硅石	6.0	5.6	1.9	--
石灰石	13.7	18.8	8.9	10.4
氧化鋅	4.0	8.6	15.2	8.1
碳酸鋇	6.1	--	--	5.6
碳酸鎂	2.1	--	--	1.6
黏土	14.0	15.4	9.7	26.5

【表10-11】SK3-7 陶器用無光釉（H. Wilson 1926）

含鋅的石灰鹼釉有很多優點，例如光澤度、白度、乳濁度、流動性及熟成溫度等，都可以隨意調整。石灰鋅釉的鹽基部分，可以任意添加其他鹼金屬或鹼土金屬，來獲得最理想釉色與釉面的表現。【表10-9】、【表10-10】及【表10-11】是一些建築用陶器及炻器用鋅釉的化學組成與原料配方的例子。

添加氧化錫可增強鋅釉的白度，1922年 J.L. Carruthers 發表的SK3白色無光釉的化學組成為：

$$0.166\,KNaO$$
$$0.005\,MgO$$
$$0.412\,CaO$$
$$0.417\,ZnO$$

$$\left.\right\}\ 0.229\,Al_2O_3 \cdot 1.57\,SiO_2 + 5\%\,SnO_2$$

10.2.2 著色布里斯托釉

除了有數幾種色料不適合使用外，所有瓷器用色料都可以使鋅釉著色。布里斯托釉中氧化鋅也是鹽基的主要成份；量少時對呈現綠色的氧化鉻沒有影響，量逐漸增加時，色調從帶褐的黃色變化成紅褐色。含氧化鋅及氧化鎂的釉，添加氧化鉻著色，少量時出現淡紅色。石灰鋅釉中，選擇適當的氧化鋅添加量，可以得到明亮的黃色到暗黃色。

氧化鉻及氧化錫構成的桃紅色及棗紅色色釉或顏料，若調配在鋅釉中，至今仍沒有成功著色的研究報告。

10.3 鹽釉

鹽釉是指黏土製成的坏件在窯中高溫燒成時，利用食鹽的蒸氣與坏體的表面發生化學變化，生成玻璃狀的薄膜釉層。咸信此施釉法為德國萊茵地區的柯隆（Coloyne）在十二世紀開發，盛行於十五世紀以後。十七世紀末傳到英國，再傳到美國，成為當時炻器製造的主要施釉法。直到十九世紀末，被布里斯托鋅釉取代，但現代製造化學炻器，有些建築用黏土製品，依舊使用食鹽施釉法。

食鹽在升溫到800℃時已經熔化可以蒸發，NaCl的氣體和窯室大氣中的水蒸氣化合，生成的氧化鈉隨即再與坏體表面黏土中的氧化矽與氧化鋁反應，生成玻璃質的矽酸礬土鹽薄膜。

正常施鹽釉的方式大多將定量潮濕的食鹽，依經驗分批投入燃燒室，受熱蒸發的 NaCl 隨著火焰與熱氣流進入窯室，與溫度接近燒結的坯體表面接觸反應，完成施釉的步驟。窯室內的溫度越高，施釉的反應越容易達成。

施鹽釉的窯爐，以倒焰式有開放性燃燒室的方型或圓形窯最適合，連續室窯或台車式隧道窯也可燒製，只要燃燒部位有足夠投鹽的空間。窯室內熱氣流應能均勻分布，盡量讓食鹽的蒸氣在離開窯室被（煙囪或通風系統）抽走之前與坯件接觸。棚架和支柱等窯道具必須塗裝氧化鋁保護層，以避免表面被施釉。而舊窯內部耐火磚結構表面，經過幾次鹽釉燒成後就會有一釉層，可節省食鹽，而且更有利於以後每次的燒成。

施鹽釉的氣氛以氧化性最佳，所以燃料最好要完全燃燒，清澈的火焰較容易燒出良好的鹽釉。古代的燃料以煤炭或柴薪為主，今日以石油類或氣體燃料也可以燒製。

鹽釉非常薄，幾乎完全透明，所以坯土中的氧化鐵所呈現的色澤，將明顯影響製品的外觀。2%以下時：從白色到黃褐色；3~5%時：呈現褐色；5~8%時：呈赤褐色。坯件的表面可利用白色或有色化粧土先行著色，然後再入窯施鹽釉燒成。除食鹽外，含鹼金屬的鹽類如「碳酸鈉」也可當作釉原料，但是成本較高。

早在1902年，H.H. Jones 就以提出研究報告，成功燒製食鹽釉必須注意下列幾點：

1. 坯土的化學組成

食鹽最先與矽酸質粒子反應，因此最好有高矽酸質原料。

2. 坯中黏土的粒度

至少能通過120~140目的篩網

3. 坯件的燒結溫度

投鹽期間，坯體的氣孔越少越好，不然食鹽蒸氣會滲透到坯體內部，所以必須在窯室溫度達到燒結時才開始投鹽。

4. 窯室氣氛的性質

坯體表面一旦開始瓷化，不論溫度上升或投入多少食鹽，很困難再讓坯體有任何變化。

5. 窯室內的溫度

投鹽期間窯室溫度會下降，鹽蒸氣即使與坯體接觸，也不會與之發生反應。因此要分幾個位置投入食鹽，並在下次投鹽之前以清澈的火焰將窯溫提升。投鹽期間盡量減緩氣體的流速，投鹽完畢例即使窯溫上升。

6. 食鹽的品質

使用結晶性的食鹽。因為NaCl靠水蒸氣在高溫分解，所以投鹽之前先用水濕潤。

7. 冷卻的條件

到700℃之前必須急速冷卻，因在高溫時徐緩冷卻容易促進結晶，急冷會使釉面更光亮。但700℃以下急冷會發生冷裂。

8. 其他

燒成前的釉下彩飾，也會和食鹽釉發生化學反應。

食鹽釉的釉層太厚，釉中的鈉增多，也會發生開片的情形，釉層越厚其耐久性也越差，耐磨耗性跟著降低。

由天然的沉積黏土或淘洗過的沉積黏土泥漿製成的釉，它的化學組成與8號錐以上的釉類似，因夾帶有數個百分比的氧化鐵，所以熔融後分布在坏體表面形成深棕色的釉。若熔融溫度過高，可添加適量的媒熔劑來調整。

中國古代著名的釉如天目系列的「油滴」、「兔毫」、「鷓鴣斑」、「烏金釉」等，呈色的效果都從採用天然含鐵土石所製成的漿泥，當作釉施加後燒成獲得。有些土石為了燒成火度或其他效果，會添加植物灰或熔劑。由於產地及原生地等因素，這種釉的礦物組成非常複雜，各種釉分別具有獨特的結構與呈色，使用別種黏土很難複製。倒是今天經過化學分析後，以化工原料配合礦石原料，可以調出類似古釉的效果。調製古釉的含鐵土、石的產地及其使用等如【表10-12】。

原料名稱	外觀	Fe$_2$O$_3$%	用途	產地
紫金土	紅色土塊	4.17	青瓷釉：如粉青、梅子青等	浙江龍泉
紫金土	紅色土塊	6.23	青瓷如粉青及茶葉末、紫金釉	景德鎮
烏金土	黑色土塊	13.4	調配烏金釉	景德鎮
斑花石	褐色土塊	75.6	調配鐵銹花	河北
黑釉土	淡紅土塊	5.40	調配天目釉、油滴釉等	山東
土骨	紅褐鐵砂	43.9	調配黃色釉、棕紅色釉等	太湖
赭石	赭紅石塊	38.8	調配澆黃、雞油黃等	廬山

【表10-12】古釉用的中國天然含鐵土石礦物 [註17]

〔註17〕
張玉南：陶瓷藝術釉工藝學 p78，(1992)。

在美國紐約州哈德遜河谷Albany及Catskill之間，有種出名的泥漿釉黏土，稱為「Albany泥漿」。熔點約在PEC 8號錐，燒到11號錐時，成為棕色或黃褐色平滑的光澤釉。還原焰燒成，則生成紅棕色的釉。十九世紀廣泛應用在日用陶瓷上，施加在電氣絕緣瓷器的效果也很優秀。礦區大、蘊藏量豐富，成分難免有些出入，釉料用的Albany黏土組成大致為SiO$_2$ 56.75%、Al$_2$O$_3$ 15.47%、Fe$_2$O$_3$ 5.73%、CaO 5.78%、MgO 3.23%、TiO$_2$ 1.00%、（KNa）$_2$O 3.25%，可單味使用。它的燒成範圍很廣，用於高壓礙子時，尚須與長石、黏土及氧化鐵重新調合。

10.5 灰及灰釉

古代中國的高溫釉是從灰釉開始的，它利用植物的灰所構成。以後逐漸以石灰石、白雲石、或滑石等來取代部分灰。景德鎮瓷器用的「釉灰」【表10-13】[註18]是鳳尾草和石灰石粉混合燒成的合成灰，含有SiO$_2$及CaO。植物分為木本及草本兩類，它們的灰的化學組成差異很大，草本植物灰以SiO$_2$為主；木本植物灰的成分以CaO及SiO$_2$較多【表10-14】。

〔註18〕
中國硅酸鹽學會：中國古陶瓷論文集，p318，1982。

成分	SiO$_2$	Al$_2$O$_3$	Fe$_2$O$_3$	CaO	MgO	K$_2$O	Na$_2$O	Ig. Loss
%	3.25	0.56	0.79	55.32	1.13	0.22	0.15	38.51

【表10-13】景德鎮瓷器用的釉灰

成分＼灰的種類	禾本科	荳科	木灰	稻草灰	針葉樹灰
K$_2$O	22.6~37.9	11.2~31.3	2.5~10.2	4.5	6~10.0
Na$_2$O	0.4~5.3	0.6~9.6		0.9	
CaO	7.6~11.8	21.4~30.6	18.0~50.9	2.3	30~35.0
MgO	2.4~3.7	3.7~7.5	2.3~7.5	1.8	5~6.0
Fe$_2$O$_3$	--	--	0~2.7	1.4	--
P$_2$O$_5$	5.7~9.7	5.1~8.6	0.3~4.0	2.1	2.5~3.5
SiO$_2$	17.3~36.3	1.3~1.9	0~22.5	74.0	18.0
SO$_2$	--	--	2.1~2.8	0.2	--
Ig. loss			0.7~28.6	3.1	5.0

【表10-14】各類植物灰的成分範圍例

　　陶瓷產地各有其特有的草木，因此使用草木灰會帶有地方的色彩。不同植物各有其獨特成分，有的含有氧化鎂，有的額外含有磷酸。灰的組成是多樣性的，植物的種類、產地、植物年齡、採收的季節、燒製的方法、水簸的方式等都影響灰的組成。天然灰成分複雜，即使有精確的化學分析值，還是很難配出和天然灰一樣的合成灰。

　　「土灰」是日本人的說法，是「雜」或「粗」灰的意思。以前廚房火灶燃燒雜木後得到的灶灰，就是土灰，也就是雜木灰。較廣義的來說，未經特別篩選材料燒製的雜木灰統稱為土灰。由於在燒製過程中經常混入不純物，且雜木的成分也不很穩定，所以土灰的組成也常常變動。但是和所有木灰一樣，含有較多的石灰份及次多的矽酸，另外會有一些氧化鋁、磷酸、氧化鐵，以及一些鉀、鈉的化合物。和其他木灰相比，土灰中含有較多的氧化鐵。用這灰調配的釉在氧化焰燒成會得到淡黃色或淺麥芽糖的顏色，在還原焰得到淡青瓷色，當坯土中含有氧化鐵時，會更明顯。【表10-15】是數種台灣市販植物灰及合成土灰的化學組成。

　　灰釉的調配比石灰鹼釉簡單，以二成分或三成分系統都可以配出。二成分系統的最簡單，只要兩類原料即可配釉，一類為長石或陶石；另一類為木灰或土灰。三成分系統灰釉實驗調配的方式，則可以利用正三角形，每個頂點分別代表灰釉的三個不同的原料，例如長石（陶石）、木灰（土灰）、硅石粉（稻草灰），調合的方法參閱第三章第3.4.1及3.4.2小節。

　　與瓷器釉類似，灰釉除了上述的基本調配外，添加其他鹼土金屬、土、石、發色劑或色料等原料，在合適的燒成條件下呈現更多特色。灰釉可調配透明、乳濁、無光和結晶釉，以及各種著色釉。

灰＼成分	SiO$_2$	Al$_2$O$_3$	P$_2$O$_5$	Fe$_2$O$_3$	MnO	CaO	MgO	K$_2$O	Na$_2$O	Ig. Loss
土灰	14.08	3.69	2.14	1.94	0.41	35.90	5.44	1.49	0.55	34.32
稻草灰	50.94	0.70		0.52	--	2.30	0.29	1.99	0.61	42.60
柞木灰	11.32	2.92	0.82	0.38	Tr.	44.66	2.66	034	0.30	36.68
合成土灰	16.30	4.90	3.00	--	--	37.00	6.10	1.40	0.20	31.40
栗皮灰	17.00	3.90	2.30	--	--	38.60	5.10	1.80	1.30	29.60

【表10-15】市販植物灰的化學組成例

10.6 結晶釉

釉的表面或其內部，明顯灑佈著微細不可見的，或可見的巨型晶體，是所有結晶釉的特徵。結晶釉並非由原料中沒有熔化的晶體而來，而是從熔融後玻璃相液體的混合熔液中，在冷卻過程時從受到控制的特定環境中析出。

釉中析出的結晶，其形狀尺寸以肉眼清楚可見時，就叫做結晶釉。若釉面密佈細緻的微細晶體，其大小肉眼雖不得見，但卻使釉面反射的光線出現散射，形成無光的現象，這種釉一般不稱為結晶釉。

10.6.1 釉析晶的特質

釉玻璃相中，矽酸鹽受到各種熔劑、或修飾材料（如鋰、鈉、鉀、鎂、鈣、鋅等的氧化物）的作用，矽酸鹽在冷卻時因為「過飽和」而析出。結晶析出與否與釉的性質關係密切，高溫時釉就像一種溶液，釉的黏度與可析出的矽酸鹽是最重要的因素。

結晶釉是一種失透釉，假如釉中沒有結晶形成劑，過量的矽酸會形成極微細的晶體使釉面看起來像積聚一層白霧。若提供多量的氧化鋅到這種釉組成中，則除了失透的現象外，生成的矽酸鋅提供最有利於析出的晶體來源。

釉中有結晶性的物質，也必須將溫度升高至足以使釉熔融，且容易流動。此時，矽酸及鹼金屬和鹼土金屬氧化物分子，都能夠在釉液中自由移動。一旦窯爐熄火，停止熱能供給使釉的動能減少，而在此期間，網目格子的結合鍵不斷地生成與崩解。於冷卻過程中的某溫度範圍，已經熔融重新組構的「鍵接網目」，將有機會形成完整析晶的細胞單位，換句話說，若提供一個「晶核」，就能使聚集的結晶物質形成晶體。假若玻璃網目格子沒有先行崩解（徹底熔化），則不可能有機會生成晶體。

結晶釉

10.6.2 結晶釉的組成

R.T. Stull[註19] 1904年研究指出結晶釉有如下的組成：

1. 釉顯示出結晶化最強烈傾向的是以小原子量元素的氧化物，當作RO成分。它們有 Na_2O、K_2O、MgO、CaO、MnO、FeO、ZnO等。
2. 原子量大的金屬氧化物如BaO、PbO，對結晶不利。
3. 酸 性的氧化物中，分子量大的如SiO_2、TiO_2及P_2O_5是良好的結晶劑，分子量小的如B_2O_3，它賦予釉熔液良好流動性，但對結晶較不利。
4. 添加的R_2O_3，例如Al_2O_3，通常不利於結晶，但有時也會有好處。

最容易形成晶核並生長成巨大結晶的氧化物CoO、MnO、ZnO、TiO_2、Fe_2O_3中，氧化鋅ZnO和氧化鈦TiO_2是最常用的結晶劑。氧化鋅形成巨大的扇形結晶，檢驗證實是矽鋅礦（$ZnSiO_4$或$2ZnO \cdot SiO_2$）晶體，形成結晶與鹼金屬最佳的比例是$0.3 \sim 0.6 ZnO$與$0.7 \sim 0.4 KNaO$[註20]。氧化鈉比氧化鉀更能促進結晶，而且晶形完美，晶花發達。

[註19]
R.T. Stull：Notes on the Production of Crystalline Glazes. Trans. Amer. Ceram. Soc., VI, 186–197. (1904).

[註20]
R.C. Purdy & J.F. Krehbiel：Crystalline Glazes. Trans Amer. Ceram. Soc., IX, 319–407(1907).

氧化鈦在石灰鹼釉中，比矽鋅礦更容易形成數量眾多的橄石（$CaO \cdot SiO_2 \cdot TiO_2$）型細小針狀晶體，佈滿釉面，看上去有如無光釉一般。

J.W. Mellor（1904–05）[註21]標明下列釉式可以得到美麗的矽酸鋅結晶釉：

[註21]
J.W. Mellor：
Crystallization in
Pottery. Trans Eng.
Ceram. Soc., 4, 49
(1904–05).

$$\left.\begin{array}{l} 0.11\,K_2O \\ 0.19\,Na_2O \\ 0.08\,CaO \\ 0.62\,ZnO \end{array}\right\} 0.05\,Al_2O_3 \left\{\begin{array}{l} 1.90\,SiO_2 \\ 0.40\,B_2O_3 \end{array}\right.$$
（燒成溫度1170℃）

上列釉中的CaO以60％BaO＋40％CaO置換，可以到更好的結晶釉。假如再添加0.5％CoO＋5％TiO_2，則在黃色背景上生成青色桿狀的晶體。

10.6.3 結晶釉的種類與調合例

鋅結晶釉

$$\left.\begin{array}{l} 0.15\,KNaO \\ 0.15\,CaO \\ 0.70\,ZnO \end{array}\right\} \begin{array}{l} 0.225\,Al_2O_3 \cdot 1.375\,SiO_2 \dotsfill (1) \\ 1{\sim}3\%\,CuO\ ;\ (SK\,02) \end{array}$$

$$\left.\begin{array}{l} 0.30\,KNaO \\ 0.03\,CaO \\ 0.05\,BaO \\ 0.62\,ZnO \end{array}\right\} \begin{array}{l} 0.045\,Al_2O_3 \cdot 1.805\,SiO_2 \dotsfill (2) \\ 0.380\,B_2O_3 \\ CoO\,0.5{\sim}3\%\ ;\ 1{\sim}3\%\,CuO\ ;\ (SK\,2) \end{array}$$

$$\left.\begin{array}{l} 0.35\,Na_2O \\ 0.05\,CaO \\ 0.65\,ZnO \end{array}\right\} \begin{array}{l} 0.05\,Al_2O_3 \cdot 1.75\,SiO_2 \dotsfill (3) \\ 0.30\,B_2O_3 \cdot 0.20\,TiO_2 \quad (SK\,3) \end{array}$$

$$\left.\begin{array}{l} 0.155\,KNaO \\ 0.175\,CaO \\ 0.670\,ZnO \end{array}\right\} 0.03\,Al_2O_3 \left\{\begin{array}{l} 1.000\,SiO_2 \dotsfill (4) \\ 0.135\,B_2O_3 \quad (SK\,8) \end{array}\right.$$

$$\left.\begin{array}{l} 0.28\,KNaO \\ 0.10\,CaO \\ 0.05\,BaO \\ 0.57\,ZnO \end{array}\right\} \begin{array}{l} 0.162\,Al_2O_3 \cdot 1.70\,SiO_2 \dotsfill (5) \\ 0.200\,TiO_2 \quad (SK\,9) \end{array}$$

$$\left.\begin{array}{l} 0.33\,Na_2O \\ 0.66\,ZnO \end{array}\right\} 0.05\,Al_2O_3 \left\{\begin{array}{l} 1.60\,SiO_2 \dotsfill (6) \\ 0.20\,B_2O_3 \quad (SK\,5) \end{array}\right.$$

（Na2O 10.79％, ZnO 28.28％, B2O3 7.37％, Al2O3 2.69％, SiO2 50.87％。W.G. Worcester 1908）

錳結晶釉

$$\left.\begin{array}{l} 0.10\,Na_2O \\ 0.90\,MnO \end{array}\right\} 1.0\,SiO_2 \dotsfill (7)$$
$$(SK\,10{-}11)$$

（Na_2O 4.7％, MnO 49.1％, SiO_2 46.2％。R.C. Purdy, 1907）

長石	12
板玻璃粉	50
硅石粉	12
碳酸錳	22.5
鉛丹	3.5
氧化鈷	1.0

$\dotsfill (8)$ （SK 10）

鈦結晶釉

$$0.10\,K_2O \atop 0.20\,CaO \atop 0.20\,ZnO \atop 0.50\,PbO \Big\} \; 0.10\,Al_2O_3 \Big\{ {2.0\,SiO_2 \cdots\cdots\cdots (9) \atop 0.5\,TiO_2 \quad (SK7)}$$

$$0.50\,PbO \atop 0.20\,CaO \atop 0.30\,ZnO \Big\} \; 0.20\,Al_2O_3 \Big\{ {1.8\,SiO_2 \cdots\cdots\cdots (10) \atop 0.4\,TiO_2 \quad (SK7)}$$

可添加銅、鐵、鈷、錳、鎳等呈色劑。

鐵結晶釉

　　常見的鐵結晶釉有天目系列的油滴釉及砂金石釉（灑金釉），晶體的尺寸較小，以氧化鐵為結晶劑。

　　鐵砂金石釉是透明釉內有薄片狀的晶體懸浮在玻璃相中，投入的光線經其反射發出耀眼的金紅色（或金黃色）光芒呈現在釉面上。釉的組成使熟成溫度範圍寬廣。和所有結晶釉類似，冷卻的方式關係重大，C.W. Parmelee and J.S. Lathrop[註22]於1924發表研究報告的結論說：

1. 增加鐵含量會增進晶體的數量與尺寸，同時升高釉的耐火性。
2. 增加Na_2O會提升結晶的能力
3. 當CaO的添加量達到0.4 mol以上時，結晶就不再出現。
4. 減少PbO增加Na_2O，會提升析晶能力，但光澤度降低。
5. 一個低鐵（0.75 moles）結合低硼酸（1.25 moles）、與高氧化鋁（0.15 moles）及矽酸（7.00 moles）的配方，可得到最美麗的砂金石光澤效果。
6. 釉面開片的情形絕無僅有，似乎與所有結晶釉相同
7. RO部分對結晶能力的效益次序為：$Na_2O > K_2O > PbO > CaO$
8. 以中等厚度施釉最佳，釉層後度不超過2mm。

〔註22〕
C.W. Parmelee and J.S. Lathrop：Aventurine Glaze. Jour. Amer. Ceram. Soc., 7 (7) 567–574 (1924).

砂金石釉試片

釉色\原料	石英	長石	氧化鐵	硼砂	硝石	碳酸鋇	皂土	溫度	編號
紅地砂金石	52	1	14	26	4	2	1	1150	（11）
紅褐地砂金石	43	1	14	35	4	2	1	1150	（12）
黑地砂金石	39	1	14	39	4	2	1	1150	（13）

【表10–16】砂金石釉配方例（張玉南編著：陶瓷器藝術釉工藝學）

釉色\成分	SiO_2	Al_2O_3	TiO_2	P_2O_5	Fe_2O_3	CaO	MgO	KNaO	MnO	編號
曜變天目	62.10	12.82	0.67	1.57	6.22	9.00	3.30	0.23	0.84	（14）
油滴天目	64.31	14.70	0.99	0.25	6.33	6.73	2.00	1.10	0.10	（15）

【表10–17】古中國天目釉化學組成例（張玉南編著：陶瓷器藝術釉工藝學）

10.6.4 結晶釉的燒成

結晶釉的軟化溫度範圍很廣，在熟成的溫度時釉的流動性通常很大，必須注意在頂溫時持續的時間不可過長，各種結晶釉有時需要特殊燒成方法。

結晶釉的升溫方式與一般陶瓷器燒成類似，但冷卻降溫過程必須善加控制，才有利於生成晶核，及足夠的時間讓結晶成長。析晶是溫度降低到有「過飽和」的溶質出現時才會發生，因此析晶及晶體發育都必須比頂溫略低，但仍然是在軟化的狀態才行，通常會在某適當的溫度點維持一定的時間。

結晶釉的組成改變時，會影響釉的熟成溫度及結晶生成與成長的溫度範圍，也影響晶體成長的速率。因此必須隨著組成改變而修正析晶及結晶溫度與速率，或者說修正冷卻的程序。要注意的是，在此溫度範圍內，冷卻速率過快時，很難有顯眼的晶體出現；若冷卻過慢，則晶體過大、過厚，使釉面粗糙。

結晶釉晶核是在釉熔融時的液體狀態時生成，黏度增加會限制晶核生成與晶體成長，因此修正釉組成使熟成溫度升高時，也會增加釉的黏度。冷卻時緩慢降低至開始結晶的溫度，然後依照釉的組成，控制析晶成長的持溫時間來左右晶體的尺寸。【圖10-4】是矽酸鋅結晶釉燒成曲線的程序：

1. 由室溫到約1000℃，維持陶瓷器燒成的正常升溫速率。
2. 釉藥開始熔化到頂溫期間，需要規劃合適的時間，使釉能完全熔融，同時使窯溫均勻。必須注意勿超過最高溫度上限，過熔使得析晶困難。
3. 將溫度從頂溫令其迅速下降到最適合生成晶核及晶體成長的溫度範圍之內。
4. 在最適合晶體成長的溫度維持一段時間的保溫作業，使晶體發育成為晶花。此階段宜維持恆溫或以不超過20℃/hr的速率緩慢降溫。
5. 恆溫時段過後，迅速降溫使釉層固化，然後自然冷卻至室溫。

大部分結晶釉熔融時的黏度都很小，裝窯時必須安置墊腳，以防流下的釉液沾粘在窯道具（棚板或匣缽）上。

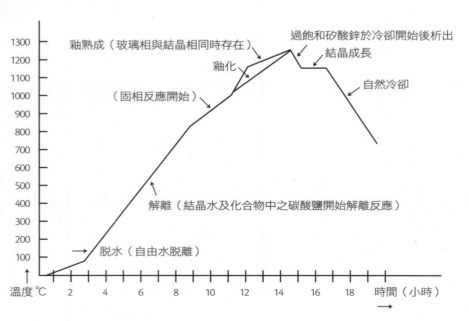

【圖10-3】矽酸鋅結晶釉燒成曲線圖例

矽酸鋅結晶釉可以利用有色金屬氧化物著色，通常於基礎釉外加適當量的著色劑例如：

1. 氧化鈷

在較淡的藍色背景上呈現藍色晶花，有時會在奶油色地上出現藍綠色結晶。添加量0.5~3.0％。

2. 氧化銅

綠色背景上出現變化很大的綠色結晶。有時會在灰黑色地上呈現灰綠色晶花，或奶油色上有淡綠色晶體。添加量1~3％。

3. 氧化鎳

棕色背景上出現銀星狀晶體，琥珀色地上出現濃藍色，或淡黃綠色地上出現藍綠色。使用量1~3％。

4. 氧化錳

黃褐色背景呈現的是薄紫色的結晶，也可能呈現橘黃、黃褐、或濃褐色以及淡紫色，添加量1~4％。

5. 氧化鐵

在有斑點的黃褐色背景上方生成金黃棕色的大結晶，或棗紅色地上出現明亮褐色晶體，或橘黃色地上生成棕色、金褐色結晶。添加量為2％~6％。

6. 氧化鈦

淡黃色地呈現黃色晶體，橙黃色地出現淡黃色結晶或深黃色中出現黃色結晶。添加量2~10％，超過13％時，晶花變小，色呈金黃。

7. 銀化合物

檸檬黃背景出現淺黃色結晶，添加量為硝酸銀5％。

8. 鈾化合物

黃色背景上呈現金色或黃色的晶體，鈾酸鈉最佳，添加量6％~12％。

9. 鎢化合物

當與其他氧化物配合使用時，呈現特殊珠光彩色澤結晶，使用量約在1％~2％。

上列的每個氧化物，都能與其他的混合使用。有時將二種或三種氧化物搭配添加到結晶釉中，會獲得令人讚嘆訝異的效果。

10.7 透明釉、乳濁釉及失透釉

只有一種玻璃相所構成的釉是均質透明的，但因釉層中常懸浮不熔性的原料或色料固體微粒、晶體或氣體，形成「分散相」。因為折射率差異使光線通過時，其路徑受到妨礙，使入射光線不規則反射、散射或擴散，或被坏體部分吸收，發生所謂的「乳濁、失透、結晶以及無光的現象」。這種情形，結晶及無光的釉在現代陶藝或建築外牆面磚

方面廣被運用，而失透及乳濁，因為能有效遮掩陶器或半瓷器坏體不雅的色澤，所以廣泛用於衛生陶器。

在定義上，失透與乳濁是很難區別的。分相後懸浮分散的微小氣泡、顆粒或晶體，既可以使其失去透明，也可以使表面「看起來」成乳濁的外觀。釉中這些乳濁相集結的量與乳濁劑的粒度，玻璃相與乳濁相的折射率差值以及釉層的厚薄，都影響乳濁的程度。折射率差值越大，單獨乳濁劑粒子的尺寸與光的波長越接近，越容易產生乳濁性。

透明釉幾乎沒有任何晶體顆粒或小氣泡懸浮來影響透明的特質，所以若希望讓坏體的顏色或坏面的裝飾完美呈現，就施加無色的透明釉，而著色的透明釉則可以用來修飾坏體。若因緩慢冷卻會析出晶體使釉層失透或釉面無光時，可以快速通過釉的軟化溫度域來防止。

透明釉廣泛使用於白陶，瓷化的白色餐具瓷，骨灰瓷以及硬質瓷器上。它能完美保護釉下彩飾避免酸鹼性的侵蝕，並充分呈現裝飾的效果。

10.7.1 乳濁性的形成

[註23]
J.M. Stevels：Some Chemical Aspects of Opacification of Vitreous Enamels. Sheet Metal Industries, 25 (259) 2234–2240 (1948).

J.M. Stevels （1948）[註23]研究指出，在玻璃相之外形成分散相的方法有：

（1）讓熔液中有晶體生成

（2）事先將不熔性的原料加入配料中，使顆粒或晶體懸浮在玻璃中

（3）釉層中含有氟或空氣等氣體

（4）熔融狀態時，使成為互不相混合的二個液相

陶瓷器燒成最常使用（2）、（3）兩種方法。如氟化物、氧化錫、矽酸鋯、氧化鈦及磷酸鹽甚至鹼土金屬鹽等，在Al_2O_3與SiO_2合適的比例範圍內，添加適當的量，使釉熔化後能生成不相混的「相」或不熔的微細顆粒或析出礦物型態的微細晶體，由於這些物質與均質的玻璃有截然不同的光折射率，即使在鉛玻璃中，也會顯出乳濁性以致於失透。

氧化錫自古就被使用為釉的乳濁劑，後來由於價格昂貴，戰後開發使用氧化鋯及矽酸鋯來取代它。今天，氧化錫大多限用於低溫釉以及工藝陶瓷。於正常的釉中，氧化錫通常當作研磨添加物引進，只要5%就足夠發展出略帶青白完全乳濁的釉色。與矽酸鋯乳濁釉比較，後者的呈色略為偏黃。

矽酸鋯在釉中的熔解度高於氧化錫，因此需要比氧化錫更多的添加量才能獲得相同的效果。為了克服因為高熔解度而必須添加大量矽酸鋯才能得到理想的乳濁性，有必要設計高矽酸及高氧化鋁的釉方，但如此一來勢必增加釉的黏度。調配合意的矽酸鋯乳濁釉，最好依照釉的熟成溫度，將SiO_2的分子當量數設計在2.5~3.5之間，Al_2O_3與SiO_2的當量比約1：10。引進適量的鹼金屬氧化物LiO_2，Na_2O及K_2O使釉獲得適當的流動性，來達到平順的釉面。但如此一來，會增進矽酸鋯的熔解，因此鹼金屬的調配量必須精打細算（＜0.3 mole）。

雖然對高溫燒成的衛生陶器乳濁釉具有強力的媒熔與降低粘滯性的作用，氧化鋅還是廣泛使用於含矽酸鋯的釉中，以增加其白度及乳濁度，這類釉的鋅添加量約為0.1~0.2摩爾。氧化鈣是大部分釉常用的廉價熔劑，但會對矽酸鋯的乳濁能力造成損害。B_2O_3也

是很好的熔劑，雖然價格較貴，卻可以降低釉的熱膨脹係數。氧化鉛固然是強力熔劑，但使矽酸鋯釉呈現奶油的色調。

矽酸鋯的微細粉末以研磨添加物或製成熔塊，或以兩者併用的方式添加於釉中來達成乳濁的效果。使用的矽酸鋯越細，乳濁的效果越佳，最適當的粒度是0.3微米以內，這是再析晶的最佳尺寸。

用來燒製熔塊的矽酸鋯粉末的粒徑小於50微米較好，而以研磨添加物直接引進釉中的矽酸鋯，當粒徑小於7微米者佔全部95％以上時，能得到滿意的結果。不論是生料或熔塊調配的矽酸鋯釉，都比以氧化錫乳濁釉有較高的耐火性，而且矽酸鋯熔塊比其他熔塊，需要更高的溫度與更長的熔製時間。雖然以熔塊調配的釉批料中，5％的矽酸鋯含量已有明顯的乳濁度，但一般含量為10％。而生料釉所使用的是粒度更細的矽酸鋯，添加量需要多些，標準白色衛生陶器乳濁釉的研磨添加量約在9~15％之間。表10–18是典型的矽酸鋯乳濁熔塊的調合例。

成分	Na_2O	K_2O	CaO	ZnO	Al_2O_3	SiO_2	B_2O_3	ZrO_2
摩爾數	0.443	0.048	0.220	0.289	0.387	4.210	1.072	0.389
重量%	5.67	0.93	2.55	4.86	8.14	52.18	15.40	9.89

【表10–18】典型的矽酸鋯乳濁熔塊調合例

多數矽酸鋯熔塊熔融後立即投入冷水中急速冷卻時，呈現的是透明的，這是因為矽酸鋯熔解進入硼矽酸鹽玻璃相的網目格子中的緣故。再度加熱後，首先有氧化鋯然後矽酸鋯的結晶出現，發展出乳濁的性狀。這是特別高量的含矽酸鋯熔塊再度加熱至約800℃時，析出氧化鋯然後與矽酸於更高的溫度結合，轉化成矽酸鋯晶體。

乳濁劑的使用量有其限度，並不是添加量越多就表示效果越好。有時為了達到預期的效果，會在限度內同時使用兩種乳濁劑。

清澈的無鉛玻璃相之折射率為1.5~1.6，鉛釉的折射率為1.6~1.8，空氣的折射率為1.00029。釉用乳濁劑的折射率如【表10-19】。

名稱	化學式	比重	熔點℃	折射率	摘要
氧化錫	SnO_2	6.6~6.9	1127	2.04	自古就被使用的傳統優秀乳濁劑
氧化鈦	TiO_2	4.26	1640	2.52	如果冷卻緩慢會有顏色顯現
氧化鋅	ZnO	5.50	1720	--	條件合適時為優秀的乳濁劑
氧化鋯	ZrO_2	5.5~5.7	2950	2.35 }	粒徑5μ以下時，適用的組成與溫度
矽酸鋯	$ZrSiO_4$	4.56	--	1.96	範圍都很廣泛乳濁性良好
磷酸鈣	$Ca_3(PO_4)_2$	3.20	2550	1.63	
磷酸鎂	$Mg_3(PO_4)_2$	2.60	1383	--	
骨灰					骨灰的組成近似$Ca(PO_4)_2 \cdot CaCO_3$

【表10–19陶瓷器釉常用乳濁劑】

10.7.2 乳濁釉調合例

乳濁與失透釉的調配通常要依據釉的鹽基、Al_2O_3 與 SiO_2 的組成比例適量添加。石灰釉中，含鎂及鋅的釉，Al_2O_3 與 SiO_2 的比例在1：8~9左右時，大多為透明釉。含鋇的則以1：10為界，矽酸越高時，越適合調配乳濁釉。這類釉的熟成後光澤度通常良好，但流動性較大，適合依據其性質添加發色劑調製工藝用的裝飾色釉。與這類釉不同，石

〔註24〕
素木洋一：釉及其顏
料，p559–562，1981
Jan. 31技報堂。

灰釉或石灰鹼釉有較好的透明性，適合應用在瓷器或半瓷，也適合這類瓷器的釉上與釉下的裝飾。以下為常用的乳濁釉調配例，可供進一步實驗的參考〔註24〕。

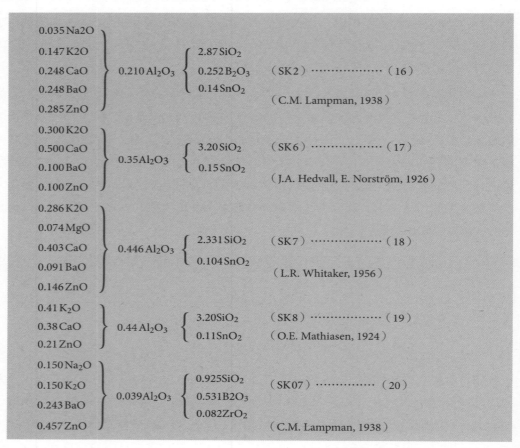

氧化錫與矽酸鋯乳濁釉各有其優缺點。例如窯室中有會揮發的、以鉻化合物著色的釉在附近時，矽酸鋯乳濁釉不會發生「鉻閃色」的問題，而白色氧化錫乳濁釉會被鉻化合物的蒸氣「燻出」桃紅色斑。但是調配比例不正確或超溫燒成的矽酸鋯乳濁釉，過份的「熔解效應」會有狀似乳濁劑凝聚狀的「成分分離」斑塊出現，形成不均勻乳濁的釉面。著色的矽酸鋯乳濁釉，也會因為著色劑或顏料的熔解或揮發，而發生成分分離的現象。

另一種可當作乳濁劑的氧化鈦，雖然廣泛應用於玻璃及琺瑯，但釉料用的不多，因為高溫熟成的環境很容易生成大型的金紅石晶體，使得釉色偏黃。

磷酸鈣雖然也有乳濁的功能，但很少拿它當作主要的乳濁釉。因為它容易讓釉面出現乳凸狀泡瘤，它只適合在釉與乳濁劑不會發生反應的低溫釉中。

10.8 無光釉及無光色釉

與一般光亮的釉面會反射光線不同，這種釉的表面黯淡無光。形成無光的原因大多

為光線經粗糙的表面散亂地反射，或經釉層折射後散射的緣故。而造成光線散射的因素
則是：

1. 釉面機械式的磨損
2. 化學性侵蝕
3. 釉層中或釉面有不熔性原料顆粒懸浮
4. 釉層中或釉面有多量的微細結晶體
5. 釉面因收縮的緣故引起細微的皺紋

古代中國定窯的白瓷，因為柔和而不明亮的釉面，帶有神秘的美感而廣受歡迎；宋
代汝窯及官窯的青瓷、龍泉窯的粉青，也有類似的效果。現代的陶瓷工藝作品經常使用
無光釉的裝飾，除了白色外，與光亮釉相似，添加各種發色氧化物或顏料可以獲得多變
化的無光釉色。

本節所敘述者僅針對不可見的微細結晶引起無光效果的陶瓷器釉，由形成這些隱形晶
體的原料成分或形成的環境來分類，有鹽基性無光釉，矽酸質無光釉及鋁氧質無光釉等。

無光釉是燒成週期中釉層內與釉面形成極微細的晶體，或添加過量的結晶性物質於
基礎釉中，在完全熟成後仍然沒有被釉熔融時獲得。結晶性無光釉是那些已經完全成熟
熔融的釉，由於溶質過飽和或冷卻速度過於緩慢而析出微細晶體的緣故，與熟成及釉中
懸浮未熔化的原料顆粒無關。若釉開始熔化的溫度低，由於釉坯間的反應使釉組成發生
變化，會影響無光的效果。若釉層太薄，通常不利形成無光，適當的厚度才有足夠的厚
度增加析晶的機會。

利用析晶的方式燒製無光釉，在冷卻階段適當控制極為重要。冷卻速率過快，析出
的晶體數量太少，釉面將保留光澤；過慢則析晶太多，容易形成粗糙的釉面。希望將透
明光澤釉變成無光及失透，釉有三種主要的結構方式。

茶葉末釉

10.8.1 鋁氧質無光釉

這是釉層中析出剛玉型（α-Al_2O_3）微細晶體的無光釉。當釉中含有較多氧化鋁，
例如 Al_2O_3：SiO_2＝1：3~1：6 時，氧化鋁的比例增加。無可避免的，釉的熟成溫度將因
此升高。假如燒成溫度不足，結果將是不熔性原料存在的原因造成無光。配製此種無光

釉只要增加黏土的量即可獲得，所以也稱為「高嶺土質無光釉」。除了 $\alpha-Al_2O_3$ 晶體外，還會有富鋁紅柱石（Mullite, $3Al_2O_3 \cdot 2SiO_2$）晶體生成。

　　這類釉以石灰為主要的熔劑，長石含量較少。因此可依需要添加一些玻璃粉及碳酸鎂與碳酸鋇，來增加氧化鋁的熔解度，如此也可以增廣釉的熟成範圍，較容易獲得優質的無光。這類釉藥若額外添加12~15％的氧化鐵及等量的骨灰，能燒出與傳統的「鐵砂釉或柿紅釉色」不同的紅色鐵釉。美麗的單色「蕎麥釉」釉就是$Al_2O_3：SiO_2$的比值在1：6附近、氧化鋁含量偏高的半無光釉，以添加8~9％氧化鐵著色燒成。

$$
\left.\begin{array}{l}
0.15\sim0.20\,KNaO \\
0.20\sim0.18\,CaO \\
0.65\sim0.62\,MgO
\end{array}\right\}
\begin{array}{l}
0.58\,Al_2O_3 \cdot 3.50\,SiO_2 \cdots\cdots\cdots（21）\\
Fe_2O_3\ 8\%外加
\end{array}
$$

10.8.2 矽酸質無光釉

　　矽酸質（氧化矽）無光釉是種較安定、質地較佳、釉面較平滑的酸性釉藥，在釉中以逐漸增加氧化矽的添加量可以達到目的。矽酸質無光釉沒有鹽基性無光釉的容易流動性，也不會略微升高溫度就成為光澤釉；也不會有氧化鋁質無光釉面粗糙、容易沾污的缺點。

　　$Al_2O_3：SiO_2$ 大於 1：12時，釉面逐漸從乳濁失透、然後不熔。此型無光釉鹽基成分中通常有較多的鈣及鎂、較少的鹼金屬。釉熟成冷卻時非常容易析出微細的晶體造成通體無光，釉面細緻滑潤。古代中國的「定窯」及朝鮮「李朝」的白瓷就屬於這類型。SK8的矽酸質無光釉的典型組成例如：

$$
\left.\begin{array}{l}
0.15\sim0.20\,KNaO \\
0.30\sim0.45\,CaO \\
0.55\sim0.35\,MgO
\end{array}\right\}
\ 0.25\,Al_2O_3 \cdot 4.00\,SiO_2 \cdots\cdots\cdots\cdots（22）
$$

　　氧化鎂含量高，原料選用以白雲石或滑石為其主要來源較佳，碳酸鎂的用量就可以少些。析出的結晶多為「輝石型」，很適合利用鐵、錳及鈷的氧化物著色。

10.8.3 鹽基性無光釉

　　鹽基性無光釉及失透釉：盡量減少鹼金屬的含量，增加鹼土金屬的鈣、鎂、鋇等氧化物，比例上氧化鋁及矽酸都較少，會使釉面趨向無光失透。在此情況下形成無光的原因是釉中或釉面生成微細結晶的緣故。

　　氧化鋁及矽酸都較少的無光釉，屬於鹽基性無光釉，是由於某種鹼土金屬氧化物特別多，因而分別有鈣無光、鎂無光、鋇無光及鋅無光釉等。

1. 鈣無光釉

　　這款無光釉以高量的CaO配合較多的Al_2O_3及SiO_2，可從釉中析出數量繁多的灰長石（$CaO \cdot Al_2O_3 \cdot 2SiO_2$）晶體。或調配釉料時添加多量的方解石（石灰石）粉末，與SiO_2結合生成矽灰石（$CaSiO_3$）晶體，也可以直接將適量矽灰石粉末或含高

鈣的熔塊料，添加釉中獲得無光的效果。

在$CaO-Al_2O_3-SiO_2$系統內，高溫時熔解的速率很慢，似乎只有灰長石的晶體能夠形成析出，當數量過多時就可以得到無光釉。析出灰長石晶體的組成為CaO 0.5 mole以上、Al_2O_3與SiO_2的比例和鋁氧質無光釉相似，在 3~6 之間，鹼金屬盡量少。例如：

$$\left.\begin{array}{l} 0.20\,KNaO \\ 0.65\,CaO \\ 0.15\,MgO \end{array}\right\} 0.45\sim0.75\,Al_2O_3 \cdot 2.70\sim4.50\,SiO_2 \cdots\cdots\cdots（23）$$

2. 鋇無光釉

鋁氧質（高嶺土質）無光釉中，鹼土金屬以氧化鋇為主軸，會得到光滑、柔和的釉面，外觀似天鵝絨。優秀品質的觸摸之如臘似絹，但有粗糙感時，就不是好的無光釉。好看的鋇無光釉不一定是理想的無光釉，表面平滑、紋理細緻的是好看的，但缺點是容易被油漬沾污；反而表面的紋理粗曠，可見到晶體的硬質半無光釉面，較不容易受沾污。

石灰鹼釉中添加碳酸鋇時，也容易得到無光的效果，而且其組成範圍也較廣。當組成適當時，可分別調製透明或失透的鋇無光釉。透明性的鋇無光釉，只要額外添加氧化錫，很容易失透。鋇無光釉中的矽酸不足時，釉面質地太軟，容易沾污與受刮傷，因此以稍多SiO_2的配合較佳。外牆面磚及餐具瓷必須使用硬質的鋇無光釉（24）（25）（26）。

$$\left.\begin{array}{l} 0.20\,KNaO \\ 0.50\,CaO \\ 0.30\,BaO \end{array}\right\} \begin{array}{l} 0.35\,Al_2O_3 \cdot 2.00\,SiO_2 \cdots\cdots\cdots（24） \\ SK\,8 \end{array}$$

$$\left.\begin{array}{l} 0.30\,KNaO \\ 0.30\,CaO \\ 0.40\,BaO \end{array}\right\} \begin{array}{l} 0.40\,Al_2O_3 \cdot 2.40\,SiO_2 \cdots\cdots\cdots（25） \\ SK\,8 \end{array}$$

$$\left.\begin{array}{l} 0.16\,KNaO \\ 0.44\,CaO \\ 0.40\,BaO \end{array}\right\} \begin{array}{l} 0.37\,Al_2O_3 \cdot 1.90\,SiO_2 \cdots\cdots\cdots（26） \\ SK\,7 \end{array}$$

氧化鋇的調合量至少在0.3 mole以上。鹽基性鋇無光釉中通常不含氧化鋅，它是種透明性良好的無光釉，很適合工藝裝飾時當作釉下彩繪以及調製呈色鮮豔無光色釉【表10-20】的基礎釉。

3. 鎂無光釉

自古以來，石灰鎂系統的釉是以灰釉為基礎，也是所有東方的鐵釉與銅釉的基礎，但很少當作色釉的基礎釉。例如鉻綠及鉻錫紅適合當作石灰釉的顏料，茶褐及紅褐色是適合鋅釉的顏料，但不適合鎂無光釉。

隨著鎂的含量增加，石灰鎂釉就越容易析出紋理細膩、不容易受沾污的結晶。這種釉的燒成範圍很廣，是優秀的無光釉。為了讓釉安定，釉中氧化鎂的量一定要多，而且結晶析出與較高的氧化鋁與矽酸的比值有關，若矽酸特別多則屬於矽酸質無光釉（27）。

$$\left.\begin{array}{l} 0.15\,KNaO \\ 0.30\,CaO \\ 0.55\,MgO \end{array}\right\} \quad 0.25\,Al_2O_3 \cdot 4.50\,SiO_2 \cdots\cdots\cdots\cdots（27）$$

$$\left.\begin{array}{l} 0.15\,KNaO \\ 0.30\,CaO \\ 0.55\,MgO \end{array}\right\} \quad 0.30\,Al_2O_3 \cdot 2.50\,SiO_2 \cdots\cdots\cdots\cdots（28）$$

$$\left.\begin{array}{l} 0.15\,KNaO \\ 0.38\,CaO \\ 0.47\,MgO \end{array}\right\} \quad 0.30\,Al_2O_3 \cdot 2.50\,SiO_2 \cdots\cdots\cdots\cdots（29）$$

這些釉的軟化點很高，約達S 10~11，若將部份MgO以0.1 mole的Li_2O、ZnO或BaO，燒成溫度可以稍微下降。若石灰鎂無光釉中的鎂少、鈣多了（29），因為容易生成大型結晶，不適合作為無光釉。

鎂無光釉中添加氧化鈷，呈現偏紫的藍色，若CoO添加量高（例如8％或以上），則呈現紫色。添加氧化鐵呈現茶褐色，超過5％則生成茶黑色。

4. 鋅無光釉

鋁氧質（高嶺土質）無光釉中，鹼土金屬以氧化鋅為主軸時，成為鋅無光釉，熟成溫度最高SK 6~7左右。它的表面平滑、紋理細緻不易沾污，但燒成範圍狹窄，溫度過高即成為光亮失透釉，也容易出現針孔。

氧化物	添加量	呈色
Fe_2O_3	6％	滯黃色
MnO_2	5％	帶紫褐色
CoO	1％	鮮豔的藍色
NiO	2％	灰茶色
Cr_2O_3	1％	亮黃綠色
CuO	1~2％	水綠色至明亮的青綠色

【表10-20】鋅無光釉發色氧化物的呈色例

鋅多的無光釉，適合Cr_2O_3以外的發色金屬化合物及其顏料著色。

$$\left.\begin{array}{l} 0.15\,KNaO \\ 0.30\,CaO \\ 0.55\,ZnO \end{array}\right\} \quad \begin{array}{l} 0.40\,Al_2O_3 \cdot 1.60\,SiO_2 \cdots\cdots\cdots\cdots（30） \\ SK\,4 \end{array}$$

$$\left.\begin{array}{l} 0.20\,KNaO \\ 0.40\,CaO \\ 0.40\,ZnO \end{array}\right\} \quad \begin{array}{l} 0.45\,Al_2O_3 \cdot 2.50\,SiO_2 \cdots\cdots\cdots\cdots（31） \\ SK\,7 \end{array}$$

$$\left.\begin{array}{l} 0.20\,KNaO \\ 0.55\,CaO \\ 0.25\,ZnO \end{array}\right\} \quad \begin{array}{l} 0.45\,Al_2O_3 \cdot 2.50\,SiO_2 \cdots\cdots\cdots\cdots（32） \\ SK\,6~7 \end{array}$$

鋅無光釉可在普通的石灰釉、鋇釉及鉛釉等光澤透明釉中額外添加8~15％的氧化鋅後，於無需增加燒成溫度的情況下獲得。或基礎釉中額外添加煅燒過的氧化鋅與瓷土的混合物獲得無光的釉面。無光劑的配合比例為ZnO：瓷土約為1：1至8：1，瓷土中的氧化鋁有助於抑制生成的矽酸鋅發展成較大型的晶體。無光劑煅燒後密度會增加，可塑性全被破壞，可避免施釉後引起乾燥收縮的問體。

10.8.4 不熔性無光釉

燒成溫度略高時成為光澤釉的無光釉,稱為「不熔性無光釉」。此種釉的燒成範圍非常狹窄,稍微過火即成光亮釉。前面提到的各種無光釉中含較多高嶺土(氧化鋁)者,以及添加高量的骨灰燒成,是不熔性無光釉的代表組成,雖然不能完全熔融也能獲得平滑的釉面,但燒過火結果就產生光澤。

無光釉的安定性除了釉的組成外,坯土的種類與成份也有影響。陶器中的黏土較瓷器多,無光釉的組成範圍自然不同,安定性也不相同。例如在瓷器使用的光澤釉,施加在陶器或以高嶺土為化粧土的瓷器上,因為陶土中的黏土成分或化妝的高嶺土會融入釉中,使它成為無光釉。

10.9 衛生陶器釉

衛生陶器以瓷土或黏土及石英為骨幹,長石為媒熔劑製成的坯體,施釉後在1150~1270℃的範圍內一次燒成。若坯土含有鐵份等有色雜質時,燒成後將出現革黃色,通常都以白色化粧土遮掩坯體表面的色澤。

從衛生學的觀點來說,瓷化的製品功能較好,但還是需要顧慮產品的釉是否能承受腐蝕性強大的消毒劑及清潔劑的侵襲,更有甚者,使用過後,釉面是否容易留下任何污穢的痕跡。

包括白色乳濁釉在內,衛生陶器使用多種著色釉塗裝。釉藥調配大多以生料為主,有時會增添一些熔塊來增加亮度。

氧化錫早先曾常被廣泛用於衛生陶器釉當作乳濁劑,但由於價格昂貴,今天幾乎已經完全被矽酸鋯所取代。調製色釉通常以在高溫呈色安定的,色基為矽酸鋯的顏料(例如鋯-釩藍、鋯-鐠黃、鋯-鐵珊瑚紅及鋯-鎘紅)為主。而Zr-V黃,Cr-Sn桃紅,Co-Si藍及Fe-Cr棕色等,也是常用的色料。為了容易維持清潔,釉必須完美熟成。

由於體積龐大及坯體中的游離矽酸,可能在升溫途中引起晶體轉移,因此必須注意在轉移點附近,溫度的變化須儘可能緩慢些。矽酸晶型轉移常伴隨容積改變,當大型的坯件暴露於溫度急劇變化的環境時,都常發生嚴重的破裂。

通常典型的一次燒成週期為14~20小時,經修補(釉)後「回鍋」再燒成週期約20~24小時,需要較長的時間是因為對於熟坯來說,加熱與冷卻都較容易引起釉、坯龜裂。一次燒的坯件,瓷化或燒結後的冷卻過程是較危險的階段。

設計一次燒的釉藥,要考慮其組成必須不會在坯體中的氣體尚未完全驅離前,就開始熔化使氣孔封閉,不然釉面將形成針孔或小泡瘤的缺陷。通常釉的組成設計在1090~1130℃間開始熔融。

生料釉都以長石或霞石正長石為媒熔劑,有限度使用含鋰礦物如鋰輝石或葉長石,有助於燒出優秀的好釉。乳濁劑以矽酸鋯最平常,CaO由碳酸鈣礦物或化工原料供應,

所有原料與一般陶瓷器釉類似。

以矽灰石取代石灰石或鈣白當作CaO的來源時，能有效降低因碳酸鹽分解釋出氣體，避免導致生成針孔或蛋殼般的釉面。為了降低以矽灰石改造的釉熔融時的黏度，要降低Al_2O_3的含量。衛生陶器釉的矽灰石添加量為16~22%，比以石灰石或鈣白調配的光澤度更佳，燒成溫度範圍也較廣。釉中的黏土經部分煅燒後再使用，可以改善針孔提升品質。不含乳濁劑衛生陶器釉的組成範圍是：

$LiO+NaO+KO$	0.1~0.3 moles
$MgO+SrO+BaO$	0.0~0.3
CaO	0.3~0.55
ZnO	0.05~0.3
Al_2O_3	0.3~0.4
SiO_2	2.75~3.50
乳濁劑$ZrSiO_4$的添加量通常為9~13%	

⏺10.10 建築陶瓷用釉

屋瓦、陶管、瓷磚、面磚等黏土製品，常因黏土的產地、品質等級與性質的差異，形成施釉時的問題。乾燥與燒成的收縮量，熱膨脹係數的變化，以及含可溶性鹽的程度，都必須調配不同的釉藥來配合。

嚴酷的天候變化也對施釉的黏土質建築陶瓷形成影響，因此必須選擇使用於凍結的氣溫下，仍能維持釉坯強固結合的釉與燒成條件。黏土製成的坯體都有較低熱膨脹係數，雖然釉剝落的情形少見，卻常發生龜裂。

室內裝，戶外裝，地板及壁面瓷磚各有其性能，外牆磚大多是燒結或瓷化的，室內壁面磚則是多孔性的，地板磚則大多是瓷化的製品。釉的組成必須能在燒成後使用時，達到合適的使用目的。

施釉的建築陶瓷可以一次燒或二次燒，使用鉛釉或無鉛釉，燒成溫度依不同產品的種類與用途，分別在950~1200℃之間燒成。不同釉族群依據不同的燒成溫度調配，它們的差別很大。低火度釉常含有鉛及熔塊，施加在磚瓦（一次燒）或燒結的面磚（二次燒，釉燒的溫度較低）坯體上。高火度釉通常施於生坯上高溫一次燒成，此法經濟效益較高。

具有強力媒熔能力的氧化鉛是低火度釉主要熔劑，能影響釉的表面張力並有效改善釉的機械性質。低表面張力使釉較易流動，與多孔性的坯體結合成平滑的表面。高火度釉通常無鉛，在高黏土坯體上常發生釉捲縮，為防止此缺點，坯面常須配合塗施化粧土。下面為低火度及中火度磚用釉的典型塞格式組成例。

	Na$_2$O	K$_2$O	CaO	ZnO	PbO	Al$_2$O$_3$	SiO$_2$	B$_2$O$_3$
低火度二次燒 1000℃	0.07	0.01	0.10	--	0.82	0.21	2.33	0.13
中火度一次燒 1140℃	0.23	0.21	0.37	0.192	--	0.57	4.63	0.08

10.11 開片釉

　　釉的熱膨脹率大於坏體時，冷卻收縮時釉層會有龜裂開片的現象發生。對於建築、日用、工業陶瓷是一種產品缺陷。利用這項物理性質製造的美術效果，可用來裝飾工藝陶瓷器。開片釉與一般釉一樣使用相同原料調配而成，釉坏的熱膨脹係數差值越大，以及釉的彈性率越小，龜裂的可能性越大，裂紋越多，紋路的變化就越複雜。

　　開片釉通常需要比正常的釉有更多的鉀、鈉成分，當生釉使用多量霞石或鈉長石時，會獲得較大的熱膨脹率，低溫釉使用的熔塊必須含多量高膨脹率的鹼金屬氧化物。釉開片的紋路與冷卻的步驟有關，急速冷卻生成的紋路較細緻。釉層越厚，開片的紋路越明顯，人工使開片釉的紋路更顯眼的方法大致有：

1. 滾開的濃茶汁浸泡（較小件的製品）或塗刷，使茶汁滲透進入裂縫
2. 利用表面張力較小的墨水塗刷或浸泡，使墨色留存在裂縫中
3. 讓蔗糖汁滲入裂紋中，然後在低溫使其焦化；或以硫酸擦拭使糖碳化
4. 讓鈷化合物水溶液滲透入裂縫中，再度燒成將紋路染成藍色。

10.12 特殊效果釉

　　利用手法配合改變釉的組成與燒成條件，來表現特殊的燒製結果以達到工藝的效果，除了實用的外，展現美麗引人的裝飾才是主要用途。

10.12.1 流釉、流紋釉、斑紋釉

　　燒成後釉有奇特的組織外觀，無光的釉面被有光澤的紋路所圍繞，呈現流淌的動感。這種釉的主要結晶相為矽酸鋯所構成。

　　此類釉的結構特徵有 （1）低SiO$_2$含量，通常在0.7~1.3摩爾之間（2）高熔劑（高硼酸或高鉛與高鹼）（3）高矽酸鋯（ZrSiO$_4$，20% 或以上），矽酸鋯可全部是研磨添加物或部分以熔塊料參與。矽酸鋯放置於熔塊中較容易有細膩的條痕效果。無鉛或含鉛都會出現釉流動的條紋，假如是無鉛熔塊則含硼量必須增加。依據釉的組成可以調配燒成溫度在900~1200℃的釉。因為釉中可能沒有或只有很少的氧化鋁，硼酸的功能除了媒熔之外，可以防止釉龜裂。

開片釉

高溫燒成的流紋釉不含鉛、硼，灰釉或石灰鹼釉添加大量（30~40%）的碳酸鋇，利用其在高溫時的低黏性與低表面張力來製造效果。

　　低SiO_2高熔劑的釉基本上容易侵襲坏件的組織，坏體的氣孔率會影響受侵蝕的程度。大體上越多氣孔的坏體無光的效應越常見，對比越明顯。由於這是釉液流動所造成的效果，所以坏體的造型必須加以考慮。

　　操作施釉的技術也是影響結果的重要因素，例如噴釉，施加量越厚重，條紋（流紋）越大越長。若以「噴濺」的方式施釉，可獲得立體的質感。若是以「重疊釉」來操作，底釉須為不易流動的釉，要適量添加粘著劑或凝聚劑，上方或口沿部位的釉層要厚些，第二層為容易流動的釉以筆刷或淋澆方式完成。

　　為了突顯對比，底釉和上層釉可分別添加合適的顏料或發色劑。添加氧化鈦或金紅石在燒成後徐冷，有時會出現美麗的結晶。

流紋釉

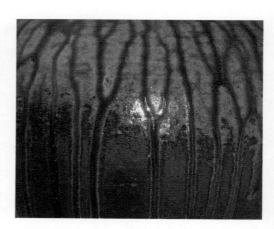
流紋釉

10.12.2 大理石紋釉

　　這類釉藥也可歸類於無光釉，但其組成及促進劑的特性而出現如大理石的釉面效果，基本上以熔塊釉為主。熔塊的組成範圍（重量%）大致為鹼金屬氧化物：10~15，CaO：2~10，ZnO：0~5，PbO：0~50，SiO_2：35~50，以矽酸鋯為乳白劑，研磨添加物中以ZnO 5~6%，或TiO_2 2~3%，或SnO_2 1~2%為消光劑。大理石紋釉工藝技術可達成半無光的粗面、彩飾變化、皮革面等效果。

10.12.3 蛇皮釉

　　高表面張力的釉液因收斂而聚集，使整個釉面佈滿凹凸不平的疙瘩，有如蛇皮的外觀，釉中的氧化鋁及氧化鎂是增加表面張力的主要成分。疙瘩突出的高度與釉的厚度有關，釉層越厚，疙瘩隆起越高，有如釉層與坏面分離。當以著色劑裝飾時，突出的部分顏色較深，釉面的圖形猶如大量分隔的小島。

蛇皮釉的效果是釉料中高量的碳酸鎂以及黏土的作用，施釉乾燥後收縮立即發生裂紋，燒成中釉熔融時收斂力使釉液集中生成美麗的紋樣。這種釉也有缺點，大量收縮很可能在起始的升溫過程使釉層翹離剝落，必須酌量添加粘劑。

10.12.4 橘皮釉、鯊皮釉

這是一種利用釉面的組織有如橘子或鯊魚皮模樣的無光或半無光釉藥，釉成分中氧化鋁及矽酸都高的黏性組成。比起普通透明釉，氧化鈉含量較多，鹼土金屬化合物很少。可利用鉀鈉長石、普通玻璃粉及硅石粉來調配，額外添加發色金屬氧化物著色可得到有趣的裝飾效果。其調配例如【表10-21】，熟成溫度SK9，若溫度過低，呈現的僅是單純的不熔性無光釉。

成分	SiO_2	Al_2O_3	CaO	Na_2O	K_2O
摩爾數	5.093	0.774	0.145	0.384	0.471
重量%	66.35	17.11	1.77	5.16	9.62

【表10-21】橘皮釉組成例

鯊皮釉組織比橘皮釉更粗礦而突出，有如鯊魚皮面的的凸粒狀鱗片，與蛇皮釉有些類似，也是釉層收斂，在凸粒的縫隙間露出坯體的顏色所生成的效果。使用水簸的矽藻土和土灰來調配，可以依比例在適當的溫度燒成獲得。當施釉層較薄時，呈現細緻的鯊魚皮，釉層厚施時，得到的是粗礦組織。有色坯體可利用白化妝、白色坯體利用色土化妝，或配合色釉進行精彩的裝飾。

10.12.5 海蔘釉

海蔘釉日本人稱為海鼠釉，是基礎釉中添加發色劑燒成後，釉的流動生成海蔘的斑點因而得名，這種釉較容易在高矽酸比值的組成中發生。日本人喜愛使用植物的灰與長石配合，利用礦物性原料也很容易調配，下表為SK8~9的組成。

成分	SiO_2	Al_2O_3	CaO	MgO	Na_2O	K_2O
摩爾數	2.5~3.5	0.25~0.27	0.55~0.69	0.13~2.45	0.08~0.15	0.07~0.14

10.12.6 革面釉、緞面釉

這類釉的表面平滑，也沒有肉眼可以辨識的晶體。通常為添加18％的SnO_2或ZnO，與4％的TiO_2到低溫的光澤釉中，於950~1000℃燒成，更高溫度就不容易獲得這樣的效果，因為溫度越高氧化物熔解在玻璃相中的數量會增加。

基礎釉大多以高鉛硼的熔塊釉組成，因此釉熟成時期流動性很大，只適合如面磚的水平面坯件使用。為了使有顯眼的皮革釉面，ZnO必須能與鄰近的TiO_2及SiO_2鍵接，以懸浮的（不熔解）狀態存在。假如沒有發展出這樣的結合，ZnO只不過是以熔劑的型態進入玻璃化的結構中，此時沒有晶體存在，只是單存的光澤釉而已。

革面釉及緞面釉不耐化學侵蝕，容易有鉛溶出的問題，因此只能使用於壁面磚及工藝品的裝飾，不適合燒製餐飲用陶瓷器。

10.12.7 耐刮釉

釉中及釉面有發展出鋅尖晶石、鋯英石或金紅石晶體時，都可具有良好的耐磨性，這些耐磨性的晶體越多，耐刮的性質越優秀。石灰鹼釉再添加矽酸鋯、金紅石及氧化鋅於適當溫度熟成後，以控制冷卻的速率來獲得上述的晶體，增加耐磨能力。但此釉的耐化學侵蝕性較差。

光亮平滑的釉其防滑性較差，除了高溫燒成的硬質瓷器釉外，通常也較不耐刮。餐飲用瓷器釉的耐刀叉刮損特性是其應有的本質之一。長期使用後釉面留下的七零八落放射狀的刮痕程度，是刮損缺失的量度指標，以餐飲瓷器來說，無鉛釉比高鉛釉更容易留下刮痕。

生產餐飲烹調用的瓷器依其材質有硬質瓷器、長石質瓷器、硬質陶器、骨灰質瓷器、燒結氧化鋁瓷器、董青石瓷器等。餐飲產品必須符合以下：

1. 低金屬溶出量
2. 對鹼性清潔劑具有耐侵蝕性
3. 對食物及飲料中的酸性液體具有足夠的耐侵蝕性
4. 正常使用時，對金屬製刀叉用具等有耐割劃刮搔的能力
5. 對茶汁、咖啡等飲料有耐污損的性質等要求。

烹調用瓷器釉須再具備：

1. 低熱膨脹率
2. 耐熱衝擊性
3. 耐凍結性
4. 使用微波爐時，不會具有對微波隔絕性

10.13 特殊瓷器釉

10.13.1 骨灰瓷器釉

十八世紀末，英格蘭的Josiah Spade開發成功使用鉛釉的骨灰瓷，鉛釉的透明性與折光率讓釉面具備明亮的光彩。雖然是鉛釉，其物理化學性質已被改善接近完美的耐久性。但釉上彩飾不管是有鉛或無鉛，都必須遵守有關鉛溶出的規範。釉上彩飾最大的難題是在對清潔劑侵蝕與酸性食物飲料的承受能力薄弱，因此今天大多傾向釉下或釉中彩飾。

成分	SiO$_2$	B$_2$O$_3$	Al$_2$O$_3$	Na$_2$O	K$_2$O	CaO	BaO	PbO	溫度℃
重量%	49.18	8.24	10.47	5.25	1.86	6.15	--	18.90	1050
分子當量數	2.74	0.40	0.34	0.28	0.04	0.37	--	0.28	
重量%	55.44	11.12	10.94	5.75	1.04	7.45	1.00	7.26	1080
分子當量數	3.35	0.58	0.39	0.34	0.04	0.48	0.02	0.12	
重量%	56.70	6.56	11.12	4.19	1.50	4.98	--	14.95	1080
分子當量數	3.94	0.39	0.46	0.28	0.07	0.28	--	0.28	

【表10–22】骨灰瓷釉的調配例

骨灰瓷的坯體須先素燒至1200~1250℃使其瓷化，然後施釉再於1060~1120℃釉燒。與高溫硬質瓷器相反，骨灰瓷燒成都在氧化性氣氛下進行。釉的組成以硼鉛矽酸鹽、鉛矽酸鹽及無鉛的硼矽酸鹽熔塊，添加黏土及其他礦物性原料，例如霞石正長石與長石為主。【表10–22】骨灰瓷釉的調配例〔註25〕。

〔註25〕
J.R. Taylor, A.C. Bull：Ceramics Glaze Technology. p127, (1986).

10.13.2 特殊電氣瓷器釉

遠距離輸配電都以超高電壓的方式進行。懸掛線路及安置設備必須有絕緣性優異的礙子組件隔離，以避免任何短路或跳電的情形發生。這些瓷器礙子都燒付一層透明釉，來減低長期暴露在大氣中的任何因表面污染，尤其是鹽分所引起的不良效應。

雖然透明釉層本身就是絕緣物質，但透過「水」會從「釉結構中淬取出鹼金屬離子」的作用，它和鹽分一樣會在釉面生成導電性的薄膜。當相對溼度升高時，它的電阻會降低。甚至在乾燥的狀態下，分布在礙子表面的電位密度也是不均勻的，更何況潮濕的環境中。礙子組件的表面生成導電層時，將引起局部放電，更嚴重時將發生閃絡現象後失去電力供應。變電所裝置的瞬時調制器（Pin-type modulator）的導體與絕緣體間也會發生電暈放電現象造成無線電干擾。

電氣絕緣坯體的材質包括長石質，氧化鋁質，鋯英石質，菫青石質以及塊滑石質瓷器等，這類工業陶瓷應用範圍相當廣泛，各自有其使用領域。而施用於這些瓷器坯體的釉除了要合乎各種釉的物理化學性質外，有時還須具備對電的特性要求。高壓礙子坯體乾燥後，小型的以浸釉、大型的以噴釉方式施釉，厚度約為0.2mm。釉的熱膨脹係數必須比坯體的小，使釉層於冷卻後永遠處在被壓縮的狀態。良好的釉須具不會龜裂且平滑的性質，否則將造成各種危險。高壓礙子瓷器更必須能滿足下列兩個重要的性能：

1. 懸垂礙子串（Insulator string）表面的電位必須能獲得平均分布，在污染性高的工業區及高溼度、高鹽分地區的大氣中，能防止發生閃絡（Flash-over）。

2. 能避免有電暈（Corona）放電以減少無線電干擾。

閃洛與電暈的問題曾引起相當大的困擾，「半導電性釉」因而被開發出來，塗裝在非導電性的絕緣坯體表面，使分布於礙子串組表面的電壓穩定而獲得改善。為了避免電流密度過高，半導電性釉的電阻係數要求值通常為0.1~200 MΩ·cm^3，也就是說釉層厚度為0.25mm時，其電阻值：

$$R = 4 \times 10^6 \sim 8 \times 10^9 \, M\Omega \quad \text{〔註26〕}。$$

〔註26〕
素木洋一：精密陶瓷，p707，昭和51年1月25技報堂。

一次燒成的無鉛生料「半導電性高壓礙子釉」可在1250℃燒成，最早這種形式的釉含有Fe_2O_3及其他氧化物如Cr_2O_3、CoO、CuO、NiO和ZnO，使燒成後的釉中含有均勻分布的導電性尖晶石相。而以這些氧化物調合事先燒製的尖晶石顏料也可使用達到相同的結果。有10~20％容積比的尖晶石相就可以發展出連續性的導電網目結構。

這類1950年代開發的釉種很快就會被腐蝕，尤其在電極附近特別明顯。研究發現尖晶石導電相中的氧化物越多時，腐蝕的速率越快。Smith E.J.D.[註27]將配方改良，新型半導電釉含有17~18％的「鋇鐵氧體」（Barium ferrite, $BaFe12O19$）及5％的ZnO。鋇鐵氧體本身並不具導電性，導電相必須是在燒成中發育形成，而ZnO在釉中扮演決定性的角色。早先的想法是Fe_3O_4為主要的導電相，後來D.B. Binns[註28]發現釉中生成的「鋅-鐵氧體」（Zinc ferrite, $ZnFe_2O_4$）才是導電的主因。鋅-鐵氧體在釉燒時於900~1000℃形成，而鋇則熔入玻璃相中。不同形式的釉調配例如下[註29]：

〔註27〕
Smith E.J.D.：Trans. Brit. Ceram. Soc., 58, 277–300 (1958–59).

〔註28〕
D.B. Binns：Trans. Brit. Ceram. Soc., 70, 253–263 (1971).

〔註29〕
J.R. Taylor, A.C. Bull：Ceramics Glaze Technology. p. 139–140 (1986).

基礎釉A　83％（wt.）　　　鋇鐵氧體　17%

基礎釉A的組成為：

	（K, Na）$_2$O	CaO	MgO	ZnO	Al$_2$O$_3$	SiO$_2$
塞格分子式	0.2	0.4	0.1	0.3	11.7	69.2
重量%	4.5	6.4	1.2	7.0	0.4	4.0

基礎釉B　65％（wt.）　　$SnO_2 \cdot 2.5Sb_2O_5$　35 %

基礎釉B的組成為：

	（K, Na）$_2$O	CaO	MgO	Al$_2$O$_3$	SiO$_2$
塞格分子式	0.2	0.7	0.1	0.4	4.0
重量%	4.6	11.5	1.2	12	70.7

【表10–23】半導電性高壓礙子釉調配例

10.13.3 低損失塊滑石瓷器釉[註30]

〔註30〕
素木洋一：精密陶瓷，p734~738，昭和51年1月25技報堂。

電子工業用低損失塊滑石（Low–loss Steatite）瓷器坯體的熱膨脹係數異常大，坯體瓷化的溫度又很高，一般瓷器釉不適合使用。德國Stemag公司（R. Russell Jr. 1945）開發的坯體在1410℃高溫燒結後，施掛低溫熔塊釉後於960~1000℃釉燒。熔塊料的組成如下：

巴伐利亞花崗岩	35.3	瑞典長石	29.6
硼砂	12.8	硼砂	42.0
碳酸鈣	1.5	碳酸	9.8
碳酸鋇	3.0	碳酸鋇	6.3
氧化鋅	0.5	氧化鋅	0.6
氧化鉛（Pb$_3$O$_4$）	44.5	硅砂	12.0
硅砂	3.4		

花崗岩的組成為石英53％，長石34％，高嶺土13％。瑞典長石的組成為石英0.13％，長石99.19％，高嶺土0.68。上列的配合製成熔塊後，以97比3添加高嶺土製成釉泥漿噴施。

美國開發的低損失瓷器釉的調配例如下：

SiO₂	Al₂O₃	Na₂O	K₂O	PbO	B₂O₃	SnO₂	溫度	發表者
7.82	0.48	--	--	1.00	3.13	--	SK 2,3	Geller, Bunting, 1938
2.39	0.131	--	0.317	0.683	--	0.230	SK 07	R.L. Stone, 1943

	SiO₂	Al₂O₃	Na₂O	PbO	B₂O₃	溫度	發表者
GL-5	3.372	0.041	0.19	0.81	--	製成熔塊	L.E. Thiess, 1946
GL-6	3.014	--	--	1.00	1.631		
GL-7	0.780	--	--	1.00	0.238		
GL-8	1.910	0.254	--	1.00	--		

利用上列熔塊，980℃釉調合如下：

釉藥配合	（1）	（2）	（3）
GL-5	--	94.0	66.0
GL-6	43.8	--	--
GL-7	--	--	28.0
GL-8	50.2	--	--
皂土	3.0	3.0	3.0
佛州高嶺土	3.0	3.0	3.0
熱膨脹係數×10⁻⁶℃⁻¹	5.67	5.73	5.91

【表10-24】低損失塊滑石瓷器釉調配例

SK 10~12一次燒成的釉組成化學式及原料配方如下：

氧化物分子當量	SiO₂	Al₂O₃	Li₂O	Na₂O	K₂O	CaO	MgO	PbO
（1）	3.35	0.64	0.16	0.10	0.19	0.19	0.33	0.03
（2）	3.78	0.67	--	0.30	0.24	0.02	0.44	--
（3）	3.50	0.49	--	0.10	0.18	0.72	--	--

釉藥配合	（1）	（2）	（3）
鉀長石	50	44	45
霞石正長石	--	35	--
鋰灰石	20	--	--
加州滑石	12	15	--
石灰石	5	--	19
硅石	--	--	22.2
密西西比黏土	10	6	13.8
熱膨脹係數×10⁻⁶×℃⁻¹	6.92	7.41	7.29

【表10-25】一次燒成的低損失「塊滑石」瓷器釉調配例

10.13.4 高氧化鋁瓷器釉 [註31]

〔註31〕
素木洋一：精密陶瓷，p272~275，昭和51年1月25技報堂。

氧化鋁高達92％以上的瓷器坏體燒成後稱為「燒結氧化鋁」（Sintered alumina）製品。它的機械強度，耐磨耗性，耐熱性及耐熱衝擊性都非常優秀。更具有耐酸鹼性，熔渣及熔融金屬對它的侵蝕性很小，電絕緣性及高週波特性優良，用途非常廣泛。例如金屬熔解用坩鍋，微量碳素定量用燃燒壺，熱電偶保護管，燈芯管，絕緣管，電熱器絕緣組件，球磨機內襯磚及球石，噴砂用噴嘴，紡織用導絲器等等。

高氧化鋁坏體施釉困難度很高，通常使用鉀含量高的長石釉，必要時也可添加少量的含鉀熔塊，製品大部分無釉。施釉者須注意下列的要點：

1. 燒成溫度最好勿超越SK 20（1530℃）

2. 為使坏體不吸收釉，儘可能快速燒成

3. RO成分中的鹼以氧化鉀較好，組成簡單的釉方配合

4. SK18一次燒成的釉中，Al_2O_3 約為1.50摩爾，SiO_2 約為15.0當量。

5. SK18二次燒成的釉中，Al_2O_3 約為1.50~1.75，SiO_2 約為15.0當量。

6. SK18燒結的黏土含量為18~20%，黏土量少的坯體較容易施釉。

釉的組成（美國專利 1,081,542）如下：

長石	石英	石灰石	黏土
41.8%	27.3%	17.7%	13.2%

10.13.5 鋯英石質瓷器釉

硬質瓷器組成中的黏土，石英，長石之一部分或全部以鋯英石（矽酸鋯）置換在高溫燒製。它的比重很高，機械強度極大，熱膨脹係數很小，耐熱衝擊性很高，熱傳導性優異，而且價格便宜。可製造成為合成材料與輕金屬的加工用具，紡織用導絲器，電氣絕緣材料如火星塞礙子，理化學瓷器，醫學瓷器等。

C.B. Luttrell[註32]1949年發表白色的、也適合有光澤燒成的矽酸鋯瓷器釉，其熟成的溫度範圍SK9~11，由室溫至1250℃其熱膨脹係數分別為5.59與4.36×$10^{-6}℃^{-1}$。坯體與釉的組成分別如【表10-26】。

[註32]
C.B. Luttrell：Glazes for Zircon Porcelains. Jour. Amer. Ceram. Soc., 32 (10) 327–332, (1949).

原料%	（A）	原料%	（B）	釉的組成範圍
肯達基球土	18.5%	矽酸鋯（微粉碎物）	21.6%	(K, Na)$_2$O＜0.20
鈣·鋯矽酸鹽	7.4	鎂·鋯矽酸鹽	4.7	MgO 0.4~0.5
鎂·鋯矽酸鹽	7.4	綠柱石	14.0	ZnO
鋇·鋯矽酸鹽	7.4	氫氧化鋁	4.3	CaO } RO的餘量
矽酸鋯	59.3	煅燒藍晶石	9.4	B$_2$O$_3$＜0.2
	100.0%	佛州高嶺土	20.6	Al$_2$O$_3$ 0.3~0.4
		肯達基球石	16.9	SiO$_2$ 3.0~4.0
		長石	2.8	ZrO$_2$ 0.5~0.7
		碳酸鋇	1.9	
		透角閃石質滑石	2.8	
		皂土	1.0	
			100.0%	

【表10-26】SK9~11熟成的鋯英石質瓷器坯體與透明釉的組成範圍[註32]

這類釉以鹼土金屬為主要媒熔劑，MgO可防止開片增加光澤度，氧化鋁及矽酸增進機械強度，兩者之間的比例以1：10最佳。氧化鋯添加量0.7 mole最適當，可降低熱膨脹係數，量較少時，光澤度會降低，釉質變軟，抗裂性減弱。硼酸多時，容易有針孔生成。其實際的原料調配例如【表10-27】。

原料	（1）	（2）	（3）	（4）	（5）	（6）	（7）	（8）	（9）	（10）
白金漢長石	15.6	15.4	17.5	16.5	15.8	9.5	15.9	9.5	16.7	17.7
石灰石	3.5	1.4	3.9	3.7	1.4	0.2	1.4	0.2	1.6	1.6
滑石	7.7	7.7	8.7	8.2	10.5	10.5	13.3	13.2	11.1	11.7
氧化鋅	3.7	3.7	4.2	4.0	3.8	3.8	2.1	2.3	4.0	4.2
佛州高嶺土	15.3	15.1	17.1	16.2	15.5	17.4	15.6	17.5	16.4	17.3
硅砂	20.1	19.8	28.6	24.1	18.6	20.9	17.0	19.4	22.6	27.0
熔塊*	8.1	8.0	9.1	8.6	8.2	12.8	8.3	12.8	8.7	9.2
矽酸鋯	25.9	25.6	11.0	18.8	26.2	25.0	26.4	25.2	19.1	11.1
硼灰石	--	3.3	--	--	--	--	--	--	--	--

*熔塊的組成：SiO_2 23.4，B_2O_3 32.5，Na_2O 14.6，CaO 15.0，ZrO_2 14.5。

【表10-27】矽酸鋯瓷器釉的原料配合例

10.13.6 低膨脹瓷器釉、菫青石瓷器釉

餐飲瓷器坏體的熱膨脹係數範圍從普通瓷器的 $5.0 \times 10^{-6}{}^\circ C^{-1}$，到骨灰瓷的 $8.50 \times 10^{-6}{}^\circ C^{-1}$，陶瓷廠都能產製適合這類膨脹率的釉。但當有釉的坏體必須承受非常突然的溫度變化時，例如能忍受冷凍室到烤箱的溫度差的製品，不僅坏體必須具有很低的熱膨脹率，釉的熱膨脹係數也必須能永遠保持在受壓縮的狀態。

低膨脹率坏體的組成可由 $Li_2O-Al_2O_3-SiO_2$ 系統及 $MgO-Al_2O_3-SiO_2$ 系統的菫青石（$Mg_2Al_4Si_5O_{18}$）獲得。隨著組配的差別，燒成後菫青石坏體的熱膨脹係數僅有 $1.4\sim4.0 \times 10^{-6}{}^\circ C^{-1}$。因為具有優秀的耐熱衝擊性及電氣絕緣性，菫青石坏體的用途很廣，除了烹調器皿外，菫青石瓷器通常不施釉。

由於菫青石瓷器的熱膨脹係數非常小，瓷化的溫度範圍也很窄，調配極低熱膨脹係數的釉問題多而且困難，因而發展出「自體施釉」的方式來克服困難，但是否能成功燒成一致性的製品，還是不能得到普遍信賴。

L.E. Thiess[註33] 1943年進行菫青石瓷器坏體的研究，獲得在SK13及14溫度下燒成接近 0 吸水率的坏土配方。由於坏體中所含有鉀、鈉在如此高的溫度下會從長石中分解，與坏面的反應發生「自體施釉」的現象。Thiess 開發的原料配合如【表10-2】，使用原料的化學組成如【表10-3】。

〔註33〕
L.E. Thiess：Vitrified Cordierite Bodies. Jour. Amer. Ceram. Soc., 26(3)99~102(1943).

重量組成 %	1	2	3	4
滑石	36	36	40	38
黏土	29	29	30	30
氧化鋁	19	19	20	20
鋰輝石	--	5	--	--
長石	16	11	8	--
氧化鋅	--	--	2	--
霞石正長石	--	--	--	12

【表10-28】菫青石瓷器坏土的組成

	SiO_2	Al_2O_3	MgO	K_2O	Na_2O	H_2O
長石	66.2	18.6	--	12.8	2.1	--
黏土	54.8	33.6	--	1.20	11.9	
滑石	61.2	0.72	30.8	--	--	5.35
霞石正長石	60.2	24.1	--	4.5	10.5	--
鋰輝石	（$Li_2O \cdot Al_2O_3 \cdot 4SiO_2$）					

【表10-29】菫青石瓷器坏土使用原料的化學組成

「自體施釉」並不是很理想的方式，想獲得合乎低熱膨脹特質的較理想的釉組成還是從與坏體有密切關聯的兩個相同 $Li_2O-Al_2O_3-SiO_2$ 及 $MgO-Al_2O_3-SiO_2$ 系統著手，使用生料或熔塊料來調配。含鋰的矽酸礬土鹽礦物如葉長石是生料釉中 Li_2O 的來源，其他鹼金屬氧化物的總重量百分比必須控制在2%以內，否則將發展出較高熱膨脹的「相」導致釉開片。

一個享有專利[註34]的低熱膨脹係數 $2.4 \times 10^{-6}{}^\circ C^{-1}$ 的釉已被開發成功，它是以葉長石為基礎所調製的。配合這個釉及其坏土的原料組組成如下頁：

〔註34〕
U.S. Patent 3,499,787;
Brit. Patent 1,107,943

低熱膨脹係數釉的組成		低熱膨脹係數坯土的組成	
硅石粉	43%	滑石	40 %
長石	10	氧化鋁	18
葉長石	30	黏土	25
氧化鋁	7	葉長石	7
滑石	5	長石	7
白雲石	5	氧化鋅	3

　　坯體成形後可以是生坯或素燒後施釉，在1250~1300℃釉燒，可獲得白色半無光的釉。

　　Li_2O-Al_2O_3-SiO_2 系統的低膨脹熔塊釉也曾被廣泛研究過，這種釉的第一個報告1966年發表於日本的「窯業協會誌」，熔塊的化學成分重量百分比是：

SiO_2	Al_2O_3	Li_2O	Na_2O	K_2O	PbO	P_2O_5	B_2O_3	TiO_2	ZrO_2
50.4	29.2	5.90	1.00	1.00	2.80	2.60	2.80	2.60	1.70

　　外加5％的瓷土作為研磨添加物調配成釉。

　　這個釉燒成後得到黃褐色的無光釉面，熱膨脹係數是$2.4 \times 10^{-6}℃^{-1}$。P_2O_5，TiO_2，ZrO_2 在釉中當作促進劑用，而呈黃褐色是TiO_2存在的緣故。

　　從無光到有相當光澤度的白色熔塊釉也被開發出來，使用在非常低膨脹的烹調器皿上[註35]。釉的化學組成重量百分比範圍為Li_2O 4~23%，MgO 0~6%，Al_2O_3 17~40%，SiO_2 36~74%，ZrO_2 0~5%，及熔劑5~20%，而以B_2O_3，K_2O，Na_2O，PbO，CaO，SrO，ZnO 及BaO作為熔劑的成分。一個在範圍內的調配例是：

SiO_2	Al_2O_3	Li_2O	K_2O	MgO	B_2O_3
54%	27%	9%	4%	2%	4%

　　製成熔塊後外加4％的皂土，濕式研磨成釉泥漿。將此釉施加於燒結過的低膨脹坯體上，再於1100℃持溫2小時釉燒，然後以超過10小時的緩慢冷卻得到不會開片的光澤釉。

〔註35〕
U.S. Patent 3,561,984
and 3.565,644

第11章

熔塊製備與熔塊釉
Frit Preparation and Fritted Glazes

NaNO$_3$ ， KNO$_3$

Li$_2$CO$_3$ ， Na$_2$CO$_3$ ， K$_2$CO$_3$ ， NaNO$_3$ ， KN BaCO$_3$

MgCO$_3$ ， SrCO$_3$ ， BaCO$_3$

Li$_2$CO$_3$ ， Na$_2$CO$_3$

11.1 熔塊的必要性

混合金屬或非金屬的氧化物或鹽，經過高溫熔化後急速冷卻的玻璃狀物料，粉碎後當作釉及琺瑯的原料成分，是個另一體系的窯業釉用原料，它們叫做熔塊（Frit）。是大部分產業製作熟成溫度低於1150℃的陶瓷釉時，不可或缺的重要原料。普通陶器，白雲陶器，骨灰瓷，長石質瓷器，旅館餐具瓷，以及部分瓷磚的釉料，都含有熔塊料組份。即使頂溫高達1150℃以上，釉中使用高比例量熔塊，也可達到快速燒成的目的。或為了達到釉面有良好光澤的外觀，也會引入大量具高度媒熔能力的熔塊。

雖然使用礦物及化工原料調配釉料有其經濟性及方便性，但對於水溶性的原料則有許多限制。例如鉀、鈉的碳酸鹽，硼酸鹽等，是釉中必要成分。雖然從長石中可以獲得鉀鈉，但同時帶來多量的矽、鋁氧化物，只能限量應用於低溫釉中，不足的量則從那些水溶性鹽燒製的熔塊獲得。

鉛的化合物如氧化鉛、鉛白等，自古就廣被使用的低溫燒成的釉原料，但對人體具有毒性。若與矽酸及其他必要的成分配合製成熔塊，再調製成釉施於陶瓷器，就沒有使用生鉛的問題。

鈣、鋇等高溫的熔劑在低溫很難發揮其功能，尤其鋇的化合物在低溫時反應特別慢，若先燒製成與玻璃網目結合的熔塊，可達到更佳的媒熔效果。含ZrO_2、TiO_2等氧化物的熔塊，調配於高溫釉中燒成後，冷卻時若控制得宜，可獲得均勻分布的微細晶體，增加釉的白度和均一性。

有些礦物及化工原料，釉燒時會釋出大量氣體，容易生成氣泡，產生針孔等缺點。製成熔塊後，大部分氣體都已經釋出，所以沒有這方面的顧慮。成分均勻分佈的熔塊，成為全新的，質地均一的物料，具有安定的物理化學性質。

因此，這些有用的配釉原料，必須事先將其製成不熔性的與無毒性的或其他功能的熔塊，再添加於釉中。配釉使用熔塊的範圍非常寬廣，無論含鉛與否，都可以調製光澤釉，無光釉及各種色釉。

調入釉中熔塊應該是能使釉有最佳表現的量，高比例配合量比低比例的熔塊釉，燒成時對溫度較不敏感，燒成的溫度範圍較寬。理想的熔塊釉於較低溫度時開始熔融，到熟成溫度時也不致過度流動。至於以什麼比例最適當並無標準，但經過精確計算，含熔塊的釉可以獲得更佳的組成。依據釉配方所需要的成分，將全部或部分原料成分調製為熔塊，沒有計入的原料以研磨添加物再調入釉中。

11.2 熔塊的主要成分、製造與用途

11.2.1 熔塊的成分與原料

矽酸（氧化矽）是釉用熔塊中主要的酸性成分，而硼酸（氧化硼）則是玻璃網目形成氧化物的從屬角色外的熔劑之一。熔製中，矽酸與媒熔劑一起被加熱。與在釉中一樣，鈣、鎂等鹼土金屬氧化物在熔塊中是網目的修飾物。添加鹼土金屬氧化物，可以有效降低熔塊在水中的溶解度，鋇、鋅及鍶的化合物有時會取代一些鈣與鎂，來幫助獲得熔融物的多樣性，以及增進強度與化學耐久性。這些化學成分和釉一樣，以型式化的方式將它們依照鹽基性（RO）、酸性（RO_2）及兩性（中性 R_2O_3），分為不同的族群，利用分子當量數來表明熔塊的成分組成。氧化鉛被歸類於鹽基的化合物。熔劑的媒熔能力依下列排序遞減。

$$Li_2O > Na_2O > K_2O > PbO > BaO > CaO > SrO > MgO > ZnO。$$

RO群的氧化物在熔塊中的性質與在釉中的一樣。但因種類及數量的選擇使它們在含鉛或含硼的配合中有不同的熔融效果，例如在硼矽酸鹽熔塊中可放寬氧化鎂與氧化鋇的使用量。

製造熔塊並非一定得使用高純度的生料，假如這些主要的不純物，正好是以後調配釉料時所需要的成分或性質時，也是可利用它來生產熔塊。例如未提純的硼酸鈉中化夾雜某程度的SiO_2，對該原料來說它是雜質，但我們允許它存在，只要計算引進其他含SiO_2原料時，扣除應該的減量，調整到需要的水平就可以。

發色的雜質最好能夠剔除，例如礦物原料中都會有微量以上的Fe_2O_3，調配時必須在意它可能夾帶到批料中。大量使用的硅石及氧化鉛，要求極低的Fe_2O_3（0.03％以下），才能避免出現明顯不愉快的黃色調。生原料中也不能有痕跡量以上的TiO_2，否則很容易使熔塊及釉著色。

熔塊透明釉─ 透明性熔塊釉顯現釉下彩飾的效果

製造熔塊與配釉相似，非一定得使用單一成分的原料，只要批料中都需要的話，同時可獲得二種或數種成分的原料都可以用。例如SiO_2，除了硅石或硅砂，由黏土上可獲得Al_2O_3，長石又可獲得K_2O與Na_2O；若同時有CaO及MgO時，可考慮使用白雲石。為考量經濟成本，通常以同時含有B_2O_3及Na_2O的硼砂（$Na_2B_4O_7$），比直接使用硼酸（H_3BO_3）及碳酸鈉或硝酸鈉更好，只用硼酸及鈉鹽來平衡成分的配比就行。同理，除非純度及發色的要求，以高嶺土來獲得Al_2O_3，比直接用價昂的氧化鋁或氫氧化鋁更經濟。

有時為了使最終的產品避免有受污染的情形，使用高純度價值較貴的氧化物是正當的。例如硝酸鉀及硝酸鈉是高價的化工原料，添加1~2％硝酸鹽到批料中，在熔製過程中，隨著因分解釋放出氧氣，其所進行「氧化劑作用」，結果會產生較為清澄的著色熔塊。額外添加硝酸鹽，同樣地可以熔製清澈的結白透明的硼矽熔塊，假如沒有這些硝酸鹽，將會有帶綠色調的產品出現。所以，使用少量價高的硝酸鹽，恰可以從改善品質得到正面的補償。

商業製造熔塊常用的主要礦物及化工原料如下（括弧表示其主成分）：

硅砂、硅石粉（SiO_2）

硼酸鈉或硼砂（$Na_2B_4O_7$，$Na_2B_4O_7 \cdot 5HO$ 及 $Na_2B_4O_7 \cdot 10H_2O$）

硼酸（H_3BO_3）

硝酸鈉（$NaNO_3$），硝酸鉀（KNO_3）

石灰石（$CaCO_3$）

白雲石（CaO，MgO）

鉀鈉長石（Na_2O，K_2O，Al_2O_3，SiO_2）

高嶺土或瓷土（Al_2O_3，SiO_2）

鉛丹或鉛白（PbO）

氧化鋅，鋅白或鋅氧粉（ZnO）

氧化鋯（ZrO_2）

鋯英石或矽酸鋯（$ZrSiO_4$）

鹼金屬碳酸鹽及硝酸鹽（Li_2CO_3，Na_2CO_3，K_2CO_3，$NaNO_3$，KNO_3）

鹼土金屬鹽（用量較少）（$MgCO_3$，$SrCO_3$，$BaCO_3$）

氧化鋁或氫氧化鋁（Al_2O_3，$Al(OH)_3$）

　　利用上列的原料調製出（1）單純矽酸鉛熔塊（2）硼矽酸鉛熔塊（3）無鉛透明硼矽酸鹽熔塊（4）無鉛失透乳濁硼矽酸鹽熔塊。

11.2.2 原料的特徵

　　與釉的原料一樣，調製熔塊的原料特徵都有差異，有時差異很大到會升高乾式混合攪拌的困難度。批料中各成分原料必須充分混練，才能確使熔融後各部位都有正確的比例，任何「成分分離」的情形都影響熔塊的品質。沒有充裕的攪拌時間與不正確的進料比例都會使混練不徹底。影響混合的原料特徵如下：

1. 粒度分布

　　這是混合步驟中最重要的因素，原料的粒度差異太大時，很難釉均勻的混合。

2. 容積密度

　　這是包括粒子間隙的粉體原料單位容積重量的量度，例如 公升多少公斤重。它不是一個常數，耙鬆的與機械式震盪後的粉體容積密度的變動很大。

3. 密度或真比重

　　問題不是出在攪拌器中各種原料有不同的比重，而是粒子本身的重量與體積所引起粒子運動量差異導致不均勻的結果。混練進行中，高比重的細小粒子，比低比重的大粒子更容易移動。

4. 粒子的形狀

　　混練機械能夠處理每一種幾何粒子形狀的粉體，粉碎後的原料粒子形狀都是不規則的，有片狀的、塊狀的或晶塊狀的。每一種形狀的粒子在攪拌器中都有不同的運動模式。

5. 粒子表面特徵

這與表面積有關，微細的原料粒子較可能聚結成塊，有些原料成分會擁有靜電荷，有些會有過度粗糙的表面，這些特徵都會阻礙混練平順進行。混練吸濕性的原料要注意大氣環境條件與添加水分所帶來的影響。

6. 易碎性

處理如碳酸鈉等易碎物料時，粒子會有破裂成更小顆粒的傾向，將攪亂原料間的粒度關係。

7. 結塊的狀態

有些原料不容易維持鬆散獨立的顆粒狀態，而聚結成團塊，攪拌混合器須具備有打散結塊，使其能分開散布的能力。

8. 溼度或液體的含量

即使是乾式處理，固體原料還是需要有若干濕氣才好。例如鉛丹，最好加入適量的水分或油分，來抑制混合中以及傾入窯爐時，以減少粉塵飛揚的風險及避免干擾成分的均勻度。

由於原料的物理性質差別性太大，在乾燥的狀態下很不容易將它們混合得非常均勻。特別在比重，粒子形狀或粒度的差異性大時，混練過程中常會有自然分離的情形。較重、較小或較圓潤的顆粒較容易沉降到較輕的、較大的或較蓬鬆的粒子下方，堆積時將移動到下方的邊緣處。

乾式混合都加裝有粉塵回收裝置，過度負壓抽引會導致批料成分變化的結果。混合前，集結的原料團塊應先行打散。

混合後的原料輸送也會產生困擾，在輸送到熔爐途中，不論是輸送帶或打包運輸，途中難免有震動，除非事前有所防範，不然將發生原料分離情形。

11.2.3 熔塊製造

將各種無機生原料混合物置於坩鍋或輸送進入熔槽中，經過高溫熔製成全新的，完全玻璃化的釉用原料。熔化過程中，原來的礦物性結晶架構已經由於酸或鹼的破壞力而徹底崩解。熔塊製造過程包括：（1）依配方精密秤量原料；（2）將批料充分均勻混合（乾式）；（3）在坩鍋或熔槽中加熱熔融成均質玻璃；（4）直接洩入冷水中使其成為晶塊狀，或經過水冷的滾筒壓成質脆的薄片；（5）粉碎至適當的粒度以便使用。

1. 調配熔塊批料的一般法則 [註1] [註2] [註3]

（1）具有水溶性或毒性的原料全部計入批料中，例如鹼金屬碳酸鹽，硝酸鹽，硼酸鹽以及鉛丹，鉛白或硫化鉛。

（2）鹼金屬氧化物和硼酸的比例在熔塊和在釉中的比例是一樣的，必須將它們都製成非水溶性的熔塊才能調入釉中。若SiO_2不足，製成的熔塊還是會熔於水。

（3）鹼金屬的矽酸鹽是水溶性的，若添加些釉料中會用到的鹼土金屬鹽，就可改善。R_2O的分子數不能多過RO的，否則熔塊還是能溶於水。熔塊中不足的R_2O，可於調配釉料時以長石中的鉀、鈉補足。

〔註1〕
R.C. Purdy and H.B. Fox：Fritted Glazes. A Study of Variations of the Oxygen Ratio and the Silica-boric Acid Molecular Ratio. Trans. Amer. Ceram. Soc., IX, 95–186 (1907).

〔註2〕
C.W. Parmelee and K.C. Lyons：A Study of Some Frit Compositions. Jour. Amer. Ceram. Soc., 17, (3) 60–66 (1934).

〔註3〕
J.H. Koenig：Lead Frits and Fritted Glazes. Ohio State Univ., Eng. Exp. Stat. Bull. No. 95 (1937).

（4）熔塊批料的塞格方程式中，酸性（RO_2）和鹽基性（$R_2O + RO$）氧化物的分子數比值為 3：1＜RO_2：RO＞1.5：1。

（5）硼酸（B_2O_3）與矽酸（SiO_2）同時存在時，熔融的速率加快，流動性會增加。一般的調配量在0.8 mole以下，為了降低溶解度，（B_2O_3）與（SiO_2）之比在 1：2以下。

（6）熔塊中的Al_2O_3的分子數維持在0.1~0.2的範圍，多了將使熔點升高。所有游離的氧化鋁全部計入熔塊中。

（7）含鉛熔塊在酸液中的溶解度隨著硼酸及鹼的含量增加而增加，隨著Al_2O_3及 SiO_2 存在量而降低。CaO，BaO，ZnO存在時能減少鉛的溶出量，其防護力順序為CaO＞BaO＞ZnO。

（8）將分別製造的矽酸鉛（無鹼、無硼）與含鹼或含硼（無鉛）的熔塊調配成釉，鉛的溶出量顯著降低。

（9）留下黏土0.05~0.1 mole為研磨添加物，其餘的全部計入熔塊中。

（10）熔塊與生料部分並沒有一定的比例限制，但釉中至少有50％以上的熔塊，典型的熔塊釉配合通常有20％的生原料，它能讓熔塊釉泥漿有較好的懸浮性。

（11）生料部分不要太多，而且最好能在較低的溫度就與熔塊反應。但石灰石，方解石等在SK02（1060℃）以下時，很難熔化，因此最好都計入熔塊批料中，最多留下0.1 mole在生料中即可。

（12）配方中成分的比例精確與否關係著熔塊的最終品質，必須依據使用目的選用合適的原料，計算最適當的比例進行調製。

2. 含鉛熔塊

含鉛熔塊的調配範圍很廣，除餐飲製品必須注意鉛溶出的問題外，可調製適應各溫度層的釉藥及適合多種坯體。含鉛熔塊釉的光澤度，透明性，與著色劑的配合性都很優良。

氧化鉛可以與 SiO_2 及 Al_2O_3 混合，燒製成低溶點、低黏度的的熔融物，而且調釉的可變動範圍更廣【如表11-1】〔註4〕。從表中即能明白鉛熔塊釉的組成與燒成溫度，對鉛的要求並不嚴格。

Mole of	SK010~06	SK05~01	SK1~6
PbO	0.25~0.70	0.25~0.50	0.20~0.50
KO_2	0.00~0.40	0.00~0.30	0.00~0.20
Na2O	0.00~0.40	0.00~0.30	0.00~0.20
CaO	0.00~0.30	0.00~0.40	0.00~0.50
SrO	0.00~0.30	0.00~0.20	0.00~0.50
BaO	0.00~0.10	0.00~0.20	0.00~0.20
MgO	0.00~0.05	0.00~0.20	0.00~0.20
ZnO	0.00~0.15	0.00~0.20	0.00~0.20
Al_2O_3	0.10~0.25	0.15~0.30	0.15~0.40
B_2O_3	0.15~0.60	0.15~0.55	0.15~0.50
SiO_2	1.50~2.50	1.50~3.00	2.00~5.00

【表11-1】熔塊的組成範圍〔註4〕

〔註4〕
窯業協會編：窯業工學ハンドブク，p1221，表4.6.10，（1980）。

3. 無鉛熔塊

　　無鉛的熔塊料熔解的速率較緩慢，需要大量的鹼金屬氧化物才能加速，並增大熔融物的流動性。但如此一來，將提高熱膨脹係數，用來調釉會導致釉龜裂。無鉛熔塊釉的黏度大，有氣泡時很難脫除容易形成釉面的缺陷。為了克服此問題增加鹼金屬時，又容易析晶，因此引進氧化硼到批料中來解決這些問題。

　　鹼土金屬氧化物對無鉛熔塊有不同的影響，有氧化鈣時，能增進機械強度，但添加過量釉面容易生成浮渣。ZnO能增進熔化速率，但用量超過0.3 mole時，較容易生成氣泡。BaO使熔塊的光澤度減低；使用SrO可以獲得正面的評價[註5]。

　　H.J. Orlowski and J. Marquis[註6]研究試驗的無鉛熔塊釉，使用於半瓷與精陶器餐飲製品，其物理性質甚佳，不會開片而且適合釉下彩飾【表11-2，11-3】。原料成分中的 MgO使熱膨脹係數降低，KNaO的含量以不超過0.28 mole為宜。為了不損及釉下的顏料，B_2O_3的量應該在0.35 mole以下，SiO_2與Al_2O_3的量可以比標準鉛釉多些。

　　此外，鉛熔塊（5A1）中的PbO的來源為 $1.00\ PbO \cdot 0.254\ Al_2O_3 \cdot 1.91\ SiO_2$。

〔註5〕
E.S. McCutchen：Strontia and its Properties in Dinnerware Glazes. Jour. Amer. Ceram. Soc., 27,(8)233-238.

〔註6〕
H.J. Orlowski and J. Marquis：Lead Replacements in Dinnerware Glazes. Jour. Amer. Ceram. Soc., 28,(12)343-357(1945).

成分\編號	（18）	（80A）	（5A1）	（76A）	（83F）	（84G）	（65B）
Na_2O	0.12	0.138	0.12	0.06	0.21	0.21	0.09
$K2O$	0.04	0.093	0.04	0.12	0.07	0.07	0.14
$Li2O$	0.10	0.041	0.05	--	--	--	--
CaO	0.44	0.432	0.38	0.40	0.40	0.40	0.33
MgO	0.15	0.153	0.07	0.10	0.06	0.06	--
SrO	0.15	0.153	0.07	0.05	0.26	0.13	0.10
PbO	--	--	0.13	--	--	--	--
ZnO	--	--	0.14	0.17	--	0.13	0.13
BaO	--	--	--	0.10	--	--	0.21
Al_2O_3	0.35	0.347	0.30	0.27	0.45	0.36	0.33
B_2O_3	0.23	0.235	0.32	0.31	0.31	0.31	0.31
SiO_2	3.00	3.146	2.70	260	3.22	3.11	2.90
F_2	--	0.041	--	--	0.27	0.20	--

【表11-2】SK4~6 的熔塊釉組成

成分\編號	（18）	（80A）	（5A1）	（76A）	（83F）	（65B）
Na_2O	0.086	0.089	0.130	0.035	0.262	--
K_2O	0.029	0.178	0.044	--	0.088	0.141
Li_2O	0.143	--	0.109	--	--	--
CaO	0.314	0.287	0.413	0.471	0.250	0.423
MgO	0.214	0.223	0.152	0.118	0.075	--
SrO	0.214	0.223	0.152	0.059	0.25	--
ZnO	--	--	--	0.200	--	0.167
BaO	--	--	--	0.118	--	0.269
Al_2O_3	0.200	0.192	0.200	0.087	--	0.138
B_2O_3	0.329	0.342	0.696	0.365	0.388	0.397
SiO_2	2.500	2.706	2.300	1.880	3.240	2.218

【表11-3】（表11-2）釉中的熔塊組成

　　對那些耐火性的原料來說，氧化硼的媒熔能力與效用不亞於氧化鉛。操作溫度低到800℃的熔塊釉，都可以利用含B_2O_3的硼酸及硼砂來調配。無鉛熔塊中，B_2O_3是不可或缺的成分。例如【表11-4】為無鉛的熔塊釉的組成例。

No.	K₂O	Na₂O	Li₂O	CaO	BaO	MgO	ZnO	SrO	Al₂O₃	B₂O₃	SiO₂	SK
1	0.20	0.30	--	0.20	0.03	--	--	--	0.20	0.60	2.20	010
2	0.30	0.23	0.27	--	--	--	--	0.30	0.30	0.46	3.00	010
3	0.25	0.27	--	0.13	--	0.28	--	--	0.69	1.92	3.93	09
4	0.15	--	--	0.80	--	0.05	--	--	0.15	0.80	0.90	09
5	0.38	0.21	--	0.20	0.21	--	--	--	0.41	0.34	3.34	07
6	0.13	0.25	--	0.38	--	0.18	0.08	--	0.26	0.50	2.50	07
7	0.25	0.25	--	--	0.50	--	--	--	0.20	0.60	2.40	06
8	0.25	0.15	--	0.60	--	--	--	--	0.40	1.00	3.50	05
9	0.224	0.148	--	0.56	--	--	--	--	0.55	0.94	3.41	02
10	0.25	0.25	--	0.20	0.30	--	--	--	0.40	0.50	3.20	2
11	0.07	0.13	0.05	0.45	--	0.05	--	0.25	0.28	0.28	2.80	4/5
12	0.25	0.25	--	0.50	--	--	--	--	0.50	0.40	3.20	4
13	0.25	0.25	--	0.20	0.30	--	--	--	0.50	0.40	3.20	5
14	0.04	0.14	0.10	0.27	0.05	0.09	--	--	0.26	0.36	2.70	4/5
15	0.20	--	--	0.40	0.05	0.05	0.30	--	0.50	0.10	4.00	6

【表11-4】無鉛硼矽酸鹽熔塊釉的組成[註7]

[註7]
窯業協會編：窯業工學ハントブク。p1221，表4.6.11，（1980）。

[註8]
C.F. Binns：The Function of Boron in the Glaze Formula. Trans. Amer. Ceram. Soc., X, 158–174 (1908).

[註9]
F.G. Singer：Position of Boron in the Glaze Formula. Trans. Amer. Ceram. Soc., XII, 676–710 (1910).

　　與SiO₂一樣，B₂O₃也是玻璃網目形成氧化物，其化學性質與SiO₂同是酸性的，但Seger認為大量B₂O₃替代SiO₂時，其性質反而與Al₂O₃類似，會擴大不透明性與熔融性。C.F. Binns[註8]及F.G. Singer[註9]也贊同這樣的主張，他們的理由是：（1）以相同當量的B₂O₃置換無光釉中的Al₂O₃時，釉的組織沒有差異，但熟成的溫度下降；（2）在土耳其藍釉，B₂O₃與Al₂O₃形成相同的影響，都使藍色變成暗綠色；（3）鈷藍釉中CoO的半量，以Al₂O₃取代，藍色會加深，以B₂O₃置換，結果也一樣。

　　這種異常的表現和認為B₂O₃跟SiO₂同樣是酸性氧化物的看法不一致。與Al₂O₃更類似一點，當含量適當時，都可抑制結晶而能防止釉失透。無鉛的硼熔塊加入生料釉中，除了造成不同程度的媒熔效果外，也可以擴大BaO及MgO的使用範圍，同時對釉下與釉上彩呈色造成影響。

4. 熔塊色釉

熔塊釉著色比普通瓷器釉更容易，使用的範圍也更廣，因為：

（1）可以選擇鹽基成分的種類及控制其含量

（2）容易調節燒成的溫度範圍

（3）使用含硼酸的熔塊其效果更明顯

（4）可以依需要選擇含鉛、含硼或同時含鉛硼的熔塊

（5）需要時可額外添加鹼金屬於熔塊中熔製

熔塊色釉

（6）含鉛的熔塊色釉與生鉛釉完全有相同的表現，而因熔塊的化學性質已經安定，有時效果更佳。

（7）與生料釉一樣，所有發色金屬氧化物及陶瓷顏料，都可使用於合適的配方中，有時添加熔塊調製，能獲得更滿意的呈色及釉面效果。

（8）很方便以各種組合來調配其他釉原料，配出透明釉，失透釉，無光釉與它們的色釉。

幾種商用的色釉用熔塊調配例如下〔註10〕【表11-5；表11-6】：

〔註10〕
素木洋一：釉とその顏料，p618-621，1981 Jan. 31技報堂。

原料%\No.	（1）	（2）	（3）	（4）	（5）	（6）	（7）	適用溫度SK
鉛丹	34.0	79.0	28.0	27.0	30.0	21.0	--	（1）05~03,低火度
蘇打灰	--	--	--	--	13.9	--	--	（2）05~01,低火度
硼砂	18.0	--	10.8	12.8	--	42.0	39.1	（3）2~4,高黏度
硼酸	--	--	--	--	32.5	--	--	（4）3~5,高黏度
石灰石	7.0	--	11.0	13.6	--	--	8.3	（5）適合低火度
長石	12.0	--	8.8	8.6	--	37.0	32.7	（6）適合低火度
石英	24.0	21.0	29.6	30.2	23.6	--	15.5	（7）03~01,低火度
高嶺土	5.0	--	11.8	7.9	--	--	4.4	

【表11-5】商業色釉用熔塊的調配例

原料%\No.	（8）	（9）	（10）	（11）	（13）	（14）	（19）	適用溫度
鉛丹	--	--	--	13.7	--	4.9	--	
蘇打灰	26.2	11.5	17.9	--	--	7.7	--	
水玻璃	--	--	--	21.3	--	--	--	
硼砂	--	22.2	--	--	--	19.6		（8）適合低火度
硼酸	21.4	--	14.7	--	--	15.5	12.7	（9）2~4,高黏度
硝石	4.8	--	--	--	--	--	--	（10）2~4,高黏度
石灰石	12.0	15.0	11.2	8.0	15.4	6.5	12.4	（11）2~4,低鉛
氧化鋅	--	--	--	14.6	5.2	6.4	--	（12）略
碳酸鋇	--	--	--	12.0	17.5	--	--	（13）1~3,低鹼
長石	--	16.6	16.9	10.4	8.3	6.8	17.2	（14）1~3,適合不透明釉
石英	21.1	23.7	24.1	20.0	53.6	38.5	24.8	（19）中、低火度
高嶺土	14.5	11.0	15.2	--	--	8.4	13.3	
矽酸鋯	--	--	--	--	--	4.5	--	
螢石	--	--	--	--	--	0.8	--	

【表11-6】商業色釉用熔塊的調配例

硼酸鉛熔塊釉的組成較複雜，下面是兩個很優秀的釉組成，第一個是1980年代台灣外銷的新奇裝飾品（Novelty，如西洋玩偶等）的重要釉藥，燒成溫度約1000℃；後者廣泛使用於骨灰瓷，及二次燒的硬質陶瓷器上，燒成溫度1100℃。

$$\left.\begin{array}{l} 0.14\,K_2O \\ 0.22\,Na_2O \\ 0.31\,CaO \\ 0.33\,PbO \end{array}\right\} 0.16\,Al_2O_3 \left\{\begin{array}{l} 2.02\,SiO_2 \\ 0.15\,B_2O_3 \end{array}\right.$$

$$\left.\begin{array}{l} 0.06\,K_2O \\ 0.22\,Na_2O \\ 0.19\,CaO \\ 0.53\,PbO \end{array}\right\} 0.16\,Al_2O_3 \left\{\begin{array}{l} 2.02\,SiO_2 \\ 0.15\,B_2O_3 \end{array}\right.$$

鉀、鈉也是硼酸鉛熔塊釉中有用的成分，它們除了可從長石獲得的外，其餘水溶性的原料如硝酸鉀、硝酸鈉、蘇打灰、碳酸鈉等都全部計入熔塊批料中。調釉若

僅使用一種熔塊時，是很方便的，但有時為了組合更好的釉，同時使用二、三種熔塊也是平常的事。雖然複雜些，但效果比單獨使用一種的好。調製硼酸鉛熔塊釉通常會保留一些非水溶性的礦物原料如長石、高嶺土，當作研磨添加物以調節釉泥漿的性質。

和生料釉一樣，氧化錫及矽酸鋯可來調配失透乳濁釉，但使用矽酸鋯時，鉛的含量就應該放少些。

5. 熔塊釉計算

熔塊料的計算與生釉調配計算的步驟類似，從塞格方程式中的化學成分選用合適的原料，依照第三章「釉調合計算」的要領算出調配批料的重量百分比。

例題1

算出 $PbO \cdot 2SiO_2$ 以鉛丹及石英調配熔塊批料的原料重量百分比。

鉛丹的化學式 Pb_3O_4；分子量 $= 207.2 \times 3 + 16 \times 4 = 685.6$

石英的化學式 SiO_2：分子量 $= 28 + 16 \times 2 = 60$

步驟1：1分子的 Pb_3O_4 可以獲得3分子的PbO，所以塞格式 $PbO \cdot 2SiO_2$ 需使用1/3分子的 Pb_3O_4，及2分子的 SiO_2。

步驟2：鉛丹及石英的調合量分別為

> 鉛丹：$685.6 \times 1/3 = 228.53$
> 石英：$60.0 \times 2 = 120.0$

步驟3：將調合量換算成重量百分比

> 鉛丹：$228.53 \div (228.53 + 120.0) \times 100\% = 65.6\%$
> 石英：$120.0 \div (228.53 + 120.0) \times 100\% = 34.4\%$

例題2

算出 $0.32\,Na_2O$ $0.68\,CaO$ $1.47\,SiO_2$ $0.72\,B_2O_3$ 的原料重量百分比

本例題的成分有 Na_2O、B_2O_3，原料來源有蘇打灰、硼酸及硼砂，依照法則先選用硼砂。若有不足，再以其他的補充。CaO的來源有石灰石及化工碳酸鈣，都可使用。下面的計算以理想無雜質的原料為基礎。

硼砂：$Na_2B_4O_7 \cdot 10H_2O$ 或 $Na_2O \cdot 2B_2O_3 \cdot 10H_2O$；分子量 $= 381.2$
硼酸：H_3BO_3 或 $1/2\,(B_2O_3 \cdot 3H_2O)$；分子量 $= 61.8$
石灰石或碳酸鈣：$CaCO_3$；或 $CaO \cdot CO_2$；

> 分子量 $= 100$，可獲得 CaO；分子量56

步驟1：塞格式中需要 $0.32\,mole$ 的 Na_2O，由 $0.32\,mole$ 的硼砂可數獲得，同時得到 $0.64\,mole$ 的 B_2O_3，尚不足 $0.08\,mole$。結晶水在加熱中會釋出，無須考慮。

> 不足 $0.08\,mole$ 的 B_2O_3，從 $2 \times 0.08 = 0.16\,mole$ 的 $H3BO_3$ 獲得。
> $0.68\,CaO$ 由 $0.68\,mole\,CaCO_3$ 全數得到，CO_2 可以不計。
> $1.47\,SiO_2$ 由石英計入。

步驟 2：硼砂、硼酸、石灰石及石英的調合量分別為：

硼砂：$0.32 \times 381.2 = 121.98$

硼酸：$0.16 \times 61.8 = 9.89$

石灰石：$0.68 \times 100.0 = 68.00$

石英：$1.47 \times 60.0 = 88.20$

合計 $= 288.07$

步驟 3：將各原料的調合量換算成重量百分比

硼砂：$121.98 \div 288.07 \times 100\% = 42.34\%$

硼酸：$9.89 \div 288.07 \times 100\% = 3.43$

石灰石：$68.00 \div 288.07 \times 100\% = 23.61$

石英：$88.20 \div 288.07 \times 100\% = 30.62$

例題3

熔塊釉化學成分百分比為如下，算出原料的重量百分比。

SiO_2	Al_2O_3	CaO	PbO	Na_2O	K_2O	B_2O_3
42.16	5.07	6.81	28.26	2.87	2.08	11.85

步驟 1：先由化學成分百分比計算出塞格式，

	成分%	分子量	分子當量數
SiO_2：	42.16 ÷	60	$= 0.70267$
Al_2O_3：	5.07 ÷	102	$= 0.04971$
CaO：	6.81 ÷	56	$= 0.12161$
PbO：	28.26 ÷	223.2	$= 0.12661$
Na_2O：	2.87 ÷	62	$= 0.04629$
K_2O：	2.08 ÷	94	$= 0.02213$
B_2O_3：	11.85 ÷	69.6	$= 0.17026$

RO 成分的分子當量數的總合

$= 0.12161 + 0.12661 + 0.04629 + 0.02213 = 0.31664$

各成分分子當量數除以0.31664，得到塞格式分子數，此時 RO $= 1$，

SiO_2：$0.70267 \div 0.31664 = 2.220\,\text{mole}$

Al_2O_3：$0.04971 \div 0.31664 = 0.157$

CaO：$0.12161 \div 0.31664 = 0.384$

PbO：$0.12661 \div 0.31664 = 0.400$

Na_2O：$0.04629 \div 0.31664 = 0.146$

K_2O：$0.02213 \div 0.31664 = 0.070$

B_2O_3：$0.17026 \div 0.31664 = 0.538$

批料中成\分的 分子當量數	Na_2O	K_2O	CaO	PbO	Al_2O_3	SiO_2	B_2O_3
	0.146	0.070	0.384	0.400	0.157	2.220	0.538
0.146×硼砂	0.146	--	--	--	--	--	0.292
殘量	0	0.07	0.384	0.400	0.157	2.220	0.246
0.246×2×硼酸		--	--	--	--	--	0.246
殘量		0.07	0.384	0.400	0.157	2.220	0
0.070×2×硝酸鉀		0.70	--	--	--	--	
殘量		0	0.384	0.400	0.157	2.220	
0.384×碳酸鈣			0.384	--	--	--	
殘量			0	0.400	0.157	2.220	
0.400÷3×鉛丹				0.400	--	--	
殘量				0	0.157	2.220	
0.157×高嶺土					0.157	0.314	
殘量					0	1.906	
1.906×石英						1.906	
殘量						0	

步驟 3：從批料中原料的分子當量數分別 以該原料的選定的分子量

$$
\begin{aligned}
\text{硼砂} \quad & 0.146 \times 381.2 && = 55.66 \\
\text{硼酸} \quad & 0.246 \times 2 \times 61.8 && = 15.20 \\
\text{硝酸鉀} \quad & 0.070 \times 2 \times 101 && = 14.14 \\
\text{碳酸鈣} \quad & 0.384 \times 100 && = 38.4 \\
\text{鉛丹} \quad & 0.400 \div 3 \times 685.6 && = 91.41 \\
\text{高嶺土} \quad & 0.157 \times 258 && = 40.51 \\
\text{石英} \quad & 1.906 \times 60 && = 114.36 \\
\hline
& && \text{總計} = 369.68
\end{aligned}
$$

步驟 4：將各原料的計算值換算成百分比

$$
\begin{aligned}
\text{硼砂} \quad & 55.66 \div 369.68 \times 100\% = 15.06\% \\
\text{硼酸} \quad & 15.20 \div 369.68 \times 100\% = 4.11 \\
\text{硝酸鉀} \quad & 14.14 \div 369.68 \times 100\% = 3.82 \\
\text{碳酸鈣} \quad & 38.40 \div 369.68 \times 100\% = 10.39 \\
\text{鉛丹} \quad & 91.41 \div 369.68 \times 100\% = 24.73 \\
\text{高嶺土} \quad & 40.51 \div 369.68 \times 100\% = 10.96 \\
\text{石英} \quad & 114.36 \div 369.68 \times 100\% = 30.93
\end{aligned}
$$

例題4

計算下列熔塊釉的原料重量百分比，留下部分當作研磨添加物。

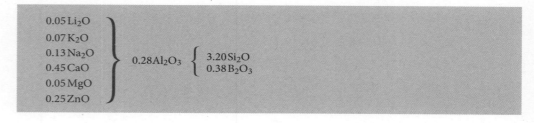

$$
\left.
\begin{array}{l}
0.05\,Li_2O \\
0.07\,K_2O \\
0.13\,Na_2O \\
0.45\,CaO \\
0.05\,MgO \\
0.25\,ZnO
\end{array}
\right\}
0.28\,Al_2O_3
\left\{
\begin{array}{l}
3.20\,Si_2O \\
0.38\,B_2O_3
\end{array}
\right.
$$

步驟 1：算出塞格方程式的分子量 $M_0 = 311.98$

步驟 2：留下 $0.12\,Al_2O_3$ 及 $0.24\,SiO_2$ 以 $0.12\,mole$ 的高嶺土（$Al_2O_3 \cdot 2SiO_2 \cdot 2H_2O$）為研磨添加物，其餘全部當作熔塊的成分。

分別算出研磨添加物的分子量 $M_1 = 26.64$（8.54％）及熔塊料的分子量 $M_2 = 285.335$（91.46％），熔塊批料的塞格式變成

$$
\left.\begin{array}{l}
0.05\,Li_2O \\
0.07\,K_2O \\
0.13\,Na_2O \\
0.45\,CaO \\
0.05\,MgO \\
0.25\,ZnO
\end{array}\right\}\ 0.16\,Al_2O_3\ \left\{\begin{array}{l} 2.96\,Si_2O \\ 0.38\,B_2O_3 \end{array}\right.
$$

步驟 3：依照例題 3 的步驟，計算出熔塊批料的原料重量百分比如下：

碳酸鋰	1.05　％
硝酸鉀	4.03
硼砂	14.10
硼酸	4.22
碳酸鈣	12.80
碳酸鎂	1.20
氧化鋅	5.79
高嶺土	11.74
石英	45.07
合計	100.00％

步驟 4：91.46％熔製後的熔塊，與特意留下的8.54％配合成釉。而高嶺土在高溫喪失結構水後，其化學量損失從258變成222，所以與 Al_2O_3 及 SiO_2 8.54％相對應的生料高嶺土為 $8.54 \times 258 \div 222 = 9.92$。也就是說91.46％的熔塊搭配9.92％的高嶺土，換算總合為100％時，它們的配比值為90.22％及9.78％。

6. 熔塊的熔化

（1）當鎔爐（或坩鍋）內的溫度升高時，批料中的水分首先蒸發。

（2）溫度繼續升高，原料開始解離，陸續釋出結晶水，化合水，CO_2，O_2，F_2，SO_2 及 SO_3。

（3）含鉛熔塊批料中有氧化鋅時，在開始熔化之前的固態時就開始反應[註11]。

（4）升溫中原料粉粒繼續吸熱，逐漸因共熔成為液體狀的混合物（無鉛批料中，碳酸鈉與碳酸鈣在775℃、與硼酸鈉在742℃開始共熔，雖然碳酸鈉的熔點是850℃）。

（5）解離與共熔反應繼續隨升溫更劇烈進行，生成玻璃，此時可清楚看見從共熔物中的浮現的氣泡從表面爆破。

（6）當溫度達到1000℃以上，熔化反應加速進行，並開始緩緩熔解剩下的高耐火性成分（例如 SiO_2 或 ZrO_2）。

（7）溫度持續升高，生成黏滯性帶氣泡的熔融物。

（8）繼續加熱脫氣（結晶性物料完全熔解後會留下大量的氣體，並在液態熔體中形成氣泡），直到熔融物完全均質化。此時，氣泡逐漸從較低黏滯性的液體表面逸出。

（9）釉用的熔塊其實無須等到氣體全部釋出，存留的氣泡將會在為粉碎及釉燒時消除。但為了避免造成困擾，還是儘可能將之脫除。氣泡逸出速率與氣泡的半徑和熔塊的密度成正比，與熔塊的黏度成反比。而升高鎔爐的溫度可降低黏度，有助於除去氣泡。

〔註11〕
E. Preston and W.E.S. Turner：Jour. Soc. Glass Technology. 25, 136–149（1941）.

（10）熔製的效率取決於下列幾項因素：

a. 鎔爐的溫度

溫度越高，時間越長，殘留未熔化的材料越少。若降低鎔爐的溫度，須讓熔融物停留較長的時間。

b. 原料的粒度

熔融的溫度固定時，熔化的速率將因粒度變化而改變，粒度越小通常越快熔化[註12][註13]。

但這項通則也有例外，超微細粒徑的黏土，氧化錫，氧化鈦等顆粒，容易集結成為鬆散多氣孔的耐火性團塊，形成隔絕效應使熱傳導不良。且低容積密度使它們浮在熔液表面，阻礙熔解。

玻璃化反應過程中生成的CO_2等氣體，會順著未熔解的原料顆粒間隙形成的通路逸出。但過度微粉碎的粒子使通道變窄，很快就被封閉，阻礙碳酸鈉與矽酸間的分解反應[註14]。相反地，假如是媒熔劑原料非常微細，那些耐火性原料顆粒會被它們包圍覆蓋形成活性層，能夠提早進行反應。

c. 熔塊的成分

若為了讓解離的氣體及早逸出，增加批料中的鹼金屬含量，熔化的液體黏滯度會降低，比升高鎔爐溫度更合乎經濟效益。

d. 批料中原料分離的程度

混練與進料於鎔爐中的機能對熔化效率有直接關係。不嚴重的「原料分離」尚不致於構成問題。但在熔融中無法進行攪拌的狀況下，大規模的分離將使未充分混合的耐火性原料漂出形成浮渣，覆蓋在先熔化的液體表面，因此難獲得包含所有氧化物的完美熔塊組成。

7. 熔塊品質測試

在鎔爐中發生的反應情形與熔塊形式的特質及成分組成有關，而打算將某熔塊使用於希望調配的釉時，就要界定熔塊配方所選用的生原料的品質，以及熔融後及使用於配釉時都需要進行品質檢測。

（1）淬冷之前

熔融一段時間後均質化的液體，都須從鎔爐中取出少量熔體抽拉成絲線狀，冷卻後視其是否清澈不含未熔化的原料顆粒。對於連續式熔解槽，操作條件如餵料速率、操作溫度等，需要調節到能獲得希望的品質為止。

（2）調釉之前

對含熔塊的釉來說，熔塊是釉中的主要原料，基本上它的品質需要先獲得確認，檢測的複雜程度視最終使用的標的物而定。例如用於高科技陶瓷時，必須執行全套的物理化學分析。但一般陶瓷器製造就無需如此，只要對每一批新熔塊執行在釉中熔融性與流動性的比較即可。但熔塊供應廠商除成分外，應有：

a. 軟化點與熔點、b. 熱膨脹率、c. 溶解度 – 尤其是鉛的溶出率、d. 比重、e. 呈色，等性質的資料提供給陶瓷廠或個人使用者參考。

11.2.4 熔塊的用途

熔塊除了當作釉料調配的成分原料外，尚有其他的用途：

1. 陶瓷器裝飾用彩料的媒熔劑　　　2. 電子元件的塗裝被覆層

3. 研磨材料的特殊結合劑　　　　　4. 陶瓷/金屬及玻璃/金屬的膠著封黏劑

〔註12〕
M. Boffe and G. Letocart：Glass Technology. 3, 117–123 (1962).

〔註13〕
J. C. Potts, G. Brookover and O.G. Burch：Jour. Amer. Ceram. Soc., 27, 225–231 (1944).

〔註14〕
Ed. by P.J. Doyle：Glass Making Today. p166, Portcullis Press (1979).

以生鉛化合物為媒熔劑自古就被普遍使用於低溫釉中，至今仍然會被廣泛用來調配釉藥，但為了安全大多先製成熔塊後才用。含鉛的釉其範圍相當寬闊，800~1250℃都可以入料。最常用的生鉛釉範圍是SK05~2（1000~1120℃），添加適量的著色劑可調出鮮豔的釉色。使用生鉛釉有下列的缺點：

1. 釉面的耐磨耗性低，容易被刮傷。
2. 鉛化合物有毒，操作鉛原料及鉛釉都必須有適當的防護。
3. 鉛化合物的蒸氣分壓高，燒成中容易揮發散失，會損及成分組成。
4. 生鉛釉表面容易受大氣環境的影響，嚴重的侵蝕會使釉面變得無光。
5. 生鉛釉容易龜裂。
6. 配合比例不當時，即使在微弱的酸液中，也有鉛溶出造成衛生方面的問題，影響身體健康。

12.1 生鉛釉調配

生鉛釉操作的方便性與燒成後明亮的光澤及鮮豔的顏色，是個很經濟的釉種，有其實用價值。它可用於美術陶瓷，磚瓦，面磚及衛浴陶瓷上。透明生鉛釉添加氧化錫可調製成乳濁失透釉，添加發色劑或顏料，可調配各種色釉。【表12-1】是一般生鉛釉的成分範圍。

成分	PbO	CaO	SrO	MgO	BaO	ZnO	Al_2O_3	SiO_2
範圍 mole	0.3~1.0	0.0~0.4	0.0~0.4	0.0~0.1	0.0~0.1	0.0~0.3	0.1~0.35	0.7~3.5

【表12-1】生鉛釉的成分組成範圍

只要有鉛化合物與黏土就可以調配釉。PbO和Al2O3及SiO2的共熔點很低，可調動的溫度域很廣，但熔融物的黏性很小，流動性很大，所以調配生鉛釉都會額外添加其他含鹼土金屬氧化物的修飾性原料。鉛在釉中具有下列特徵：

1. 依照釉的熟成溫度可有大變化的添加量。
2. 容易與黏土及其他化合物共熔。
3. 熔融物的黏性低，表面張力小。
4. 當組成及燒成溫度適當時，就不會受到「水」的侵蝕影響。
5. 與鹼金屬及鹼土金屬鹽化學親和力強。
6. 色釉的呈色鮮明艷麗。

12.2 生鉛釉的原料

1. 含鉛化合物

含氧化鉛的原料有鉛丹，密陀僧，鉛白及方鉛礦等（參照第二章 2.2.9 節）

2. 鹼金屬化合物

生鉛釉中的鹼並不是必要成分，其主要來源為長石。生鉛釉中的鹼金屬調入量通常不超過0.1 mole，用量不多，甚至沒有。釉中有鹼時，較容易有導致釉龜裂的傾向。

3. 鹼土金屬化合物

· 氧化鈣

來源有石灰石、方解石、碳酸鈣、白雲石等，在鉛釉的範圍是0.0~0.4 mole，過量將使釉難熔。

· 氧化鎂

取自碳酸鎂、菱苦土、白雲石及滑石等，因為耐火性隨著MgO增加而升高，在鉛釉中限用0.1 mole以下。

· 氧化鋇

來自碳酸鋇，低溫時氧化鋇的反應很慢，用量在0.1 mole以下，量多時容易形成無光釉。

· 氧化鍶

這種較新的鹼土氧化物可取代部分氧化鈣來降低釉的熟成溫度並改善流動性，但釉的熱膨脹係數會增高。原料為碳酸鍶。

· 氧化鋅

適量的氧化鋅有助於增加釉的光澤度，增廣釉的熔融性質與熟成溫度範圍，可防止釉面開片。

4. 含氧化鋁、氧化矽的原料

調配生鉛釉時，添加長石（較少用）及黏土同時帶入Al_2O_3與SiO_2。釉中氧化鋁較少，在0.2 mole以下，通常介於0.1~0.2 mole之間。矽酸較多，批料中不足的矽酸以硅石補足。

12.3 生鉛釉的組成

利用PbO與SiO_2二成分，比例為1：1到1：2之間，或再引入少許Al_2O_3，例如鉛丹加些黏土就可以作成低溫（通常指溫度低於SK 4，1160℃）透明釉藥。再添加若干量的石灰石、長石及硅石，調配的釉其燒成溫度範圍更廣。例如【表12–2】，都是1000℃左右的釉[註1]。

〔註1〕
加藤悅三：釉料基本調配，7鉛釉。p 105~120 昭和45年

	PbO	KNaO	CaO	Al$_2$O$_3$	SiO$_2$
1	0.91	--	0.09	0.05	1.11
2	0.91	--	0.09	0.11	1.45
3	0.89	0.02	0.09	0.13	1.35
4	0.98	0.02	--	0.14	1.63
5	0.90	--	0.10	0.17	1.36
6	0.91	0.09	--	0.24	1.97

【表12-2】簡單低溫鉛釉的組成例

上表的釉都是完全熔融又透明，但石灰稍多的釉會呈現無光的薄膜狀浮渣，若稍微增加Al$_2$O$_3$與SiO$_2$的含量就可改善，但溫度難免會升高。若再加入ZnO，更能增加光澤度。

以一般情形來說，Al$_2$O$_3$與SiO$_2$的含量是調整、控制燒成溫度範圍的有效因素。H.F. Staley（1913）將其研究結果列在【表12-3】中，它們是一些光澤度與燒成範圍良好的釉。

K$_2$O	PbO	CaO	Al$_2$O$_3$	SiO$_2$
SK 02, SK 4, SK 8 表現良好的釉				
0.1	0.9	0.0	0.1	1.3
0.1	0.8	0.1	0.1	1.3
0.1	0.7	0.2	0.1	1.3
0.1	0.9	0.0	0.2	1.6
0.1	0.8	0.1	0.2	1.6
0.1	0.7	0.2	0.2	1.6
SK 4 及 SK 8 表現良好的釉				
0.1	0.9	0.0	0.3	1.9
0.1	0.8	0.1	0.3	1.9
0.1	0.7	0.2	0.3	1.9
0.1	0.6	0.3	0.3	1.9

【表12-3】Al2O3與SiO2的含量與燒成溫度

氧化鋁與矽酸的組成量對釉的黏度，熟成溫度及釉的組織有重大影響。同樣為光澤釉，生鉛釉中的Al$_2$O$_3$與SiO$_2$比值較普通瓷器釉的寬，可從1：7到1：15，最常用的範圍是1：7~11。當PbO與Al$_2$O$_3$固定時，增加SiO$_2$，釉熟成的溫度升高。通常同時調節Al$_2$O$_3$與SiO$_2$，能有效調整釉的熟成溫度。

無鹼的RO群，鹼土金屬在生鉛釉中的表現大不相同，PbO–CaO–ZnO系統容易獲得光澤釉，PbO–CaO–BaO系統容易得無光釉。當Al$_2$O$_3$少，SiO$_2$較多時，無光是由鈣長石或矽灰石所引起[註2]。ZnO含量在0.3 mole以下時，不會生成ZnSiO$_3$晶體，只能與其他化合物反應，使釉更易熔化，而BaO與Al$_2$O$_3$及SiO$_2$結合生成鋇長石使釉面無光。綜合來說，低溫鉛釉須注意二點：

1. 石灰可降低釉的熔點與增加透明度，但只有鉛及石灰，釉面易生浮渣

2. 適量的氧化鋅除媒熔力外，可改善上述的缺點配合例如【表12-4】

	KNaO	PbO	CaO	MgO	ZnO	Al$_2$O$_3$	SiO$_2$
1	0.12	0.52	0.17	0.10	0.09	0.22	2.25
2	0.20	0.40	0.20	--	0.20	0.35	2.56
3	--	0.56	0.22	--	0.22	0.14	1.60

【表12-4】含鋅生鉛釉的組成例SK 2～3

〔註2〕
C.W. Parmelee and W. Horak：The Microstructure of Some Matt Lead Glazes. Jour. Amer. Ceram. Soc., 17(3) 67–72 (1934).

以適量的 Al_2O_3 與 SiO_2 調配成燒成溫度範圍廣的鉛釉，冷卻時的黏度變化較緩和，較不容易有劇烈的應力變化，因此這種釉較不會開片。

從低火度到中火度的釉調配範圍例中，PbO所扮演的角色很明確，8號溫錐以下的釉，媒熔劑中有氧化鉛時，很容易調配出理想的釉【表12-5】。

組成	溫度 溫錐/℃											
	010 890	08 945	06 1005	04 1050	02 1095	01 1100	2 1135	3 1145	4 1165	5 1180	6 1190	7 1210
PbO	0.80	0.88	0.48	0.51	0.70	--	--	0.70	0.250	0.256	--	0.50
Na_2O	--	0.06	--	--	--	0.32	--	--	0.192	0.018	--	--
K_2O	0.10	0.06	0.09	0.12	0.20	0.18	0.20		0.064	0.185	0.25	0.10
ZnO	--	--	--	0.07	--	--	0.40	--	--	0.145	--	0.20
CaO	0.10	--	0.43	0.30	0.10	0.50	0.40	0.30	0.490	0.396	0.30	0.20
BaO	--	--	--	--	--	--	--	--	--	--	0.45	--
Al_2O_3	0.17	0.10	0.17	0.12	0.25	0.52	0.22	0.26	0.28	0.237	0.35	0.30
SiO_2	1.00	1.30	1.13	1.33	1.60	2.40	2.55	1.78	2.81	2.484	2.00	2.00
B_2O_3	--	--	--	--	--	--	--	--	0.384	0.354	--	--

【表12-5】低火度與中火度釉的調配例，RO、Al_2O_3、SiO_2 與溫度的關係

鉛釉的組成範圍相當廣泛，H.H. Holscher 與 A.S. Watts 研究發表以圖示標明大多數鉛釉的組成範圍【圖12-1】。下圖粗黑線內表示RO群各鹽基氧化物在選定的溫度座標上的添加範圍；上圖則表示與該溫度對應的 Al_2O_3 及 SiO_2 的添加量。中火度以上的無鉛釉成份的組合範圍也可利用此圖闡明。

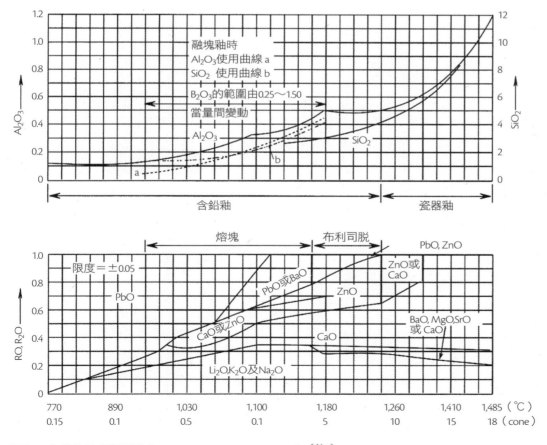

【圖12-1】釉的組成範圍圖（H.H. Holscher and A.S. Watts, 1931）〔註3〕

〔註3〕
窯業協會編：窯業工學手冊。陶瓷器製造工程 p 1212（1980）。

從圖下方 座標擇定一點，就是希望燒成的溫度的座標，由該點往上的縱座標線與曲線相交構成所標明氧化物成分的範圍，縱座標格線的數量表示該成份的配合分子當量數。例如橫座標05號溫錐（1030℃）處的RO、Al_2O_3 及 SiO_2 的配合釉的組成化學式約為：

$$
\left.\begin{array}{l}
0.23\,R_2O\,（K_2O, Na_2O）\\
0.11\,CaO\\
0.10\,ZnO\,（或\ CaO）\\
0.56\,PbO
\end{array}\right\}\ 0.18\,Al_2O_3\cdot1.80\,SiO_2
$$

假如這個釉希望製成熔塊釉時，Al_2O_3 及 SiO_2 分別從曲線a, b點選與縱座標線的交點，則熔塊部分的 Al_2O_3 分子當量數為0.10，SiO_2 的為1.40。

另一個燒成溫度為五號溫錐，從該點的縱座標上找出與各曲線的交點，則錐號五的釉化學式為：

$$
\left.\begin{array}{l}
0.34\,R_2O\,（K_2O, Na_2O）\\
0.22\,CaO\\
0.22\,ZnO\,（或0.10\,CaO＋0.12\,ZnO）\\
0.22\,PbO\,（或\ BaO）
\end{array}\right\}\ 0.18\,Al_2O_3\cdot2.90\,SiO_2
$$

圖中曲線範圍內有二種或以上的氧化物成分，表示調釉時可以酌量選用其中任一種或數種氧化物。

12.4 錫失透釉

以氧化錫為乳濁性失透劑的鉛釉，呈現柔和悅目的的奶油色。而普通瓷器釉的乳濁劑矽酸鋯、氧化鈦與磷酸，在鉛釉中不會有失透的現象。氧化錫的添加量為6~10%，在鋅多的釉中更容易乳濁。但在石灰多的釉，假如窯室內氣氛中有氧化鉻的蒸氣時，即使是微量，都容易呈現粉紅的釉色。

12.5 無光生鉛釉

利用懸浮於釉中的不熔性物質或析出的晶體，或因燒成後收縮起皺紋形成無光的釉面。良好的無光釉應該是由釉中所析出的晶體。常見的如矽灰石，鈣長石，鱗石英，富鋁紅柱石等。會析出何種晶體與鹽基氧化物的種類及含量，以及和矽酸、氧化鋁的比例量有關。

	KNaO	PbO	CaO	BaO	Al₂O₃	SiO₂	燒成溫度
1	0.05	0.80	0.15	--	0.12	1.08	SK 08, R.T. Stull
2	0.15	0.65	0.20	--	0.20	1.20	SK 06, R.T. Stull
3	0.22	0.58	0.20	--	0.35	1.60	SK 04, R.C. Purdy
4	0.17	0.50	0.08	0.25	0.33	2.00	SK 02, A.R. Heubach
5	0.15	0.60	0.25	--	0.35	1.30	SK 1, E.T. Montgomery
6	0.20	0.25	0.45	--	0.29	1.87	SK 2, W.E. Barrett
7	0.15	0.55	0.30	--	0.35	1.68	SK 4, A.R. Heubach
8	--	0.40	0.30	0.30	0.30	1.60	SK 6, C.W. Parmelee

【表12-6】無光生鉛釉的組成例〔註4〕

〔註4〕
素木洋一：釉及其顏料，生鉛釉，1981 Jan. 31技報堂。

〔註5〕
素木洋一：釉及其顏料，生鉛釉，1981 Jan. 31技報堂。

12.6 著色生鉛釉

　　三彩釉，交趾陶釉，琉璃瓦釉都是著色的鉛釉。這類低溫釉幾乎都是利用發色金屬氧化物溶解於鉛矽酸鹽熔液中，以呈現該金屬離子的顏色。耐火性高的，不溶解的或因過量而懸浮的著色劑不太適合用於低溫生鉛釉。例如高度耐火的Cr-Al紅色顏料實際上不能用。

　　最常使用的是發色金屬的氧化物，呈現的色調受到鹽基成分的種類、數量及Al₂O₃與SiO₂的比例所影響。M.F. Gibson（1910）〔註5〕研究光澤及無光生鉛釉的著色氧化使用範圍其結果如【表12-7】。

發色氧化物	光澤生鉛釉工業的使用範圍	無光生鉛釉	
		工業的使用範圍	可能的使用範圍
CuO	0.050~0.125	0.030~0.150	0.005~0.180
CoO	0.002~0.060	0.002~0.080	0.001~0.100
MnO2	0.030~0.150	0.020~0.200	0.010~0.25
Fe2O3	0.010~0.050	0.010~0.050	0.005~0.100
Cr2O3	0.010~0.050	--	--
NiO	0.010~0.050	0.010~0.100	0.010~0.100
U2O3	0.002~0.008	0.002~0.010	0.002~0.010

【表12-7】生鉛釉中發色氧化物之當量使用範圍（SK 2~4）

1. 綠色

（1）氧化銅

孔雀石是古代鉛釉呈現綠色的氧化銅來源，今天使用的是鹽基式碳酸銅與氧化銅。發色的色調對鹼金屬的種類與添加量很敏感，而且氧化銅在鉛釉中比無鉛釉中更容易揮發。釉中的CaO對發色有幫助，MgO則相反，除CaO外，其它鹽基使用量最好不超過0.3 mole。氧化鋁過多時，呈現乾枯的綠色。

（2）氧化鉻

氧化鉻很難融入矽酸鹽熔液中，溫度低於1100℃的釉添加量很少超過1%。它在透明的生鉛釉中呈現黃色調，若為了加深綠色調增加添加量，釉會變得乳濁。氧化鋁或黏土多，或釉中有氧化錫時，則呈現褐色。若氧化鉻非常少，在錫乳濁釉中呈現桃紅色。

色鉛釉（三彩陶）

2. 黃色

（1）氧化鐵

在鉛矽酸鹽中，氧化鐵依照添加量增加，從發出淺黃色、黃色、黃褐色到暗黃色，用量過多則使釉面乾枯。三彩釉的黃色就是由氧化鐵而來。

（2）氧化鈾

氧化鈾著色從淡黃色到深橙色，依使用量及鹼金屬鹽的種類而定，幾乎所有鹼金屬都使呈色變淺。鹼土金屬並不影響顏色。

（3）氧化鉬

在鉛釉中，氧化鉬添加2~10%，顏色油淺到深變化著。

3. 褐色

（1）氧化錳

在含高鉛的釉中，1100℃以下時，氧化錳的溶解度約1~4%，升高溫度雖可以增加溶解度，但色澤品質會變差，呈現紅棕色調。少量增加氧化鋁對呈色有幫助。

（2）氧化鐵

在鉛釉中，1100℃以下時，氧化鐵的溶解度約3~5%，減少鹽基及氧化鋁，增加氧化鉛時溶解度增加。有氧化鋁時，色會變濃。但升高溫度將使呈色變變淺。

色鉛釉（交趾陶）

4. 藍色

（1）氧化鈷

氧化鈷在鉛釉中溶解度大，發色力強。它在無鉛釉的發色非常穩定，但在鉛釉中，呈色容易受到鹼金屬與鹼土金屬的影響。

（2）氧化鎳

生鉛釉中有氧化鋅及鹼金屬時，使用氧化鎳可獲得石青與藍色。燒成溫度以SK 1~3的釉較佳。

5. 紅色

（1）氧化鐵

為了使氧化鐵呈現紅色，鉛釉中必須是高矽酸及高鹼，不能有過多包括CaO在內的鹼土金屬氧化物。S. Geysbeek 開發的低溫鐵紅組成實例是

$$\left.\begin{array}{l} 0.70\,K_2O \\ 0.20\,Na_2O \\ 0.10\,PbO \end{array}\right\} \left.\begin{array}{l} 1.17\,Al_2O_3 \\ 0.05\,Fe_2O_3 \end{array}\right\} 5.47\,SiO_2$$

很明顯，這個組成無法調出理想的生鉛釉，因為鹼金屬太多，所以大部分需要製成熔塊[註6]。

〔註6〕
素木洋一：釉及其顏料，生鉛釉，1981 Jan. 31技報堂。

（2）鉻錫紅

Cr_2O_3 及 SnO_2 的比例在$1：17~1：20$之間時，會呈現桃紅色。是以極微細的Cr_2O_3粒子沉積在惰性的載體SnO_2上的狀態呈色。若Cr_2O_3的粒度大些或量多些，出現的是綠色。

釉中有SiO_2及CaO時，有利於發紅色。

（3）氧化鈾

氧化鈾在SK 04以上的高矽、高鉛、無鈣的釉中，可生成不同色調的紅色。發色劑氧化鈾的來源通常為鈾酸鈉。

（4）珊瑚紅

這不是發色金屬離子呈現的顏色。是氧化鉻與大量的氧化鉛在鹼性的環境下，反應生成鹽基式鉻酸鉛晶體的呈色。以少量的鹼土金屬氧化物取代部分氧化鉛時，可以調出不同的色調。

由於高鉛及組成（需要高鹼、低矽酸）方面的限制，燒成溫度只能在SK013~05之間，更高會出現難看的顏色。Cr_2O_3的添加量約4~5%，SiO_2過多對紅色不利，因為矽酸改變了鹼性的環境，隨著矽酸增加，使呈色偏往綠色的方向。

顏料與彩飾
Ceramic Colors and Decoration

陶瓷器製作難免需要著色，由於發色金屬氧化物在釉中的不安定性，除了少數例外，近代較少再被使用於大量生產陶瓷器時調配色釉或其他著色裝飾。為了確使釉色、彩飾的呈色一致性，陶瓷產業仰賴製妥的顏料。這些稱為顏料或色料的陶瓷原料，都是利用化工的程序製造合成的。

　　早期調製色釉或顏色裝飾用著色材料的來源，都是那些屬於過渡金屬元素的氧化物或其鹽類的礦物，而今天，利用過渡元素及稀土元素的化合物，與其他合適的化工原料或礦物，依照一定的程序製造出來。

　　如今，能夠製作陶瓷顏料的專門業者很多，他們提供為數眾多的各色各樣的陶瓷色料，但是還是有些陶瓷工廠喜歡自己調製。選擇合適的色料是一種知識、常識與經驗，製作色料更是知識常識之外的一種非凡的技術。本章敘述的就是這些合成的著色材料，它們具有在合適的環境與燒成條件下表現安定的呈色能力。例如燒製完成的著色陶瓷製品，即使長期暴露於日光下也不會褪色。

　　利用這些色料，除了調配色釉外，釉下及釉上彩繪，坏土著色等，都可於執行適當調整後使用。

1. 色釉用
　　依所需的呈色調、濃度，使用適當量的顏料。所有色料都可調入合適的、不會使色料分解的釉中，但不一定適合在所有的氣氛環境下燒成。

2. 釉下用
　　每種色料都有不同的耐火性與化學安定性，它被直接裝飾黏土質素燒坏或生坏的表面，然後以透明釉覆蓋。所使用的透明釉的性質及燒成溫度與窯室氣氛，是選擇色料的兩項重要參考。

3. 釉上用
　　釉上烤花的溫度都低於900℃，而陶瓷色料的耐火度卻高很多。釉上使用的都是經過添加適當的熔劑調配，它被裝飾在釉燒後的坏件表面。於燒成後，能夠牢固地熔付在釉面而不流動，必須不會滲入釉中後擴散，同時會均勻呈現適當的彩度與光澤度。

4. 坏土著色
　　通常都是白色（無色）的坏土添加2~5％的顏料均勻混合著色，它們必須能在坏土燒結或瓷化的溫度保持安定，能均勻呈色，並且不會與覆蓋的釉層有化學反應。所以並不是所有色料都適合使用。

5. 琺瑯器著色
　　這也是添加熔劑（熔塊），低溫著色燒成的琺瑯釉，依熔塊的性質分別使用於金屬胎琺瑯器及瓷胎無掐絲琺瑯彩的裝飾。

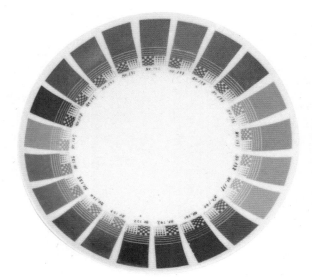

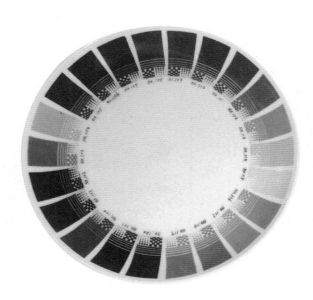

釉下顏料樣本色盤
（Color spicemen Plate）

13.1　陶瓷顏料製作的規範

　　大部份工業陶瓷製造廠很少自己燒製顏料，大多向專門的供應廠商購買。由於對穩定品質的要求，顏料的化學原料成分安定性對顏料製造商非常重要。原料的化學物質，至少須具有工業級的純度，某些特別要求會達到化學純度才行。此外，它們的粉粒是否足夠微細，與容易分散性也一樣必須重視。一旦實驗完成認為顏料的發色強度等性質都滿意，必須考慮大量製造時是否能有穩定持續供應相同品質的原料。也為了這個理由，每一批新進的原料都必須於使用前完成必要的分析，以及取樣試作以資比較。

　　今天，陶瓷製品的品質要求很嚴謹，為了要維持穩定，對化學原料執行適當的規範是非常重要的前置作業。顏料製造廠家會針對每像他們實用的原料進行必要的檢驗，例如X-光分析是一種最簡單方便釉快速的方式。

　　顏料製造過程中，機械性的操作也必須注意，因為它終將影響產品的品質。例如煆燒的前置作業，生批料混合的型式，就是一項重要的因素。一般都採取乾式混合，選擇合適的機械設備較能得到充分均勻的混練。而有些批料需要以濕式研磨方式才能獲得，注意必須將它們乾燥後才進行煆燒。

　　適當的高溫煆燒是所有顏料能有穩定性質的重要步驟，唯有在煆燒的最高溫度域維持適當長的時間才會有完美的反應，才能獲得良好的產品。煆燒溫度不夠高或時間不夠長，顏料的呈色力變弱，安定性也降低。例如由氧化錫與鉻鹽合成的漂亮紫羅蘭顏料，反應的溫度不足時，僅能得到骯髒的褐色。

13.2　陶瓷器的顏色 [註1]

　　物理學中，電磁波從400~700奈米（Nanometer）（1奈米=10^{-9}米=1mμ）[註2]的波長範圍，為能引起人類視覺反應的可見光，每段波長都對眼睛的視網膜細胞造成不同程度的刺激，而有不同的色覺。由長波的紅色到短波的紫色漸漸連續改變。

　　人們的眼睛對所有可見光譜並沒有相等的感受，而眼睛「看見」的顏色是光線照射在物體上反射進入視網膜所引起的反應。這感覺受到色調（hue）、彩度（chroma）、亮度（brilliancy）的影響。而陶瓷器到底會反射出怎樣的顏色，和所有物體的呈色相似，是該物體對某段光譜的選擇性吸收後的表現，當全部被吸收時，眼睛看到的是黑色。

　　陶瓷器的顏色是透過那些熔解於釉中的元素離子，或懸浮在釉中的惰性顏料的細微顆粒或晶體，對光線特定波長之選擇性吸收，所表現出的視覺效果。有些著色劑在燒成過程中，有時會與已存在的矽、鋁的鹽等化合，生成新的固相化合物，延生出各式各樣的色調來。

13.2.1　釉熔液的顏色

　　過渡元素溶解在玻璃相中所呈現的顏色，和它們的鹽溶解在水溶液中的情形類似。

〔註1〕
F.H. Norton：Fine Ceramics Technology and Applications. p 208–228（1970）.

〔註2〕
The Encyclopedia Americana. Vol. 17 p438（1978）.

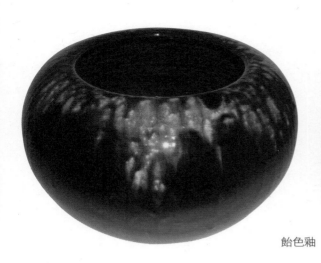

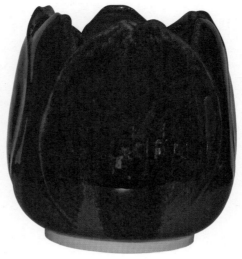

飴色釉

過渡元素的離子半徑介於鈉（0.98Å，Å：長度單位=10⁻¹⁰m）及矽（0.39Å）之間，所以會進入玻璃網目中處在修飾者的位置。且這些元素的外面二層電子（M與N層）是不飽滿的，因此容許電子在M、N層間跳躍震盪，吸收可見光波長某段範圍的能量。含過渡元素的釉對光的吸收，不是壁壘分明、而是範圍寬闊的帶狀吸收。而且釉的隨機結構，使吸收光譜的位置因環境變化，電子跳躍的範圍而有不同，多變的發色狀況道理就在這裡。【表13-1】是過渡元素離子或化合物在釉中之可能呈色。【表13-2】是發色金屬離子在鉛釉及瓷器釉中的呈色。

元素	符號	在釉中之呈色
銅	Cu	綠、藍、赤、水藍、紫、紫赤、青綠、灰色等
鐵	Fe	黃、褐、飴、赤褐、赤、赤紅、黃綠、淺綠、青、黑等
鈷	Co	滯黃、天藍、海水藍、紺青、鈷紫、青綠、藍紫、桃紅等
鉻	Cr	檸檬黃、橙黃、茶黃、褐、草綠、葉綠、粉紅、桃紅、深紅等
錳	Mn	飴、茶黃、褐紫、紫等
鎳	Ni	黃、深茶、橄欖綠、鮮綠、青、赤紫、灰等
釩	V	淡黃色等
鈦	Ti	淡黃、橙、黑等

【表13-1】過渡元素離子或化合物在釉中之呈色。

離子	在鉛釉中的呈色	在瓷釉中的呈色
Ag^{++}	淡黃色	
Au^{++}	微紫色	
Co^{++}	濃青色	紫青色
$Cr6^{++}$	橘黃色	綠色
Cu^{++}	濃綠色	綠色
Cu^{++}	--	紅色
F^{++}	--	灰青色
Fe^{+++}	黃色	紅褐色
Mn^{+++}	紫色	褐色
Mo^{++}	微綠色	
Ni^{++}	黃綠色	橄欖色
Pd^{++}	灰黑色	
Pt^{++}	灰黑色	
Ti^{++}	微黃色	
$V6^{+}$	橘紅色	黑色
$W6^{+}$	淡黃色	

【表13-2】發色金屬離子在鉛釉及瓷器釉中的呈色

13.2.2　膠質的呈色

　　無數膠質大小的微粒子懸浮於玻璃相中吸收光，與離子在熔液中離子差異很大，雖然至今仍沒有確切了解膠體吸收光譜的機制，僅假設是光波在膠質粒子周圍有選擇性的散亂反射以及粒子表面的吸收。膠質粒子發色受到燒成條件與窯室氣氛的影響很大。

　　膠質銅的紅色與金的紫紅色是陶瓷顏色中較常見的，鈀（Pd）與鉑（Pt）的灰黑色也會以膠質狀態存在釉中。

13.2.3　晶體內的顏色

　　過渡元素的原子或離子能進入無色晶體的晶格內，使成為被著色的晶體，合成的陶瓷顏料大部分都是有色的結晶。晶體在釉中成長時，也會收容有色離子發展出不同的色調。釉中的矽酸鋅晶體，能夠讓釉熔液中過渡元素進入晶格內，因為鋅的離子半徑正好是容易被置換的尺寸。鋅結晶釉就是利用這方式來呈色：

銅　蘋果綠	鐵　灰褐色	鈷　濃青色
錳　黃褐色	鉻　灰綠色	

　　很多晶體本身就有顏色，且以多種型態在釉中呈色。例如低溫釉中，明亮紅色的 Pb_2CrO_5（or $PbCro_4 \cdot PbO$）結晶出現在鉛釉中形成鉻紅釉，CdS–CdSe 固溶體形成紅色的結晶，FeP 形成鮮紅色的晶體，埃及紅色玻璃是氧化亞銅（Cu_2O）晶體所呈現。

　　SnO_2 與 ZrO_2 在某些情況下其作用好像媒染劑，當無機的發色團貼付在它們晶體粒子表面時發出安定的顏色。

13.2.4　發色的晶體

　　有色晶體的種類很多，依它們的特質而被使用為陶瓷色料的也不少。例如以尖晶石型最多，其他如剛玉型、金紅石型、榍石型、鋯英石型等。

銅紅釉

　　尖晶石是 $RO \cdot R_2O_3$ 結構的結晶，RO是二價的，R_2O_3 是三價的氧化物，它們的結合有時是無色的二價的、配合三價有色的氧化物，有的是二價有色的配合三價無色的，或者二價三價的都是有色氧化物。尖晶石型顏料中，二價及三價的金屬氧化物分別有：

　　Cr^{++}、Mn^{++}、Fe^{++}、Co^{++}、Ni^{++}、Cu^{++}、Ca^{++}、Mg^{++} 及 Zn^{++}；Cr^{+++}、Mn^{+++}、Fe^{+++}、Co^{+++}、Ni^{+++}、Al^{+++}、Ti^{+++}、Sn^{+++}、及 V^{+++}。

尖晶石的結構容許半徑相容的離子置換，假如以過渡元素或合適的稀土元素置換，包括RO‧R₂O₂結構的也可以形成有色的晶體。尖晶石型之外，其他晶型的顏料包括矽酸鹽、錫酸鹽、釩酸鹽以及硫化物。

13.2.5 其他

過渡元素在結晶體內發色或與無色的氧化物成為發色的晶體，但有少數例外，例如青花用的玻璃質含鈷土（Asbolite）的礦物如砷鈷礦或鈷鎳鐵礦煅燒而成的顏料，最簡單合成的方法是以石英、碳酸鉀和氧化鈷共熔成鈷玻璃（Smalt），研磨粉碎後使用。古中國稱為「青料，珠明料」，日本稱為「吳須」。這種發色能力非常強的顏料，經過研細的粉末可使用於釉上、釉下、釉中及坯土著色。

釉上用時添加60~95%的熔塊供彩繪裝飾低溫燒成，釉下用時添加少量的（＜5%）熔劑與黏土，研磨得更細，在生坯或素燒坯上彩繪後施釉在高溫燒成。用於色釉或坯土著色，不須另外添加熔劑。這類顏料必須不能讓它熔解於釉或坯土中，否則會變成熔液的顏色。

鈷紫釉

結晶構造型式	顏料名稱	用途
鋼玉型 α‐Al₂O₃ （corundum）	1. 錳紅色（含有錳、鋁及磷酸之鋼玉固體溶液）	釉下、坯著色
	2. 鉻、鋁桃紅色（微量氧化鉻之鋼玉固體溶液）	坯著色
	3. 鉻鋁綠色（氧化鉻、氧化鋁之固體溶液）	
	4. 鐵赤（氧化鐵及氧化鋁之固體溶液）	高溫釉上彩
	5. 鐵赤（氧化鐵Fe₂O₃）	釉上彩
	6. 鉻綠（氧化鉻Cr₂O₃）	色釉、釉下彩
金紅石型 TiO₂ 正方晶系 （Rutile type）	1. Sb‐Cr 黃色，鉻及銻之金紅石型固體溶液	坯土著色
	2. Cr‐Sn 淡紫紅色（含氧化鉻之氧化錫）	釉下、色釉、色坯
	3. Sn‐V 黃，（含氧化釩之氧化錫）	
	4. Sb‐Sn 灰色，（含氧化銻之氧化錫）	
螢石型CaF₂型 （Fluorite type）	鋯釩黃（含氧化釩之氧化鋯）	釉上、釉下、色釉、色坯
尖晶石型 MgAl₂O₄ （Spinel type）	1. 碧藍色（CoO‧Al₂O₃）	釉上、釉下、色釉、色坯
	2. 孔雀藍、綠色〔（Co，Zn）O‧（Cr₂，Al2）O₃〕	
	3. 赤褐色、褐色〔ZnO‧（Fe₂,Cr₂,Al₂）O₃〕	
	4. 黑色〔（Fe, Co）O‧（Fe₂,Cr₂）O₃〕	釉上、釉下、色釉
	5. 鉻、鋁桃紅色〔ZnO‧（Al₂,Cr₂）O₃〕	色釉
焦綠石型 （Pyrochlore Structure）	1. 銻黃；2. 那不勒斯黃（Naples Yellow）（氧化鉛、氧化銻為主成分與氧化錫或氧化鋁或氧化鐵等形成固體熔液）	釉下、釉上、色釉
石榴石型（Garnet type）	果綠色（維多利亞綠；3CaO‧Cr₂O₃‧3SiO₂）	釉下、釉上、色釉
榍石型 CaTiSiO₅（Sphene）	1. 鉻錫紅（有少量氧化鉻之含錫榍石結構CaSnSiO₅）	釉下、釉上、色釉
	2. 鉻鈦茶色（有少量氧化鉻之榍石結構CaTiSiO₅）	
鋯英石型 （Zircon）	1. 鋯釩藍（含有釩的鋯英石；V‐ZrO₂‧SiO₂）	釉上、釉下、色釉、色坯
	2. 鉻綠色（含氧化鉻之鋯英石；Cr₂O₃‐ZrO₂‧SiO₂）	色釉
	3. 鐠黃色（含鐠的鋯英石；Pr6O11‐ZrO₂‧SiO₂）	釉下、色釉
硫化物、鎘、硒化物	1. 鎘黃（硫化鎘；CdS）	色釉、釉上
	2. 硒鎘紅〔硫化鎘硒化鎘之固體溶液；Cd（S, Se）〕	

【表13–3】以礦物結晶結構型態為基本的陶瓷器顏料[註3]

〔註3〕
加藤悅三：陶磁器顏料，p9，日本窯業協會（1964）。

〔註4〕
F.H. Norton: Fine
Ceramics Technology
and Applications.
P208-228 (1970).

〔註5〕
加藤悅三：陶磁器
顏料，日本窯業協
會 (1964)。

〔註6〕
G.E. Meir and J.W.
Mellor：The Ferric
Oxide Colors, Trans.
Brit. Ceram. Soc., 36：
31 (1936–1937).

〔註7〕
French Patent No.
1,289,796, July 12, 1962
U.S Patent No. 3,046,150,
July 24, 1962
British Patent No.
996,033, June 23, 1965
British Patent No.
986,751, Mar 24, 1965
U.S Patent No. 3,166,430,
Jan 19, 1965

〔註8〕
U.S. Patent No.
3,189,475, June 15, 1965

〔註9〕
TH. Goldschmidt AG：
Goldschmidt informiert
….on New Products.
1983

13.3 陶瓷的顏料 〔註4〕 〔註5〕

13.3.1 赤色系列顏料

在陶瓷製品所有顏色中，呈現紅色的最難，尤其在高溫，真正明亮的紅色幾乎沒有，桃紅色與棗紅色比較容易獲得。製造赤色系列顏料依照使用的原料與呈色，其方式有下面幾種。

1. 鐵紅色

1000℃以上這種顏色就不安定，通常都用於釉上彩。在適當的溫度、精確控制下煅燒硫酸亞鐵即可得到紅色的氧化鐵，然後與硅石21、鉛丹63、硼砂16製成的熔塊粉末混合，就能獲得紅色的釉上彩料。它們的混合比例是熔塊86%，氧化鐵14%。煅燒氧化鐵的呈色範圍從橘紅、血紅到深紫紅色，隨著煅燒的溫度升高而改變〔註6〕。無可置疑的，呈色也跟Fe_2O_3的粒度有關。煅燒溫度與呈色的關係如下：

溫度℃	呈色
600	橘紅
700	鮮紅
800	紫紅
900	深紫紅
1000	灰黑

自然界有很多含鐵礦物煅燒後可得到紅色顏料，中國明、清時代有名的「礬紅（或攀紅）」，是稱為綠礬（含高純度的硫酸亞鐵）的礦物煅燒而成。以前歐洲從東方進口的「印度紅」，也是由高純度硫酸亞鐵礦煅燒製造。

J.M. Ray於1962年發表有關氧化鐵與氧化鋯合成，使用在衛生陶器釉的優秀桃紅色料，Harshaw〔註7〕及 Glidden〔註8〕化學公司也陸續獲得關ZrO_2–SiO_2–Fe_2O_3系陶瓷用珊瑚紅色料的專利。

Fe_2O_3也可用於坯土，呈現不甚明亮的紅色，但是最高溫度不能超過1050~1100℃，不然將生成暗色的矽酸亞鐵。Seger也發現Al_2O_3的量不能超過Fe_2O_3的三倍，CaO及MgO總量若有1%以上時，將發生漂白作用使轉成牛皮色。

氧化鋯供應廠商 TH. Goldschmidt AG〔註9〕提供的幾個不同彩度的珊瑚紅色料配方如下表：

鐵紅釉

編 號	ZrO_2	SiO_2	$FeSO_4 \cdot 7H_2O$	NaF	NaCl	KNO_3	CCl_4	溫度	呈色
R411	105	55	30	24	12	6.8	4.5	880	桃紅
R18c2	105	55	19	23	11.5	6.5	4.5	850	櫻桃紅
R47	105	46	35	12	6	6	--	920	鮭魚紅

【表13-4】ZrO_2–SiO_2–Fe_2O_3 系統紅色顏料配合例

與Fe–Zr–Si系統有些類似的新型Fe–Si矽鐵紅色料已被開發，其形成機制也被發表，咸信以地球豐富的矽與鐵，品質優秀價格低廉的安定高溫鐵紅顏料將指日可待[註10]。

2. 鉻錫紅 [註11] [註12] [註13]

早在十三世紀，歐洲就以氧化錫當作陶器釉的乳濁劑，當窯室中有氧化鉻的煙氣時，就使錫釉呈現粉紅色調，這現象導引後來開發鉻錫系統紅色料。

據信1835年就被發現Cr_2O_3的膠質粒子被錫酸鈣晶體的表面吸收後呈現的顏色。雖然它不是真正的紅色，卻是接近桃紅或棗紅色。1960年被發現是CaO–SiO_2–SnO_2（錫楣石）所吸收。Seger提出，在八號錐煅燒的鉻錫紅之基本配方是：

氧化錫 50	碳酸鈣 25	石英 18	硼砂 4	重鉻酸鉀 3

Mayer[註14] 及 Mellor[註15] 有系統研究鉻錫紅，認為在八號錐煅燒的最佳的鉻錫紅調配例子如【表13–5】。

Herold[註16] 繼續研究鉻錫紅的呈色，提出大致相同的結論。他發現在含高氧化鉛和石灰的釉中，鉻錫紅的呈色最佳，而在高鹼的釉中傾向出現紫色調。釉中的SiO_2不可太高，因為酸性化容易生成綠色。當Al_2O_3的分子當量數超過0.5時，也會發生同樣的情形。BaO似乎看不出有明顯損害，但是MgO或ZnO則會造成嚴重傷害。他提供一個在五號錐燒成表現良好的釉方如下：

PbO	CaO	KNaO	Al_2O_3	SiO_2	B_2O_3
0.22	0.60	0.18	0.16	2.00	0.48

成分%	1	2	3	4	5
SnO_2	67.2	72.3	64.9	64.2	47.1
$CaCO_3$	32.0	15.5	21.6	29.6	17.1
Cr_2O_3	0.8	--	--	--	--
SiO_2	--	10.2	--	--	21.3
$PbCrO_4$	--	2.0	2.7	--	--
$Ca3(PO_4)_2$	--	--	10.8	--	--
$Ca(BO_2)_2 \cdot 2H_2O$	--	--	--	1.2	--
China clay	--	--	--	2.5	--
Ground pitcher	--	--	--	--	8.6
CaF_2	--	--	--	--	4.3
$K_2Cr_2O_7$	--	--	--	2.5	1.6
呈色	濃赤色	玫瑰紅	桃紅色	桃紅色	鮮紅色

【表13–5】鉻錫紅顏料調配例[註17]（在八號溫錐煅燒）

廣泛使用後有更多經驗被提出[註18]，鉻錫紅本身的乳濁性，無論在錫或鋯乳濁釉中都呈現柔和的色彩。低劑量使用鉻錫紅（例如1%）時，釉中額外添加1~2% SnO_2可增進色度與安定性。添加10%以上色料於無乳濁劑或很少乳濁劑的釉中，可以得到美麗的棗紅色。

鉻錫紅雖然是安定的高溫顏料，但不是意味著沒有問題。柔和的色彩是很難控制的，有時因為溫度稍微改變就引起色調變動，過燒更容易使呈色變淡，添加數%氧化錫常常能獲得改善。

[註10]
俞康泰、彭長琪、張勇、侯延軍：矽鐵紅色料包裹機理的研究。中華民國陶業研究學會陶瓷季刊20（3）p9–13，July，2001。

[註11]
加藤悦三、高島廣夫、金岡繁人：鉻錫紅之構成礦物。名古屋工業技誌：7(2) 151（1958）

[註12]
加藤悦三·高島廣夫、金岡繁人：鉻錫紅之研究。【第二報】MgO, ZnO, CdO, PbO, SrO 及 BaO 對鉻錫紅發色之影響。名古屋工業技誌：9（3）147（1960）

[註13]
高島廣夫、加藤悦三：鉻錫紅之研究。【第三報】在CaO–SiO_2–SnO_2系統鉻錫紅之發色。名古屋工業技誌：9（11）589（1960）

[註14]
E.W.T. Mayer: Study in Chrome–Tin Pink, Trans. Brit. Ceram. Soc., 17:104（1917–1918）.

[註15]
J.W. Mellor：The Chemistry of the Chrome–Tin Colors, Trans. Brit. Ceram. Soc., 36:16（1936–1937）.

[註16]
P.G. Herold: Mineralogical Investigation of Chrome–Tin Pinks as Ceramic Stain. Univ. Mo. School Mines and Met. Bull. Tech., Ser. 13, 18 pp., 1939

[註17]
F.H. Norton: Fine Ceramics Technology and Applications. P208-228（1970）.

[註18]
Burgess M. Hurd: Chrome–Pink Pinks and Maroons. The Paper of the Ceramic Colors Symposium of the 62nd Annual Meeting, Apr. 26, 1960. The American Ceramic Society.

鉻錫紅

　　釉中的鹼金屬必須維持在較低量以避免溶解效應降低色濃度。SrO 也會破壞色彩。適當量的氧化鋁和矽酸是不可少的，它們能降低溶劑效應，可防止顏料被分解。媒熔劑 B_2O_3 不會如鹼金屬破壞鉻錫紅，假如釉中含有 B_2O_3，若需要添加更多 SiO_2 也不會使呈色轉向淡紫色。磷酸及氧化銻及銻鹽都會摧毀紅色，而 BaO、Li_2O 量少時不會造成影響。而 TiO_2 須嚴格限制只用於乳濁劑。還原氣氛會破壞呈色，只留下蒼白的顏色，釉受到 SiC 塵粒或球磨機的橡膠內襯磨下的顆粒或其他還原性物質粒子時，會局部被還原出現白斑。

　　鉻錫紅顏料不適合坯土著色。適合 SK 010~10 溫度範圍的色釉，也適合應用於釉下及釉上彩繪。這類顏料在四號錐以上能呈現明亮安定的色彩，釉下用時，添加矽酸鈣能增進色濃度與明亮度，呈現優異鮮豔的色彩。數個不同色澤的鉻錫紅配方如【表13–5】。

3. 鉻鋁紅

　　天然紅寶石（Ruby）是少量 Cr_2O_3 存在於 Al_2O_3 剛玉型晶體呈現的顏色。

　　首次有關此顏料的文獻是1911年 A.S. Watts[註19] 發表、在錐號20的高溫煅燒氫氧化鋁（93.5%）與氧化鉻（6.5%）的混合物，得到安定的深桃紅色料，它與極微細的紅寶石結構很相像，具有高度安定性。但如此高的煅燒溫度讓這顏料的使用價值降低，他以添加熔劑或礦化劑，來降低煅燒溫度：分別加入 P_2O_5，B_2O_3 及 ZnO，在 1200~1300℃ 的溫度煅燒即能獲得紅色料。

Al_2O_3	87.64%	Cr_2O_3	7.06%	B_2O_3	5.30%
Al_2O_3	81.30%	Cr_2O_3	8.70%	ZnO	10.0%

　　鉻鋁紅顏料的配合例及使用時基礎釉中的成分對其影響，曾在1960年「美國窯業協會」第六十二屆年會時由 R.L. Hawks 發表[註20]。

　　以鉻鋁紅著色的釉，必須在無 CaO、低 PbO、低 B_2O_3、高 ZnO（8%）及高 Al_2O_3（8~10%）的情形下才會出現好顏色。多量 ZnO 增加釉中鋅的濃度，可防止釉從顏料中溶出鋅，同樣的道理，以高氧化鋁來避免顏料融入釉中。在較低溫燒成時偏向黃色調；較高溫時則偏向藍色調。

　　成分的原料來源以重鉻酸鉀獲得 Cr_2O_3，氫氧化鋁獲得 Al_2O_3，硼酸獲得 B_2O_3。有時也會添加少量的 CaO 及 PbO 當作礦化劑。

4. 錳鋁紅

　　這種顏料在高溫十分安定，但必須用在低石灰、低硼酸、高氧化鋅的釉中，最高溫度可達 SK 10，可使用於氧化焰及還原焰燒成的釉及坯土著色。

　　氧化鋁與氧化錳的尖晶石結構能以磷酸或硼酸促成，製造的方式是將氧化鋁、氧化錳及磷酸，或氧化鋁、氧化錳與硼酸為主成份的原料充分混合後，於 1200℃ 煅燒，燒成物微粉碎後鹽酸處理除去水溶性錳鹽。研究最徹底的是日本陶瓷器試驗所藤井兼壽的團隊所進行過的[註21]。

錳鋁紅的原料及配合例如下：

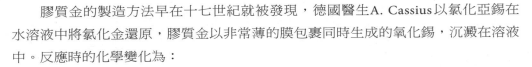

極細鋁氧	81%	碳酸錳	9%	硼砂	9%
碳酸鈣	1%	磷酸錳	30%	氫氧化鋁	70%
碳酸錳	17.3%	氫氧化鋁	71.3%	硼砂	11.4%

5. 鉻鋅鋁紅

這是種在陶瓷壁磚工業及衛生陶器釉方面，量大而實用的帶褐赤色顏料。它必須使用於含很少石灰的高氧化鋅及高氧化鋁的釉中，石灰越多呈色越偏褐色。顏料的組成範圍是：

Cr_2O_3 5~15%　　ZnO 10~40%　　Al_2O_3 45~85%。

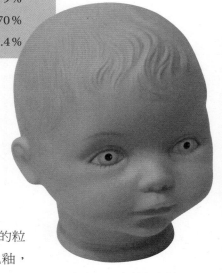

錳鋁紅—坏土著色人偶

6. 含金的紅色顏料

這是膠質金屬金在玻璃相中懸浮散佈而發色的顏料，其色調因膠質金的粒度而變，溫度高達1500℃時仍然安定。但因價值太貴不宜大量用於調配色釉，適合在美術陶瓷與釉上彩飾呈現肉紅、桃紅與棗紅。

膠質金的製造方法早在十七世紀就被發現，德國醫生A. Cassius以氯化亞錫在水溶液中將氯化金還原，膠質金以非常薄的膜包裹同時生成的氧化錫，沉澱在溶液中。反應時的化學變化為：

$$2AuCl_3 + 3(SnCl_2 \cdot 2H_2O) + 3H_2O \rightarrow 3H_2SnO_3 + 2Au + 12HCl$$

上式中若使用氯化亞錫銨時，更能獲得安定的反應物，添加氯化銀時色調為洋紅色（Carmine）。充分水洗的沉澱物乾燥後，在不超過800℃的氧化性氣氛下煅燒，得到稱為「紫金（Purple of Cassius）」紫紅色顏料。咸信紫金是在氧化錫粒子表面生成的膠質金以類似「染料」的作用呈色，但其結構至今仍無進一步的研究。紫金的色度及色調與膠質金的粒度及氯化亞錫和氯化錫的比例有關。金的粒子夠大時呈現黃色，尺寸變小時由紫色向深紅色轉變，而使用的溫度越高，呈色會越淡化，例如從650℃的栗紅色，經過800℃的紅色，900℃的玫瑰紅然後紫灰色到1000℃淡紫或無色。

高溫釉下含金顏料的製造方法為，添加十份的氯化金到九十份的純高嶺土中，徐徐注入碳酸鈉的水溶液攪拌使混合物呈鹼性，然後再加入二十份的葡萄糖。加熱至沸騰的溫度使混合物成為深紫色的泥塊，充分水洗的沉澱物乾燥後，在1000℃煅燒，然後研磨成微粉狀備用。

7. 鈾紅顏料

鈾化合物可以在高鉛釉中生成艷麗的紅色，在白色瓷器釉中呈現優秀的橘紅色。第二次世界大戰後，由於原子能武器管制不能使用，直到1958年禁令才解除。鈾化合物很早就已被使用為色料及色釉調製，它的呈色範圍很廣，可從黃色、紅色及還原焰下的黑色。與其他氧化物共存時，呈色的範圍更廣，但只能在1000℃以下的鉛釉中較能獲得好結果[註22]。所以目前用得不多。

〔註19〕
A.S. Watts：Notes on Chrome−Alumina Colors, Trans. Amer. Ceram. Soc., 13：301(1911).

〔註20〕
Ralph L. Hawks：Chrome−Alumina Pink at Various Temperatures. The Paper of the 62nd Symposium on Ceramic Colors. Apr 26, 1960

〔註21〕
藤井兼壽、樋口成重、浜口美智子、小火田千代子：陶磁器試驗所研究時報。第3卷第1、2、3號。1949, 1950。

〔註22〕
James R. Lorah: Uranium Oxide Colors and Crystals in Low Temperature Glaze Combinations. Jour. Amer. Ceram. Soc., 10 813−820, (1927).

8. 銅紅色

　　銅呈現的紅色有兩種型式，其一是由氧化亞銅的晶體，另一個則由於膠質銅發出紅色，都必須在小心控制的還原氣氛下才呈色。商業上極少作成色料使用，而以銅化合物添加於釉中，還原焰燒出銅紅釉較普遍。Baggs及Littlefield[註23]的報告說釉中添加還原劑，然後在氧化性氣氛下平穩燒成，也可以到銅紅的呈色。Brown及Norton[註24]研究銅紅呈色方式獲得結論供參考。

（1）釉中氧化銅含量範圍為0.15～3.0％。銅含量少的釉容易獲得清亮的呈色，含量較多的較容易燒出紅色但是呈色較髒。

（2）添加與氧化銅等量的氧化錫可以防止膠質銅粒子聚集成塊。均勻分散的膠質銅呈色較明亮。

（3）釉層必須有適當的厚度才能獲得良好銅紅色，過薄的釉層在冷卻時很容易因再氧化而失去顏色，釉層太厚時，呈色則變得濃而鈍。

（4）還原過度急促時，生成的金屬銅粒子較粗大，不容易呈現好的紅色。

（5）還原性的氣體CO比H_2更容易生成好銅紅，水蒸氣也有助於紅色呈現，古代中國以新砍伐的生木為還原階段的燃料，道理可能在此。

（6）還原劑有助於氧化銅呈現紅色，200目以上的SiC粉末以持溫每小時1％的量添加。

9. 鎘硒紅

　　這是一系列具有膠質粒徑的CdSe及CdS固溶體，依其固溶的比例呈現不同顏色與深淺，當CdSe的量多時，呈色變深紅。鎘硒紅是紅色陶瓷顏料中最亮麗的，但對溫度的安定性較低，因此主要用在燒成時間較短的琺瑯釉，以及低火度的陶器釉。這類顏料製造的過程簡單，將硫化鎘與金屬硒，或碳酸鎘、硒及硫磺依適當的比例混合，然後在550~650℃煅燒15~20分鐘。紅色度與固溶體中Se的量成正比，下表為CdSe–CdS固溶體的顏色與組成之關係。

組成%		
CdSe	CdS	呈色
12.6	87.4	橙色
20.0	80.0	橙紅色
36.0	64.0	鮮紅色
43.0	57.0	暗紅色
49.0	51.0	褐紅色
54.5	45.5	深褐紅

【表13-6】CdSe–CdS固溶體的顏色

　　表中暗紅色硒（Se）含量約20％；鮮紅色的16~18％；橙紅色的12~15％。鎘硒紅不僅不能與其他類型的顏料混合調出中間色，反而會影響顯色，尤其鐵及鉻化合物的破壞更明顯。釉上彩飾與低溫色釉用時，最高溫度都在900℃以下，其呈色安定性受到基礎釉組成的影響。

　　新開發的是以矽酸鋯結晶格子包裹硫硒化鎘（Cadmium sulpho-selenide）的顏料，它不太受基礎釉組成影響，最高燒成溫度也可達1300℃[註25][註26]。有時它也可以和適當的顏料調出中間色，它在含鎘的釉中呈色最安定，但因此燒成溫度以不超

〔註23〕
A.E. Baggs and Edgar Littlefield：Production and Control of Copper Reds in an Oxidation Kiln Atmosphere. Jour. Amer. Ceram. Soc., 15 (5) 265 (1932).

〔註24〕
S.F. Brown and F.H. Norton：Constitution of Copper–Red Glazes. Jour. Amer. Ceram. Soc., 42 (11) 499, (1959).

〔註25〕
G. Bayer and J. Fenner: Ceramic Stains based on Zirconium Oxide. Goldschmidt informiert …. Nr. 59 (2/83)

〔註26〕
J.R. Taylor and A.C. Bull: Ceramics Glaze Technology. p 109, 1986

過1100℃較好，對於大部份含鎘的釉，如面磚，餐具瓷，美術陶器等，燒成範圍大致在950-1050℃之間。

10. 鈷紫紅

假如CoO與MgO混合一起煅燒，因為Co^{++}的六倍數配位，呈現紫紅色。這個顏色也容易在含有較多量MgO的釉中呈現。

13.3.2 藍色系列顏料

自古以來，絕大部分藍色顏料都依賴鈷化合物為基礎所構成，並且衍生各種色調的藍。大戰期間，由於鈷合金的高溫特性與碳化物的切削功能，被列為戰略物資。因此鋯-釩的藍色顏料在此時被開發應市。

鈷紫紅釉

鈷藍釉

1. 鈷藍

氧化鈷或鈷化合物幾乎在所有的釉中都能呈現藍色。從低溫到高溫，它都以溶液中的離子方式呈色，而且非常安定不受氣氛的影響。氧化鈷或天然鈷礦除直接使用於釉下及色釉裝飾外，通常與各種氧化物混合煅燒成新的、更安定的、更鮮豔的顏料。鈷藍色料可以和多種氧化物或其他顏料調出中間色。以下為數種常用的鈷藍色料配方：

原料\名稱	青色	深藍	天藍	深藍	淡青	紺青	紺青	鮮青
氧化鈷	25	23	14	24.7	4.0	32.5	24.0	9.0
氫氧化鋁	75	--	80	42.6	86.0	48.4	--	53.9
氧化鋅	--	--	6	10.7	10.0	19.1	50.0	37.1
水簸高嶺	--	77	--	2.2	--	--	--	--
石英	--	--	--	19.8	--	--	26.0	--
煅燒溫度℃	1250	1250	1250	1250	1280	1250	1250	1230

【表13-7】鈷藍色料配合例，釉上、釉下及色釉用[註27]

原料\名稱	青綠	灰青	暗青綠	暗綠青	鮮青綠	綠青	青綠	綠青
氧化鈷	--	50.0	41.8	20.2	--	17.1	27.7	--
碳酸鈷	24.0	--	--	--	--	--	--	9.9
氫氧化鋁	32.0	--	39.0	28.2	54.8	24.0	--	25.9
氧化鋅	--	--	--	--	37.8	12.5	--	13.6
水簸高嶺	--	--	--	--	--	--	66.7	--
氧化鉻	44.0	--	19.2	51.6	--	46.4	5.6	50.6
氧化鎳	--	50.0	--	--	--	--	--	--
鉻酸鈷	--	--	--	--	7.4	--	--	--
煅燒溫度℃	1250	1230	1350	1350	1350	1300	1100	1160

【表13-8】鈷-鉻青綠色料配合例，釉上、釉下及色釉用[註28]

[註27]
窯業協會編：窯業工學手冊。陶瓷器製造工程，顏料篇（1980）。

[註28]
窯業協會編：窯業工學手冊。陶瓷器製造工程，顏料篇（1980）。

上面各種鈷–鋅–矽酸鹽，鈷–鋁鹽，鈷–鋁–矽酸鹽等藍色顏料，在燒成溫度範圍從1000~1300℃的釉料都可以添加0.5~10%，調配出各種色調的鈷藍釉。雖然鈷藍色料本身具有乳濁性，調釉時還是需要添加氧化錫或矽酸鋯，以避免釉色呈現簾幕狀不均勻的色澤。含鋅的釉有助於鈷藍發色，若鈷藍加鉻錫紅的紫色料，就不適合在釉中加鋅。由於鈷及鈷藍色料的呈色能力很強，必須注意使用管理，以避免其他釉料或陶瓷材料受到這個顏色的污染。

鉻綠與鈷藍都是發色力很強的顏色，可以相互混合，呈現青綠或綠青色全看哪一種的量多。一般稱為孔雀綠或孔雀藍，煅燒溫度正確時顏色非常明亮艷麗。而銅藍只能在高鹼性的釉中以氧化性燒成獲得。

2. 鋯釩藍

戰後發展的鋯釩系統顏料是種在高溫也安定的新顏料，使用量最多是稱為「土耳其藍」的Zr–Si–V系統，咸信是四氧化釩（V_2O_4）分散在矽酸鋯（$ZrSiO_4$）的晶格中呈色。色料原料中的氧化鋯（Zr_2O）與矽酸（SiO_2）反應生成矽酸鋯，同時五氧化二釩（V_2O_5）在新生成的矽酸鋯包圍保護中轉變為V_2O_4，成為非常安定的色料，氧化鋯的型式與氧化釩的使用量決定顏料發色的強度與色澤。鋯釩藍的色調帶綠而鈷藍則帶紅紫[註29]。【表13–9】是數個典型的鋯釩藍調配例：

	（1）[註30]	（2）[註31]	（3）[註32]	（4）[註33]	（5）[註34]
ZrO_2	105	105	62.8	125	70
SiO_2	51	51	31.1	60	30
NH_4VO_3	5	9	3.82	--	10
V_2O_5	--	--	--	9	--
NaF	5	6	2.26	5	10
NaCl	15	3			
CCl_4	3	--			
煅燒溫度℃	830	1000	950	750	1000

【表13–9】典型的鋯釩藍顏料調配例

13.3.3 綠色系列顏料

陶瓷器綠色顏料大多來自氧化鉻及鉻化合物，其他的有銅綠色，鎳綠色以及為藍色與黃色混合的中間色。

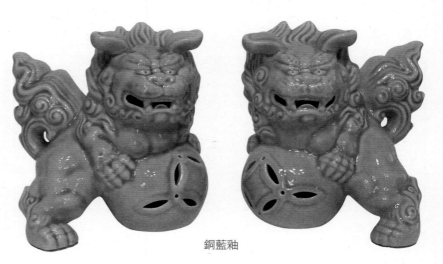

銅藍釉

〔註29〕
C.A. Seabright and H.C. Draker: Ceramic Stains from Zirconium and Vanadium Oxide. The Paper of the Ceramic Colors Symposium of the 62nd Annual Meeting, Apr. 26, 1960. The American Ceramic Society.

〔註30〕
Dr. W. Brugger: Use of Zirconium 7 in the Preparation of Zircon Stain. Goldschmidt informiert …. Nr. 5. (4/68) S.9

〔註31〕
Dr. W. Brugger: Use of Zirconium 7 in the Preparation of Zircon Stain. Goldschmidt informiert …. Nr. 5. (4/68) S.9

〔註32〕
F.T. Booth and G.N. Peel：The Preparation and Properties of some Zirconium Stains. Trans Brit. Ceram. Soc., 61：359 (1962).

〔註33〕
The Harshaw Chemical Co., Patent

〔註34〕
加藤悦三：ジルコンを母體とする顏料に關する研究（第一報）。バナジウム青について。名古屋工業技術試驗所報告。昭和30年2月。

1. 鉻綠

　　鉻綠顏料除了在含鋅的釉中容易遭受破壞而變色之外，在氧化性及還原性條件下都能燒出好顏色。單獨將1~5%氧化鉻添加於釉中著色，就可以呈現不同深淺的綠色。可是在高溫時氧化鉻容易揮發，蒸氣會被窯室結構或其他坯件吸收。因此都先與適當礦化劑混合煆燒製成安定的，不會蒸發的顏料。數種常見的鉻綠顏料配合例如下：【表13–10】〔註35〕。

鉻綠釉

	鮮綠	果綠	藍綠	橄欖綠	葉綠	海水綠	亮綠＊
氧化鉻	16		20	24	20	35	
氧化鎳				6			
氧化鈷			8	32	10	14	
氧化鋅			16	15	15	21	
氧化鈣		20			30		
硼砂			24	16	20		
碳酸鈣							20
石英	49	20	32	7	35		20
碳酸鈉		33					
長石	8						
重鉻酸鉀		27					36
氯化鈣	25						12
螢石							12

【表13–10】鉻綠顏料配合例（＊：Seger's green）

〔註35〕
F.H. Norton：Fine Ceramics Technology and Applications. Table 14.8, 1970

　　顏色較深的綠色是Cr_2O_3與Co_3O_4所組成，有時會加入Al_2O_3及SiO_2到混合物中。呈綠色的顏料中CoO較少，覆蓋能力很強，適合所有溫度域的釉著色，高溫釉中CaO的含量多時，呈色更佳。不含CoO的鉻綠顏料中混雜有微量Al_2O_3、ZnO，或釉中有ZnO、BaO及MgO時，常會呈現褐綠色。

2. 鎳綠

　　氧化鎳能發出綠色，但是其色澤模糊不鮮豔又不可靠。因此商業上已不再使用。高溫唯一安定的鎳綠顏料是NiO25％＋MgO75％於1850℃煆燒獲得細緻的蘋果綠，在MIT實驗室無意中得到的〔註36〕。

3. Zr–V–Si 系統綠色顏料

　　將矽酸（SiO_2）逐漸加入氧化鋯（ZrO_2）與釩酸銨（NH_4VO_3）的黃色基本調合物中煆燒，可以得到不同黃色調的綠色。Booth與Peel的研究得到的結論〔註37〕：SiO_2的量越高時，呈色越往藍色偏移。NH_4VO_3的量增加，會降低黃色度，既與V–Si–Zr藍色混色，生呈綠色。煆燒溫度越高，黃色調增加。獲得綠色最佳的比例為：

　　　ZrO_2：71.39，SiO_2：23.83，NH_4VO_3：4.77，在1250℃煆燒，持溫1小時。

　　鋯釩綠色顏料是由於在沒有添加NaF時加熱，一部分五價的釩還原為四價時產生的結果，升溫及持溫期間，V^{4+}離子會進入同時形成的矽酸鋯晶格內，發出藍色調。剩餘未變化的V^{5+}離子則停留在ZrO_2的表面並將它染成黃色。混色的結果，是四價及五價的釩同時出現生成綠色【表13–11】〔註38〕。

〔註36〕
F.H. Norton：Fine Ceramics Technology and Applications. p 224, 1970

〔註37〕
F.T. Booth and G.N. Peel：The Preparation and Properties of some Zirconium Stains. Trans Brit. Ceram. Soc., 61：363, 364, 383, 384 (1962).

〔註38〕
F.T. Booth and G.N. Peel：The Preparation and Properties of some Zirconium Stains. Trans Brit. Ceram. Soc., 61：363, 364, 383, 384 (1962).

顏料的成分	煅燒後呈色	釩離子價數	釉中的呈色
$ZrO_2 + V_2O_5$	卡其黃	5	黃色
$ZrO_2 + V_2O_5 + SiO_2$	帶綠卡其色	5及4	綠色
$ZrO_2 + V_2O_5 + SiO_2 + NaF$	藍色	4	藍色

【表13-11】鋯釩顏料的成分與其呈色

銅綠釉

由此可知，利用鋯-釩藍與黃色顏料，依照任意的比例能夠調出各種色調的綠色。同樣地，錫-釩黃與鋯-釩黃顏料與鈷-藍也可以調配出綠色顏料。

4. 銅綠

在高溫沒有安定的銅綠顏料，銅化合物在低溫（900~1050℃）鉛釉、硼鉛釉中呈現亮麗的綠色。有時也用於釉上著色，它的組成是：$CuO\,2.4\%$，$Sb_2O_5\,24.4\%$，熔劑（$PbO \cdot 1.25\,SiO_2$）73.2%。

13.3.4 黃色、棕色系列顏料

傳統黃色顏料的發色成分有鐵、銻、鎘、鈦、鉻、銀等，尤其鉛銻黃與鎘黃，雖在高溫時不安定，仍然是廣泛應用於釉上彩及玻璃著色。戰後新開發的V-Zr，V-Sn及Pr-Zr系的顏料安定好用又物美價廉。

1. 鐵黃

溶解於釉中的Fe^{3+}呈現淡黃色，在含有高CaO的坯土中，Fe_2O_3使它成黃色或革黃色。氧化鐵對氣氛變化很敏感，通常不單獨用來當作黃色顏料。但可與氧化銻、氧化鉛等熔製成1000℃以內安定的黃色顏料。

2. 銻黃

將氧化鉛、氧化銻與氧化鋅或氫氧化鋁混合煅燒，依調配的比例製造出不同色澤，主要組成為銻酸鉛（$2PbO \cdot Sb_2O_5$），稱為那不勒斯黃（Naples yellow）的顏料，銻黃最高安全溫度為980℃。由於銻鉛化合物的熔點很低，而且不安定，通常配合一些氧化鋁或氧化錫一起，增加安定性，且可以在稍微高些的溫度使用。添加氧化鐵也可以改善安定性，同時使黃色帶些赤味，讓顏色看起來濃些。銻黃顏料很容易調配製作，下表是一些常被應用的調配例。

原料\組成	那不勒斯黃				亮黃色	黃色	橙黃色
	1	2	3	4			
鉛丹	51.0	45.4	60.0	40.0	56	40	45
五氧化二銻	35.0	18.2	20	40.0			
銻酸鉀					40	40	30
氫氧化鋁	14.0	9.1					
氧化錫		27.3	20.0	20.0			
蘇打灰					4	10	
氧化鐵			（5）	（5）		8	25

【表13-12】銻黃顏料的調配例

釉藥學

3. 鎘黃

　　這是以沉澱方法製造的陶瓷顏料，一般是由通入H_2S於硝酸鎘或硫酸鎘的水溶液，沉澱生成明艷亮麗的黃色硫化鎘CdS。鎘黃大多用於釉上彩料，它的熔點雖然很高，但在1000℃附近就會昇華，釉用最高溫度為925℃。添加於鉛硼矽酸鹽熔塊中，可調配700~800℃的釉上彩顏料，標準熔塊的組成是：石英10，硼砂20，鉛丹70，在1300℃製成熔塊。

4. 鉻鈦黃

　　鉻鈦黃是呈色接近棕色的明亮黃色顏料，同樣是高溫不安定，已經不太使用的顏料。只用於低溫色釉及釉上彩飾較多，下面的調配例，原料有相當大的可變動範圍，呈色會隨比例改變而變化。

	鉻鈦棕色	鉻鈦銻黃＊	鉻鈦銻黃
二氧化鈦	30.70	5.75	88.5
硅石	23.00	--	--
碳酸鈣	38.30	--	--
食鹽	5.00	--	--
氫氧化鈉	--	0.20	--
氧化銻	--	5.00	8.9
重鉻酸鉀	3.00	--	2.6
氧化鉻	--	0.20	--
煅燒溫度℃	1250	800	1200

【表13–13】鉻鈦黃色顏料調配例。＊US Patent No. 1,945,809

5. 釩黃、鐯黃

　　在陶瓷器製造業，這類黃色顏料幾乎已經全數取代傳統的黃色料了。最先開發的是在高溫煅燒氧化錫和氧化釩（或釩鹽）的混合物，生成帶綠味的清澈黃色料，若添加少量氧化鈦，則生成帶棕色味的濃黃色。

　　較新的黃色顏料是鋯釩黃及鋯鐯黃。前者是混合氧化鋯與五氧化二釩（V_2O_5）或釩酸銨（NH_4VO_3），在相當高的溫度下煅燒，發展出令人愉悅的黃色。這個黃色的批料中若被混入少量SiO_2時，將逐漸變成黃綠色，繼續增加SiO_2，最終會獲得真正綠色的原料。

　　將氧化鐯導入氧化鋯與矽酸結合形成的矽酸鋯晶格中，生成在大部分陶瓷釉都安定的檸檬黃顏料，它的色調比鋯釩黃清亮乾淨。

　　製備鋯釩類顏料較常使用釩酸銨，而不直接用氧化釩。添加氧化鈦（Titania，TiO_2）或氧化釔（Yittria，Y_2O_3），都會增加紅色度，使顏色偏向橘黃色。

　　煅燒製成顏料前後的ZrO_2，經X–光繞射分析結果都是單斜晶型，能夠安定呈色是由於V_2O_5以膠質型態堆積在氧化鋯粒子的表面，形成染色的效果，這是一個較可能的解釋。因此較大的ZrO_2粒子具有較濃的色度。釩酸銨的添加量從少到多變化，約在5％左右，在溫度1250℃煅燒後，得到黃色度最大、綠色度最低的黃色顏料[註39]，這個組合是鋯釩黃的標準配方。添加少量其他氧化物如TiO_2、Y_2O_3、Tb_2O_3、Ce_2O_3等能修飾色澤，增進紅色度。

〔註39〕
F.T. Booth and G.N. Peel：The Preparation and Properties of some Zirconium Stains. Trans Brit. Ceram. Soc., 61：363, 364, 383, 384（1962）.

〔註40〕
Wilhelm Brugger：
Use of the Zirconium
Oxide 7 in the
Preparation of
Zircon Stain. TH.
Goldschmidt AG.
Informiert, p 9–18 ....
Nr. 5. (4/68) S.9

〔註41〕
F.T. Booth and G.N.
Peel：The Preparation
and Properties of some
Zirconium Stains.
Trans Brit. Ceram. Soc.,
61：363, 364, 383,
384 (1962).

〔註42〕
E.H. Ray, T.D.
Carnahan and R.M.
Sullivan：Tin–
Vanadium Yellows
and Praseodymium
Yellows. The Paper of
the Ceramic Colors
Symposium of the
62nd Annual Meeting,
Apr. 26, 1960. The
American Ceramic
Society.

成分%	黃色	橘紅色	橘黃色	黃色	黃色	黃色〔註40〕	黃色*
ZrO_2	95.0	100.0	100.0	61.76	61.60	61.05	--
SnO_2	--	--	--	--	--	--	91.0
NH_4VO_3	5.0	4.0	5.0	--	--	--	9.0
Y_2O_3	--	2.0	--	--	--	--	--
TiO_2	--	--	2.5	--	--	--	--
Pr_6O_{11}	--	--	--	--	--	2.33	--
Tb_2O_3	--	--	--	4,87	5.67	--	--
SiO_2	--	--	--	30.12	30.50	30.23	--
NaF	--	--	--	3.25	2.21	4.65	--
NaCl	--	--	--	--	--	1.17	--
煅燒溫度℃	1250	1260	1250	1250	950	950	1300

【表13–14】以ZrO_2、SnO_2為主體的黃色顏料調配例〔註41〕（ * Degussa AG ）

Sn–V及Pr–Zr–Si系統的黃色顏料之使用受到釉的組成，乳濁的程度，燒成溫度，窯室氣氛及其他變數的影響〔註42〕。

從顏料中漂出殘留的五氧化二釩，水解生成釩酸，然後與釉中的碳酸鈣反應成為不溶性釩酸鈣結晶，燒成後變成釉面小凹洞的來源。為避免發生這樣的缺陷，必須使用改良的無可溶性釩鹽的色料。釉組成中的RO成分如CaO、MgO、BaO、ZnO與PbO對Sn–V顏料似乎沒有有害的影響。但是無光的及燒成不足的釉，其呈色強度會比光亮釉的差很多。

釉中矽酸鋯及氧化錫這兩種乳濁劑，對於Sn–V顏料的呈色都不分軒輊，看不出對發色能力有任何程度差別。但添加這種顏料的釉，強烈建議必須在全程都使用氧化氣氛燒成，一旦過程中有還原性發生時，顏色會褪化變為白色，而且永不再恢復。

有很多研究與試驗探討Sn–V黃顏料和含Cr_2O_3的鉻綠顏料同時存在，甚至釉中僅有少量鉻顏料，或窯室中有氧化鉻的蒸氣，都不會有黃、綠的中間色出現，反而呈現Cr–Sn系統的褐色。但適合與Cr–Fe–Zn褐色系及Cr–Al系粉紅顏料搭配，假如釉的組成中有鋅及鎂，而且在熟成的溫度範圍有足夠的流動性時，呈色倒是蠻優雅的。

與Sn–V系的不同，鐠黃是添加大約5%氧化鐠，介入氧化鋯與矽酸結合而成的矽酸鋯晶體中，發出明亮乾淨的黃色顏料。它不會有如Zr–V–Si系顏料，可依變動成份的調配比例來調整呈色，鐠黃是種「唯一」組成的色料，添加超過5％的氧化鐠也不會再增進發色的強度。

鐠黃和錫釩黃不一樣，對窯室氣氛沒那麼敏感，從1100到1300℃，其發色的情形幾乎一樣好，釉組成的禁忌也不多。而在稍微含鉛的高溫釉中，同量鐠黃的發色強度會增加。在一般陶器釉中，依發色濃度需要，添加量約0.5％到8％，過少呈色力很弱，過量也不會再明顯增加釉色濃度。鐠黃不會和大部分顏料引化學變化，所以可以與它們相容混成各種中間色。

13.3.5 褐色系顏料

這系列顏料主要都由鐵，鉻，鋁及鋅的氧化物製造獲得，可安定使用於含鋅的釉中，氧化燒最高達1300℃。在含高鈣或鎂的釉中雖然會有些褪色，由Cr_2O_3–Fe_2O_3–Al_2O_3–ZnO依比例調出各種褐色調的顏料，直到今天仍然廣泛被使用。

含鐵、錳、鉻、鈦等化合物的天然土石，例如赭石、赭土、金紅石及汰鐵礦等，淨化後也是褐色料的來源。

1. Cr_2O_3–Fe_2O_3–Al_2O_3–ZnO 系統顏料

在Cr_2O_3–Fe_2O_3–ZnO系顏料加入一部份Al_2O_3時，色調大大改變，若以Al_2O_3全數取代ZnO時，呈色會更深且乾淨明亮。調配例如下表。

	（1）	（2）	（3）	（4）	（5）	（6）
Fe_2O_3	80	80	80	80	178	6
Cr_2O_3	76	76	51	76	169	4
Al_2O_3	206	--	51	103	114	40
ZnO	--	194	24	324	539	50
呈色	暗褐色	紅褐色	淺褐色	黃褐色	赤褐色	美國標準褐色

【表13–15】Cr_2O_3–Fe_2O_3–Al_2O_3–ZnO系統顏料調配例

2. Fe_2O_3–MnO_2–ZnO 系統顏料

下表的褐色系顏料以1：3的比例搭配熔劑後，適合釉上裝飾用。製成熔塊的熔劑的組成為：

$$0.16\,Na_2O \quad 0.84\,PbO \quad 0.32\,B_2O_3 \quad 1.06\,SiO_2$$

成分\編號	1	2	3	4	5	6	7	8
Fe_2O_3	51	49	45	39	52	53	77	87
ZnO	44	42	39	33	45	46	--	--
MnO_2	5	9	16	28	--	--	--	--
NiO	--	--	--	--	3	1	23	13

【表13–16】褐色系統顏料調配例

3. 其他褐色顏料 〔註43〕

〔註43〕
素木洋一：釉及其顏料，p686，1981 Jan. 31 技報堂。

成分\編號	57	38	80	21	17	19	20	88	89
SnO_2	24.8	--	--	--	--	--	--	--	--
ZrO_2	--	--	24.8	--	--	--	--	--	--
ZnO	42.5	51.0	42.5	48.8	66.7	51.7	73.2	42.0	60.0
$Al(OH)_3$	21.3	16.0	21.3	--	--	--	--	45.0	5.0
Fe_2O_3	5.7	17.0	5.7	24.4	--	--	17.1	8.0	12.0
Cr_2O_3	5.0	16.0	5.0	24.4	33.3	48.3	9.7	5.0	23.0
Na_2CO_3	--	--	--	2.4	--	--	--	--	--
Sb_2O_5	0.7	--	0.7	--	--	--	--	--	--
煅燒溫度SK	5~6	5~6	4~5	03a	03a	03a	03a	8~9	8~9

【表13–17】褐色系統顏料調配例

13.3.6 灰色及黑色顏料

灰色及黑色是非常不容易獲得的顏料，除了有機的「碳黑」外，要有真正的黑色非常困難。陶瓷黑色顏料也只是接近黑色而已。今天，生產灰色顏料最好的方式是在適當條件下，煅燒過渡元素化合物及有色的金屬氧化物之混合物。基本上有以下三大類別，鋯–鈷–鎳，錫–鈷–鎳與錫–銻等。而黑色顏料則分為兩大類別：一為含鈷的黑色，另一類則為無鈷的系統。

希望調配安定的灰色與黑色釉料時，使用煅燒過的顏料比用生原料好，因為生原料

必須顧慮成份純度的穩定性，而煅燒的灰色顏料都已經評估並計算平衡過了的。另外，燒成的溫度對生著色劑影響較大，因為煅燒的顏料大多是經過比釉燒更高溫處理過的，其中含有較多不易溶解的晶體。與所有顏料類似，調配灰色及黑色釉，必須考慮釉的組成，窯室的氣氛與燒成溫度。

淡灰色或淺灰色的釉最難調配，若從成本來考量，可使用較少量色濃的顏料，但為了均勻發色，則以使用較多量色弱的顏料較安全。釉中添加有8~12％矽酸鋯時，更增進覆蓋的能力。

無論是含鈷或無鈷的黑色顏料，都適合在含鋅或無鋅的釉中呈色。但對於含Cr_2O_3的黑顏料，就只能在無鋅的釉中使用，否則色調將轉變為棕黑色或紅棕色。只要組成適當，黑色釉是很安定的，最常發生的缺陷是高鉛的黑釉，很容易出現灰色的「浮渣狀」色斑。調配黑色釉顏料的添加量約在4~10％之間，有時會以添加少量的黑色顏料來調配較濃的灰色釉，此時必須注意執行完美的研磨與混合，否則灰色的釉層中將出現明顯醒目的黑色斑點。

〔註44〕
F.T. Booth and G.N. Peel：The Preparation and Properties of some Zirconium Stains. Trans Brit. Ceram. Soc., 61：372, 373,（1962）.

〔註45〕
窯業協會編：窯業工學手冊．陶瓷器製造工程，顏料篇（1980）。

成分\組成%	灰色	青灰色	灰綠色	灰色	黑色	黑色	黑色	青黑色	綠黑色
SnO_2	95.9	--	--	--	--	--	--	--	--
ZrO_2	--	--	61.8	63.25	--	--	--	--	--
Sb_2O_5	4.1	--	--	--	--	--	--	--	--
NH_4VO_3	--	--	3.76		--	--	--	--	--
Fe_2O_3	--	--	--		17.0	36.3	41.1	45.4	34.4
MnO_2	--	--	1.54	3.16	42.0	12.2	5.9	--	--
NiO	--	50.0	--		--	12.9	--	--	--
Co_3O_4	--	50.0	--		37.0	31.8	20.6	11.4	--
Cr_2O_3	--	--	--		--	6.8	32.4	43.2	65.5
CuO	--	--	--		4.0	--	--	--	--
SiO_2	--	--	30.6	31.30	--	--	--	--	--
NaF	--	--	2.23	2.38	--	--	--	--	--
煅燒溫度℃	1200	1230	950	1000	1140	1200	1200	1320	1320

【表13-18】灰色及黑色顏料調配例〔註44〕〔註45〕

色釉彩繪

13.4 顏料製造與應用

陶瓷顏料製造是一項需要高度精確的工程，所有製造步驟都須小心謹慎，以下敘述的不是某特定顏料的製造規範，而是煅製陶瓷顏料的一般流程法則。

13.4.1 原料

製作陶瓷顏料的原料必須明白其純度，它們的來源可以是化工及礦物性原料。每種原料必須分別獨立包裝、分類存並標示其名稱、成分等必要資料。

13.4.2 製造的步驟

1. 秤量

依照配方組成重量比例，分別將各種經過適當粉碎篩分的成分原料，利用適當精確度的衡重儀器秤量。儘可能將誤差控制在最小的範圍。

2. 生原料混合

（1）乾式混合

不加任何液體補助材料，將秤量過的各原料置入混合攪拌筒中，充分攪拌使均勻混合。

（2）濕式混合

有些顏料製造，為了達到品質要求必須進行濕式混合，通常以球磨機或滾筒機，將摻有適量水分的原料進一步研磨，同時混合。

3. 乾燥

乾式混合是種省事的方法，無須執行乾燥。而濕式混合後的原料從混合筒中取出，必須進行乾燥，然後輾壓篩分成為粉狀。乾燥的混合物鬆鬆地裝入以耐火材料成型的容器（例如匣缽或坩鍋）中，不可震盪壓實，不要裝得太厚。

4. 煅燒

將裝有調和料的匣缽，安放在窯爐適當的位置，或顏料專用的燒成窯爐中。依設計好的燒成程序條件進行煅燒，並在最高溫度持續一段適當時間的恆溫。

5. 微粉碎

煅燒後的顏料有時仍維持鬆散的狀態，有些會有燒結成硬塊的情形。但都必須利用適當的機械將它們研磨或微粉化。

6. 水洗或化學處理

顏料的成分在高溫充分化合後，由於原料的組成或促進劑或礦化劑的緣故，煅燒後的燒成物中有時會生成可溶性鹽，必須設法除去才能獲得安定的顏料。大部分製造工程中，數度以多量乾淨的水漂洗就可以消除可溶性鹽。有些顏料必須以熱水，甚至以適當濃度的酸（通常為鹽酸）浸泡漂洗，才能獲得純淨的顏料。處理過的顏料再經過脫水、乾燥、篩分然後包裝儲存。必要時可再煅燒一次來確定其安定性。

7. 檢驗

完成製造程序的顏料，在使用及出貨應市之前，都必須經過儀器檢驗及燒成試驗，以確保品質的一致性與安定性。

必須記住，添加於釉中的顏料，過度研磨將弱化呈色，也會增加釉的乳濁度，而乳濁度增加意味著會使顏色淡化。加熱處理會造成對顏料的深遠影響是大家都知道的事，煅燒顏料和添加顏料的釉，窯室的氣氛通常都會有影響，有些必須以完全氧化性燒成，就必須避免有任何還原性氣氛出現。

13.4.3 釉下彩飾

應用陶瓷色料在成形後的生坯或素燒坯上，以筆繪，刷塗，捺印，噴施，印刷，轉寫等，依據製作的工藝需求與產能效率等不同情況來決定裝飾的方式，將微粉化的色料以非常適當的厚度塗佈，然後在施加透明釉於適當的高溫燒成。為了能順利施工及使顏料能濕濕並牢固附著於坯體上，顏料必須添加適當的媒介材料，調和成為適當稠度的水性或由性的「彩料」，使適合各種不同的施工法。

從1000℃的土器到1200℃的陶器，及到1300℃或以上硬質瓷器，都可進行釉下裝飾，燒成溫度越高，可供選擇的合用顏料越少。例如十號溫錐以上適用的釉下顏料寥寥可數。低溫釉的溶解能力及侵蝕力都比高溫釉強，釉下的顏料很容易受到低熔點釉中熔劑的破壞而失去顏色。雖然適合低溫土器裝飾的釉下顏料很多，但是還是要多方試驗，用心選擇合用的安定顏料，才有完美的裝飾。

【表13-3】所列舉的礦物性結晶型態的顏料大部分都能在釉下使用。依照顏料的組成，適當選擇合適的透明釉來覆蓋。因為大部分顏料在還原焰中會遭受破壞，燒成時必須注意窯室氣氛的控制。

低溫釉不是含有大量的鉛就是以高量的熔塊所構成，通常生鉛釉都施加較大的厚度，所以熔劑作用較明顯。雖然熔塊的化學反應都已經在熔製時完成，若與熔塊接觸的時間夠長，顏料被侵蝕的機會將增加，因此需要適度加快燒成速率來避免發生失色的現象。若釉層厚度不足，彩繪部位的釉將成乾枯現象。

有些顏料的耐火度很高，當作土器的釉下裝飾時，往往不容易與坯體有良好的熔接，連帶發生釉層附著不良而蜷縮。這類顏料使用之前通常會先調和一些適量熔劑，例如熔塊或透明的陶器釉來改善。但不能過量使用，否則會因稀釋而失色，顏料也較容易擴散進入釉層中。

青花（光澤透明釉）

釉裡紅（光澤透明釉）

彩繪後的坯體必須完全乾燥後才能施釉並燒成。必須依照產品的性質及品質要求，控制釉層厚度及燒火條件。熔融釉的流動性、釉成份對顏料的分解能力、釉與顏料間的適應程度等都是必要考慮的要點。

平面釉上彩

13.4.4 釉上彩飾

完成釉燒後的表面，應用釉上彩料以適當的方式如筆繪，刷塗，噴施，印刷，轉寫等加彩，然後於低溫燒成（俗稱烤花）。烤花的溫度約700~850℃，僅達釉的軟化範圍而已，因此由陶瓷顏料（顏色基質）製成的彩料必須添加多量玻璃質熔劑，使其在該溫度於短暫時間內熔化，牢固黏著在釉面上。若其熱膨脹係數比釉大很多時，燒成後冷卻過程中，過度的張力使彩繪層龜裂。

1. 釉上彩飾的品質要求

釉上彩飾施工的步驟單純，但是與釉下彩相比，彩料的製作與調配則較複雜嚴格。以下是對一般實用釉上彩的共同要求：

（1）所有應用在坯體上不同顏色的釉上彩料，必須都能在同一梯次燒成時，在相同的溫度範圍內同時熟成。

（2）釉上彩料，必須具有與坯、釉相容的物理性質（例如熱膨脹率與彈性率）。

（3）彩料中的玻璃質熔劑必須不會在烤花的溫度破壞顏料的呈色能力。

（4）彩料中的熔劑必須在烤花的溫度不會使釉層熔化流動。

（5）彩料中的熔劑必須能在烤花的溫度適度熔化，使顏料和釉層緊密黏著，外觀能夠保持加彩的品質要求。

（6）彩飾部分燒成後，必須有足夠的機械強度，耐碰撞、耐磨、耐刷洗。

（7）彩飾部分燒成後，必須和釉一樣具有對食物、清潔液的耐侵蝕性。

（8）彩飾部分燒成後，必須能經久耐用，不因天候的變動而風化、褪色。

2. 調配釉上彩料

（1）色料（色基）

調配釉下彩、坯著色或色釉的顏料，幾乎都能用來調配釉上彩料，另外包括專門為釉上彩製作的低熔點顏料（鎘硒系），以及貴金屬如金、銀等。

白色	錫白、砷白、鋅白、銻白
紅色	鐵紅、鉻錫紅、硒鎘紅、硫硒鎘紅、鋯鐵紅、金紅等
黃色	鐵黃、釩黃、鈦黃、鉛銻黃、鉻銻鈦黃、鉻黃、鎘黃、銀黃、　鈾黃等
棕色	鐵、錳、鉻、鎳等氧化物配合氧化鋅、氧化鋁及鹼土金屬氧化物調製
綠色	鉻綠、鋯釩矽系統綠色顏料
藍色	鈷藍、鋯釩矽藍色顏料
紫色	以精細手法混合紅色及藍色顏料、錳紫、紫金等
灰色	錫銻灰、鉑灰、或白色稀釋的黑顏料
黑色	鐵、鈷、鉻、錳、銅、鎳的氧化物煅燒獲得的黑顏料

第13章

275

浮雕釉上彩

浮雕釉上彩

（2）熔劑

　　釉上彩飾用的熔劑主要的是軟質玻璃熔塊料。它們的熔點很低，軟化溫度大約在530~800℃之間。與陶瓷顏料（色基）調和後，在烤花的溫度範圍熔融形成膠和劑。釉上用熔劑的組成，因使用的目的而不同，通常為鉛白、氧化鉛、硼砂、硼酸、蘇打灰、鉀灰、氧化鋅及硅石粉等，依比例混合熔製。和釉用的熔塊不同，氧化鋁及鹼土金屬都很少用。

　　熔劑成份的組配比例與色基間的關係密切，例如添加量與呈色的濃度，烤花溫度的熔融狀態，熔融時色基懸浮的性狀，熔融時與釉層結合的程度，燒成後與釉、坯物理性質的配合度，使用期間的耐用性與耐久性。

　　因為色基本身的耐火性與呈色能力各不相同，為在烤花溫度達到一致性的表現，必須設計熔製數種不同性質（熔點、黏性、表面張力等）的熔劑，來適合不同性質的色基。下表為典型的釉上用熔劑的調配例：

No.	1	2	3	4	5	6	7	8
原料\用途	白色	鐵紅	黃色	褐色	綠色	藍色	藍色	黑色
硅石	19.8	17.1	24.0	20.0	17.9	--	16.5	21.0
鉛丹	33.1	65.2	68.0	61.0	51.0	50.0	50.4	61.0
硼砂	18.5	--	--	19.0	9.5	--	10.5	19.0
硼酸	28.7	17.7	8.0	--	21.6	38.8	20.4	--
氧化鋅	--	--	--	--	--	2.5	2.2	--
碳酸鉀	--	--	--	--	--	8.7	--	--

No.	9	10	11	12	無鉛	無鉛	#11黃	#13黃
原料\用途	硒紅	金紅	棗紅	一般用	硒紅	綠色	直接用	直接用
硅石	36.3	30.6	30.4	37.5	30.0	40.0	18.3	15.9
鉛丹	18.8	13.8	24.1	37.5	--	--	60.9	57.9
硼砂	21.0	47.2	45.5	--	--	25.3	--	--
硼酸	--	--	--	--	45.0	8.2	2.5	2.2
蘇打灰	2.9	8.4	--	--	--	--	--	--
碳酸鈣	5.5	--	--	--	4.4	3.4	--	--
氧化鋅	1.1	--	--	--	2.8	--	6.1	5.1
氫氧化鋁	8.6	--	--	--	4.2	--	--	--
碳酸鉀	5.8	--	--	25.0	7.2	--	--	--
碳酸鍶	--	--	--	--	6.4	14.3	--	--
碳酸鋰	--	--	--	--	--	7.4	--	--
氧化鎂	--	--	--	--	--	1.4	--	--
銻酸鈉	--	--	--	--	--	--	12.2	14.6
氧化鐵	--	--	--	--	--	--	--	4.3

【表13–19】釉上彩料用熔劑調配例〔註46〕

13.4.5 液體顏料釉下彩飾

　　有色過渡元素，例如鐵、鈷、錳、銅的氯化物，碳酸鹽、硝酸鹽、草酸鹽及其他的水溶性鹽類，配合適當的輔助材料，成為可以在生坯或

素燒坯上彩繪裝飾的液體顏料。

　　將水溶性有色金屬的鹽溶解於水或適當的溶劑中，然後添加適量的甘油、糖漿，再濃縮到糖蜜程度的稠度備用。甘油、糖密及糖漿是稀釋及調節稠度的輔助材料。有時液體顏料的色澤很淡，不易辨識，可酌量添加有機染料著色，以方便塗施時容易控制範圍。施工的方式和一般彩繪類似，可用筆刷塗佈或噴具灑佈。完全乾燥後施加透明釉，或可先素燒再施釉，然後燒成。

　　1958年F. Viehweger發表釉下液體顏料的調配配方如下表，但最後的調和比例應視實驗燒成的結果作適當調整[註47]：

〔註46〕
窯業協會編：窯業工學手冊。陶瓷器製造工程‧顏料篇（1980）。

〔註47〕
素木洋一：釉及其顏料，p772－774，1981 Jan. 31技報堂。

No. 1	糖密	65%	No. 3	標準液	
	水	35%		糖密	50%
No. 2	酒精	25%		酒精	25%
	甘油	75%		水	25%

【表13-20】液體顏料用輔助溶液

No.	呈色	金屬鹽溶液【表13-22】%	輔助溶液%
1	暗青色	No. 2　71	No. 3　29
2	暗黃褐色	No. 7　71	No. 3　29
3	鈍黃色	No. 5　71	No. 3　29
4	明亮灰色	No. 6　71	No. 3　29
5	桃紅色	No. 4b　71	No. 3　29
6	濃褐色	No. 4a　57	No. 3　43
7	亮青灰色	No. 6　57 ; No. 2　14	No. 3　29
8	暗青灰色	No. 6　47 ; No. 2　24	No. 3　29
9	帶黃褐色	No. 7　24 ; No. 5　47	No. 3　29
10	明亮褐色	No. 1　47 ; No. 7　24	No. 3　29
11	暗褐色	No. 1　71	No. 3　29
12	亮灰綠色	No. 2　18 ; No. 1　53	No. 3　29
13	暗灰綠色	No. 1　57 ; No. 2　14	No. 3　29
14	亮青綠色	No. 1　20 ; No. 2　20	No. 3　60
15	暗青綠色	No. 1　35.5 ; No. 2　35.5	No. 3　29
16	紫紅色	No. 4a　57 ; No. 2　14	No. 3　29
17	海水綠色	No. 3　71	No. 3　29
18	灰白色	No. 8　71	No. 3　29
19	橙黃色	No. 9　71	No. 3　29

【表13-21】液體料混合物

No. 1	硝酸鉻	75%	No. 5	硝酸鐵	75%
	水	25%		水	25%
No. 2	硝酸鈷	75%	No. 6	硝酸錳	86%
	水	25%		水	14%
No. 3	硝酸銅	75%	No. 7	硝酸鎳	75%
	水	25%		水	25%
No. 4	（a）氯化金	50%	No. 8	氯化鉑	95%
	水	50%		水	5%
	（b）氯化金	30%	No. 9	硝酸鈾	75%
	水	70%		水	25%

【表13-22】液體顏料金屬鹽之水溶液

13.4.6 金屬金

以金屬金來裝飾陶瓷自古已有，中國宋代黑瓷與白瓷茶碗內面或口沿就以金箔剪花貼附來裝飾，清代景德鎮的色繪彩瓷更以金彩裝扮顯現光輝燦爛的豪華模樣。這種以黃金本身為材料的裝飾技法，在東方發展，日本人稱為「本金」。在歐洲，德國梅森地方，1830年曲恩（Kühn）發明將金化合物與油調和成黏膠狀物，塗繪在釉面低溫燒成，還原後薄膜狀的黃金黏附於釉上，這種技法稱為「梅森鍍金」，因為它是以液體性狀使用，所以也稱為「液體金或水金或金水」。以後陸續改良，今天所普遍使用的是以硫磺香油（Balsam）為溶媒，含金量9～12%，陶瓷釉上使用的以11%為主的水金。

與本金相比，水金的裝飾操作簡單，價格較便宜，燒成後不須經過打磨既可顯現明亮的光彩，適合大眾化的日用陶瓷裝飾，因金膜的厚度很薄，所以耐久性較差。假如釉面的性狀粗糙不平，則金彩的光澤度將折損不少。

13.4.7 珠光彩（Luster）

雖然開始的年代不明，珠光彩發源於古代波斯及阿拉伯地區，9世紀後該地區的回教風格的陶瓷器常應用的裝飾法。珠光彩也是一種釉上彩飾，也稱彩虹釉裝飾。將經過特殊處理的彩料塗裝，經過適當的溫度燒成後，以貴金屬或金屬氧化物或化合物的薄膜，在釉面發出金屬的、彩虹的或珍珠般的光澤。它的燒成溫度甚至比前面提到的釉上彩低，約在600~750℃之間。

目前最普遍使用的是金屬樹脂酸鹽珠光彩，將各種貴金屬及金屬的氯化物與樹脂酸鹽混合製成金屬樹脂酸鹽，以芳香油類將其溶解生成黑褐色的黏稠液體，塗裝於釉面在低溫燒成後生成極薄的金屬膜。鉍、鉛珠光彩為白色（無色）的，金、銀、白金等貴金屬及鐵、銅、鎘、鉻、鎳、鈷、錳等為有色的珠光彩。而鉍珠光彩與水金及其他彩料混合時，依其比例可以調製燒出赤色、橙色、桃紅、褐色、紫色、綠色、青銅色、等美麗的彩虹色彩。

第14章

化妝土
Engobes

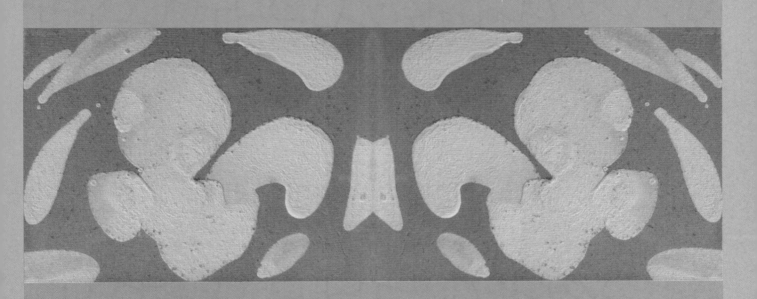

由於坯土中的有色雜質及顆粒等，在陶器燒成後造成不雅的顏色與粗糙的表面，為掩蓋這些缺陷，通常於成形後適當時機，在坯體上施一薄層以天然的黏土或利用土、石、化工原料調配的泥漿材料，這個步驟叫做化妝，這些泥漿叫做化粧土（Engobe），也稱為釉底泥漿（Under slip）。

通常化粧土是白色失透的，有時也調配著色泥漿，使釉色化粧土成為裝飾的一部分。因為它是介於釉與坯之間，其性質必須同時適合釉與坯。一般對化粧土的性質要求如下：

1. 適當的白色度與良好的覆蓋能力。
2. 有受控制的粒度分布，組織細緻均勻，泥漿有良好的流動性而不黏糊。
3. 泥漿中黏土的量要適當，既可賦予足夠的黏著性，又不會有過度的乾燥及燒成收縮。
4. 潮濕生坯用的化粧土，須調整其黏土與高嶺土的比例量，使其收縮率與坯體盡量一致。而全乾的或素燒過的坯體，必須使用乾燥收縮很小的化粧土。
5. 調製白色失透的泥漿，必須避免有色金屬氧化物混入，必要時須先經過脫鐵。
6. 化粧土中有碳酸鹽、硫酸鹽礦物的粗顆粒存在，因為那將是釉面生成斑點、凸粒或凹痕的原因之一。
7. 化粧土的耐火性通常與被施加的坯土相當或稍微低些，才能適當燒結，並且與坯件結成為一體。

14.1 調配化粧土的原料

自然界適合當化粧土的黏土混合物很少，幾乎都須經過調配。和調釉類似，由黏土、媒熔劑、黏著劑、硬化劑、色料及其他輔助材料。

1. **黏土**：高嶺土，瓷土，沉積黏土，球狀黏土等

   各種黏土各有其獨特的性質。呈色，耐火度，黏度，粒度及泥漿的懸浮力等，調配化粧土時須全盤考慮包括泥漿的性質、塗裝後收縮率、燒結性及燒成後的白度與強度。

   有時只要一種黏土調入化粧土中，有時可以二種或數種，依需要的性質按比例添加。高嶺土添加範圍約15~65%；球狀黏土10~15%。

2. **熔劑**：長石，陶石，石灰石等

   長石與陶石的組成很相似，較大的差別在鉀、鈉氧化物與游離矽酸的含量，都可以調節化粧土的可塑程度與泥漿的性質。使用量一般在30％左右，弱勢全瓷化的化粧土，添加量可達50%以上。

   當化粧土中含有長石，額外添加1~2％的石灰石（碳酸鈣），會有更多玻璃相生成。黏土用量越多，石灰石也可酌量增加來增加燒結度。

媒熔劑對化粧土的燒結與熔融影響很大，添加過量不一定有好處，除了長石、石灰外，鹼土金屬化合物可在限度下使用，以改善化粧土的燒結性質。

3. **調節性材料**：石英粉，硅石粉，葉臘石

石英或硅石粉及葉臘石是耐火度比長石高很多的非塑性原料，適當量加入化粧土中能降低收縮率，增加燒成後的硬度與白度。使用量在15~30%。

4. **乳濁劑**：氧化鋯，矽酸鋯，氧化錫

酌量添加乳濁劑有助於讓薄層化粧土發揮其覆蓋能力。但僅對白色的有幫助，對深色的反而使顏色淡化。三種乳濁劑都有效，添加量與在釉中相似，約10%左右。矽酸鋯最便宜，氧化鋯的乳濁能力差些，氧化錫則太貴。有時氧化鈦也被當作乳濁劑使用，但常常會呈現黃色調。

5. **硬化劑**：碳酸鈉，硼砂

施加化粧土後都希望在施釉之前都能不受到損傷，添加0.5~1.0％的可溶性碳酸鈉或硼砂到泥漿中，乾燥後使化妝層變成較堅韌的硬薄膜，搬動時較不容易受損。有機黏著劑也可以適量調入泥漿中，塗裝後一樣能獲得強度

6. **著色顏料**：有色金屬氧化物，陶瓷顏料

大部分坯土著色與調配色釉的花色劑或顏料，都可以讓化粧土著色。和釉比較，化粧土的化學性質較不活潑，發色劑在其中顯得安定多了。尖晶石型及鋯英石型顏料當作著色劑最安定，有色金屬氧化物的呈色變化較多。

14.2 化粧土調配

化粧土泥漿須具備良好的流動性與懸浮性，須混合成均勻無氣泡、無顆粒、無結塊的情形。泥漿的稠度視施工的方法，坯體的性質而定，可以利用解膠劑與含水量來調整。粒度則視原料的情況採取球磨機、攪拌機或兩者配合使用。

1. **化粧土的配合比例**

化粧土的組成要求不如釉藥嚴謹，原料成份的變動範圍較寬廣，最重要的要求是能與坯體結合為一體，不會受到釉的侵蝕溶解，而能與釉層融合。化粧土的組成範圍如【表14-1】，使用的溫度範圍為SK3~8（1140~1250℃）。

2. **秤量，研磨或攪拌打漿。**
3. **脫鐵與過篩（磁選機脫鐵，過篩除去粗粒子）**
4. **泥漿稠度調整**
5. **真空脫除空氣**

〔註1〕

康寧陶石（Cornish Stone），英國康瓦爾（Cornwall）出產的長石質陶石。

	素燒坏體用	素燒坏體用	半乾坏體用	半乾坏體用	全乾坏體用
高嶺土	15~25	15~25	25~65	55~65	15~25
康寧陶石〔註1〕	25~55	--	5~50	--	25~55
長石	--	15~55	--	5~30	--
石英	15~50	15~50	0~45	0~30	20~50
球狀黏土	10	10	10	10	10
碳酸鈉	1	1	1	1	1

【表14–1】化粧土的組成範圍例（R.T. Stull, 1910）

產地＼成分	SiO_2	Al_2O_3	Fe_2O_3	TiO_2	CaO	MgO	K_2O	Na_2O	Ig. loss
康瓦爾	46.54	38.08	0.68	0.05	0.14	0.23	1.30	0.06	12.7

【表14–2】康寧陶石的化學分析值

14.3 化粧土加工的方法

　　和施釉的情形相似，化妝施工之前，坏體表面都必須處理乾淨。加工的坏體如潮濕的生坏，革硬的生坏，全乾的生坏或素燒坏，依其情況斟酌清理。（1）浸漿（Dipping）、淋漿（Pouring）；（2）刷塗（Painting）；（3）噴施（Spraying）；（4）薄塗（Veneering）。

14.4 化粧土的缺陷與改善的方法

1. 脫落（Flaking）、剝皮（Peeling）、剝殼（Shelling）、碎裂（Shivering）
   前三個缺陷都發生在施工後燒成之前，而碎裂則於燒成冷卻時，或再經過一段時間後發生。

   未處理清潔的坏體表面有油漬或灰塵，或沉積濃縮的可溶性鹽類時，化粧土層乾燥後立即發生脫落的現象。若是油漬或灰塵所引起，解決的方法較簡單，只要維護清潔就可改善。可溶性鹽聚集引起剝落的說法至今仍無定論，但化粧層上方施釉與否也是關鍵，不施釉或化粧素燒後再施釉，通常不會發生。

   若化粧土有足夠的黏附能力，仍然發生剝落，通常是與坏體的收縮不一致，產生應力超過其彈性，破壞與坏體間結合所引起。解決的方法須視化粧土加工的時機而定，潮濕的、全乾的或素燒的坏體，都有不同組成的化粧土來適應它。若缺陷是因化粧土的收縮大所引起，增加非塑性材料、或黏土部分以高嶺土置換，或將部份黏土及高嶺土煅燒後再用。化粧土中的有機黏著劑添加過量，化粧層施加過厚，也容易發生脫落現象。

燒成期間或燒成後發生碎裂，除了坏、化粧土、釉層之間的熱膨脹係數差值所引起的問題外，有些研究認為坏料與化粧土中的黏土含有很多游離矽酸，升溫階段矽酸的轉移引起的容積變化，產生應力使化粧層連釉一起碎裂剝落。最明顯的改善方法為添加長石或類似長石的礦物原料，或以熟料取代部分黏土及高嶺土，調配的硅石粉粒度不要太細。

2. 燒成前龜裂

化粧土龜裂的原因大致有 （1）收縮過度（2）泥漿的乾燥強度不足（3）坏件的形狀與結構特殊（4）坏件太乾，與化粧土收縮不同步（5）乾燥或燒成中，坏件發生裂縫，同時使化粧層龜裂（6）升溫過程中，容積急速變化引起龜裂（7）燒成冷卻時，過度收縮引起龜裂。

這些缺陷幾乎都是化粧土的組成與坏體不相容，或施工的時機不適當所引起，針對缺陷發生的原因進行適當調整及可改善。例如將煅燒的熟料磨細；調整可塑性原料的含量；不同乾燥程度的坏件使用合適的化粧土組成；應用合適的塗裝方法來施工。

3. 針孔與泡瘤

在（1）泥漿的組成（2）泥漿調配與儲存的裝備（3）施工的方式與技術（4）燒成條件等，有原料粒子吸附的或泥漿潛藏的空氣，攪拌機具操作時 進的空氣，發酵生成的氣體，泥漿過濃氣體不易逸出，塗裝時包入空氣，乾燥或素燒的多孔性坏體中的氣體，加熱鍋中分解生成的氣體，都有可能引起生成針孔或泡瘤。

經過適當解膠、稠度調整後的泥漿，使用前進行真空脫泡處理可以獲得改善。至於發酵生成的、坏件氣孔中的氣體，在燒成加熱中釉開始熔融之前，若有足夠的時間讓其透過粒子間隙逸散，就可避免形成針孔或泡瘤。

4. 燒成後開片

燒成後與坏體的熱膨脹係數差過大時，或原料的粒度與礦物的特徵，使化粧層的機械強度與彈性率降低，產品的表面會出現稀疏的或密集的裂紋，連帶將釉層一起拉裂。除了從組成來調整熱膨脹係數外，選擇適當的礦物原料，進行適當的研磨打漿，都可以使開片的缺陷獲得控制。

附錄 Appendix

【附錄 1】塞格錐之相關溫度及其化學組成

錐號	組成 mole							平均熔融溫度	
錐號	MgO	CaO	Na₂O	K₂O	B₂O₃	Al₂O₃	SiO₂	℃	℉
022	PbO	0.50	0.500	--	1.000	--	2.000	600	1,112
021	0.250	0.250	0.500	--	1.000	0.020	1.040	650	1,202
020	0.250	0.250	0.500	--	1.000	0.040	1.030	670	1,238
019	0.250	0.250	0.500	--	1.000	0.080	1.160	690	1,274
018	0.250	0.250	0.500	--	1.000	0.130	1.260	710	1,310
017	0.250	0.250	0.500	--	1.000	0.200	1.400	730	1,346
016	0.250	0.250	0.500	--	1.000	0.310	1.610	750	1,382
015	0.136	0.432	0.432		0.860	0.340	2.060	790	1,454
014	0.230	0.385	0.385		0.770	0.340	1.920	815	1,499
013a	0.314	0.343	0.343		0.690	0.340	1.780	835	1,535
012a	0.314	0.341	0.345		0.680	0.365	2.040	855	1,571
011a	0.311	0.340	0.349		0.680	0.400	2.380	880	1,616
010a	0.313	0.338	0.338	0.011	0.675	0.423	2.626	900	1,652
09a	0.311	0.335	0.336	0.018	0.671	0.468	3.087	920	1,688
08a	0.314	0.369	0.279	0.038	0.559	0.543	2.691	940	1,724
07a	0.293	0.391	0.261	0.055	0.521	0.554	2.984	960	1,760
06a	0.277	0.407	0.247	0.069	0.493	0.561	3.197	980	1,796
05a	0.257	0.428	0.229	0.086	0.457	0.571	3.467	1,000	1,832
04a	0.229	0.458	0.204	0.109	0.407	0.586	3.860	1,020	1,868
03a	0.204	0.484	0.182	0.130	0.363	0.598	4.199	1,040	1,904
02a	0.177	0.513	0.157	0.153	0.314	0.611	4.572	1,060	1,940
01a	0.151	0.541	0.134	0.174	0.268	0.625	4.931	1,080	1,976
1a	0.122	0.571	0.109	0.198	0.217	0.639	5.320	1,100	2,012
2a	0.096	0.599	0.085	0.220	0.170	0.652	5.687	1,120	2,048
3a	0.067	0.630	0.059	0.244	0.119	0.667	6.083	1,140	2,084
4a	0.048	0.649	0.043	0.260	0.086	0.676	6.339	1,160	2,120
5a	0.032	0.666	0.028	0.274	0.056	0.684	6.565	1,180	2,156
6a	0.014	0.685	0.013	0.288	0.026	0.693	6.801	1,200	2,192
7	--	0.700	--	0.300	--	0.700	7.000	1,230	2,246

錐號	MgO	CaO	Na₂O	K₂O	B₂O₃	Al₂O₃	SiO₂	℃	℉
8	--	0.700	--	0.300	--	0.800	8	1,250	2,282
9	--	0.700	--	0.300	--	0.900	9	1,280	2,336
10	--	0.700	--	0.300	--	1.000	10	1,300	2,372
11	--	0.700	--	0.300	--	1.200	12	1,320	2,408
12	--	0.700	--	0.300	--	1.400	14	1,350	2,462
13	--	0.700	--	0.300	--	1.600	16	1,380	2,516
14	--	0.700	--	0.300	--	1.800	18	1,410	2,570
15	--	0.700	--	0.300	--	2.100	21	1,435	2,615
16	--	0.700	--	0.300	--	2.400	24	1,460	2,660
17	--	0.700	--	0.300	--	2.700	27	1,480	2,696
18	--	0.700	--	0.300	--	3.100	31	1,500	2,732
19	--	0.700	--	0.300	--	3.500	35	1,520	2,768
20	--	0.700	--	0.300	--	3.900	39	1,530	2,786
26	--	0.700	--	0.300	--	7.200	72	1,580	2,876
27	--	0.700	--	0.300	--	20	200	1,610	2,930
28	--	--	--	--	--	1	10	1,630	2,966
29	--	--	--	--	--	1	8	1,650	3,002
30	--	--	--	--	--	1	6	1,670	3,038
31	--	--	--	--	--	1	5	1,690	3,074
32	--	--	--	--	--	1	4	1,710	3,110
33	--	--	--	--	--	1	3	1,730	3,146
34	--	--	--	--	--	1	2.50	1,750	3,182
35	--	--	--	--	--	1	2	1,770	3,218
36	--	--	--	--	--	1	1.66	1,790	3,254
37	--	--	--	--	--	1	1.33	1,825	3,317
38	--	--	--	--	--	1	1.00	1,850	3,362
39	--	--	--	--	--	1	0.66	1,880	3,416
40	--	--	--	--	--	1	0.33	1,920	3,488
41	--	--	--	--	--	1	0.13	1,960	3,560
42	--	--	--	--	--	1	--	2,000	3,632

SK022~011為Hecht系列，Sk010~01為Kramer系列，SK1~20為Seger系列，其餘為高溫系列

【附錄 2】P.C.E. 歐頓錐之相關溫度

第一群 軟性系列				
加熱速度20℃/hr			150℃/hr	
錐號	℃	℉	℃	℉
022	585	1085	605	1121
021	595	1103	615	1139
020	625	1157	650	1202
019	630	1166	660	1220
018	670	1238	720	1328
017	720	1328	770	1418
016	735	1355	795	1463
015	770	1418	805	1481
014	795	1463	830	1526
013	825	1517	860	1580
012	840	1544	875	1607
011	875	1607	905	1661

第二群 低溫系列				
加熱速度20℃/hr			150℃/hr	
錐號	℃	℉	℃	℉
010	890	1634	895	1643
09	930	1706	930	1706
08	945	1733	950	1742
07	975	1787	990	1814
06	1005	1841	1015	1859
05	1030	1886	1040	1904
04	1050	1922	1060	1940
03	1080	1976	1115	2039
02	1095	2003	1125	2057
01	1100	2012	1145	2093

第三群 中溫系列						第四群 高溫系列					
加熱速度20℃/hr			150℃/hr			加熱速度100℃/hr					
錐號	℃	℉	℃	℉		錐號	℃	℉	錐號	℃	℉
1	1125	2057	1160	2120		23	1580	2876	34	1760	3200
2	1135	2075	1165	2129		26	1595	2903	35	1785	3245
3	1145	2093	1170	2138		27	1605	2921	36	1810	3290
4	1165	2129	1190	2174		28	1615	2939	37	1820	3308
5	1180	2156	1205	2201		29	1640	2984	38	1835	3335
6	1190	2174	1230	2246		30	1650	3002	39	1865	3389
7	1210	2210	1250	2282		31	1680	3056	40	1885	3425
8	1225	2237	1260	2300		32	1700	3092	41	1970	3578
9	1250	2282	1285	2345		33	1745	3173	42	2015	3659
10	1260	2300	1305	2381							
11	1285	2345	1325	2417							
12	1310	2390	1335	2435							
13	1350	2462	1350	2462							
14	1390	2534	1400	2552							
15	1410	2570	1435	2615							
16	1450	2642	1465	2669							
17	1465	2669	1475	2687							
18	1485	2705	1490	2714							
19	1515	2759	1520	2768							
20	1520	2768	1530	2786							

【附錄 3】 主要窯業用化工原料的性質

名稱	化學式	分子量	氧化物形式	分子量	換算因子	熔點℃	比重	水中溶解度
氧化鋁	Al_2O_3	102	Al_2O_3	102	1.0	2050	3.73~3.99	不溶
氫氧化鋁	$2\,Al(OH)_3$	156	Al_2O_3	102	0.654	300℃ 分解	2.423	不溶
無水硫酸鋁	$Al_2(SO_4)_3$	342.1	Al_2O_3	102	0.298	770℃ 分解	2.71	可溶
無水硫酸鋁	$Al_2(SO_4)_3 \cdot 18H_2O$	666.4	Al_2O_3	102	0.153	86.5℃，水分解	1.62	可溶
氧化砷	As_2O_3	197.9	As_2O_3	197.9	1.0	193℃ 昇華	3.865	微溶
氧化鋇	BaO	153.4	BaO	153.4	1.0	1923℃	5.72	生成$Ba(OH)_2$
碳酸鋇	$BaCO_3$	197.4	BaO	153.4	0.777	811℃ 分解	4.275	不溶
硫酸鋇	$BaSO_4$	233.4	BaO	153.4	0.657	1580℃	4.25~4.5	不溶
鉻酸鋇	$2BaCrO_4$	506.8	$2BaO/Cr_2O_3$	153.4/152	0.605/0.300		4.498	不溶
氧化鉍	Bi_2O_3	464.0	Bi_2O_3	464	1.0	820℃	8.80	不溶
三氧化二銻	Sb_2O_3	291.5	Sb_2O_3	291.5	1.0	655℃	5.67	不溶
五氧化二銻	Sb_2O_5	333.5	Sb_2O_3	291.5	0.874	300℃ 以上失氧	5.60	不溶
硼酸（無水）	B_2O_3	69.6	B_2O_3	69.6	1.0	578℃	1.8	溶於熱水
硼酸	$2H_3BO_3$	123.7	B_2O_3	69.6	0.565	加熱失水→B2O3	1.4347	可溶
無水硼砂	$Na_2O \cdot 2B_2O_3$	201.2	Na_2O/B_2O_3	62/69.6	0.308/0.0.692	741℃	2.367	徐緩可溶
硼砂	$Na_2O \cdot 2B_2O_3 \cdot 10H_2O$	381.2	Na_2O/B_2O_3	62/69.6	0.162/0.365	加熱失水	1.7	可溶
氯化鈣	$CaCl_2$	111.0				774℃	2.152	可溶
氟化鈣	CaF_2	78.1				1402℃	3.18	不溶
氧化鈣	CaO	56.1	CaO	56.1	1.0	2570℃	3.40	微溶
青氧化鈣	$Ca(OH)_2$	74	CaO	56.1	0.758	580℃ 分解失水	2.34	微溶
碳酸鈣	$CaCO_3$	100.1	CaO	56.1	0.56	825℃ 分解	2.7	不溶
硫酸鈣	$CaSO_4$	136.1	CaO	56.1	0.412	1450℃	2.964	微溶
石膏	$CaSO_4 \cdot 2H_2O$	172.0	CaO	56.1	0.326	128℃ 失水1-1/2	2.32	微溶
半水石膏	$CaSO_4 \cdot 1/2H_2O$	145.0	CaO	56.1	0.386	163℃ 分解失水		微溶
硼酸鈣	$2CaO \cdot 3B_2O_3 \cdot 5H_2O$	411.2	CaO/B_2O_3	56.1/69.6	3.272/0.509		2.26~2.48	
磷酸三鈣	$Ca_3(PO_4)_2 \text{ or } (3CaO \cdot P_2O_5)$	310.3	CaO/P_2O_5	56.1/142.3	3.541/0.459	1670℃	3.18	不溶
白雲石	$CaCO_3 \cdot MgCO_3$	184.4	CaO/MgO	56.1/40.3	0.304/0.219	加熱分解	3.5~4.0	不溶
硫化鎘	CdS	144.5				980℃	4.82	不溶於冷水
氧化鉻	Cr_2O_3	152.0	Cr_2O_3	152.0	1.0	2435	5.04	不溶
重鉻酸鉀	$K_2Cr_2O_7$	294.2	K_2O/Cr_2O_3	94.0/152.0	0.32/0.517	396	2.676	可溶
鉻酸鉀	K_2CrO_4	246.2	K_2O/Cr_2O_3	94/152	0.68/0.382	971	2.732	可溶
氯化亞鈷	$CoCl_2 \cdot 6H_2O$	238.0	CoO	74.9	0.315	86.75℃	1.924	可溶
硫酸亞鈷	$CoSO_4 \cdot 7H_2O$	281.0	CoO	74.9	0267	420℃ 失水	1.948	可溶
硝酸亞鈷	$CoNO_3 \cdot 6H_2O$	291.1	CoO	74.9	0.258	56℃	1.88	可溶
氧化亞鈷	CoO	74.9	CoO	74.9	1.0	1935℃	6.45	不溶
氧化鈷	Co_2O_3	165.9	CoO	74.9	0.904	895℃ 分解釋出氧	4.81~5.60	不溶
四氧化三鈷	$Co_3O_4 \text{ or } (CoO \cdot Co_2O_3)$	240.9	CoO	74.9	0.933	900~950℃→CoO	6.07	不溶

名稱	名稱	名稱	名稱	名稱	名稱	名稱	名稱	名稱
氧化亞銅	Cu_2O	143.1	CuO	79.6	1.113	1235℃	5.75~6.09	不溶
氧化銅	CuO	79.6	CuO	79.6	1.0	1326℃	6.32	不溶
鹼式碳酸銅	$CuCO_3 \cdot Cu(OH)_2$	221.2	CuO	79.6	0.360	200℃ 分解	3.7~4.0	不溶
硫酸銅	$CuSO_4 \cdot 5H_2O$	249.7	CuO	79.6	0.319	加熱分解失水	2.284	可溶
硝酸銅	$Cu(NO_3)_2 \cdot 6H_2O$	295.7	CuO	79.6	0.269	170℃ 分解失水	2.074	可溶
氯化銅	$CuCl_2 \cdot 2H_2O$	170.5	CuO	79.6	0.467	100℃ 分解失水	2.54	可溶
冰晶石	$3NaF \cdot AlF_3$	210.0	Na_2O/Al_2O_3	62/102	0.443/0.243		2.9~3.0	不溶
正長石	$K_2O \cdot Al_2O_3 \cdot 6SiO_2$	556	$K_2O/Al_2O_3/SiO_2$	94/102/60	0.169/0.183/0.648	約 1250℃	2.50~2.60	不溶
鈉長石	$Na_2O \cdot Al_2O_3 \cdot 6SiO_2$	524	$Na_2O/Al_2O_3/SiO_2$	62/102/60	0.119/0.195/0.686	1100℃ 以上		不溶
灰長石	$CaO \cdot Al_2O_3 \cdot 2SiO_2$	278	$CaO/Al_2O_3/SiO_2$	56/102/60	0.201/0.367/0.432	1550℃	2.75~2.77	不溶
氯化鐵	$FeCl_3 \cdot 6H_2O$	270.5	Fe_2O_3	159.7	0.295	37		可溶
硫酸亞鐵	$FeSO_4 \cdot 7H_2O$	277.9	Fe_2O_3	159.7	0.287	64	1.89	可溶
硫酸鐵	$Fe_2(SO_4)_3$	399.7	Fe_2O_3	159.7	0.400	分解	3.097	可溶
氫氧化鐵	$Fe(OH)_3$	106.9	Fe_2O_3	159.7	0.747	500℃ 分解	3.4~3.9	不溶
氧化亞鐵	FeO	71.85	Fe_2O_3	159.7	1.111	1420	5.7	不溶
氧化鐵	Fe_2O_3	159.7	Fe_2O_3	159.7	1.0	1565	5.12~5.24	不溶
四氧化三鐵	$FeO \cdot Fe_2O_3$ or Fe_3O_4	231.55	Fe_2O_3/FeO	159.7/71.85	1.035	1538℃ 分解	5.18	不溶
硫化鐵	FeS	87.9	Fe_2O_3	159.7	0.908	1195	4.75	不溶
碳酸錳	$MnCO_3$	114.9	MnO	70.9	0.617	分解	3.125	不溶
氧化亞錳	MnO	70.9	MnO	70.9	1.0	1650	5.45	不溶
氧化錳(黑)	MnO_2	86.9	MnO	70.9	0.816		4.73~4.86	不溶
三氧化二錳	Mn_2O_3	157.9	MnO	70.9	0.898	1080℃ 釋出氧	4.5	不溶
鉛白	$2PbCO_3 \cdot Pb(OH)_2$	775.6	PbO	223.2	0.863	400℃ 分解	6.14	不溶
氧化鉛(密陀僧)	PbO	223.2	PbO	223.2	1.0	888	8.74~9.53	不溶
氧化鉛(鉛丹)	Pb_3O_4	685.6	PbO	223.2	0.975	500~530℃ 分解	8.32~9.16	不溶
硫化鉛	PbS	239.3	PbO	223.2	0.933	分解	7.13~7.7	不溶
鉻酸鉛	$PbCrO_4$	323.2	PbO/Cr_2O_3	223.2/152	0.690/0.235	600℃ 分解	6.123	不溶
硼酸鉛	$Pb(BO_2)_2 \cdot H_2O$	310.9	PbO/B_2O_3	223.2/69.6	0.717/0.225	赤熱分解	5.60(無水物)	不溶
碳酸鋰	Li_2CO_3	73.9	Li_2O	29.9	0.405	618~710	2.111	微溶
碳酸鎂	$MgCO_3$	84.3	MgO	40.3	0.478	350℃ 分解	3.04	不溶
氯化鎂	$MgCl_2 \cdot 6H_2O$	203.3	MgO	40.3	0.198	100℃ 分解	1.569	可溶
硫酸鎂	$MgSO_4 \cdot 7H_2O$	246.5	MgO	40.3	0.163	70℃ 分解	1.678	可溶
氫氧化鎂	$Mg(OH)_2$	58.3	MgO	40.3	0.691	分解	2.36	微溶
氧化鎂	MgO	40.3	MgO	40.3	1.0	2800	3.6	不溶
碳酸鎳	$NiCO_3$	118.7	NiO	74.7·	0.631	分解		不溶
氧化鎳	NiO	74.7	NiO	74.7	1.0	400℃吸收氧	6.6~6.8	不溶
氧化鎳	Ni_2O_3	165.4	NiO	74.7	0.903	600℃失去氧	4.84	不溶
硝酸鉀(硝石)	KNO_3	101.1	K_2O	94	0.465	337	2.106	可溶
碳酸鉀	KCO_3	138.0	K_2O	94	0.681	896	2.331	可溶
氧化鉀	K_2O	94	K_2O	94	1.0		2.32	可溶
石英、無水矽酸等	SiO_2	60.1	SiO_2	60.1	1.0	1710	2.2~2.65	不溶
碳酸氫鈉	$NaHCO_3$	84.0	Na_2O	62	0.369	270℃ 分解	2.19~2.22	可溶
碳酸鈉	$Na_2CO_3 \cdot 10H_2O$	286.2	Na_2O	62	0.217	861℃ 失去水	1.446	可溶
無水碳酸鈉蘇打灰	Na_2CO_3	106	Na_2O	62	0.585	849	2.43~2.51	可溶
食鹽	NaCl	58.4	Na_2O	62	0.530	801	2.16	可溶
硝酸鈉	$NaNO_3$	85	Na_2O	62	0.365	310	2.257	可溶
氧化鈉	Na_2O	62	Na_2O	62	1.0		2.27	可溶
矽氟化鈉	N_2aSiF_6	188.3	Na_2O/SiO_2	62/60	0.33/0.32	赤熱分解	2.755	稍可溶
硫酸鈉(無水)	Na_2SO_4	142.0	Na_2O	62	0.437	888	2.671	可溶
硒	Se	79.2	在空氣中燃燒	--	--	217	4.79	不溶
亞硒酸鈉	$Na_2SeO_3 \cdot 5H_2O$	263.2	Na_2O/SeO_2	62/111.2	0.236/0.0.422			可溶
碳酸鍶	$SrCO_3$	147.6	SrO	103.6	0.702		3.62	不溶
氧化鍶	SrO	103.6	SrO	103.6	1.0	2430	4.45~4.75	可溶
硫酸鍶	$SrSO_4$	183.7	SrO	103.6	0.465	1605	3.71~3.91	不溶
氧化亞錫	SnO	134.7	SnO_2	150.7	1.12	1080	6.3	不溶
氧化錫	SnO_2	150.7	SnO_2	150.7	1.0	1127	6.6~6.9	不溶
氯化亞錫	$SnCl_2$	189.6	SnO_2	150.7	0.795	246.8	3.95	可溶
氧化鈦	TiO_2	80.1	TiO_2	80.1	1.0	1560	3.75~4.25	不溶
氧化鋅	ZnO	81.4	ZnO	81.4	1.0	1800	5.47~5.60	不溶
碳酸鋅	$ZnCO_3$	125.4	ZnO	81.4	0.649	300℃ 分解	4.42~4.45	不溶
氧化鋯	ZrO_2							不溶
鈾酸鈉	$Na_2U_2O_7 \cdot 7H_2O$	745.0	Na_2O/U_3O_8	62/842	0.083/0.753			不溶
純高嶺土	$Al_2O_3 \cdot SiO_2 \cdot 2H_2O$	258.1	Al_2O_3/SiO_2	102/60.1	0.395/0.466	1755~1790	2.65	不溶

【附錄 4】化學元素週期表 Periodic Chart of the Elements

IA	IA	IIIB	IVB	VB	VIB	VIIB	VIII	VIII	VIII	IB	IIB	IIIA	IVA	VA	VIA	VIIA	惰性氣體 NOBLE GASES
1 **H** 1.00797																1 **H** 1.00797	2 **He** 4.0026 2
3 **Li** 6.939	4 **Be** 9.0122											5 **B** 10.811	6 **C** 12.01115	7 **N** 14.0067	8 **O** 15.9994	9 **F** 18.9984	10 **Ne** 20.183 2 8
11 **Na** 22.9898	12 **Mg** 24.312											13 **Al** 26.9815	14 **Si** 28.086	15 **P** 30.9738	16 **S** 32.064	17 **Cl** 35.453	18 **Ar** 39.948 2 8 8
19 **K** 39.102	20 **Ca** 40.08	21 **Sc** 44.956	22 **Ti** 47.90	23 **V** 50.942	24 **Cr** 51.996	25 **Mn** 54.9380	26 **Fe** 55.847	27 **Co** 58.9332	28 **Ni** 58.71	29 **Cu** 63.54	30 **Zn** 65.37	31 **Ga** 69.72	32 **Ge** 72.59	33 **As** 74.9216	34 **Se** 78.96	35 **Br** 79.909	36 **Kr** 83.80 2 8 18 8
37 **Rb** 85.47	38 **Sr** 87.62	39 **Y** 88.905	40 **Zr** 91.22	41 **Nb** 92.906	42 **Mo** 95.94	43 **Tc** (99)	44 **Ru** 101.07	45 **Rh** 102.905	46 **Pd** 106.4	47 **Ag** 107.870	48 **Cd** 112.40	49 **In** 114.82	50 **Sn** 118.69	51 **Sb** 121.75	52 **Te** 127.60	53 **I** 126.9044	54 **Xe** 131.30 2 8 18 18 8
55 **Cs** 132.905	56 **Ba** 137.34	57 **La** 138.91	72 **Hf** 178.49	73 **Ta** 180.948	74 **W** 183.85	75 **Re** 186.2	76 **Os** 190.2	77 **Ir** 192.2	78 **Pt** 195.09	79 **Au** 196.967	80 **Hg** 200.59	81 **Tl** 204.37	82 **Pb** 207.19	83 **Bi** 208.980	84 **Po** (210)	85 **At** (210)	86 **Rn** (222) 2 8 18 32 18 8
87 **Fr** (223)	88 **Ra** (226)	89 **Ac** (227)															

* 鑭系元素 LANTHANDLD SERIES

| 58 **Ce** 140.12 | 59 **Pr** 140.907 | 60 **Nd** 144.24 | 61 **Pm** (147) | 62 **Sm** 150.35 | 63 **Eu** 151.96 | 64 **Gd** 157.25 | 65 **Tb** 158.924 | 66 **Dy** 162.50 | 67 **Ho** 164.930 | 68 **Er** 167.26 | 69 **Tm** 168.934 | 70 **Yb** 173.04 | 71 **Lu** 174.97 2 8 18 32 9 2 |

* 鋼系元素 ACTINOID SERIES

| 90 **Th** 232.038 | 91 **Pa** (231) | 92 **U** 238.03 | 93 **Np** (237) | 94 **Pu** (242) | 95 **Am** (243) | 96 **Cm** (247) | 97 **Bk** (247) | 98 **Cf** (249) | 99 **Es** (254) | 100 **Fm** (253) | 101 **Md** (256) | 102 **No** (256) | 103 **Lw** (257) 2 8 18 32 7 9 2 |

( )Number in pareatheses are mass numbers of most stable or most common isotope.

Atomic weights corrected to conform to the 1963 values of the Commission on Atomic Weights.

1. 化學符號上方的數字表示原子序
2. 化學符號下方的數字表示在安定狀態下的原子量
3. 原子量在1963年後國際通用的數值

國家圖書館出版品預行編目（CIP）資料

釉藥學 / 薛瑞芳編著. -- 再版修正. --
臺北市：藝術家, 2013.07
288面；21×29公分. --

ISBN 978-986-282-108-4（平裝）

1. 陶瓷工藝　2. 釉

464.1　　　　　　　　　　102017795

釉藥學 GLAZE

薛瑞芳 / 編著

發行人　何政廣
主　編　王庭玫
編　輯　謝汝萱、林容年
美　編　曾小芬、張紓嘉
出版者　藝術家出版社
　　　　台北市重慶南路一段147號6樓
　　　　TEL：（02）2371-9692～3
　　　　FAX：（02）2331-7096
　　　　郵政劃撥：01044798 藝術家雜誌社帳戶

總經銷　時報文化出版企業股份有限公司
　　　　桃園縣龜山鄉萬壽路二段351號
　　　　TEL：（02）2306-6842
南部區域代理　台南市西門路一段223巷10弄26號
　　　　TEL：（06）261-7268
　　　　FAX：（06）263-7698
製版印刷　鴻展彩色印刷（股）公司
再版修正　2013年7月
定　價　新臺幣600元

ISBN 978-986-282-108-4（平裝）

法律顧問蕭雄淋
版權所有・不准翻印
行政院新聞局出版事業登記證局版台業字第1749號

新北市立鶯歌陶瓷博物館 企劃
New Taipei City Yingge Ceramics Museum

藝術家出版社 出版
Artist Publishing Co.